Springer-Lehrbuch

W. Steinhilper · R. Röper

Maschinen- und Konstruktionselemente 1

Grundlagen der Berechnung und Gestaltung

Vierte, überarbeitete Auflage

Mit 236 Abbildungen und 38 Tabellen

Springer-Verlag
Berlin Heidelberg New York
London Paris Tokyo
Hong Kong Barcelona
Budapest

Dr.-Ing. Waldemar Steinhilper

o. Professor, Lehrstuhl für Maschinenelemente und Getriebetechnik,
Universität Kaiserslautern

Dr.-Ing. Rudolf Röper

o. Professor, Lehrstuhl für Maschinenelemente,
Universität Dortmund

ISBN 3-540-56214-1 4. Aufl. Springer-Verlag Berlin Heidelberg New York

Die Deutsche Bibliothek – CIP-Einheitsaufnahme
Steinhilper, Waldemar: Maschinen- und Konstruktionselemente / W. Steinhilper;
R. Röper. – Berlin ; Heidelberg ; New York ; London ; Paris ; Tokyo ; Hong Kong ;
Barcelona ; Budapest : Springer.
(Springer-Lehrbuch)
1. Grundlagen der Berechnung und Gestaltung. – 4., überarb.
Aufl. – 1994
ISBN 3-540-56214-1
NE: Röper, Rudolf:

Typesetting: Thomson Press (India) Ltd, New Delhi
Printing: Saladruck, Berlin; Bookbinding: Lüderitz & Bauer, Berlin
SPIN 10087389 62/3020/5 4 3 2 1 0 – Gedruckt auf säurefreiem Papier

Vorwort zur vierten Auflage

In den knapp drei Jahren seit dem Erscheinen der dritten Auflage dieses Lehrbuches sind auf dem Gebiet der Toleranzen, Passungen, Toleranzfelder und Toleranzklassen neue national und international geltende Normen erschienen, die eine Überarbeitung des zweiten Kapitels dieses Buches notwendig machten. Es wurden ferner die neuen deutschen Fassungen der EURONORMEN für die neuen und zukünftig verbindlichen Stahlbezeichnungen – soweit erschienen – im Kapitel 1 aufgeführt und bei der Bezeichnung der einzelnen Stähle auch berücksichtigt. Die Werkstoffblätter 1 bis 5 im Kapitel 1 wurden mit den alten Bezeichnungen noch belassen, da erstens mit der Einführung des neuen Systems in der Praxis so gut wie noch nicht begonnen wurde und zweitens sicher auch noch Ergänzungen und Änderungen bei den Zusatzsymbolen zu erwarten sind.

Unseren Lesern und Mitarbeitern, die zu dieser Auflage wertvolle Anregungen gegeben haben, danken wir ganz besonders. Wir ermutigen Sie alle, diesen konstruktiven Dialog auch in der Zukunft fortzusetzen. Für die Mithilfe bei der Reinschrift, beim Anfertigen der Bilder sowie Tabellen und beim Lesen der Korrekturen danken wir unseren Mitarbeitern sehr herzlich. Auch den Mitarbeitern des Springer-Verlags gilt unser Dank für die gute Zusammenarbeit bei der Drucklegung des Bandes.

Kaiserslautern, Dortmund, Februar 1994 W. Steinhilper R. Röper

Aus dem Vorwort zur ersten Auflage

Unter Technik verstehen wir jene Vorrichtungen und Maßnahmen, mit denen der Mensch die Naturkräfte auf Grund der Kenntnis ihrer Gesetzmäßigkeiten in seinen Dienst stellt, um menschliches Leben und in der Folge Zivilisation und Kultur zu ermöglichen und zu sichern. Das Tätigkeitsfeld der Technik umfaßt global die Erzeugung und Umformung von Energie, Stoff und Information sowie die Orts- und Lagewandlung. Solche Vorgänge erfolgen durch den Einsatz technischer Systeme (Maschinen, Apparate und Geräte), in denen physikalische und chemische Abläufe unter der Beachtung besonderer technischer Begriffe wie Funktion, Funktionssicherheit, Herstellbarkeit und Aufwand-Nutzen-Relation nutzbar gemacht werden. Mit der Ingenieurtätigkeit verbindet sich daher primär die schöpferische Gestaltung technischer Systeme, und sie wird maßgebend gekennzeichnet durch das Konstruieren, d.h. das Auffinden von Zielvorgaben und deren Verwirklichung durch logische, physikalische und konstruktive Wirkzusammenhänge.

Hochtechnisierte Länder, insbesondere die mit nur geringen natürlichen Reichtümern an Bodenschätzen und Energie, sind darauf angewiesen, technische Produkte und Verfahren höchster Qualität zu schaffen und unterliegen damit einem besonderen Zwang zu außerordentlichen Ingenieurleistungen. Ferner ist die Entwicklung der Technik gekennzeichnet durch immer kürzere Innovationszeiten für technische Produkte, einen wachsenden Grad an Komplexität der Strukturen und eine immer engere Verknüpfung technischer, ökonomischer, sozialer und ökologischer Systeme. Dies bewirkt eine zunehmend schnellere Veralterung von – z.B. im Studium erworbenen – Kenntnissen und den frühen Verlust von zeitlich begrenzten Vorteilen einer Spezialisierung. Die sich abzeichnende Entwicklung verlangt eine stärkere Gewichtung der Grundlagen und eine gegenüber dem heutigen Stand weiter auszubauende Methodenlehre. Da eine speziellere Kenntnisvermittlung nur noch exemplarisch erfolgen kann, ist eine verstärkte Ausbildung in den Grundlagenfächern unerläßlich.

Gerade aus dieser Sicht kommt den Maschinen- und Konstruktionselementen als Basis für das Konstruieren eine herausragende Rolle zu. Dem widerspricht nicht die sicher zu pauschale Ansicht, daß „die Elemente nur in der Lehre für Dimensionierungsaufgaben nützlich sind, in der Praxis aber aus den Katalogen der Herstellerfirmen entnommen werden“. Tatsächlich sind Maschinen- und Konstruktionselemente die technische Realisierung physikalischer Effekte und weiterer Wirkzusammenhänge im Einzelelement oder im technischen Teilsystem mit noch überschaubarer Komplexität. Sie fördern das Verständnis für die wesentlichen Merkmale höherer technischer Strukturen, lassen erkennen, auf welcher physikalischen (Funktion, Festigkeit, energetische Wirkung), logischen (Anordnung, Verknüpfung) und technischen (Werkstoff, Technologie) Systematik sie beruhen, die zum Gesamtverhalten führt, und schaffen somit überhaupt erst die Voraussetzungen zum Konstruieren.

Aus diesen Überlegungen heraus entstand das Konzept dieses Buches, die Maschinen- und Konstruktionselemente prinzipienorientiert darzustellen. Hierdurch werden die Elemente in der Vielzahl ihrer Erscheinungen geläufig und die Basis geschaffen, neue Techniken, verbesserte Werkstoffe und moderne Technologien einsichtig anzuwenden. Dem didaktisch getragenen Vorhaben, kein Rezeptbuch oder gar einen Katalog für Maschinenteile, sondern ein Lehrbuch zu schaffen, entspricht es auch, daß den jeweiligen Kapiteln Beispiele nachgefügt sind, die den Lernprozeß durch Übung fördern und den Lernerfolg durch eine richtige und selbständig erbrachte Lösung überprüfen helfen.

Kaiserslautern, Dortmund, Januar 1982 W. Steinhilper R. Röper

Inhaltsverzeichnis

1 Einführung 1

1.1 Maschinen- und Konstruktionselemente 2

1.2 Konstruktionswesen 3
1.2.1 Systeme 3
1.2.1.1 Technische Systeme 4
1.2.2 Konstruieren 7
1.2.2.1 Methodisches Konstruieren 8
1.2.2.2 Konstruktionsprozeß 10
1.2.2.3 Rechnergestütztes Konstruieren 11

1.3 Einteilung der Maschinen- und Konstruktionselemente 12

1.4 Funktionsgerechte und wirtschaftliche Konstruktion eines Maschinen- und Konstruktionselementes 13
1.4.1 Beanspruchungsgerechte Konstruktionen 13
1.4.2 Gestaltungsgerechte Konstruktionen 16
1.4.3 Werkstoffgerechte Konstruktionen 22

1.5 Kräfte, Momente, Arbeit und Leistung 43
1.5.1 Kräfte 43
1.5.2 Momente 44
1.5.3 Arbeit (Energie) 45
1.5.4 Leistung 45

1.6 Wirkungsgrad 46

1.7 Berechungsbeispiele 46

1.8 Schrifttum 50

2 Normen, Toleranzen und Passungen, technische Oberflächen 54

2.1 Normung 54
2.1.1 Einleitung 54
2.1.2 Historischer Überblick über die Entwicklung der Normen 55
2.1.3 Erstellung von Normen 56
2.1.4 Einige Grundnormen 56

2.2 Toleranzen, Passungen und Paßtoleranzfelder . . . 64
2.2.1 Allgemeines und Begriffe . . . 65
2.2.2 Maßangaben . . . 73
2.2.2.1 Maße ohne Toleranzangaben (Allgemeintoleranzen) . . . 74
2.2.2.2 Maße mit zahlenmäßiger Toleranzangabe . . . 74
2.2.2.3 Längenmaße mit Toleranzen nach dem ISO-System für Grenzmaße und Passungen . . . 79
2.2.3 Passungen und Passungssysteme . . . 87
2.2.3.1 Passungen (Spiel und Übermaß) . . . 91
2.2.3.2 Passungssysteme im ISO-System . . . 92
2.2.3.3 Beispiele für Passungen und Toleranzklassen . . . 92

2.3 Technische Oberflächen . . . 103
2.3.1 Kennzeichnung von Oberflächen . . . 106
2.3.2 Gestaltabweichungen . . . 108
2.3.3 Rauheitsmessungen . . . 111
2.3.4 Vergleich der Meßschriebe technischer Oberflächen . . . 113

2.4 Berechnungsbeispiele . . . 117

2.5 Schrifttum . . . 124

3 Grundlagen der Festigkeitsberechnung . . . 127

3.1 Grundbeanspruchungsarten . . . 127
3.1.1 Zugbeanspruchung . . . 127
3.1.2 Druckbeanspruchung und Flächenpressung . . . 131
3.1.3 Biegebeanspruchung (gerade Biegung!) . . . 136
3.1.4 Torsionsbeanspruchung . . . 140
3.1.5 Schub- oder Scherbeanspruchung . . . 143

3.2 Zusammengesetzte Beanspruchung, Vergleichsspannung und Festigkeitshypothesen . . . 146
3.2.1 Festigkeitshypothesen . . . 146
3.2.1.1 Hypothese der größten Gestaltänderungsenergie (GE-Hypothese) . 146
3.2.1.2 Hypothese der größten Normalspannung . . . 149
3.2.1.3 Hypothese der größten Schubspannung . . . 151
3.2.1.4 Hypothese der größten Dehnung oder Kürzung . . . 155
3.2.2 Graphische Darstellung der Versagenshypothesen beim zweiachsigen Hauptspannungszustand . . . 158
3.2.3 Graphische Darstellung des mehrachsigen Spannungszustandes . . 163
3.2.4 Berechnungsbeispiele . . . 164

3.3 Knickung und Knickbeanspruchung . . . 166
3.3.1 Euler-Hyperbel und Tetmajer-Gerade . . . 170
3.3.2 Das ω-Verfahren nach der früheren DIN 4114 . . . 172

3.4 Hertzsche Pressung und Stribecksche Wälzpressung . . . 174
3.4.1 Berührung zweier Kugeln . . . 174

3.4.2 Berührung einer Kugel und einer ebenen Platte 176
3.4.3 Berührung zweier Zylinder 177
3.4.4 Berührung eines Zylinders und einer ebenen Platte 180
3.4.5 Stribecksche Wälzpressung 181

3.5 Werkstoffkennwerte 184
3.5.1 Zügige Beanspruchung (stationäre Belastung) 184
3.5.1.1 Werkstoffkennwerte bei Raumtemperatur 186
3.5.1.2 Werkstoffkennwerte bei hoher Temperatur 187
3.5.1.3 Näherungswerte für die zulässigen Spannungen bei stationärer Belastung 188
3.5.2 Wechselnde Beanspruchung (dynamische Belastung) 188
3.5.2.1 Dauerfestigkeit und Zeitfestigkeit 190
3.5.2.2 Wöhler-Diagram 192
3.5.2.3 Dauerfestigkeits-Schaubild (DFS) 193
3.5.2.4 Einflüsse auf die Dauerfestigkeit σ_D und den Spannungsausschlag σ_A; Gestaltfestigkeit 200

3.6 Kerbwirkung und Kerbspannungen 206
3.6.1 Statische Beanspruchung 203
3.6.2 Rein schwingende Beanspruchung 215
3.6.3 Allgemeine dynamische Beanspruchung 219
3.6.4 Rechnerische Ermittlung der Kerbwirkungszahl 220
3.6.5 Einfluß der Bauteilgestaltung 226

3.7 Sicherheitsbeiwerte und Festlegung der zulässigen Spannung 226
3.7.1 Sicherheitsfaktoren 226
3.7.2 Zulässige Spannungen 227

3.8 Festigkeitsnachweis 228

3.9 Berechnungsbeispiele 229

3.10 Schrifttum 243

4 Gestaltung von Elementen und Systemen 245

4.1 Eindeutigkeit einer Konstruktion 245

4.2 Einfachheit einer Konstruktion 247

4.3 Sicherheit einer Konstruktion 250
4.3.1 Unmittelbare Sicherheit 251
4.3.2 Mittelbare Sicherheit 253

4.4 Beanspruchungsgerechte Gestaltung von Bauteilquerschnitten . . . 254
4.4.1 Grundbeanspruchungsarten 255
4.4.2 Auswahl der untersuchten Querschnittsformen 256
4.4.3 Unterschiedliche Beanspruchungen 256
4.4.4 Zusammenfassung der Ergebnisse 270

4.5 Fertigungsgerechte Gestaltung 270

4.5.1 Fertigungsverfahren 271
4.5.2 Herstellungskosten 272
4.5.3 Spanabhebend bearbeitete Konstruktionen 273
4.5.3.1 Drehteile 274
4.5.3.2 Frästeile 274
4.5.3.3 Bohrteile 276
4.5.3.4 Räumteile 278
4.5.3.5 Schleifteile 279
4.5.4 Gußkonstruktionen 281
4.5.4.1 Gießgerechtes Gestalten 284
4.5.5 Schmiedekonstruktionen 293
4.5.5.1 Schmiedegerechtes Gestalten 297
4.5.5.2 Kaltfließpressen 302
4.5.6 Blechkonstruktionen 304
4.5.6.1 Gestaltung von Blechteilen 304
4.5.7 Schweißkonstruktionen 326
4.5.7.1 Schweißstöße 327
4.5.7.2 Schweißverfahren 327
4.5.7.3 Gestaltung von Schweißteilen 328
4.5.7.4 Fugenvorbereitung 336

4.6 Gestaltungsbeispiele 341
4.6.1 Schmiedekonstruktionen 343
4.6.2 Gußkonstruktionen 342

4.7 Schrifttum 343

Sachverzeichnis 347

1 Einführung

Maschinen, Apparate und Geräte sind die Bezeichnungen für technische Konstruktionen, in denen sich vorzugsweise jeweils ein Energie-, ein Stoff- oder ein Informationsumsatz und dadurch eine spezielle technische Aufgabe vollzieht. In einem übergeordneten Zusammenhang verstanden, lassen sie sich durch systematische Analyse auf Elemente zurückführen, die als Bau- bzw. Strukturelemente jeweils typische Teilfunktionen zur Gesamtfunktion beitragen. Eine solche Anordnung, gegliedert, aber abgegrenzt, bezeichnet man als System, hier eingeschränkt technisches System, und das obige Vorgehen des Zergliederns oder Analysierens wird Systemanalyse genannt.

Umgekehrt läßt sich jedes System aus einzelnen Elementen in einer Systemsynthese zusammenbauen. Für die Synthese technischer Systeme ist der Begriff „Konstruieren" geläufig. Beyer [2, 3], Franke [15], Hansen [4, 18, 19], Hubka [22], Kesselring [24, 25], Koller [29, 30, 31], MacFarlane [35], Pahl und Beitz [38], Rodenacker [40–43], Roth [45–48], Schlottmann [51] und der VDI [56–61] beschäftigen sich ausführlich mit der Analyse und Synthese von Maschinen. Bei den Systemelementen kann man im Prinzip die beiden Gruppen Maschinenelemente und Konstruktionselemente unterscheiden, für die folgende Definitionen bzw. Abgrenzungen gelten sollen: *Maschinenelemente* sind die nicht weiter zerlegbaren Bauteile für Maschinen, Apparate, Geräte, Vorrichtungen oder, allgemein, für technische Systeme. Beispiele sind Federn, Keile, Bolzen, Stifte, Schrauben, Flansche und Wellen. *Konstruktionselemente* sind funktionstechnisch schon Systeme und als solche Baueinheiten, d.h. Teil- oder Untersysteme für technische Konstruktionen. Sie bestehen aus mehreren Bauteilen – Maschinenelementen –, die in ihrer Kombination eine Einheit bilden und sich von der Funktion her gesehen nicht weiter zerlegen lassen. Beispiele sind Welle-Nabe-Verbindungen, Schraubenverbindungen, Lager, Kupplungen, Getriebe, Stoffschlußverbindungen usw.

Das Konstruieren ist die schöpferische Ingenieurtätigkeit, bei der versucht wird, bestimmte Anforderungen an ein technisches Produkt durch gedankliche Verknüpfung einzelner Funktionsglieder optimal zu erfüllen. Der Funktionsablauf im zu schaffenden Produkt, mithin das strukturbedingte Verhalten des technischen Systems, läßt sich auf bestimmte Zusammenhänge zurückführen, die logischer, physikalischer und gestaltungsbedingter (konstruktiver) Art sind. Die hierin wirksame Funktionsstruktur läßt sich durch das Zusammenfügen der vorgenannten Maschinen- und Konstruktionselemente, in denen Teilstrukturen realisiert sind, erzeugen, wobei diese selbst wieder, im Sinne konstruktiver Anpassung, Objekte eines eigenständigen Konstruktionsprozesses sein können. Das Erstellen einer Funktionsstruktur kann systematisch oder methodisch erfolgen und wurde in den letzten Jahren Mittelpunkt des ingenieurwissenschaftlichen Interesses. Zur Schematisierung und Automatisierung unter dem Zwang zur Rationalisierung der konstruktiven Arbeit wird die Konstruktionsmethodik und -systematik, insbesondere die Beschreibung des Konstruktionsprozesses durch Algorithmen in der Zukunft sicher noch verstärkt eingeführt werden müssen, ebenso wie das Berechnen und die automatische Zeichnungserstellung mit Hilfe von elektronischen Datenverarbeitungsanlagen (Methodisches Konstruieren und Computer Aided Design (CAD)). Bahrmann [1], Bischoff und Hansen [4], Brankamp [5], Claussen [6], Ewald [13], Hansen [18, 19], Koller [29–31], Pahl und Beitz [38] und Rodenacker [40–43] haben in dieser Richtung schon so viel geleistet, daß im Bereich des Maschinen-, Geräte- und Apparatebaues eine einheitliche Konstruktionsmethodik zu erkennen ist.

1.1 Maschinen- und Konstruktionselemente

Maschinen- und Konstruktionselemente sind die Träger technischer Wirkungen, die in ihrer Gesamtheit die Funktion eines technischen Produktes ergeben. Diese Wirksamkeit beruht auf physikalischen Vorgängen. In jedem der genannten Elemente kommen mindestens eine, meist sogar mehrere physikalische Gesetzmäßigkeiten zur Anwendung. Aus diesem Grund kann man umgekehrt die Elemente als die Bauteile zur technischen Nutzbarmachung physikalischer Zusammenhänge auffassen. Daraus folgt einsichtig, daß ohne eine gründliche Kenntnis der Maschinen- und Konstruktionselemente, die auf dem fundierten Einblick in ihren Wirkmechanismus beruht, eine erfolgreiche Ingenieurarbeit unmöglich ist. Aus dieser unerläßlichen Voraussetzung für jede Konstruktionstätigkeit muß dem Gebiet der Maschinen- und Konstruktionselemente auch in Zukunft eine hohe Priorität im Fachbereich Maschinenwesen eingeräumt werden. Ohne ihre gründliche Kenntnis ist auch eine erfolg- und variantenreiche Anwendung der Konstruktionsmethodik nicht möglich.

Die Lehre von den Elementen ist objektbezogen und orientiert sich an bekannten, d.h. bereits vorhandenen Konstruktionen. Angesichts der Vielzahl der Elemente und ihrer Varianten muß die Lehre mit dem Ziel, die nur phänomenologische Darstellung zu überwinden, sehr methodisch prinzipbezogen erfolgen. Dabei werden folgende Arbeitsphasen durchlaufen:

- In einer *analytischen Phase* wird die Wirkung der naturwissenschaftlichen Gesetzmäßigkeit im Element gezeigt (*Kenntnisvermittlung*!).
- In einer *abstrahierenden* oder *generalisierenden Phase* wird die spezielle Darstellungsweise in eine allgemeine Darstellungsweise übersetzt, so daß der logische Wirkzusammenhang zu erkennen ist (*Kriterienvermittlung*!).
- In einer *konstruierenden Phase* wird das Rückübersetzen eines allgemeinen Wirkzusammenhanges in eine konkrete Form oder Struktur geschult. Der Weg

geht dabei immer vom Einfachen zum Komplexen, über die Funktionsstruktur zur Formstruktur unter Ermittlung des Systemverhaltens (*Grundzüge der Konstruktion*!)

Bei der Auswahl und Synthese der einzelnen Elemente sind stets auch Wertigkeitskriterien der einzelnen Einflußgrößen sowie technische Neben- und Randbedingungen zu beachten [26, 53] (z.B. Werkstoffeinflüsse, Technologie, Wirtschaftlichkeit, Verfügbarkeit, Mengeneinfluß, Umwelt).

1.2 Konstruktionswesen

Konstruieren kann als das Erarbeiten von Lösungen zum Bau von Maschinen, Apparaten, Geräten, einzelnen Bauteilen oder allgemein von technischen Systemen zur Erfüllung einer Funktion angesehen werden. Hierbei können die Methoden der Systemtechnik (Synthese und Analyse) angewendet werden [31, 38, 43, 51].

1.2.1 Systeme

Als System bezeichnet man nach [31, 38, 43, 51] eine Menge miteinander gekoppelter Elemente innerhalb eines durch die Systemgrenze umschlossenen Raumes oder Feldes (Bild 1.1). Je nach der Komplexität des Systems umfassen die Grenzen einen mehr oder minder weiten Inhalt; die Elemente können Grundelemente, aber auch selbst wieder Systeme (Subsysteme, Hilfssysteme) sein. Zudem kann das betrachtete System in einem anderen Anwendungsfall ein Unter- oder Teilsystem sein.

Die Relationen zwischen den Elementen sind formal beschreibbar in Kopplungsgleichungen. Die Gesamtbeschreibung eines Systems faßt alle Verbindungen, d.h. alle Kopplungsgleichungen zusammen zur Strukturgleichung, die wegen der Komplexität meist in abgekürzter Schreibweise als Strukturmatrix dargestellt wird. Die Struktur eines Systems ist also nicht einfach die Anordnung der Elemente,

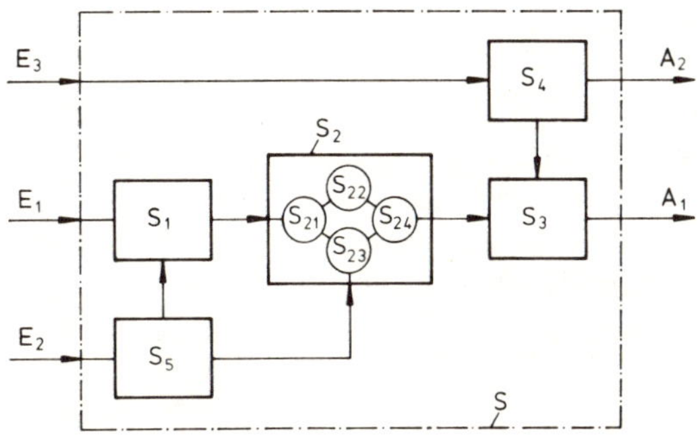

Bild 1.1. Prinzipieller Aufbau eines technischen Systems nach [38]
S = Systemgrenze des Gesamtsystems,
S_{21}–S_{24} = Teilsysteme von S_2,
E_1–E_3 = Eingangsgrößen (Inputs),
A_1–A_2 = Ausgangsgrößen (Outputs)

sondern es ist ein formaler Begriff zur Beschreibung des Aufbaus bzw. der Menge der Relationen der einzelnen Elemente. Die Grenzen eines Systems sind bestimmt durch dessen *Verhalten.* Hierunter versteht man die Art und Weise, wie das System von außen kommende Eingangsgrößen (Inputs) in bestimmte Wirkungen auf die Umwelt (Outputs) umformt. Dabei läuft innerhalb des Systems ein Prozeß ab, bei dem der Zustand des Systems sich zeitbestimmt verändern kann.

Struktur und Funktion eines Systems bedingen einander, und aus der Struktur läßt sich die Funktion ableiten. Das erlaubt eindeutige Aussagen über das Verhältnis Input/Output bei deterministischen Systemen und immerhin noch statistische Aussagen bei Systemen mit stochastischem Charakter. Die Umkehrung ist aber generell nicht möglich, weil ein bestimmtes Verhalten auf eine Vielzahl verschiedener Systemstrukturen zurückgeführt werden kann. Die Verfahren der Systemsynthese (Struktursynthese) (Bild 1.2) sind dementsprechend komplex und vollziehen sich in einem iterativen Vorgehen unter Beachtung von Rückkopplungen.

1.2.1.1 Technische Systeme

Die technischen Systeme haben die Aufgabe, eine geforderte technische Funktion unter Beachtung sozio-ökonomischer und ökologischer Aspekte zu erfüllen. Ihre Elemente sind die vorher genannten Maschinen- und Konstruktionselemente oder deren Zusammenfassung zu Systemen höherer Strukturkomplexität (Maschinensysteme). Ein- und Ausgangsgrößen technischer Systeme sind Energie, Materie (Stoffe) und Information. Die erstgenannten lassen sich weiter aufgliedern, die Energie nach ihrer speziellen Erscheinungsform, wie mechanische, thermische, kinetische usw. Energie, die Materie, indem ihr unterschiedliche konkrete Eigenschaften zugeordnet werden wie Masse, Zustand, Form usw. Der Informationsinput hat zwei Klassen, die *Daten*, die das System nach bestimmungsgemäßer Behandlung wieder als Output verlassen, und die *Befehle*, die Zustandsänderungen im System bewirken und somit „verbraucht“ werden. Als weitere Attribute sind Raum und Zeit zu nennen. Die Funktion technischer Systeme läßt sich in drei Begriffe fassen:

- *Wandlung*: In- und Outputs sind qualitativ und/oder quantitativ verschieden.
- *Transport*: Die materiellen, energetischen und informatorischen Attribute sind konstant, die Zeit- und Ortskoordinaten ändern sich.
- *Speicherung*: Unterschiedlich sind nur die Zeitkoordinaten von In- und Output.

Je nach der Aufgabe sind eine, höchstens zwei Attributformen vorherrschend, die übrigen haben den Charakter einer Nebenfunktion. Systeme mit hauptsächlich Energieumsatz bezeichnet man als Maschinen, mit Stoffumsatz als Apparate und mit Informationsumsatz als Geräte. Sie stehen als Systeme im Bereich mittlerer Komplexität, ihnen untergeordnete Begriffe sind, nach fallender Komplexität geordnet, Baugruppe, Einzelteil und Element. Höhere Systeme werden meist als Anlagen bezeichnet.

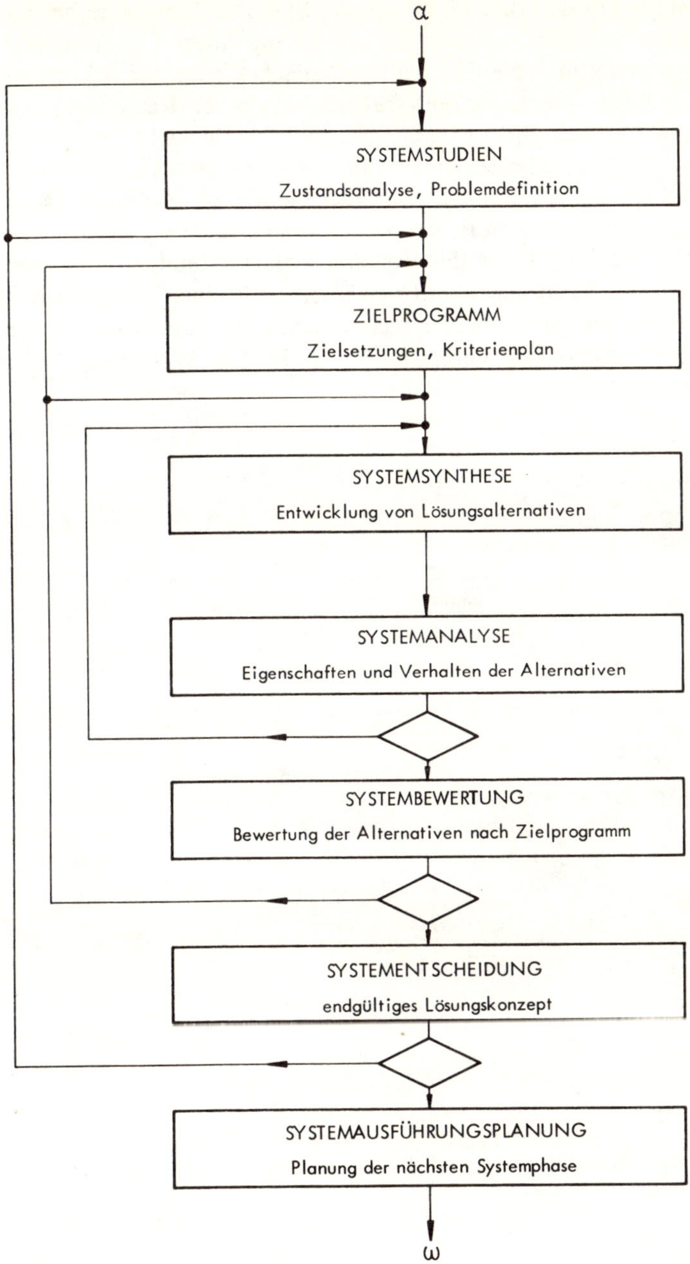

Bild 1.2. Lösungsschritte nach der Systemtechnik [38]

In Übereinstimmung mit den Bezeichnungen der Systemtechnik ist es bei der Behandlung technischer Gebilde vorteilhaft, diese von ihrer Funktion her aufzufassen, dafür die Struktur oder den Aufbau zunächst unberücksichtigt zu lassen. Das System (z.B. die Konstruktion) wird als schwarzer Kasten – in der englischen Literatur als „Black Box" – bezeichnet und als Rechteck gezeichnet (Bild 1.3). Es bildet sich nur durch seine Grenzen ab und steht durch Eingangs- und Ausgangsgrößen mit seiner Umgebung in Verbindung. Durch Zergliedern der Funktion läßt sich das System dann fortschreitend in immer kleinere Teilsysteme unterteilen. Als Beispiel ist im Bild 1.4 das System „Wellenverbindung" für zwei Wellen l und k dargestellt [38], hier allerdings bereits mit einer vorgegebenen Konfiguration. Es besteht gemäß den beiden technischen Forderungen nach einer elastischen und einer schaltbaren Verbindung der beiden Wellen aus den

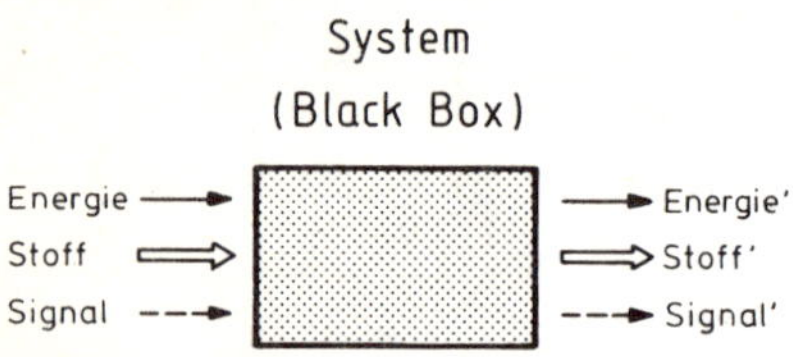

Bild 1.3. Energie-, Stoff- und Signalumsatz in einem technischen System

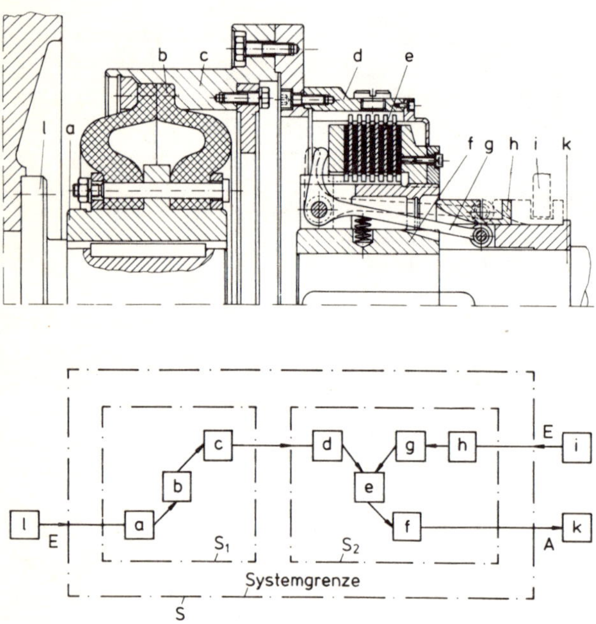

Bild 1.4. System S „Wellenverbindung", bestehend aus einer elastischen Kupplung (Teilsystem S_1) und einer schaltbaren Lamellenkupplung (Teilsystem S_2); Eingangsgrößen: l = Drehmoment und Drehzahl; i = Schaltimpul; Ausgangsgrößen: k = Drehmoment und Drehzahl [38]

Teilsystemen S_1 und S_2, die hintereinander geschaltet sind. Eingangsgrößen sind an der Welle l das Drehmoment und die Drehzahl (Energie!) und die Schaltkraft bzw. der Schaltimpuls i (Energieinput!). Ausgangsgrößen (Energieoutput!) sind an der Welle k deren Drehmoment und Drehzahl (Energie!).

1.2.2 Konstruieren

Konstruieren ist die schöpferisch-geistige Tätigkeit, technische Aufgabenlösungen in Form von Maschinen, Teilen oder Elementen, kurz, von technischen Systemen auf der Basis von Grundlagenwissen sowie von Kenntnissen und Erfahrungen aus dem jeweiligen Fachgebiet zu erstellen. Zusätzlich zur Hauptbedingung der bestimmungsgemäßen Funktion kommen als häufig fast gleichrangige Nebenbedingungen Forderungen (Restriktionen!) nach Wirtschaftlichkeit, Herstellbarkeit, Verfügbarkeit, aktiver und passiver Sicherheit und Umweltverknüpfung. So ist Konstruieren methodisch als ein Optimierungsprozeß zu verstehen unter einer vorgegebenen Zielsetzung. Die sich zum Teil widersprechenden Bedingungen und Forderungen lassen kaum ein Gesamtoptimum erreichen, allenfalls sind Teiloptima oder relative Optima in gewissen Bereichen möglich.

Die Konstruktionstätigkeit kann in drei Arten unterteilt werden, deren Grenzen aber fließend sind:

- *Neukonstruktion*: Erstellen einer neuen Lösung für ein System bei gleicher oder veränderter Aufgabenstellung.
- *Anpassungskonstruktion*: Anpassen eines vorliegenden Systems an eine veränderte Aufgabenstellung. Das grundsätzliche Lösungsprinzip bleibt erhalten, verändert werden nur Teilsysteme, um die unterschiedliche Funktion zu erbringen.
- *Variantenkonstruktion*: Anpassen der Systeme in Größe (Baureihen) und Anordnung (Baukasten) innerhalb der Anwendungsgrenzen. Funktion und Lösungsprinzip bleiben gleich.

Die Problematik bei der Konstruktion besteht einmal in der Breite des für eine erfolgreiche Tätigkeit erforderlichen Kenntniskataloges, der auf so verschiedene Disziplinen wie Maschinenelemente, Mechanik, Getriebetechnik, Werkstoffkunde, Fertigungstechnik, Strömungstechnik, Thermodynamik, Betriebswirtschaftslehre, Kostenkalkulation und weiteren beruht. Zum anderen ist Konstruieren im Sinne der Systemtechnik Systemsynthese. Ausgangspunkt ist dabei eine Zielsetzung, die als Funktion, d.h. als Systemverhalten, möglichst umfassend formuliert sein muß. Aufgabe ist es danach, in einer Synthese aus einer Menge von Elementen die Systemstruktur so zu erzeugen, daß diese Funktion und weitere Nebenbedingungen erfüllt werden, obwohl keine eindeutige Zuordnung einer Struktur zum Systemverhalten angegeben werden kann [31, 38, 43, 51].

Ursprünglich war und ist Konstruieren stark intuitiv geprägt und erfolgt sehr individuell, so daß es fast im Sinne einer „Kunstlehre" weitervermittelt wurde und wird. Auf der Basis einer in der Praxis erworbenen, oft unbewußten Erfahrung und in einem iterativen Optimierungsprozeß wurden dabei auch hervorragende

Lösungen gefunden. Dabei ist jedoch eine Einschränkung auf das Anwendungsgebiet, z.B. Motorenbau, Landmaschinentechnik, Werkzeugmaschinen usw., unverkennbar, d.h. eine Transformation guter Problemlösungen über mehrere Fachgebiete nur vereinzelt anzutreffen. Unter dem Zwang zur Rationalisierung auch der Konstruktionstätigkeit angesichts der immer kürzeren Innovationszeiten, wegen höherer Komplexität moderner technischer Produkte und aus der Erkenntnis des weitgehend gleichartigen, kaum produktabhängigen Konstruktionsprozesses hat sich in den letzten Jahren eine diskursiv geprägte Konstruktionslehre entwickelt. Die hierin angestrebte methodische Vorgehensweise beruht wesentlich auf dem Systemdenken bzw. den Methoden der Systemtechnik [18, 19, 31, 35, 38, 41, 63, 64].

1.2.2.1 Methodisches Konstruieren

Darunter versteht man ein planmäßiges Vorgehen zum Erreichen einer optimalen konstruktiven Lösung, die in Form eines allgemein gültigen Algorithmus zwischen Synthese und Analyse abläuft. Die Methode soll es weiter ermöglichen, alle nur denkbaren Lösungen für ein bestimmtes Anforderungs- oder Forschungsprofil zu finden, also über die in einem vorliegenden technischen System angewendeten Prinzipien hinaus andere in den Konstruktionsprozeß einzubeziehen.

Ansatzpunkt ist die systemtheoretische Erkenntnis, daß das Geschehen in technischen Systemen physikalischen Gesetzmäßigkeiten unterliegt und in seinem Ablauf logisch zu erfassen und zu begründen ist. Die Zuordnung oder Festlegung der Teilfunktionen eines technischen Systems erfolgt in drei Bezugsebenen, die sich auf die logischen, physikalischen und konstruktiven Merkmale einer Konstruktion beziehen. Diese Relationen oder Verknüpfungen bilden jede für sich einen Teil der Strukturmatrix und erfassen folgende Wirkzusammenhänge des technischen Systems:

1. *logischer Wirkzusammenhang*
   Die Teilfunktionsträger hängen durch die Operationen „Verknüpfen“, „Trennen“ und „Leiten“ so miteinander zusammen, daß die Schaltung logisch zu einem bestimmten Verhalten führt, keine Doppeldeutigkeit zuläßt und Redundanzen ausschließt.
2. *physikalischer Wirkzusammenhang*
   Die Teilfunktion wird mit einer oder mehreren physikalischen Gesetzmäßigkeiten hergestellt.
3. *konstruktiver (gestalterischer) Wirkzusammenhang*
   Der physikalische Wirkzusammenhang wird am Wirkort von bestimmten Wirkflächen und mit bestimmten Wirkbewegungen erzwungen.

Die Vorgehensweise des methodischen Konstruierens besteht darin, die gewünschte, vollständig beschriebene Funktion in einer stark abstrahierenden Schreibweise in Teilfunktionen zu zerlegen und diese in einen logischen Wirkzusammenhang einzubinden. Zu jedem der genügend klein gegliederten Teilfunktionsabschnitte wird dann eine passende Teilstruktur (Elementarstruktur) ausgesucht. Dafür bieten sich folgende Möglichkeiten an:

1. Verwendung fertiger Bauteile für jede Teilfunktion, z.B. Wellen, Räder usw.;
2. Aufsuchen physikalischer oder funktionaler Wirkprinzipien;
3. Aufsuchen physikalischer Grundoperatoren [31];
4. Benutzung von Katalogen mit Grundoperatoren [46].

Die anschließende Verknüpfung zur Gesamtlösung ist, auch wegen der Verträglichkeit, nicht einfach. Entweder muß man den logischen Wirkzusammenhang sehr fein entwickeln, um genügend kleine Operatoren zu gewinnen (das ist aber aufwendig und fehlerträchtig!), oder mit dem morphologischen Kasten nach Zwicky [64] Operatoren verschiedener Bezugsebenen zu verbinden suchen (das ist sicher, aber evtl. lückenhaft!). In Bild 1.5 wird nach [38] die Verwirklichung einiger im Maschinenbau besonders bekannter Teilfunktionen dargestellt.

Einschränkend muß festgestellt werden, daß mit dem methodischen Konstruieren nur Funktionsstrukturen erstellbar sind. Der Übergang zur Entwurfsphase, d.h. die konstruktive Verwirklichung der Funktionsstrukturen, ist noch nicht gelungen, obgleich natürlich der konstruktive Wirkzusammenhang gegenüber dem physikalischen Wirkzusammenhang nicht scharf abgrenzbar ist und deshalb bestimmte Größen die grobe Form bereits vorgeben (Hebel → Länge, Druck → Fläche usw.). Eine weitere Hilfe bietet hier die Variation der

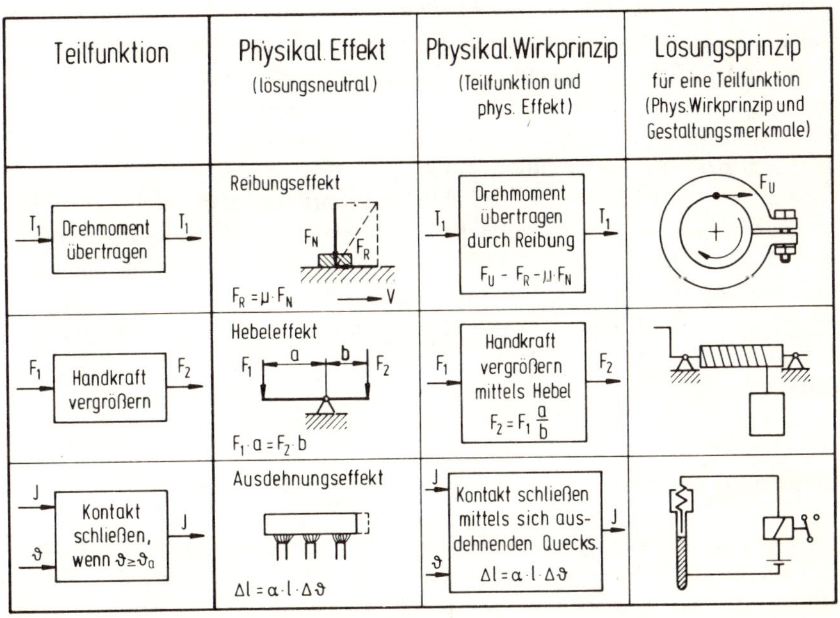

Bild 1.5. Verwirklichung von Teilfunktionen [38]

Gestaltungsmerkmale am Wirkort, d.h. an der Stelle, an der das physikalische Geschehen abläuft oder zur Wirkung kommt. Dieser wird durch die Paarung von Wirkflächen bzw. -räumen, -linien oder -punkten bestimmt. Am Wirkort läuft unter den Wirkbewegungen der Wirkflächen die Funktion ab, wenn das betreffende physikalische Wirkprinzip zur Anwendung kommt. Bei einer Freilaufkupplung z.B. sind die Kontaktstellen der Preßflächen der Klemmkörper und des Innen- sowie Außenringes der Wirkort.

Die Wirkflächen werden durch folgende Gestaltungsmerkmale gekennzeichnet:
1. Art (z.B. fest, flüssig);
2. Form (z.B. ebene Fläche, Zylinder, Kugel);
3. Lage (z.B. horizontal, vertikal);
4. Größe (z.B. m, m^2, m^3);
5. Anzahl (z.B. 1, 2, 3, ..., n).

Für die Wirkbewegungen gelten folgende Gestaltungsmerkmale:
1. Art (z.B. Translation, Rotation);
2. Form (z.B. gleichförmig, ungleichförmig);
3. Richtung (z.B. in x-, y-, z-Richtung, um x-, y-, z-Achse);
4. Betrag (z.B. Höhe der Geschwindigkeit);
5. Anzahl (z.B. eine, mehrere).

Zur Realisierung der Wirkflächen muß eine erste prinzipielle Festlegung des Werkstoffes vorgenommen werden und zwar auch schon im Hinblick auf dessen Verarbeitungs- und Gestaltungsmöglichkeiten. Eine Vorauswahl nur hinsichtlich der Gestalt des Werkstoffes ohne Beachtung von dessen Verarbeitungsmöglichkeiten ist unzureichend und führt zu keiner eindeutigen Lösung. Nur die gleichzeitige Beachtung von physikalischem Wirkprinzip und prinzipiellen Gestaltungsmerkmalen (z.B. der Wirkfläche, der Wirkbewegung und des Werkstoffes) führt zum Lösungsprinzip und damit zur Lösung.

Es bestehen aber trotzdem noch erhebliche Ansprüche an die Kenntnisse der Maschinen- und Konstruktionselemente, Fertigungsverfahren, Werkstoffe, Toleranzkriterien und des Mengeneinflusses. Völlig offen ist auch noch die Frage nach der Systemunterteilung (Einzelteil- bis Verbundkonstruktion!). Auch ist der Anwendungsbereich des methodischen Konstruierens begrenzt, denn für eine Anpassungskonstruktion ist diese Art des konstruktiven Arbeitens nur bedingt oder sogar nicht brauchbar.

1.2.2.2 Konstruktionsprozeß

Die Vorteile des diskursiven Arbeitens sind einmal die schrittweise Vorgehensweise, die jedoch den intuitiven Sprung nicht ausschließt, und zum anderen die detaillierte Fragestellung, die zur Überprüfung des jeweils erreichten Status zwingt. Darin begründet sich eine bestimmte Gliederung des Konstruktionsablaufes, durch die die unterschiedlichen *Konkretisierungsstufen* des technischen Systems (Aufgabenstellung –

Funktionsgliederung – Wirkprinzipienermittlung – Konstruktionselemente – Gesamtkonstruktion) und bestimmte *Hauptphasen* des Lösungsprozesses (Klären der Aufgabenstellung – Konzipieren – Entwerfen – Ausarbeiten) erreicht werden. Die Hauptphasen sind gegebenenfalls noch weiter zweckorientiert zu unterteilen.

Die Aufgabenstellung sollte in einer *Anforderungsliste* festgelegt werden, in der zwischen Forderungen (sie müssen erfüllt werden!), Nebenbedingungen (sie sollen erfüllt werden!) und Wünschen (sie sollten/können erfüllt werden!) sorgfältig unterschieden wird. Die präzise Gliederung ist später Gundlage der Bewertung, zur Annahme oder zum Ausscheiden von Lösungen. Die funktionalen und weiteren Merkmale (Kinematik, Kräfte, Energie, ..., Kosten, Termin) können auch gewichtet sein.

Das *Konzipieren* ist die Phase des Konstruierens, in der, ausgehend von der Aufgabenstellung, durch Abstrahieren, Aufstellen von Funktionsstrukturen, Zuordnung von Lösungsprinzipien und deren Kombination der grundsätzliche Lösungsweg in einem Lösungskonzept festgelegt wird. In dieser und der nächsten Phase tritt das grundsätzliche Arbeitsverfahren des Konstrukteurs besonders hervor, das durch den Ablauf Konfrontation – Information – Definition – Kreation – Bewertung – Entscheidung beschrieben werden kann.

Die Aufgabenstellung konfrontiert mit einem Problem, zu dessen Klärung weitere Informationen erforderlich ist, um den Problemkern zu definieren. Erst dies erlaubt dann die Suche nach einer Lösung, die schließlich selbst in einer analytischen Phase einer Bewertung nach Haupt- und Nebenfolgen unterliegt, ehe die Entscheidung für den Übergang zum nächsten Prozeßabschnitt erfolgt.

Entwerfen ist die Phase des Konstruierens, in der für ein technisches Produkt vom Konzept ausgehend die Gestaltung nach technischen, technologischen und wirtschaftlichen Gesichtspunkten so weit erfolgt, daß sein Aufbau und seine Gestaltung eindeutig vorliegen (Festlegung der Baustruktur!). Die Entwicklung geht von Grobentwürfen unter Beachtung von Nebenbedingungen zu immer präziser definierenden Feinentwürfen, wobei der Bewertung, z.B. mit Hilfe der Wertanalyse, besondere Bedeutung zukommt.

Das *Ausarbeiten* ist die letzte Phase des Konstruktionsprozesses. Der Entwurf wird durch endgültige Vorschriften für Anordnung, Form, Bemessung, Oberflächenbeschaffenheit, durch Werkstoffangabe, Überprüfung der Fertigungsmöglichkeit usw. ergänzt und mit zeichnerischen und sonstigen Unterlagen in eine Fertigungsanweisung für den Betrieb überführt.

1.2.2.3 Rechnergestütztes Konstruieren

Der Einsatz der Datenverarbeitungsgeräte im Konstruktionswesen (CAD) ist nur in den Bereichen möglich, wo ein hoher Anteil schematischer Tätigkeit genügend häufig auftritt. Da Rechner nur nach einer vorprogrammierten Bearbeitungsstrategie arbeiten, aber nicht schöpferisch tätig sind, ist ihr Einsatz in den einzelnen Konstruktionsphasen unterschiedlich hoch. Vorteile bieten sich vornehmlich im Dialogsystem, wenn der Rechner in der Lösungsphase Lösungskataloge bereitstellen kann oder in der Entwurfsphase Berechnungs- und Optimierungsoperationen durchführt. In der Ausarbeitungsphase erfolgt zunehmend eine automatische Erstellung der Fertigungsunterlagen, z.B. geplottete, bemaßte Teilzeichnungen, vollständige Stücklisten, Lochstreifen oder Lochkarten zur Steuerung von numerisch gesteuerten Werkzeugmaschinen usw.

1.3 Einteilung der Maschinen- und Konstruktionselemente

Die Maschinen- und Konstruktionselemente lassen sich in folgende Hauptgruppen unterteilen [8, 14, 16, 28, 32, 34, 37, 44, 51, 55]:

1. Verbindungselemente
   Sie übertragen Kräfte und/oder Drehmomente zwischen Elementen. Beispiele: Niete, Bolzen, Stifte, Schrauben, form-, kraft- und stoffschlüssige Welle-Nabe-Verbindungen.
2. Elastische Elemente
   Vorherrschendes Wirkprinzip ist die elastische Federung zur Aufnahme oder Erzeugung von Kräften oder Momenten. Beispiele: Federn aus Stahl und Elastomeren, Klammern, Spannringe.
3. Stützelemente
   Sie übertragen funktionsbedingte Kräfte und Momente zwischen Wirkorten und zum Stützort. Beispiele: Achsen, Wellen, Wälzlager, Gleitlager.
4. Leitungselemente
   Sie dienen zur Übertragung einer Leistung oder nur eines Drehmomentes in Antriebssystemen, aber ohne Drehzahlwandlung. Beispiele: Kupplungen, Bremsen.
5. Hülltriebe
   Sie übertragen eine Leistung in Antriebssystemen mit oder auch ohne Drehzahlwandlung mittels eines die Führungsglieder umhüllenden Zuggliedes. Beispiele: Riementrieb, Kettentrieb, Seiltrieb.
6. Wälzgetriebe
   Zur Übertragung einer Leistung in Antriebssystemen mit oder auch ohne Drehzahlwandlung mittels kraft- oder formschlüssiger Wälzpaare. Beispiele: Reibradgetriebe, Zahnradgetriebe.
7. Schraubgetriebe
   Sie übertragen eine Leistung in Antriebssystemen mit oder auch ohne Drehzahlwandlung mittels eines Schraubpaares. Beispiele: Hypoidgetriebe, Schneckengetriebe.
8. Getriebe
   Sie dienen als Baugruppe zum Wandeln von Drehmoment und Winkelgeschwindigkeit innerhalb der mechanischen Leistung sowie von Bewegungsart und -form. Innerhalb eines Getriebes kann auch in eine andere Energieform als die mechanische übersetzt werden. Beispiele: Zahnradgetriebe, Schraubgetriebe, Koppelgetriebe, Kurvengetriebe, Fluidgetriebe (hydrodynamische und hydrostatische Getriebe).

9. Rohrleitungen und Armaturen
   Sie sind Leitungs- und Schaltelemente für den Transport von fluiden Stoffen. Beispiele: Rohrleitungen, Ventile, Schieber, Drosselelemente, Flansche.
10. Dichtungselemente
   Sie sperren den Durchtritt von fluiden Stoffen zwischen funktionsmäßig getrennten Räumen. Beispiele: ruhende Dichtungen, Dichtungen mit relativ bewegter Dichtstelle.

1.4 Funktionsgerechte und wirtschaftliche Konstruktion eines Maschinen- und Konstruktionselementes

An alle technischen Konstruktionen, d.h. an alle Maschinen, Apparate und Geräte und damit an alle Maschinen- und Konstruktionselemente werden mit zunehmender Leistungssteigerung hinsichtlich Funktionssicherheit und Wirtschaftlichkeit immer höhere Anforderungen gestellt. Von welchen Einflüssen die Funktion und die Wirtschaftlichkeit einer Konstruktion abhängen, ist in Bild 1.6 dargestellt.

Neben der Beanspruchung und der Gestalt (Formgestaltung) spielt der Werkstoff eine besondere Rolle, weil dessen Spannungs-Dehnungs-Verhalten, Verformungsvermögen und chemische Beständigkeit maßgebend die Bemessung der einzelnen Bauteile bestimmt. Diese drei Einflußgrößen sind ihrerseits miteinander verknüpft und müssen daher in ihrer Kopplung beachtet werden.

Eine Konstruktion, die hinsichtlich ihrer Funktion und Wirtschaftlichkeit optimal sein muß, muß somit *beanspruchungsgerecht* (festigkeits- und steifigkeitsgerecht!), *gestaltungsgerecht* und *werkstoffgerecht* ausgeführt werden.

1.4.1 Beanspruchungsgerechte Konstruktionen

Die übliche nur statische Bauteildimensionierung mittels empirisch gewonnener Formeln und Sicherheitsfaktoren entspricht nicht mehr dem Stand der Technik. Notwendig ist vielmehr eine dynamische Betrachtungsweise, die die statistisch schwankenden Bauteilbeanspruchungen, die Methoden der Bruchmechanik, den Riß und die Rißbildung sowie die Kenntnisse über das Bauteil- und Systemverhalten berücksichtigt und so zu einer lebensdauerorientierten und betriebssicheren Bauteildimensionierung führt.

Nachfolgend soll die für Maschinen- und Konstruktionselemente übliche einführende statische Festigkeitsberechnung, die einen quantitativen Hinweis auf die Tragfähigkeit eines Bauteiles gibt, aber nicht die Formgestaltung zu ersetzen vermag, erläutert werden. Darüber hinausgehende Berechnungsverfahren werden in Kapitel 3 ausführlich dargestellt.

Die auf ein Element oder ein Bauteil einwirkenden äußeren Kräfte und Momente bewirken eine Verformung des Bauteiles. Als Reaktion entstehen im Innern der Struktur Spannungen, die der örtlich verschiedenen spezifischen oder

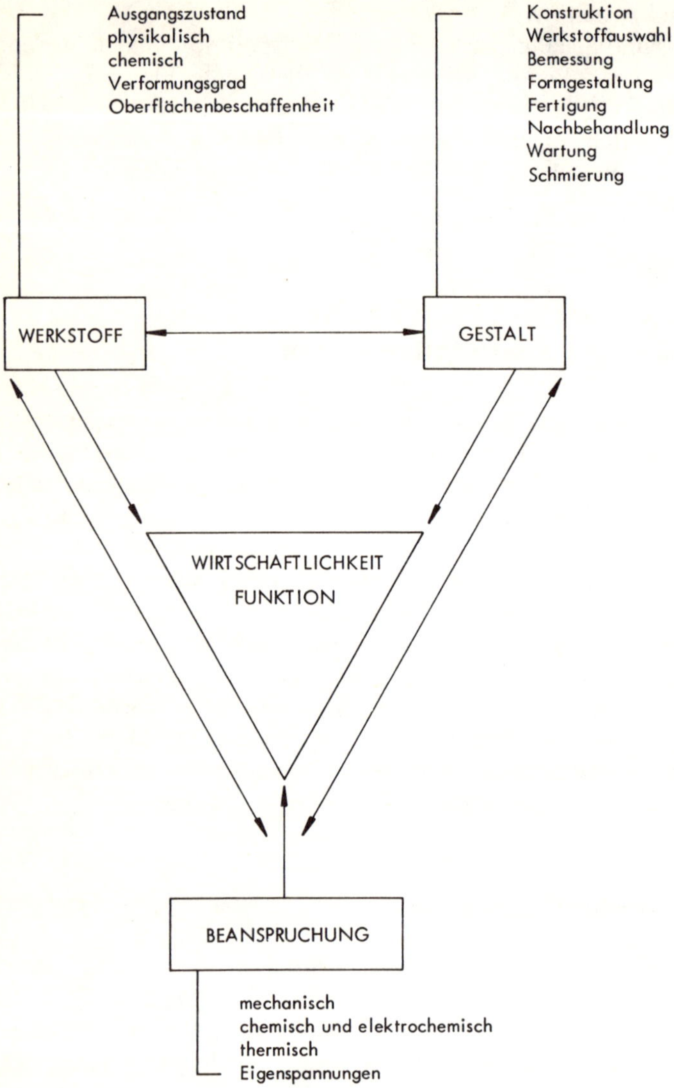

Bild 1.6. Einflüsse auf die Funktion und die Wirtschaftlichkeit einer Konstruktion

bezogenen Verformung (Dehnung!) proportional sind und wie diese von der Größe und der Art der äußeren Belastung, den Dimensionen des Bauteiles und seiner Gestalt abhängig sind. Dies bedeutet eine Anstrengung des Werkstoffes. Das Spannungsfeld darf an keiner Stelle die Grenzwerte der Werkstoffbelastbarkeit überschreiten. Bei der Konstruktion eines Bauteiles muß daher gewährleistet werden, daß durch eine ausreichende Dimensionierung und eine richtige, angepaßte Formgebung die auftretenden Spannungen unter den zulässigen liegen, gleichzeitig aber auch eine optimale Werkstoffausnutzung erfolgt. In selteneren Fällen führt man statt dieser genannten festigkeitsgerechten Dimensionierung eine verformungs- oder steifigkeitsgerechte Dimensionierung aus, wenn die Verformungen eine bestimmte oder zulässige Größe nicht überschreiten dürfen (z.B. bei Werkzeugmaschinen und Präzisionsmaschinen!).

Es ist zu beachten, daß die Festigkeitsberechnung nur einen quantitativen Hinweis auf die Tragfähigkeit eines Bauteils liefert, aber nicht die Formgestaltung ersetzen kann.

Der Konstrukteur muß das Werkstoffverhalten unter Last beachten und insbesondere auch das Verformungsverhalten – die Verformungsfähigkeit – berücksichtigen. Er muß vorkommende elastische und plastische Verformungen in seine Rechnungen einbeziehen. Bei spröden Werkstoffen (z.B. Gußeisen und gehärteter Stahl!) darf er nur mit elastischen Verformungen, die ferner noch sehr klein sind, rechnen, bei zähen Werkstoffen (z.B. Baustähle und Vergütungsstähle!) kann er größere elastische und plastische Dehnungen zulassen. Eine qualitativ richtige Einschätzung des Verformungsverhaltens eines Werkstoffes – insbesondere nach seiner Verarbeitung zu einem Bauteil – ist für die Haltbarkeit einer Konstruktion von sehr großer Bedeutung.

Die Festigkeitsrechnung hat im allgemeinen Fall nur Modellcharakter. Die realen Bauteile werden auf Modelle zurückgeführt, die das tatsächliche Geschehen annähern. Diese Modelle können ein längsbeanspruchter Stab, ein biegebeanspruchter Balken, eine torsionsbeanspruchte Welle, eine belastete Scheibe usw. sein. Durch diese vereinfachten Rechnungen bleiben am wirklichen Bauteil Zonen unbekannter, meist höherer Beanspruchung, die man a) gesondert erfaßt (Kerbspannungsberechnung!), b) sich selbst überläßt (Fließnachgiebigkeit des Werkstoffes!) und c) durch einen Sicherheitsfaktor (eigentlich einen „Unsicherheitsfaktor"!) berücksichtigt.

Da die Komplexität des Spannungszustandes mit der Komplexität der Form des Bauteiles und/oder der Art der Krafteinleitung größer wird, ist die Forderung nach einer einfachen und überschaubaren Gestaltung eines Bauteils von besonderer Bedeutung.

Für die eigentliche Festigkeitsberechnung der Maschinen- und Konstruktionselemente stehen die Gesetze der Festigkeitslehre zur Verfügung, die im wesentlichen auf das *Hookesche Gesetz* (Bild 1.7)

$$\sigma = E \cdot \varepsilon \quad \text{mit } \sigma = F/A \text{ und } \varepsilon = \Delta l/l_0 \tag{1.1}$$

bei einer Zug- oder Druckbeanspruchung zurückgehen. Die Spannung σ ist direkt proportional der Dehnung ε und der Proportionalitätsfaktor ist der Elastizitätsmodul E. Bei einer Schub- und Torsionsbeanspruchung gilt in analoger Weise die Hookesche Beziehung

$$\tau = G \cdot \gamma \quad \text{mit } \tau = F_Q/A_Q \text{ und } \tan\gamma = \overline{CC'}/\overline{AC} \simeq \gamma, \tag{1.2}$$

wenn τ die Schubspannung, G der Schub- oder Gleitmodul und γ die Gleitung sind.

Die Festigkeitsberechnung muß gemäß Bild 1.8 in der Weise ablaufen, daß aus der Gestalt des Bauteils und den äußeren Kräften und/oder Momenten eine

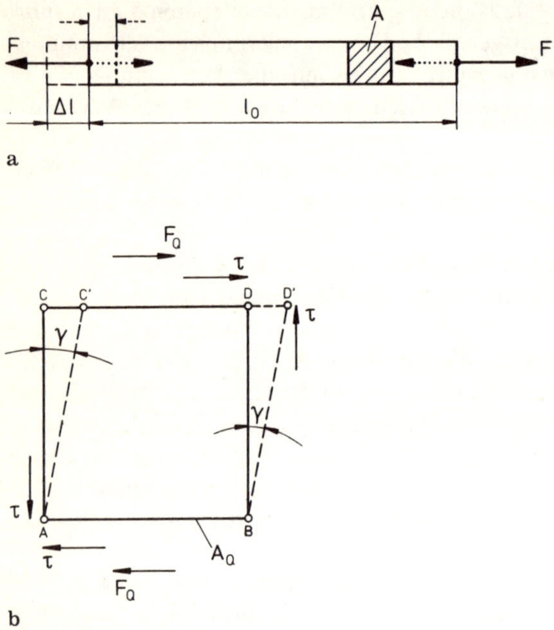

Bild 1.7a, b. Verzerrung eines Elementes, **a** durch Zug- oder Druckbeanspruchung, **b** durch Schub- und Torsionsbeanspruchung

Anstrengung, d.h. ein innerer Spannungszustand ermittelt wird. Hieraus wird eine Vergleichsspannung σ_v berechnet (Festigkeitshypothesen!), die mit dem zulässigen Werkstoffkennwert K unter Beachtung einer Sicherheit S verglichen wird. Der zulässige Werkstoffkennwert K ist werkstoffspezifisch und berücksichtigt die Beanspruchungsart und die Gestaltfestigkeit (Formeinfluß, Kerbeinfluß!) des Bauteils. Es gilt also:

$$\sigma_{v,vorh} \leqq \sigma_{zul} = \frac{K}{S} \tag{1.3}$$

Neben der Dimensionierung hinsichtlich Festigkeit spielt in manchen Fällen (z.B. Berechnung von Wellen, Kupplungen und Federn!) die Dimensionierung hinsichtlich Steifigkeit die ausschlaggebende Rolle. Dabei muß berücksichtigt werden, daß die vorhandene Formänderung des Bauteils einen zulässigen Wert nicht überschreitet.

1.4.2 Gestaltungsgerechte Konstruktionen

Eine festigkeitsgerechte Konstruktion ist nicht unbedingt gestaltungsgerecht, aber eine gestaltungsgerechte Konstruktion ist im Regelfall auch festigkeits- und beanspruchungsgerecht. Bei der gestaltungsgerechten Konstruktion eines Bauteils müssen die äußeren Beanspruchungen und der Werkstoff berücksichtigt werden.

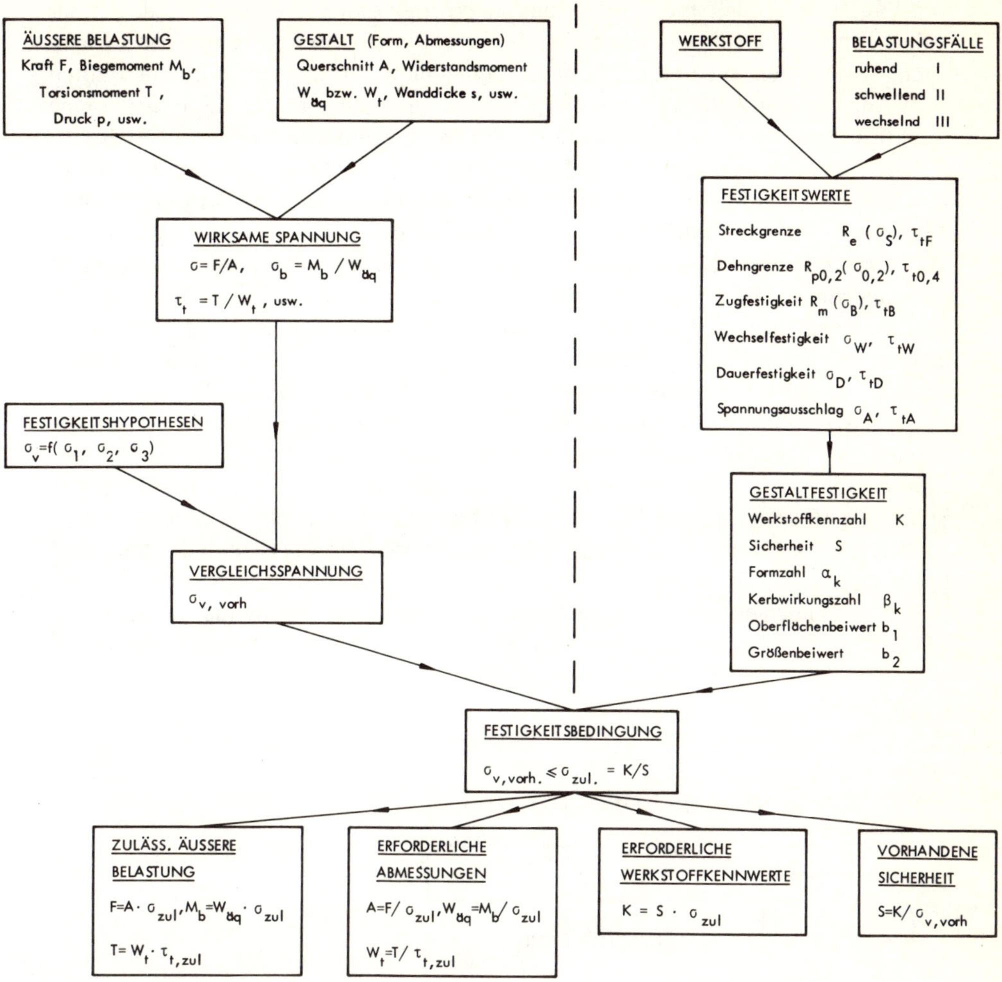

Bild 1.8. Ablauf einer Festigkeitsrechnung

Durch eine gestaltungsgerechte Konstruktion wird gewährleistet, daß überall eine annähernd gleiche Werkstoffausnutzung erreicht wird. Lokal überhöhte Spannungen, sogenannte Spannungsspitzen, werden durch eine richtige Formgestaltung vermieden oder abgeschwächt. Eine gestaltungsgerechte Konstruktion hat wegen ihrer guten Werkstoffausnutzung ein geringes Gewicht (Leichtbau!), verursacht also geringe Materialkosten und ist dadurch auch wirtschaftlich [20, 21].

Kraftfluß

Mit dem Begriff Kraftfluß, der in der Festigkeitslehre zwar nicht exakt definiert ist und keine quantitativen Aussagen ermöglicht, kann qualitativ eine Abschätzung der Lage von Stellen mit Spannungsspitzen und damit die Abschätzung einer möglichen Bruchgefahr vorgenommen werden. Unter dem Kraftfluß versteht man nach Bild 1.9 den Weg einer Kraft und/oder eines Momentes in einem Bauteil vom Angriffspunkt (Stelle der Einleitung!) bis zur Stelle, an der diese durch eine Reaktionskraft und/oder ein Reaktionsmoment aufgenommen werden. Der Kraftfluß wird im Gleichgewichtszustand also durch Kraft und Gegenkraft oder Moment und Gegenmoment (actio = reactio!) geschlossen. Die Wege einer Kraft oder eines Momentes in einem Bauteil sind also die Kraftflußlinien. In ihrer Richtung verlaufen die Längskräfte und senkrecht dazu die Querkräfte. Kraft und Gegenkraft, Moment und Gegenmoment behalten auf dem Weg durch das Bauteil ihre Richtung bei. Sind in einem Bauteilelement die Richtungspfeile der Kraft und der Gegenkraft aufeinander zeigend, dann handelt es sich um eine Druckbeanspruchung, und sind sie auseinander strebend, dann liegt eine Zugbeanspruchung vor.

Der Kraftfluß soll möglichst ohne Richtungsänderung weitergeleitet werden, damit keine einseitige Verdichtung oder Verdünnung der Kraftflußlinien erfolgt. Eine Verdichtung von Kraftflußlinien bedeutet nämlich eine Erhöhung der Spannung (Bilder 1.9 und 1.10). Die Verdichtung der Kraftflußlinien ist umso größer, je stärker deren Umlenkung, d.h. je größer der Umweg ist, den der Kraftfluß bewältigen muß. Mechanisch gesehen überlagert sich den Zug- oder Druckspannungen noch eine Biegebeanspruchung, die mit größer werdender Umlenkung, d.h. mit größer werdendem Hebelarm, größer wird (Bilder 1.11 und 1.12).

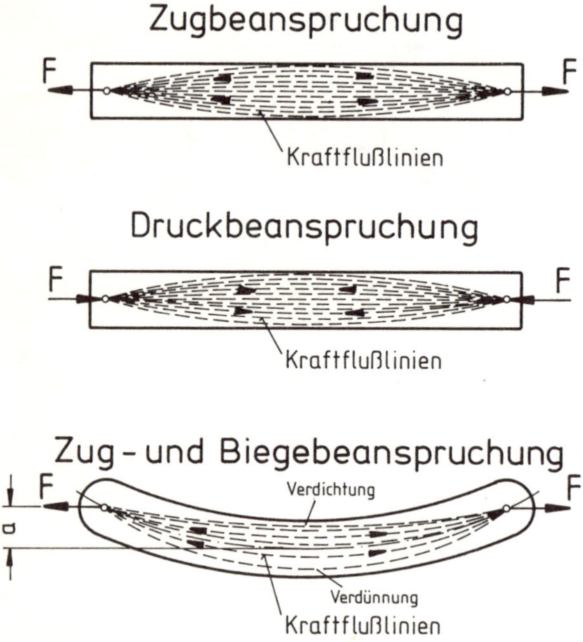

Bild 1.9. Verlauf der Kraftflußlinien

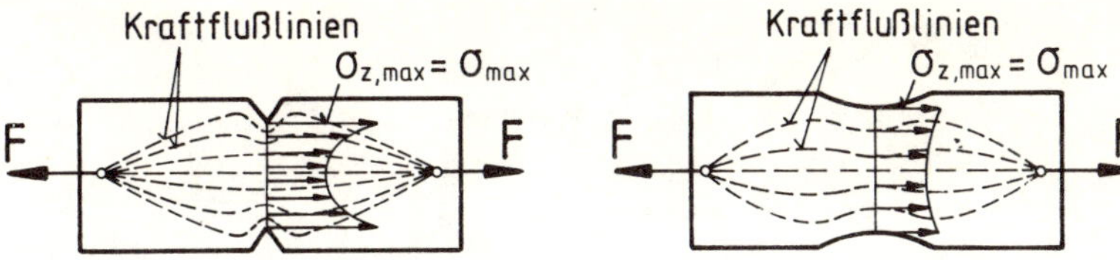

Bild 1.10. Kraftflußlinien bei Kerben

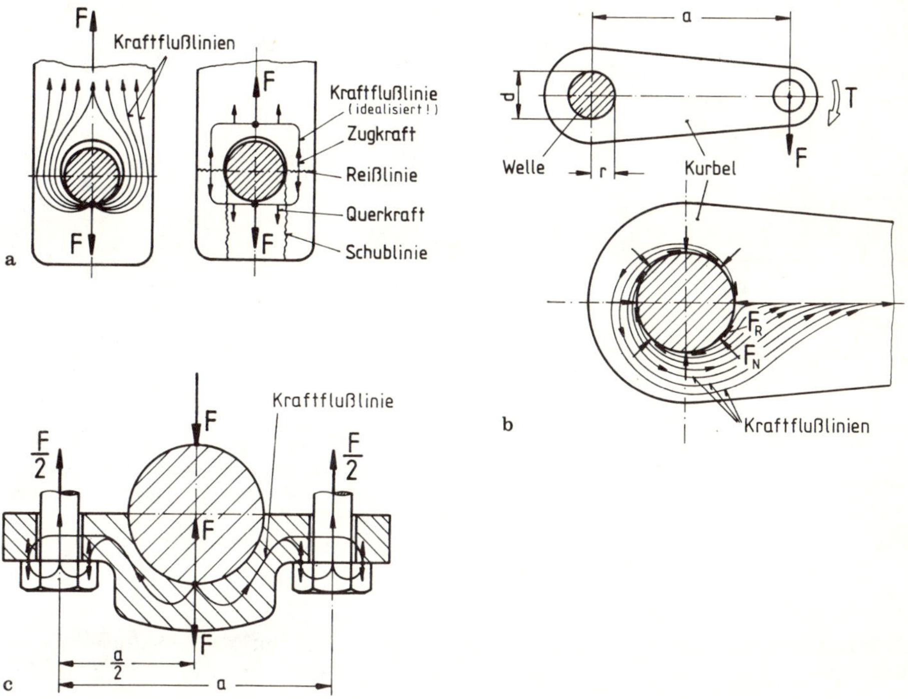

Bild 1.11a–c. Verlauf der Kraftflußlinien bei, **a** einer Zuglasche, **b** einer Kurbel, **c** einem Querjoch

Folgerungen aus dem Kraftflußlinienbild

1. Eine Querschnittsänderung für den Kraftfluß bewirkt eine Spannungsänderung.
2. Die Spannungen werden höher, d.h., die Spannungsspitze wird größer, je stärker die Querschnittsänderung oder je schärfer die Kerbe wird, d.h. je schroffer die Umlenkung und die Verdichtung der Kraftflußlinien werden.

Zähe Werkstoffe haben die Eigenschaft, daß sie sich selbst vor zu hohen Spannungsspitzen schützen, wenn die Streck- oder Fließgrenze überschritten wird und ein Fließen des Werkstoffes eintritt (plastische Verformung!).

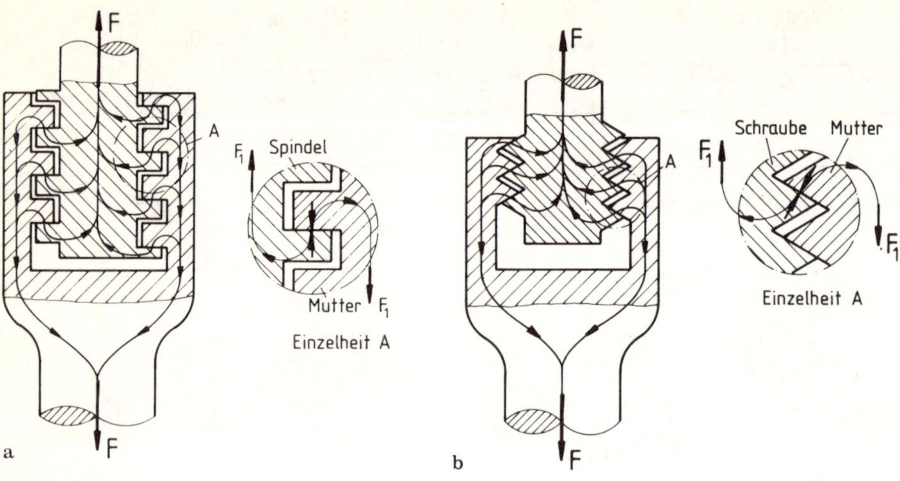

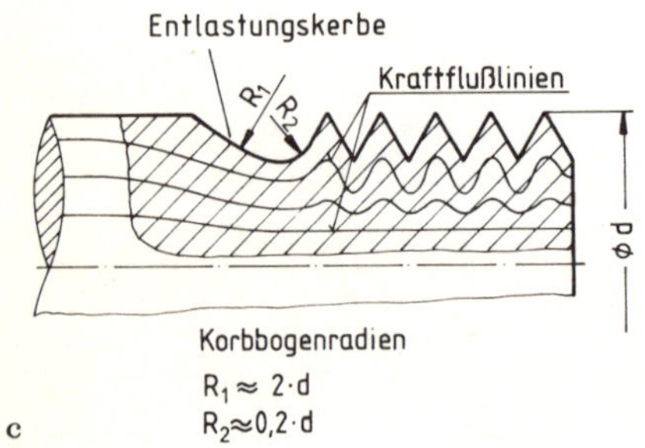

Bild 1.12a–c. Verlauf der Kraftflußlinien; **a** durch eine Flachgewindeverbindung, **b** durch eine Spitzgewindeverbindung, **c** in einem zugbeanspruchten Gewindebolzen

Die Gefahr einer Spannungserhöhung bei Umlenkung der Kraftflußlinien ist bei Wechselbelastung und bei hochwertigen Stählen sehr viel größer als bei statischer (stationärer) Belastung und normalen Baustählen.

Bohrungen, Nuten, Rillen und Absätze (Querschnittsunstetigkeiten!) bewirken wie Kerben eine örtliche Kraftflußlinienverdichtung und damit eine Spannungserhöhung.

Es gibt natürlich viele Konstruktionen, bei denen Querschnittsänderungen unumgänglich sind, die aber dank einer guten Formgestaltung trotzdem festigkeitsgerecht sind [20, 21].

Abbau von Spannungsspitzen

Zu hohe und damit zu gefährliche Spannungsspitzen können durch die folgenden konstruktiven Maßnahmen verhindert werden (Bilder 1.13 bis 1.15):

1. Weiche Querschnittsübergänge (große Übergangsradien!);

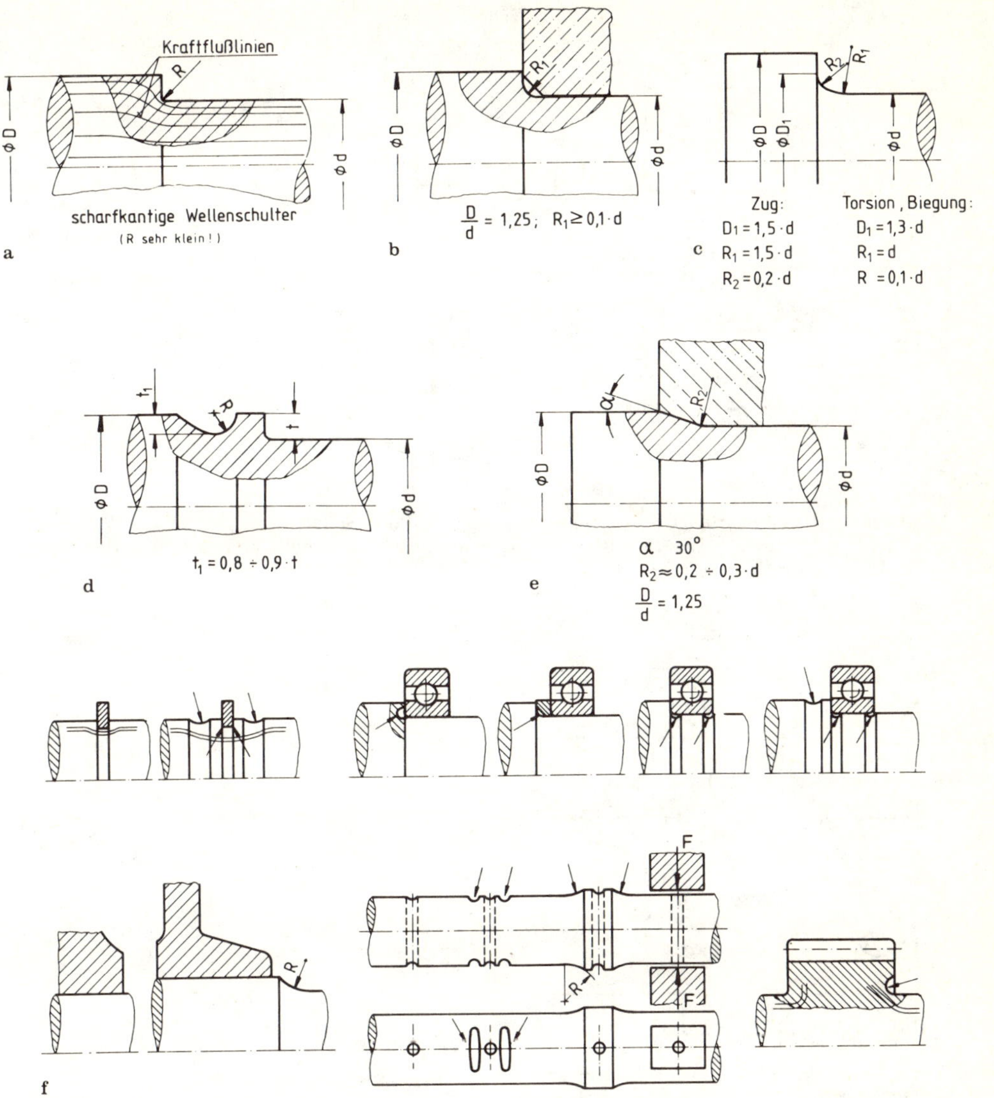

Bild 1.13a–f. Gestaltung von Wellenschultern; **a** fast scharfkantig (sehr schlecht!), **b** einfach abgerundet (besser!), **c** zweifach abgerundet (gut!), **d** einfach abgerundet und Entlastungsnut (gut!), **e** konische Querschnittsänderung mit großem Übergangsradius (sehr gut!), **f** praktisch ausgeführte Beispiele (die Pfeile markieren die gut ausgeführten Stellen!)

2. mehrstufige Querschnittsänderung (kleine Sprünge!);
3. Entlastungskerben;
4. Kaltverfestigung im Nut- und Kerbgrund (Druckvorspannung!);
5. elastische Gestaltung;
6. Wahl eines weniger kerbempfindlichen oder eines kerbunempfindlichen Werkstoffes (z.B. Baustahl oder Gußeisen!).

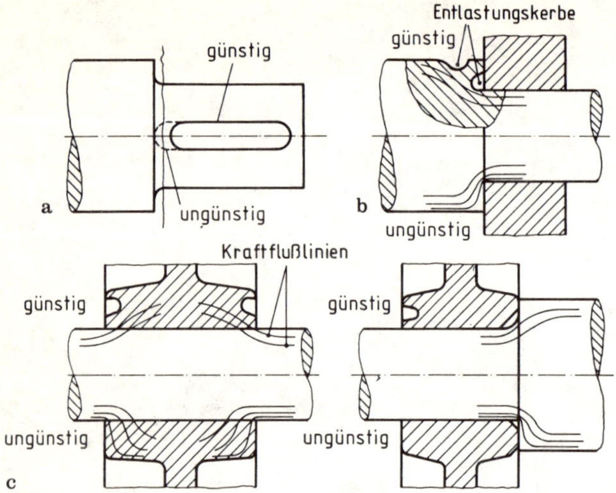

Bild 1.14a–c. Beeinflussung der Kerbwirkung durch konstruktive Gestaltung der Elemente; **a** Vermeidung der Überlagerung von zwei Kerben (Wellenschulter und Paßfedernut!), **b** Entlastungskerben am Wellenabsatz, **c** Entlastungskerben bei festsitzenden Naben

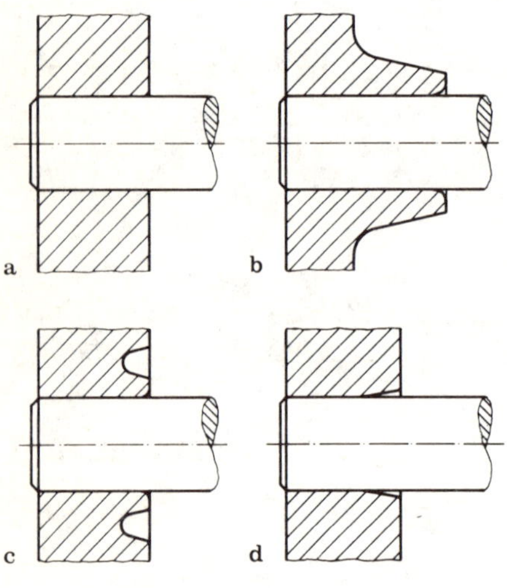

Bild 1.15a–d. Gestaltung von Welle-Nabe-Verbindungen; **a** ungünstig (Kantenpressung!), **b–d** günstig (Vermeidung von Kantenpressung!)

1.4.3 Werkstoffgerechte Konstruktionen

Zur werkstoffgerechten Konstruktion eines Bauteils ist die Kenntnis folgender Werkstoffeigenschaften erforderlich:

1. Festigkeitsgrenzwerte (Beachtung von Belastungsart und Sicherheit!);
2. spezifische Masse (Dichte);
3. Elastizitäts- bzw. Schubmodul (Formsteifigkeit!);

4. Dehnung und Zähigkeit (Gewaltbruch, Verformungsbruch-Sicherheit!);
5. Oberflächenzustand;
6. Härte und Härtbarkeit;
7. Kerbempfindlichkeit;
8. Schwingungs-Dämpfungsverhalten;
9. Kerbschlagarbeit (Sprödbruchempfindlichkeit!);
10. Verarbeitbarkeit (Gieß-, Warm- oder Kaltverform-, Zerspan- und Schweißbarkeit!);
11. Korrosionsbeständigkeit;
12. Preis, Wirtschaftlichkeit.

Nach Bild 1.16 sind im Maschinen-, Apparate-, Fahrzeug- und Flugzeugbau Metalle, nichtmetallische Stoffe (z.B. Kunststoffe und Hilfsstoffe) und Verbundwerkstoffe im Einsatz. Am häufigsten verbreitet sind die metallischen Werkstoffe, die ihrerseits in Eisenmetalle und Nichteisenmetalle eingeteilt werden können.

Die große Gruppe der metallischen Gußwerkstoffe läßt sich in Eisen-Kohlenstoff-Gußwerkstoffe (Bild 1.17) und in Nichteisenmetall-Gußwerkstoffe (Bild 1.18) unterteilen. Die Verbundwerkstoffe lassen sich in die oxidkeramischen Werkstoffe, die Hartmetalle und die Faser- bzw. Faden- oder Whisker-Verbundwerkstoffe unterteilen. Die oxidkeramischen Werkstoffe werden vornehmlich als Schneidstoffe verwendet, und die Hartmetalle dienen zur Belegung von Schneidkanten für Werkzeugmeißel (Hartmetallwerkzeuge!). Die Whisker- oder Faden-Verbundwerkstoffe werden im Rahmen moderner Technologien (z.B. Raumfahrt-, Raketentechnik!) eingesetzt. Bei den nichtmetallischen Stoffen können im Prinzip die als Konstruktionswerkstoffe verwendbaren Kunststoffe und die zur Fertigung und zum Betreiben von technischen Systemen erforderlichen Hilfsstoffe (z.B. Schleif- und Poliermittel, Schmier- und Kühlmittel!) unterschieden werden.

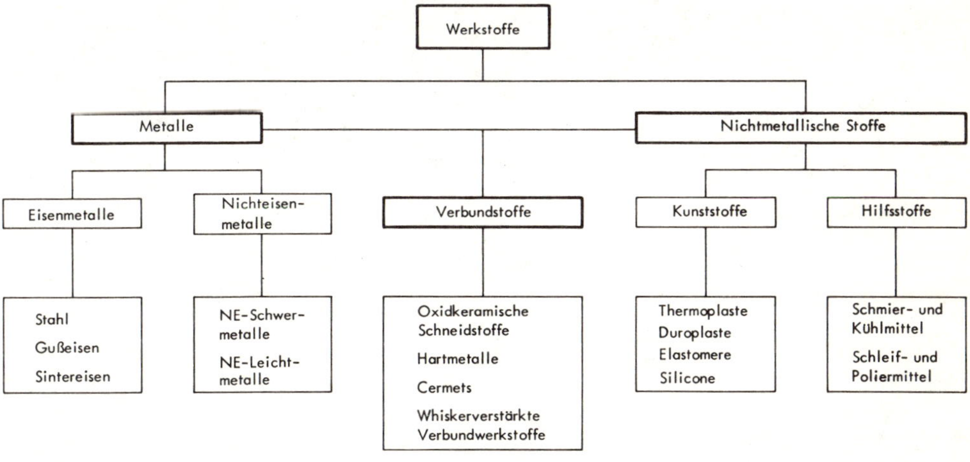

Bild 1.16. Einteilung der Werkstoffe

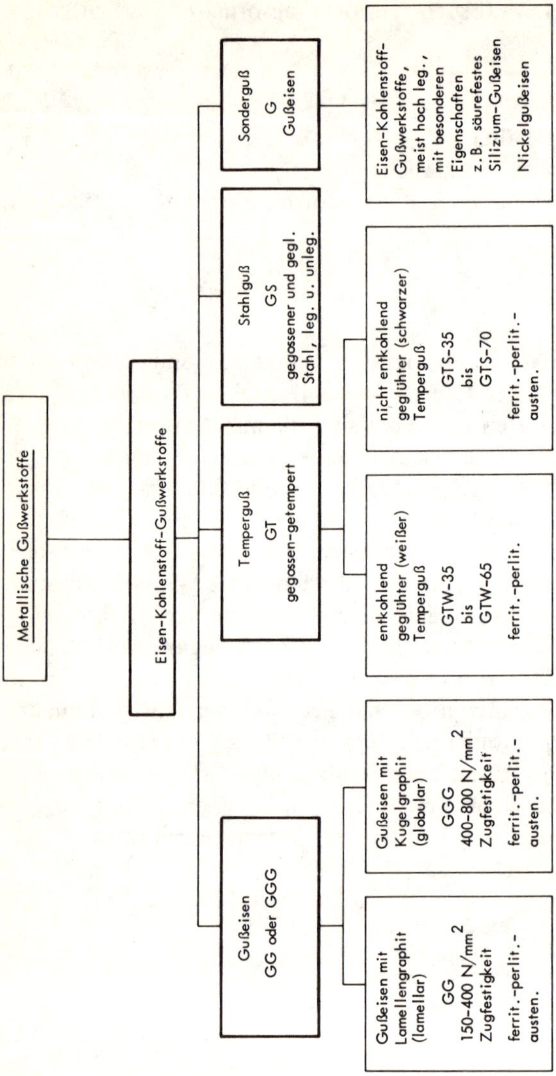

Bild 1.17. Metallische Gußwerkstoffe

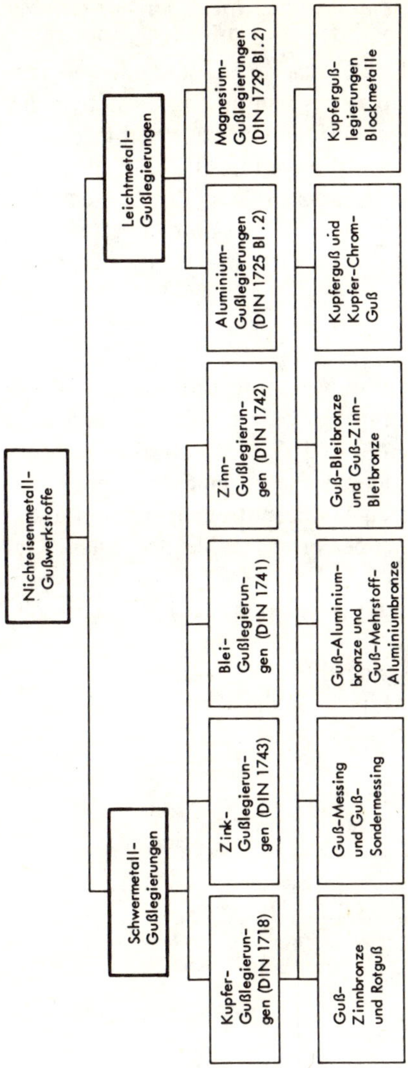

Bild 1.18. Nichteisenmetall-Gußwerkstoffe

Da die Werkstoffe und deren Eigenschaften im Rahmen spezieller Vorlesungen und im dafür maßgeblichen Schrifttum [7, 17, 23, 27, 33, 36, 39, 49, 50, 52, 54, 62], sowie in besonderen Werkstoffnormen [9, 10, 11, 12] ausführlich behandelt werden, sollen hier nur stichwortartige Hinweise über besondere Eigenschaften der wichtigsten Werkstoffe gegeben werden. Hierbei ist folgendes zu beachten:

1. Die neuen Kurzzeichen für die Festigkeits- und Verformungskenngrößen nach DIN 50145 sind im Vergleich zu den alten, aber in der Praxis noch fast ausschließlich gebräuchlichen Kurzzeichen in Bild 1.19 zusammengestellt.
2. Die Werkstoffnummer nach DIN 17007 wird abgekürzt mit WNr angegeben.

Eisenmetalle

Grundsätzlich ist anzumerken, daß Stahl ein Eisenwerkstoff mit einem Kohlenstoffgehalt $C \leqq 1{,}7\,\%$ ist und vornehmlich als billiger unlegierter C-Stahl eingesetzt wird. Für höhere Ansprüche (z.B. Festigkeits- und Verformungskenngrößen, Korrosionsbeständigkeit!) werden die erheblich teureren legierten Stähle verwendet. Bei ihnen unterscheidet man die niedriglegierten Stähle mit einem Gesamtanteil an Legierungsbestandteilen $< 5\,\%$ und die hochlegierten Stähle mit einem Gesamtanteil an Legierungsbestandteilen $> 5\,\%$.

Die Legierungsbestandteile beeinflussen das physikalische und chemische Verhalten der Werkstoffe in folgender Weise:

C: Kohlenstoff erhöht die Festigkeitskenngrößen R_m (Zugfestigkeit), R_e (Streckgrenze), R_p (Dehngrenze), die Härte und die Kerbempfindlichkeit

	Kurzzeichen	
Festigkeitskenngrößen	neu	alt
obere Streckgrenze	R_{eH}	σ_{So}
untere Streckgrenze	R_{eL}	σ_{Su}
Dehngrenze	R_p	σ
z.B. 0,2%-Dehngrenze	$R_{p0,2}$	$\sigma_{0,2}$
Zugfestigkeit	R_m	σ_B
Elastizitätsmodul	E	E
Verformungskenngrößen		
Bruchdehnung	A	δ
Brucheinschnürung	Z	ψ

Bild 1.19. Wichtige Festigkeitskenngrößen mit neuer und alter Kurzbezeichnung

und vermindert die Zähigkeit, d.h. die Bruchdehnung A_5, die Zerspan-, Schmied- und Schweißbarkeit sowie die elektrische und die thermische Leitfähigkeit. Die Rostbildung ist unabhängig vom C-Gehalt.

Cr: Chrom erhöht die Festigkeit (ca. 80 N/mm^2 je 1 % Cr), die Härte und die Verschleißfestigkeit durch Chromkarbidbildung bei guter Zähigkeit und verbessert die Kerbschlagfestigkeit sowie die Durchhärtbarkeit.

Mn: Mangan erhöht die Festigkeit (ca. 100 N/mm^2 je 1 % Mn) und die Verschleißfestigkeit und verbessert die Durchhärtbarkeit. Perlitische Mn-Stähle sind aber sehr überhitzungsempfindlich und neigen zu Anlaßsprödigkeit.

Ni: Nickel erhöht die Festigkeit (ca. 40 N/mm^2 je 1 % Ni) und die Dehnfähigkeit und verbessert die Durchhärtbarkeit. Verwendung für hochfeste Einsatz-, Vergütungs- und Werkzeugstähle. In Verbindung mit Cr ist es ein wichtiger Legierungsbestandteil der kaltzähen, zunderbeständigen, warmfesten sowie rost- und säurebeständigen Stähle.

Mo: Molybdän vermindert die Anlaßsprödigkeit und verbessert die Durchvergütbarkeit. Mo kann daher bei Vergütungsstählen Cr und bei Werkzeugstählen W ersetzen.

W: Wolfram bewirkt eine hohe Härte und eine große Zähigkeit. Hauptsächlicher Einsatz in Schnell- und Warmarbeitsstählen.

Si: Silizium verschlechtert die Kaltverformbarkeit und verbessert die elektrische Leitfähigkeit, die Korrosionsbeständigkeit sowie die Durchhärtbarkeit bei Vergütungsstählen.

V: Vanadium wirkt desoxidierend und karbidbildend, vermindert die Empfindlichkeit bei Überhitzung und verbessert die Warmfestigkeit und die Härtbarkeit von Bau-, Werkzeug- und Schnellarbeitsstählen.

Co: Kobalt verbessert die Anlaßbeständigkeit und vermindert die Empfindlichkeit bei Überhitzung. Besondere Verwendung bei Schnellarbeitsstählen.

Al: Aluminium steigert die Oberflächenhärte bei Nitrierstählen durch Al-Nitrid-Bildung und erhöht die Zunder- und Alterungsbeständigkeit der Stähle.

N: Stickstoff vermindert durch Ausscheidungsvorgänge die Zähigkeit und verbessert die Festigkeit und die mechanischen Eigenschaften bei höheren Betriebstemperaturen. Bei den Nitrierstählen kann durch die Bildung von Nitrierschichten mittels Diffusion von Stickstoff eine Oberflächenhärtung erfolgen.

Nb-Ta: Niob und Tantal kommen im Regelfall gleichzeitig vor, sind starke Karbidbildner und gute Stabilisatoren in austenitischen korrosionsbeständigen Stählen. Niob erhöht die Warmfestigkeit und Dauerstandfestigkeit.

Cu: Kupfer erhöht die Streckgrenze, das Streckgrenzenverhältnis, die Härtbarkeit und die Korrosionsbeständigkeit, vermindert aber die Dehnung. Zu hohe Kupfergehalte sind allerdings stahlschädlich.

WERKSTOFFBLATT 1

Baustähle DIN 17100 für Schmiedestücke und gewalztes Halbzeug

Werkstoff Kurz = zeichen	Werkstoff- Nr.	Vergleichszahlen Preis %	Spanbarkeit ▽ %	Spanbarkeit ▽▽ %	Zugfestigkeit Bruchdehnung N/mm² R_m (σ_B)	% A(δ)	Dauerfestigkeitswerte Zug - Druck N/mm² I	II	III	Biegung N/mm² I	II	III	Torsion N/mm² I	II	III	technolog. Eigenschaften ①	②
St 33	1.0035	98	100	140	310 - 540	18	175	-	-	-	-	-	-	-	-	4	-
St 37-2 °	1.0037	100	110	150	360 - 470	28	235	235	170	250	250	170	120	120	100	3	-
USt 37-2	1.0036	100			360 - 470	25	235	235	170	290	290	180	140	140	110	3	-
RSt 37-2	1.0038	114	100	140	360 - 470	25	235	235	170	290	290	180	140	140	110	2	-
St 37-3 ×	1.0116	125			360-470	25	235	235	170	290	290	180	140	140	110	1	-
St 44-2	1.0044	118	100	140	430 - 540	22	275	275	190	310	310	210	150	150	120	3	-
St 44-3	1.0144	122	100	140	430 - 540	22	275	275	190	340	340	220	170	170	130	2	-
St 50-2	1.0050	122	70	100	490 - 610	20	295	295	220	360	360	250	170	170	150	4	-
St 52-3	1.0570	130	90	120	510 - 630	22	355	355	230	430	430	260	210	210	150	2	-
St 60-2	1.0060	123	80	110	590 - 710	15	335	335	270	410	410	300	200	200	170	5	-
St 70-2	1.0070	124	115	160	690 - 830	9	365	365	320	440	440	350	220	220	200	-	4

Erläuterungen zu den technologischen Eigenschaften:
1 sehr gut geeignet
2 gut geeignet
3 geeignet
4 bedingt geeignet
5 schwierig
- nicht geeignet

Bezeichnungsbeispiel: St 60-2
Baustahl der Gütegruppe 2 mit
R_m = 590 N/mm²

① Schmelzschweißeignung
② Induktionshärtbarkeit

I Statische Belastung
II Schwellbelastung
III Wechselbelastung

═══ zu bevorzugende Stähle

° Gütegruppe 2
× Gütegruppe 3

E = 215000 N/mm²
G = 83000 N/mm²
ρ = 7,85 kg/dm³

Allgemeine Baustähle nach DIN 17100 (national) bzw. DIN EN 10025 (europäisch)
(siehe Werkstoffblatt 1!)
Legierungsbestandteile: keine oder nur mit niedrigen Gehalten
Kohlenstoffanteil: C = 0,2 bis 0,5 %
Lieferzustand: Formstahl oder Halbzeug
Anwendungsgebiete:
Konstruktionsteile für kleine und mittlere Beanspruchung mit geringen Materialkosten. Betriebstemperatur $\leqq 200\,°C$. Bei höheren Temperaturen sind legierte Stähle (warmfeste Stähle!) erforderlich. Bolzen, Stifte, Hebel, Wellen, Zahnräder sowie Schweißkonstruktionen im Maschinen-, Apparate- und Stahlhochbau.
Bezeichnung:
St 33 (WNr 1.0035) bzw. Fe 310-0, St 37-2 (WNr 1.0038) bzw. Fe 360 B,
St 52-3N (WNr 1.0570) bzw. Fe 510 D1, St 70-2 (WNr 1.0070) bzw. Fe 690-2.
Zugfestigkeit:
$R_m = 310–830\ N/mm^2$
Elastizitätsmodul:
$E = 215\,000\ N/mm^2 = 21{,}5 \cdot 10^6\ N/cm^2$
Für besondere Beanspruchungen und Verwendungszwecke können Baustähle auch mit niedrigen Legierungsgehalten an Cr, Mn, V, Mo, Si, P und S eingesetzt werden.
Beispiele sind:

- Feinkornbaustähle mit geringen Zusätzen an Al, Nb und V zur Bildung von feinverteilten und sehr temperaturstabilen Ausscheidungen von Nitriden und/oder Karbiden und damit zur Erhöhung der Streckgrenze R_e bei guter Zähigkeit und guter Schweißbarkeit. Automatenstähle mit höheren Phosphor- und Schwefelgehalten zur besseren Zerspanbarkeit (kurzbröcklige Späne!).
  Kesselbaustähle mit höheren Silizium- und Mangangehalten zur Steigerung der Warmfestigkeit.
- Druckwasserstoffbeständige Stähle mit höheren Chrom-, Molybdän-, Wolfram-, Vanadin-, Titan- und Niobgehalten zur Vermeidung der Reaktion des Wasserstoffs mit Eisenkarbid und damit der Versprödung des Gefüges.

Einsatzstähle nach DIN 17210
(siehe Werkstoffblatt 2!)
Legierungsbestandteile: < 5 %
Cr: $\leqq$ 2,10 %; Mn: $\leqq$ 1,40 %; Ni: < 2,10 %
Kohlenstoffanteil: C < 0,22 %
Lieferzustand: Formstahl oder Halbzeug
Anwendungsgebiete:
Konstruktionsteile mit harter, verschleißfester Oberfläche und zähem Kern. Zahnräder, Spindeln, Gelenk-, Keil- und Nockenwellen, Feder-, Gelenk- und Kolbenbolzen.
Bezeichnung:
C 10 (WNr 1.0301), C 15 (WNr 1.0401), 16 MnCr 5 (WNr 1.7131), 20 MnCr 5 (WNr 1.7147), 18 CrNi 8 (WNr 1.5920).
Zugfestigkeit:
$R_m = 400$ bis $1450\ N/mm^2$

WERKSTOFFBLATT 2

Einsatzstähle DIN 17210 und einsetzbare Automatenstähle DIN 1651 für Schmiedestücke, gewalztes und blankes Halbzeug

Werkstoff	Werkstoff-	Vergleichszahlen			Zugfestigkeit Bruchdehnung		Dauerfestigkeitswerte									technolog. Eigenschaften	
Kurz-zeichen	Nr.	Preis %	Spanbarkeit ▽ %	▽▽ %	N/mm^2 R_m (σ_B)	% A(δ)	Zug-Druck N/mm^2 I	II	III	Biegung N/mm^2 I	II	III	Torsion N/mm^2 I	II	III	①	②
C 10	1.0301	122					250			360			170				
Ck10	1.1121	144	100	140	420 - 520	19		250			360			170		1	-
10S20	1.0721	140	60	80					190			250			150		
C 15	1.0401	122					300			430			210				
Ck15	1.1141	144	100	140	500 - 650	16		300	220		430	300		210	180	1	-
15Cr3	1.7015	165	110	150	600 - 850	13	400	400	270	580	580	360	280	280	210	2	-
16MnCr5	1.7131	190	110	150	800 - 1100	10	600	600	360	870	870	480	420	420	290	3x	-
20MnCr5	1.7147	210	115	160	1000 - 1300	8	700	700	450	1010	1010	600	490	490	360	3x	-
18CrNi8	1.5920	290	130	180	1200 - 1400	7	800	800	540	1160	1160	720	560	560	430	3x	-

Erläuterungen zu den technologischen Eigenschaften:
1 sehr gut geeignet
2 gut geeignet
3x nur durch Sonderverfahren schmelzschweißbar

Bezeichnungsbeispiel:
16MnCr5 einsatzgehärteter Stahl (z.B. Eht 0,8 und HRC 61^{+4})

① Schmelzschweißeignung
② Induktionshärtbarkeit
I Statische Belastung
II Schwellbelastung
III Wechselbelastung

Erreichbare Mindestoberflächenhärte bei allen Stählen HRC 59.
Alle Stähle zum Abbrennstumpfschweißen geeignet.
═══ zu bevorzugende Stähle (C 15, 16MnCr5, 20MnCr5)

Anlieferungszustand:
G und N bei C10; C15; 10S20
G und BF und BG bei allen anderen Sorten
G weichgeglüht
N normalgeglüht
BF wärmebehandelt, zum Erzielen einer bestimmten Zugfestigkeit
BG wärmebehandelt, zum Erzielen einer bestimmten Gefügeausbildung

St 37-2 ist in Preis und Spanbarkeit mit 100 % eingesetzt!

E = 215 000 N/mm2
G = 83 000 N/mm2
ρ = 7,85 g/cm3

Elastizitätsmodul:
E = 215 000 N/mm²
Einsatzhärtung: Glühen in C-abgebender Umgebung.

Vergütungsstähle nach DIN 17200 (national) bzw. DIN EN 10083 (europäisch)
(siehe Werkstoffblatt 3!)
Legierungsbestandteile: Cr, Ni und Mo
Sie vermindern die kritische Abkühlgeschwindigkeit und erhöhen das Durchhärtevermögen. Mo vermeidet hauptsächlich die Anlaßsprödigkeit.
Kohlenstoffanteil: C = 0,2 bis 0,6 %
Lieferzustand: Formstahl oder Halbzeug
Anwendungsgebiete:
Konstruktionsteile, die eine hohe Festigkeit und eine gute Zähigkeit haben müssen. Bei unlegierten Stählen ist eine Durchvergütung nur bei kleinen Abmessungen möglich.
Bezeichnung:
C 22 (WNr 1.0402) bzw. 1 C 22, C 35 (WNr 1.0501) bzw. 1 C 35,
C 60 (WNr 1.0601) bzw. 1 C 60, 34 Cr 4 (WNr 1.7033), 42 Cr Mo 4 (WNr 1.7225).
Zugfestigkeit:
R_m = 500 bis 1900 N/mm²
Elastizitätsmodul:
E = 215 000 N/mm²

Gußeisen mit Lamellengraphit nach DIN 1691
(siehe Werkstoffblatt 4!)
Legierungsbestandteile: Si 0,5 bis 3 %
Kohlenstoffanteil: C > 2,06 % (2,5 bis 4 %)
Verteilung des Kohlenstoffs im Gefüge als freier Graphit in Form von Lamellen oder Plättchen.
Anwendungsgebiete:
Maschinenständer, Gestelle, Gehäuse, Grundplatten, Lagerböcke und Werkzeuge.
Besondere Eigenschaften:
Möglichkeit der unmittelbaren Formgebung durch Gießen; Einsparung von Bearbeitungskosten; gutes Fließen in der Gießform und dadurch auch gute Formfüllung; gute Bearbeitbarkeit; Kerbunempfindlichkeit (die Graphitlamellen wirken bei mechanischer Beanspruchung als Hohlräume und Kerben; äußere Kerben haben daher keinen Einfluß!); gute Verschleißfestigkeit; hohe Dämpfungsfähigkeit; günstige Laufeigenschaften; großer Widerstand gegen Korrosion (Siliziumgehalt!); keine Elastizitätsgrenze; Schweißbarkeit nur nach besonderen Vorbereitungen.

Bezeichnung:	Anwendungsgebiete:
GG-15 (WNr 0.6015)	Teile bis 1 kg; s = 8 – 10 mm
GG-20 (WNr 0.6020)	Teile bis 100 kg; s = 10 – 30 mm
GG-25 (WNr 0.6025)	Teile bis 1000 kg; s = 20 – 30 mm
GG-30 (WNr 0.6030)	Teile > 1000 kg; s > 30 mm
GG-35 (WNr 0.6035)	
GG-40 (WNr 0.6040)	(s = Wandstärke)

WERKSTOFFBLATT 3

Vergütungsstähle DIN 17200 und vergütbare Automatenstähle DIN 1651 (Auszug) für Schmiedestücke, gewalztes und blankes Halbzeug

Werkstoff Kurzzeichen	Werkstoff-Nr.	Festigkeitsstufe 1)	Schmiedestücke und nachträglich vergütete Teile: $R_m(\sigma_B)$ N/mm^2	$R_e(\sigma_S)$ N/mm^2	$A(\delta)$ %	2)	Vergleichszahlen: Preis %	Spanbarkeit ∇ %	Spanbarkeit ∇∇ %	technolog. Eigenschaft ①	technolog. Eigenschaft ②	vergütetes Halbzeug blank u. gewalzt auch als Automatenstähle: Dicke mm	R_m N/mm^2	R_e N/mm^2	A_5 % ▼
C22 Ck22	1.0402 1.1151	I II III	500 bis 600 600 bis 720 700 bis 850	300 410 520	22 18 14	I bis III	122 144	100	140	3	– –	bis 16 16 bis 40 40 bis 100 100 bis 250	550 bis 650 500 bis 600 - -	360 300 - -	20 22 - -
C35 Ck35	1.0501 1.1181	I II III	600 bis 720 700 bis 850 800 bis 950	370 450 510	18 15 14	I bis III	124 147	70	100	4 4	4 3	bis 16 16 bis 40 40 bis 100 100 bis 250	650 bis 800 600 bis 720 550 bis 650 -	420 370 330 -	16 18 20 -
35S20	1.0726						150	60	80	-	4				
C45 Ck45	1.0503 1.1191	I II III IV V	600 bis 720 700 bis 850 800 bis 950 900 bis 1050 1000 bis 1200	360 450 510 580 640	18 16 14 12 10	I bis V	125 149	80	110	5 5	2 1	bis 16 16 bis 40 40 bis 100 100 bis 250	750 bis 900 650 bis 800 600 bis 720 -	480 400 360 -	14 16 18 -
45S20	1.0727						152	60	80	-	3				
C60	1.0601	I II	700 bis 850 800 bis 950	440 530	15 14	I bis IV	127	115		-	3	bis 16 16 bis 40	850 bis 1050 750 bis 900	570 490	12 14
Ck60	1.1221	III IV	900 bis 1050 1000 bis 1200	600 660	12 11		150		160	-	2	40 bis 100 100 bis 250	700 bis 850 -	440 -	15 -
25CrMo4	1.7218	I	700 bis 850	450(500)	15	I bis IV	230	110	155	3	-	bis 16 16 bis 40 40 bis 100 100 bis 250	900 bis 1050 800 bis 950 700 bis 850 650 bis 800	650 550 450 420	12 14 15 16
		II	800 bis 950	550(600)	14										
34Cr4	1.7033	III	900 bis 1050	650(700)	12	II bis V	200	110	155	-	3	bis 16 16 bis 40 40 bis 100 100 bis 250	1000 bis 1200 900 bis 1050 800 bis 950 -	800 650 550 -	11 12 14 -
		IV	1000 bis 1200	800	11										
41Cr4	1.7035	V	1100 bis 1300	900	10	II bis V	205	115	160	-	1	bis 16 16 bis 40 40 bis 100 100 bis 250	1000 bis 1200 900 bis 1050 800 bis 950 -	800 650 550 -	11 12 14 -
		VI	1200 bis 1400	1000	9										
42CrMo4	1.7225					II bis VI	260	120	170	-	1	bis 16 16 bis 40 40 bis 100 100 bis 250	1100 bis 1300 1000 bis 1200 900 bis 1050 750 bis 900	900 800 700 550	10 11 12 14
50CrV4	1.8159	I II III IV	1100 bis 1300 1300 bis 1500 1500 bis 1700 1700 bis 1900	900 1120 1350 1600	10 8 6 5	I bis IV	230	135	190	-	2	bis 16 16 bis 40 40 bis 100 100 bis 250	- - - -	- - - -	- - - -

Erläuterungen zu den technologischen Eigenschaften:
1 sehr gut geeignet
2 gut geeignet
3 ausreichend
4 bedingt geeignet
5 schwierig
- nicht gegeben

Bezeichnungsbeispiel:
Ck45 Einsatzstahl mit kleinem P- und S-Gehalt und vergütet

1): Siehe Werkstoffblatt 51
R_m = Zugfestigkeit
R_e = Streckgrenze
A = Bruchdehnung

2): Lieferbare Festigkeitsstufe
① Schmelzschweißeignung
② Induktionshärtbarkeit
▼ : Automatenstähle (35S20 und 45S20) haben eine kleinere Dehnung (1 bis 2%) als die entsprechenden Vergütungsstähle.
══ zu bevorzugende Stähle

$E = 215000\ N/mm^2$
$G = 83000\ N/mm^2$
$\rho = 7{,}85\ kg/dm^3$

Zugfestigkeit:	GG-15: $R_m = 150$ N/mm^2	
	GG-20: $R_m = 200$ N/mm^2	
Druckfestigkeit:	(3 bis 5) · Zugfestigkeit	
	GG-15: $R_m = 590$ N/mm^2	
	GG-20: $R_m = 780$ N/mm^2	
	GG-25: $R_m = 980$ N/mm^2	
	GG-30: $R_m = 1180$ N/mm^2	
	GG-35: $R_m = 1370$ N/mm^2	
	GG-40: $R_m = 1570$ N/mm^2	
Elastizitätsmodul:	$E = 84\,000$ bis $154\,000$ N/mm^2	

Gußeisen mit Kugelgraphit nach DIN 1693
(siehe Werkstoffblatt 4!)
Legierungsbestandteile: Si 1,8 bis 2,7%; Mn ca. 0,3%; S ca. 0,09%; P < 0,2%
Kohlenstoffgehalt: C > 2,06% (ca. 3,6%)
Verteilung des Kohlenstoffs im Gefüge als freier Graphit in Form von Kügelchen.
Anwendungsgebiete:
Wie bei Gußeisen mit Lamellengraphit (GG), aber höheren Anforderungen an die Festigkeit. Turbinengehäuse, Pumpengehäuse, Schieber, Klappen, Hebel, Gestänge.
Besondere Eigenschaften:
Stahlähnliche Festigkeitseigenschaften wie ausgeprägte Streckgrenze, große Dehnung, Verformung vor dem Bruch und größere Energieaufnahme; Vergütbarkeit; Härtbarkeit und gute Schweißbarkeit.
Das Spannungs-Dehnungs-Verhalten von Gußeisen mit Kugelgraphit entspricht annähernd dem der Baustähle (Bild 1.20), d.h., es weist eine ausgeprägte Streckgrenze auf.

Bezeichnung:	GGG-40 (WNr 0.7040):	$R_m = 390$ N/mm^2
	GGG-50 (WNr 0.7050):	$R_m = 490$ N/mm^2
	GGG-80 (WNr 0.7080):	$R_m = 780$ N/mm^2
	Sorten mit gewährleisteter Kerbschlagarbeit:	
	GGG-35.3 (WNr 0.7033):	$R_m = 340$ N/mm^2
	GGG-40.3 (WNr 0.7043):	$R_m = 390$ N/mm^2
Zugfestigkeit:	GGG-40:	$R_m = 390$ N/mm^2
	GGG-80:	$R_m = 780$ N/mm^2
Druckfestigkeit:	GGG-40:	$R_m = 800$ N/mm^2
	GGG-70:	$R_m = 1100$ N/mm^2
Elastizitätsmodul:		$E = 165\,000$ bis $185\,000$ N/mm^2

Temperguß (GTW und GTS) nach DIN 1692
(siehe Werkstoffblatt 4!)
Man unterscheidet weißen und schwarzen Temperguß, deren Benennung vom Bruchaussehen herrührt.

WERKSTOFFBLATT 4

Festigkeitswerte und Eigenschaften der genormten Gußeisen und Tempergußsorten

Werkstoff		Werkstoff-	Mindestfestigkeitswerte					Physikalische Eigenschaften				technolog. Eigen-schaften
DIN	Kurz=zeichen	Nr.	Zug-festigkeit	Zugstreck-grenze	Bruch-dehnung	Druck-festigkeit	Biege-festigkeit	Brinell-härte	E-Modul	G-Modul	Dichte	
			N/mm^2	N/mm^2	%	N/mm^2	N/mm^2	N/mm^2	N/mm^2	N/mm^2	kg/dm^3	Spanbar-keit
	GG-15	0.6015	150 ×	-	-	550	300	1400-1900	100000	38500	7,2	2
	GG-20	0.6020	200 ×	-	-	600	360	1700-2100	105000	40000	7,2	2
1691	GG-25	0.6025	250 ×	-	-	700	420	1800-2400	115000	44250	7,35	2
	GG-30	0.6030	300 ×	-	-	820	480	2000-2600	130000	50000	7,35	3
	GG-35	0.6035	350 ×	-	-	950	540	2100-2800	150000	57750	7,35	3
	GG-40	0.6040	400 ×	-	-	1100	600	2300-3000	165000	63600	7,35	4
	GGG-40	0.7040	400	270	15	800	800	1500-2000	165000	63600	7,1	2
	GGG-50	0.7050	500	340	7	900	850	1700-2400	175000	67500	7,2	3
1693	GGG-60	0.7060	600	410	3	1000	900	2100-3000	185000	71300	7,3	3
	GGG-70	0.7070	700	480	2	1100	1000	2300-3200	195000	71300	7,3	4
	GGG-80	0.7080	800	540	2	1200	1100	2500-3400	185000	71300	7,3	4
	GTS -35	0.8135	350	200	12	1400	700	≦ 1500	175000	67500	7,2	2
	GTW-35	0.8035	350 o	-	4	1050	700	≦ 2200	175000	67500	7,25	3
	GTW-S38	0.8038	380 o	200	12	1140	760	≦ 2000	175000	67500	7,25	4
	GTW-40	0.8040	400 o	220	5	1200	800	≦ 2200	175000	67500	7,3	4
	GTS -45	0.8145	450	300	7	1580	900	1600-2000	175000	67500	7,2	3
1692	GTW-45	0.8045	450 o	260	7	1250	900	≦ 2000	175000	67500	7,4	4
	GTS -55	0.8155	550	360	5	1650	1100	1800-2200	185000	71300	7,3	3
	GTW-55	0.8055	550 o	360	5	1300	1100	≦ 2400	185000	71300	7,6	4
	GTS -65	0.8165	650	430	3	1700	1300	2100-2500	195000	75000	7,4	4
	GTW-65	0.8065	650 o	430	3	1350	1200	≦ 2700	195000	75000	7,7	4
	GTS -70	0.8170	700	550	2	1750	1400	2400-2700	195000	75000	7,5	4

Erläuterungen zu den technologischen Eigenschaften:
1 sehr gut geeignet
2 gut geeignet
3 geeignet
4 bedingt geeignet
5 schwierig
- nicht gegeben

Bezeichnungsbeispiele:
GG - 35: Gußeisen mit Lamellengraphit und Zugfestigkeit 350 N/mm^2
GGG-50: Gußeisen mit Kugelgraphit und Zugfestigkeit 500 N/mm^2
GTS-45: Nicht entkohlend geglühter (schwarzer) Temperguß mit Zugfestigkeit 450 N/mm^2
GTW-45: Entkohlend geglühter (weißer) Temperguß mit Zugfestigkeit 450 N/mm^2

× Wanddicke: 15-30 mm
o Wanddicke: 9-13 mm

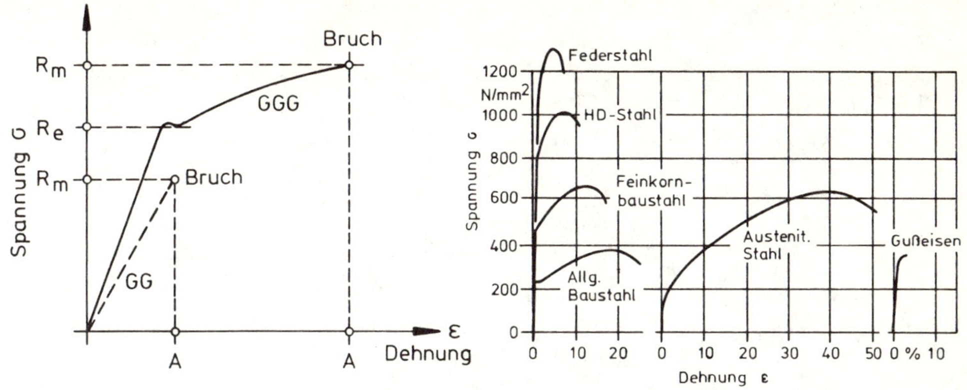

Bild 1.20. Spannungs-Dehnungs-Verhalten von Gußeisen (GG) und Kugelgraphitgußeisen (GGG) im Vergleich mit Stahl

1. *Weißer Temperguß (GTW)*
Herstellung aus gewöhnlichem Gußeisen durch 80 stündiges Glühen = Tempern in einer oxydierenden Atmosphäre bei 1070 °C. Vollständige Entfernung des Kohlenstoffes in Tiefen bis zu einigen Millimetern. Dünne Schichten haben dadurch das Gefüge eines ferritischen Stahls.
2. *Schwarzer Temperguß (GTS)*
Herstellung aus gewöhnlichem Gußeisen durch 30 stündiges Glühen in einer neutralen Atmosphäre bei 950 °C. Zerfall von Eisenkarbid (Zementit) in Eisen und Kohlenstoff. Ausscheidung des Kohlenstoffs, der noch an den Austenit und Perlit gebunden ist. Vorliegen eines ferritischen Grundgefüges mit über den ganzen Querschnitt gleichmäßiger Verteilung der Temperkohle.
Legierungsbestandteile:
Rohgußeisen für weißen Temperguß: Si 0,4 bis 0,8 %
Rohgußeisen für schwarzen Temperguß: Si 0,9 bis 1,4 %
Kohlenstoffgehalt:
Rohgußeisen für weißen Temperguß: C 2,8 bis 3,4 %
Rohgußeisen für schwarzen Temperguß: C 2,4 bis 2,8 %
Anmerkung: Temperguß erstarrt graphitfrei; der Kohlenstoff liegt im Temperrohguß als Zementit vor.
Eigenschaften von Temperguß:
Sehr gutes Fließvermögen beim Gießen und dadurch gutes Formfüllvermögen; Gießbarkeit bis zu kleinsten Wanddicken von 3 mm; Begrenzung der Gußteilmasse wegen des anschließenden Glühens auf maximal 100 kg; gute Dehnung und hohe Streckgrenze (Äquivalenz zu den Werten von Gußeisen mit Kugelgraphit!); billige Herstellung; gute Bearbeitbarkeit; Vergütbarkeit; Härtbarkeit; Lötbarkeit; keine Schweißbarkeit; Möglichkeit des Warmrichtens und Spannungsfreiglühens sowie des Oberflächenschutzes durch metallische (z.B. galvanische) und nichtmetallische Überzüge.

Anwendungsgebiete:
Kleinteile, Beschläge, Bremsbacken, Lenkgehäuse, Schraubenschlüssel, Hinterachsgehäuse, Schaltgabeln, Gestänge, Kipphebel, Bremstrommeln, Kupplungsteile.
Bezeichnung:

Weißer Temperguß:	GTW-35	(WNr 0.8035):	$R_m = 340\ N/mm^2$
	GTW-40	(WNr 0.8040):	$R_m = 390\ N/mm^2$
	GTW-45	(WNr 0.8045):	$R_m = 440\ N/mm^2$
	GTW-55	(WNr 0.8055):	$R_m = 540\ N/mm^2$
	GTW-65	(WNr 0.8065):	$R_m = 640\ N/mm^2$
	GTW-S 38	(WNr 0.8038):	$R_m = 370\ N/mm^2$
Schwarzer Temperguß:	GTS-35	(WNr 0.8135):	$R_m = 340\ N/mm^2$
	GTS-45	(WNr 0.8145):	$R_m = 440\ N/mm^2$
	GTS-55	(WNr 0.8155):	$R_m = 540\ N/mm^2$
	GTS-65	(WNr 0.8165):	$R_m = 640\ N/mm^2$
	GTS-70	(WNr 0.8170):	$R_m = 690\ N/mm^2$
Zugfestigkeit:	GTW-35:		$R_m = 340\ N/mm^2$
	GTW-65:		$R_m = 640\ N/mm^2$
	GTS-35:		$R_m = 340\ N/mm^2$
	GTS-70:		$R_m = 690\ N/mm^2$
Druckfestigkeit:	GTW-35:		$R_m = 1050\ N/mm^2$
	GTW-65:		$R_m = 1300\ N/mm^2$
	GTS-35:		$R_m = 1360\ N/mm^2$
	GTS-70:		$R_m = 1400\ N/mm^2$
Elastizitätsmodul:			$E = 185\,000$ bis $195\,000\ N/mm^2$

Stahlguß nach DIN 1681
(siehe Werkstoffblatt 5!)
Als Stahlguß wird jeder Stahl (Eisen-Kohlenstoff-Verbindung) bezeichnet, der im Siemens-Martin-Tiegel-, Elektroofen oder im Konverter erzeugt, in Formen gegossen und einer Glühung unterzogen wird. Man unterscheidet unlegierten und legierten Stahlguß. Legierungsbestandteile und Wärmebehandlung bestimmen die Eigenschaften des Stahlgusses, die denen von Stahl sehr nahe kommen.

Stahlguß für allgemeinen Verwendungszweck nach DIN 1681
Legierungsbestandteile: keine
Kohlenstoffgehalt: $0{,}14\,\% \leqq C \leqq 0{,}45\,\%$
GS-38: $C = 0{,}14\,\%$
GS-45: $C = 0{,}22\,\%$
GS-52: $C = 0{,}30\,\%$
GS-60: $C = 0{,}40\,\%$
Lieferzustand: vergütet (wärmebehandelt) und normalgeglüht (spannungsarm).
Anwendungsgebiete:
Maschinenständer, Pumpen- und Turbinengehäuse, Kreuzköpfe, Pleuelstangen, Hebel, Bremsscheiben, Ventilkörper, Zylindergehäuse, Lagerkörper, Lagerstützschalen, Radkörper, Zahnkränze, Zahnräder.

Besondere Eigenschaften:
Gewährleistete Streckgrenze, Dehnung und Kerbschlagarbeit (Sprödbruchunempfindlichkeit); Schweißbarkeit bei $C \leqq 0{,}25\,\%$; Schmiedbarkeit; großes Schwindmaß (ca. 2 %); Neigung zu Lunkerbildung, Gußspannungen und Warmrissen; Oberfläche pockennarbenartig rauh durch Gasblasenbildung beim Erstarren.

Bezeichnung:	GS-38	(WNr 1.0416)	$R_m = 380\ N/mm^2$
	GS-38.3	(WNr 1.0420)	für gewährleistete Kerbschlagarbeit
	GS-45	(WNr 1.0443)	$R_m = 450\ N/mm^2$
	GS-70	(WNr 1.0554)	$R_m = 700\ N/mm^2$
Zugfestigkeit:			$R_m = 380$ bis $700\ N/mm^2$
Elastizitätsmodul:			$E = 200\,000$ bis $215\,000\ N/mm^2$
Dichte:			$\rho = 7{,}85\ g/cm^3$

Warmfester ferritischer Stahlguß nach DIN 17245
Einsatzbereich bei Temperaturen zwischen 300 und 610 °C.

Legierungsbestandteile:	Cr	max. 12,5 %
	Ni	max. 1,5 %
	Mo	max. 1,2 %
	Si	max. 0,6 %
	Mn	max. 0,8 %
	V	max. 0,35 %

Kohlenstoffgehalt: $0{,}15\,\% \leqq C \leqq 0{,}26\,\%$
Lieferzustand: vergütet und normalgeglüht.
Anwendungsgebiete:
Maschinenteile für hohe Betriebstemperaturen, z.B. Dampfturbinengehäuse, Laufräderscheiben, Leiträderscheiben, Heißdampfventile, Rohrstutzen, Rohrkrümmer, Ventil- und Schiebergehäuse.
Besondere Eigenschaften:
Hohe Warmfestigkeit; gute Zunderbeständigkeit; Schweißbarkeit (danach erneutes Anlassen!); Schmiedbarkeit; Oberflächenhärtbarkeit; großes Schwindmaß (ca. 2 %).

Bezeichnung:	GS-C 25	(WNr 1.0619):	$R_m = 440$–$590\ N/mm^2$
	GS-22 Mo 4	(WNr 1.5419):	$R_m = 440$–$590\ N/mm^2$
	G-X 22 CrMoWV 12 1	(WNr 1.4932):	$R_m = 690$–$880\ N/mm^2$
Zugfestigkeit:			$R_m = 440$ bis $880\ N/mm^2$
Elastizitätsmodul:			$E = 155\,000$ (600 °C) bis 210 000 (20 °C) N/mm^2
Dichte:			$\rho = 7{,}85\ g/cm^3$

Nichtrostender Stahlguß nach DIN 17445
Bei nichtrostendem Stahlguß unterscheidet man ferritischen und austenitischen Stahlguß.

Legierungsbestandteile:	Cr	max. 20,0 %
	Ni	max. 12,5 %
	Mo	max. 2,5 %
	Si	max. 2,0 %
	Mn	max. 1,5 %
	Nb	max. 1,0 %

WERKSTOFFBLATT 5

Festigkeitswerte und Eigenschaften von Stahlguß und Vergütungsstahlguß

Stahlgußsorte			Festigkeitsstufe 1)	Mindestfestigkeitswerte				Technologische Eigenschaften		
DIN	Kurzname	Werkstoff-Nr.		Zugfestigkeit R_m (σ_B) N/mm^2	Streckgrenze R_e (σ_S) N/mm^2	Bruchdehnung ($L_0=5d_0$) A (δ) %	Kerbschlagzähigkeit DVM-Probe J	Spanbarkeit	Schmelzschweißeignung	Induktionshärtbarkeit
1681	GS-38	1.0416		380	190	25	-	4	3	-
	GS-38.3	1.0420					34			
	GS-45	1.0443		450	230	22	-	3	3	-
	GS-45.3	1.0446					27			
	GS-52	1.0551		520	260	18	-	3	4	-
	GS-52.3	1.0552					21			
	GS-60	1.0553		600	300	15	-	4	5	4
	GS-60.3	1.0558								
	GS-62	1.0555		620	350	15	-	4	5	4
	GS-62.3	1.0559					14			
	GS-70	1.0554		700	420	12	-	5	-	3
Stahl-Eisen-Werkstoffblatt 510 - 77	GS-Ck25	1.1155	I	450-600	250	22	48	3	3	-
			II	750-900	280	20	-			
	GS-25CrMo4	1.7218	I	600-750	400	16	41	4	3	-
			II	750-900	520	12	27			
			III	900-1050	650	9	-			
	GS-42CrMo4	1.7225	I	750-900	550	12	21	5	-	2
			II	900-1050	680	9	(14)			
			III	1050-1200	850	6	-			

1) Die Festigkeitsstufen sind Anhaltswerte. Möglich sind nicht nur die Zwischenwerte, sondern auch höhere als die angegebenen Festigkeitswerte. Auf der Zeichnung ist die Zugfestigkeit R_m mit Toleranzbereich anzugeben (nicht die Stufe).
Alle Stahlgußsorten eignen sich zum Abbrennstumpfschweißen!

Erläuterungen zu den technologischen Eigenschaften:
1 sehr gut geeignet
2 gut geeignet
3 ausreichend
4 bedingt geeignet
5 schwierig
- nicht gegeben

Bezeichnungsbeispiele:
für Stahlguß
GS-60S
für Vergütungsstahlguß
GS-42 CrMo4

$\rho = 7,85\ kg/dm^3$
$E = 215000\ N/mm^2$
$G = 83000\ N/mm^2$

frühere Bezeichnungen:
$R_m = \sigma_B$
$R_e = \sigma_S$
$A = \delta$

Kohlenstoffgehalt: $0{,}08\,\% \leqq C \leqq 0{,}27\,\%$
Lieferzustand:
Ferritischer Stahlguß in vergütetem Zustand; austenitischer Stahlguß in abgeschrecktem Zustand.
Anwendungsgebiete:
Erzeugnisse für den Apparatebau, Pumpengehäuse, Ventil- und Schiebergehäuse, Rohrstutzen, Rohrkrümmer, Laufräderscheiben, Leiträderscheiben und Turbinengehäuse.
Besondere Eigenschaften:
Hohe Warmfestigkeit; gute Zunder- und Korrosionsbeständigkeit; Schweißarkeit; Schmiedbarkeit; Oberflächenhärtbarkeit; großes Schwindmaß (ca. 2 %).
Bezeichnung:
ferritischer Stahlguß:

G-X12 Cr 14	(WNr 1.4008):	$R_m = 600\text{–}800\ \text{N/mm}^2$
G-X20 Cr 14	(WNr 1.4027):	$R_m = 600\text{–}800\ \text{N/mm}^2$
G-X22 Cr Ni 17	(WNr 1.4059):	$R_m = 800\text{–}1000\ \text{N/mm}^2$

austenitischer Stahlguß:

G-X10 Cr Ni 18 8	(WNr 1.4312)	$R_m = 450\text{–}650\ \text{N/mm}^2$
G-X 6 Cr Ni 18 9	(WNr 1.4308)	
G-X 7 Cr Ni Nb 18 9	(WNr 1.4552)	
G-X 6 Cr Ni 18 9	(WNr 1.4410)	
G-X 6 Cr Ni Mo 18 10	(WNr 1.4408)	
G-X 7 Cr Ni Mo Nb 18 10	(WNr 1.4581)	

Zugfestigkeit: $R_m = 450\text{–}1000\ \text{N/mm}^2$
Elastizitätsmodul: $E \simeq 210\,000\ \text{N/mm}^2$
Dichte für ferritischen Stahlguß: $\rho = 7{,}7\ \text{g/cm}^3$
austenitischen Stahlguß: $\rho = 7{,}9\ \text{g/cm}^3$

Nichteisenmetalle (NE-Metalle)
Leichtmetalle nach DIN 1725 und DIN 1729
Die wichtigsten Leichtmetalle sind Aluminium (Al) und Magnesium (Mg). Sie kommen nur als Legierungen mit Si, Cu, Mg, Al, Mn und Ti für Konstruktionswerkstoffe in Frage. Nach der Herstellungsart werden Knet- und Gußlegierungen unterschieden. Knetlegierungen sind schmiedbar, preßbar, verprägbar, walzbar und strangpreßbar. Sie können somit zu Spezialprofilen verarbeitet werden und haben eine hohe Festigkeit.
Zugfestigkeit:

Al-Gußlegierungen	(DIN 1725):	$R_m = 300\text{–}400\ \text{N/mm}^2$
Al-Knetlegierungen	(DIN 1725):	$R_m \leqq 500\ \text{N/mm}^2$
Mg-Knetlegierungen	(DIN 1729):	$R_m = 200\text{–}300\ \text{N/mm}^2$

Elastizitätsmodul: $E_{Al} = 70\,000\ \text{N/mm}^2$
$E_{Mg} = 45\,000\ \text{N/mm}^2$
Dichte: $\rho_{Al} = 2{,}6\text{–}2{,}7\ \text{g/cm}^3$
$\rho_{Mg} = 1{,}75\text{–}1{,}8\ \text{g/cm}^3$

Anwendungsgebiete:
Flugzeugbau (Rumpf-Skelettbau), Fahrzeugbau, Kolben und Zylinder für Verbren-

nungsmotoren, Fassadenverkleidungen, optische Industrie, Feingerätebau, Metallwarenindustrie und allgemeiner Maschinenbau.
Besondere Eigenschaften:
Kleine Dichte (Leichtbauweise!); kleiner E-Modul (geringe Steifigkeit!); Beständigkeit gegen Witterungseinflüsse; gute Zerspanbarkeit; Schweißbarkeit (besondere Verfahren!) und dekorative anodische Oxydation (Eloxierung!) bei Al-Legierungen.

Schwermetalle nach DIN 17670, 1741, 17662–17666
Die wichtigsten Schwermetalle sind Kupfer (Cu), Zink (Zn), Blei (Pb) und Zinn (Sn). Sie werden hauptsächlich als Legierungen für Lagerschalen, Führungs- und Gleitelemente und Armaturen sowie im Apparatebau verwendet.
Cu-Legierungen:

Messing:	50 bis 60 %	Cu
	38 bis 48 %	Zn
	0,5 bis 2 %	Pb
Bronze:	≧ 60 %	Cu
	1 bis 9 %	Sn
	5 bis 7 %	Zn
Aluminiumbronze:	≧ 70 %	Cu
	4 bis 11 %	Al
	≦ 4 %	Fe
	≦ 3,5 %	Mn

Lagerschalenwerkstoffe:
Sondermessing: CuZn 31 Si für Gleitlager hoher Belastung
Zinnbronze: G-CuSn 7 ZnPb für Gleitlagerbuchsen mit hoher Verschleißfestigkeit und guten Notlaufeigenschaften; CuSn 8 für Schneckenräder.
Guß-Blei-Bronze und Guß-Zinn-Blei-Bronze: G-CuPb 20 zum Ausgießen von Gleitlager-Stahlstützschalen (Schleuderguß!); wegen der guten Haftfähigkeit (Hartlot-Zwischenschicht!) gute Eignung für hohe dynamische Belastung.
Weißmetall: PbSn 10, PbSb 15 Sn 10 und PbSb 10 Sn 6 auf der Basis Blei (Pb) bzw. SnSbCu 4 und SnSb 12 Cu 6 Pb auf der Basis Zinn (Sn) für Gleitlager mit sehr hoher, aber nur stationärer Belastung.

Kunststoffe nach DIN 7728
Für die erfolgreiche Anwendung von Kunststoffen sind viele Eigenschaften (Eigenschaftsspektrum!) der Kunststoffe zu beachten. Da die meisten Werkstoffeigenschaften (z.B. Zugfestigkeit, Bruchdehnung, Elastizitätsmodul, thermische und chemische Eigenschaften) viel stärker von der Temperatur abhängen als z.B. bei Stahl, ist vor der Auswahl eines Kunststoffes eine genaue Überprüfung der Betriebsverhältnisse vorzunehmen [37]. Die Kunststoffe können nach ihrem Molekülaufbau oder ihrer Struktur in folgende Arten unterteilt werden:

1. *Thermoplaste (Plastomere)*
   Kunststoffe, die mit zunehmender Temperatur dehnbarer, plastisch oder flüssig werden. Der Umformvorgang bei Erwärmung ist mehrmals wiederholbar.

2. *Duroplaste (Duromere)*
   Kunststoffe, die mit zunehmender Temperatur nicht erweichen. Beispiele sind die Aminoplaste, die Phenoplaste, die Polyester und die Epoxydharze.
3. *Elastoplaste (Elastomere)*
   Kunststoffe, die ein elastisch-plastisches Verhalten, d.h. ein kautschukähnliches Verhalten haben. Beispiele sind die Styrolkautschuke, Buna, die Neoprene und die Vulkollane.
4. *Schaumkunststoffe*
   Sehr leichte Kunststoffe auf der Basis der Thermoplaste, Duroplaste oder der Elastoplaste mit Zellenstruktur des erstarrten Schaums. Beispiel sind Styropor, Moltoprene und Moosgummi.
5. *Mischpolymerisate (Copolymerisate)*
   Kunststoffe aus verschiedenen monomeren Substanzen.
6. *Gefüllte Kunststoffe*
   Thermoplaste, Duroplaste oder Elastoplaste mit eingearbeiteten Füllstoffen wie Gewebe, Fasern oder Schnitzel. Die bekanntesten verstärkten Kunststoffe sind die glasfaserverstärkten Kunststoffe (GFK), die asbestfaserverstärkten Kunststoffe (AFK), die borfaserverstärkten Kunststoffe (BFK), die kohlenstoffaserverstärkten Kunststoffe (CFK), die metallfaserverstärkten Kunststoffe (MFK), die synthesefaserverstärkten Kunststoffe (SFK) und die metallwhiskerverstärkten Kunststoffe (MWK).

Die für den praktischen Einsatz wichtigen Kunststoffe sind mit ihrem vollständigen Namen und mit dem international einheitlichen Kurzzeichen in der DIN 7728 zusammengestellt.
Anwendungsgebiete:
Zahnräder für feinmechanische Geräte und für Haushaltsgeräte, Wälzlagerkäfige, Laufrollen, Rollenketten, Federn, Schrauben, Gleitlager, Dichtungen, Beschichtungen für Metalloberflächen, Rohre, Schläuche, Lüfterflügel, Pumpenräder, Werkzeuggriffe, Gehäuse, Isolierungen und Verpackungen.
Besondere Eigenschaften:
Dichte, Festigkeit, Elastizitätsmodul und Gebrauchstemperatur sind wesentlich niedriger als bei Stahl oder anderen metallischen Werkstoffen (Bild 1.21) und sind dazu noch sehr temperaturabhängig. Kunststoffe neigen bei konstanter Belastung sehr stark zum Kriechen, d.h., die Bruchvergleichsspannung wird mit zunehmender Belastungszeit kleiner. Die Formbeständigkeit, die Maßhaltigkeit und die Festigkeit von Kunststoffbauteilen wird durch das Kriechen beeinträchtigt. Die Maßhaltigkeit von Kunststoffbauteilen kann auch durch den Feuchtigkeitsgehalt der Umgebung beeinflußt werden. Sehr oft liegt ein Aufquellen vor. Kunststoffe ergeben in der Paarung mit geschliffenen Stahlteilen günstige Werte für den Gleitreibungskoeffizienten und den Verschleiß. Es gibt daher sehr viele Einsatzmöglichkeiten in der Antriebstechnik als Zahnräder, Lagerbuchsen, Gleitbuchsen und Gleitführungen sowie in der Oberflächentechnik (z.B. Auskleidung von Sandstrahlkabinen).

	Werkstoff	Dichte kg/dm³	Zugfestigkeit bei 20°C N/mm²	Biegefestigkeit [1] N/mm²	Druckfestigkeit [2] N/mm²	Schlagzähigkeit daNcm/cm²	Bruchdehnung %	E-Modul [3] N/mm²	Kugeldruckhärte (60 ")[4]	Max. Gebrauchstemperatur °C
Metalle	Stahl **St 50**	7,85	500				10...16	215000		1000
	Grauguß GG **-20**	7,25	200					105000		800
	Duralumin Al-Cu-Mg	2,80	430					72000		450
	Magnesium-Leg. Mg-Al	1,80	280					43000		500
	Zink (Druckguß)	5,8	270					130000		300
Thermoplaste (n. Rabe)	Polyäthylen Hochdruck	0,92	14-18	11		bricht nicht	400...600	200	130	70
	Niederdruck	0,94	30	28			1000	450	300	70
	Polyvinylchlorid hart	1,38	52...60	60...120	75	> 100	50...150	3000	900	50...60
	Polyvinylcarbazol	1,19	25	50		5				150
	Polymethylmethacrylat	1,18	50	90	100	20		3000	1500...1800	70
	Polystyrol	1,05	40...50	70...100	90...100	20...25	2...3		900...1000	60...80
	Styrol-Mischpolymerisate									
	mit Acrylnitril	1,08	55...70	120...130	115	35	2...3		1200	80
	mit Acrylnitril u. Butadien	1,08	39	62	48	85	> 25		850	70
	Mischpolymerisate aus 70% Acrylnitril 30% Methylmethacrylat	1,17	95	150		66	> 30	4500	1900...2000	
	Polytretafluoräthylen	2,2	10...20	11	7...12	8,6	250...400	350	120	200
	Polytrifluorchloräthylen	2,1	40	60	300...500	bricht nicht	30...80	1300	600...900	160
	Polyamid Typ A	1,13	60...80	70...100	100	bricht nicht	20...200	1600	800...1000	90
	Typ B	1,13	50...60	35...50	90		20...250	700	400	80
	Polyurethan	1,21	50...60	30...70	50...80	> 150	40...100	900	700	80
	Polypropylen	0,9	30...36	45	110		600...1200	1500...2000	580...720	120...150
	Polycarbonat	1,2	62...67	110...120	79...84	> 150		2200...2500	870...1000	135...140
	Zelluloseazetobutyrat CAB Typ 411...413	1,2...1,35	35...50	38...55	45...57	12...18	40	1700...2500	1200	60...70
Duroplaste	Epoxyharz, rein	1,1	56	140		20		4600		110
	Phenolharz m. Füllstoff	1,3	55	75...95		5...10		3200		150
	Schichtpreßstoffe Typ 57	1,4	80	120		15		8000...13000		100
	Phenolharz gebund. 77	1,45	50	50		25		4000...9000		100
	Phenolharz-**preßmassen** Typ 11	1,8	15	50		3,5		600...1500		150
	31	1,4	25	70		6,0		3500...8000		100
	74	1,45	25	60		12,0		7000...10000		100
GFK	Polyester m. Glasmatten	1,6...1,8	100...160			25...50		11000		200
	Polyester m. Glasgewebe	1,6...1,9	250...550			40...90		21000...35000		200

Zur Ermittlung der Festigkeitswerte ist das Einhalten einer definierten Temperatur sowie das vorherige "Einstellen des Grundzustandes" des Kunststoffes durch Erhitzen über die Erweichungstemperatur in einer geschlossenen Form und Abkühlen wichtig.

1 15 mm Durchbiegung bei 120 mm Stützlänge.
2 Von Würfel mit 1 cm³.
3 Bei zähen Kunststoffen Deformationsmodul: Dehnung - 4 h Zug.
4 Mit Kugel 0,5 mm ⌀ und 490 N Belastung auf 60 s, Zahlenwert entspr. daN/cm²

1.5 Kräfte, Momente, Arbeit und Leistung

Kräfte und Momente bilden die äußeren Belastungen für die Maschinen- und Konstruktionselemente. Arbeit und Leistung sind physikalische Größen, die von den Kraftmaschinen aufzubringen sind und von den Arbeitsmaschinen aufgenommen werden.

1.5.1 Kräfte

Unter einer Kraft versteht man eine physikalische Größe, die bei der Wechselwirkung zweier oder mehrerer physikalischer Systeme auftritt (3. Newtonsches Gesetz der Aktion und Reaktion).

Eine Kraft wird durch ihre Größe (Betrag) und ihre Richtung (Pfeilspitze) charakterisiert. Eine Kraft ist somit eine vektorielle Größe, ein linienflüchtiger Vektor, und kann in ihrer Wirkungslinie beliebig verschoben werden. Nach dem 2. Newtonschen Gesetz verharrt jeder Körper in seinem Bewegungszustand, d.h., er bewegt sich gleichförmig, geradlinig fort oder er ruht. Eine Änderung der Bewegungsgröße $(m \cdot \vec{v})$ erfolgt nur unter der Einwirkung einer Kraft, die somit in folgender Weise definiert ist:

$$\frac{d}{dt}(m \cdot \vec{v}) = \vec{F} \quad (1.4)$$

$$\text{bzw. } m \cdot \frac{d\vec{v}}{dt} = m \cdot \vec{b} = \vec{F} \quad \text{für } m = \text{const.} \quad (1.5)$$

(Kraft = Masse · Beschleunigung!)

Dabei bedeuten:
$\vec{F}$ = Kraft (Vektor),
m = Masse,
$\vec{v}$ = Geschwindigkeit (Vektor),
$\vec{b}$ = Beschleunigung (Vektor),
t = Zeit.

Aus Gleichung (1.5) folgt, daß ein Körper konstanter Masse ohne Einwirkung von Kräften keiner Beschleunigung unterliegt, d.h. in seinem Bewegungszustand verharrt oder in Ruhe bleibt. Nicht zulässig ist jedoch der Umkehrschluß, daß Kräfte nicht existieren, wenn der Körper keine Beschleunigung erfährt. Auch ein ruhender oder gleichförmig, geradlinig bewegter Körper kann unter der Wirkung von Kräften stehen, die sich dann aber gegenseitig aufheben (Gleichgewicht der Kräfte!) und sich evtl., bei elastischen Strukturen, in einer Verformung des Körpers auswirken.

Die Einheit einer Kraft ist *1 Newton* (N).

◄

Bild 1.21. Gewichts- und Festigkeitswerte von Metallen und Kunststoffen

1.5.2 Momente

Als Moment $\vec{M}$ bezeichnet man jene Wirkung einer Kraft auf einen nicht auf ihrer Wirkungslinie liegenden Punkt (= Momentenpunkt!), die eine Drehung um diesen Punkt erzwingen will (Bild 1.22). Formal wird das Moment durch das Vektorprodukt aus der Kraft $\vec{F}$ und dem Ortsvektor $\vec{r}$, der vom Momentenpunkt D nach irgendeinem Punkt A der Wirkungslinie des Kraftvektors $\vec{F}$ zeigt, berechnet. Für den Momentenvektor $\vec{M}$ gilt somit:

$$\vec{M} = \vec{r} \times \vec{F} \quad \text{oder} \quad [\vec{r}\vec{F}] \tag{1.6}$$

Die Größe oder der Betrag des Momentenvektors ist

$$|\vec{M}| = M = |\vec{r} \times \vec{F}| = a \cdot F \quad \text{mit a aus Bild 1.22} \tag{1.7}$$

und seine Richtung ist so festgelegt, daß er senkrecht auf der von den Vektoren $\vec{r}$ und $\vec{F}$ aufgespannten Ebene steht und der Pfeil des Momentenvektors so gerichtet ist, daß der Drehsinn der Kraft mit dem Fortschreiten in Richtung des Momentenvektors eine Rechtsschraube ergibt. Der Momentendrehsinn ist also in Richtung der gekrümmten Finger der rechten Hand, wenn der Daumen in Richtung des Momentenvektors zeigt.

Da ein Moment keine Kraftwirkung nach außen zeigt, ist eine bessere Definition die durch ein Kräftepaar, das aus der betrachteten Kraft $\vec{F}$ und einer gleich großen, parallel zu $\vec{F}$ durch den Momentenpunkt D verlaufenden Gegenkraft $-\vec{F}$ gebildet wird. $\vec{F}$ und $-\vec{F}$ sind also antiparallele Kräfte. Die formale Beschreibung des Momentes ist identisch der zuvor gezeigten, doch wird mit diesem Kräftepaar verdeutlicht, daß der Momentenvektor als freier Vektor zu sich selbst beliebig parallel verschoben werden kann. In analoger Weise wie bei der Kraft ist ein Moment auch die zeitliche Änderung der Drehbewegungsgröße oder des Dralles $\vec{L}$.

$$\vec{M} = \frac{d\vec{L}}{dt} = \frac{d}{dt}(m \cdot \vec{r} \times \vec{v}) \tag{1.8}$$

Die Einheit eines Momentes ist *1 Newtonmeter* (Nm).

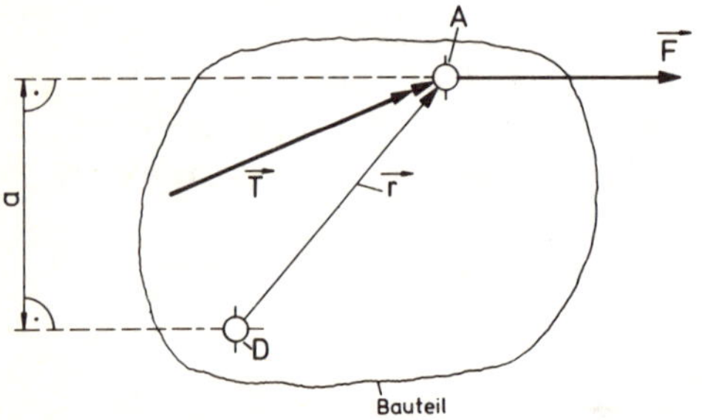

Bild 1.22. Definition eines Kraftmomentes

1.5.3 Arbeit (Energie)

Die Arbeit ist die physikalische Größe, die sich durch das skalare oder innere Produkt aus dem Betrag der Kraft und dem Weg in Richtung der Kraft ergibt. Wirkt eine Kraft $\vec{F}$ auf einen Körper und wird dieser in Richtung der Kraft um den Weg $\vec{s}$ verschoben (Translationsbewegung), dann wird die Arbeit

$$W = \vec{F} \cdot \vec{s} \quad \text{oder} \quad (\vec{F}\,\vec{s}) \tag{1.9}$$

$$W = F \cdot s$$

verrichtet.

Schließen die Kraft $\vec{F}$ und der Weg $\vec{s}$ einen Winkel α ein, dann ergibt sich für die Arbeit die Beziehung

$$W = \vec{F} \cdot \vec{s} = (\vec{F}\,\vec{s}) = F \cdot \cos\alpha \cdot s \tag{1.10}$$

Arbeit und Energie sind identische physikalische Größen. Die Einheit der Arbeit oder Energie ist *1 Newtonmeter* oder *1 Joule* (1 Nm = 1 J).

In analoger Weise läßt sich bei einer Rotationsbewegung die Arbeit eines Torsionsmomentes $\vec{T}$ ermitteln. Es gilt, wenn $\vec{T}$ das auf die Drehachse bezogene Torsionsmoment und $\vec{\varphi}$ der Verdrehwinkel im Bogenmaß ist:

$$W = \vec{T} \cdot \vec{\varphi} = (\vec{T}\,\vec{\varphi}) = T \cdot \varphi \tag{1.11}$$

Steht der Momentenvektor $\vec{T}$ unter einem Winkel α zur Drehachse, dann hat die Arbeit den Wert

$$W = \vec{T} \cdot \vec{\varphi} = (\vec{T}\,\vec{\varphi}) = T \cdot \cos\alpha \cdot \varphi \tag{1.12}$$

1.5.4 Leistung

Leistung ist die auf die Zeiteinheit bezogene Arbeit. Es gilt also:

$$P = \frac{dW}{dt} = \frac{d}{dt}(\vec{F} \cdot \vec{s}) \tag{1.13}$$

$$\text{bzw. } P = \vec{F} \cdot \frac{d\vec{s}}{dt} = \vec{F} \cdot \vec{v} = F \cdot v \tag{1.14}$$

($\vec{F}$ und $\vec{v}$ sind gleichgerichtet und $\vec{F} = \text{const}$)

Schließen Kraft und Geschwindigkeit einen Winkel α ein, dann hat die Leistung den Wert

$$P = F \cdot \cos\alpha \cdot v \tag{1.15}$$

Bei einer Rotationsbewegung gilt für die Leistung eines Torsionsmomentes $\vec{T}$ in analoger Weise die Beziehung

$$P = \vec{T} \cdot \frac{d\vec{\varphi}}{dt} = \vec{T} \cdot \vec{\omega} = T \cdot \omega, \tag{1.16}$$

wenn der Momentenvektor $\vec{T}$ konstant ist und parallel zur Drehachse verläuft und $\vec{\omega}$ die Winkelgeschwindigkeit um diese Drehachse ist.

Steht der Momentenvektor unter einem Winkel α zur Drechachse, dann ist die Leistung

$$P = T \cdot \cos\alpha \cdot \frac{d\varphi}{dt} = T \cdot \cos\alpha \cdot \omega \qquad (1.17)$$

Die Einheit der Leistung ist *1 Watt* (1 W = 1 J/s = 1 Nm/s).

1.6 Wirkungsgrad

Bei technischen Systemen steht nie die gesamte zugeführte Energie W_e für den ursprünglich gedachten Zweck, d.h. als Nutzenergie oder abgegebene Energie W_a zur Verfügung. Durch unvermeidbare Verluste (z.B. Reibungsverluste in Lagern!) wird ein Teil der zugeführten Energie verbraucht (Verlustenergie ΔW!).

Das Verhältnis von abgegebener Energie oder gewonnener Nutzenergie W_a und zugeführter Energie W_e wird als Wirkungsgrad η eines technischen Systems bezeichnet. Für den Wirkungsgrad η gilt somit:

$$\eta = -\frac{W_a}{W_e} = \frac{|W_a|}{W_e} = \frac{W_e - |\Delta W|}{W_e} = 1 - \frac{|\Delta W|^{*)}}{W_e} \qquad (1.18)$$

Der Wirkungsgrad ist eine dimensionslose Größe für die Energieausnutzung eines technischen Systems und hat immer den Wert <1.

Für zeitlich konstante Energien W können auch die Leistungen P zur Ermittlung des Wirkungsgrades verwendet werden. Es gilt dann die Beziehung

$$\eta = -\frac{P_a}{P_e} = \frac{|P_a|}{P_e} = \frac{P_e - |\Delta P|}{P_e} = 1 - \frac{|\Delta P|^{*)}}{P_e} \qquad (1.19)$$

Die Angabe $\eta = 0{,}8$ bedeutet, daß nur 80% der zugeführten Energie nutzbar abgegeben werden und 20% für die mechanische Verwertung verloren gehen (Verluste durch Reibung, Luftwiderstand usw.!). Bei einer Maschine mit 100 kW Eingangsleistung werden nur 80 kW nutzbar abgegeben.

1.7 Berechnungsbeispiele

1. Beispiel

Ein mit Holz beladener Handwagen der Gesamtmasse m = 500 kg soll auf einer ebenen horizontalen Straße gezogen werden. Der Reibkoeffizient (Rollreibung!)

---

*) W_a, ΔW, P_a und ΔP sind negative Größen; W_e und P_e sind positive Größen.

zwischen den Rädern und der Straße betrage $\mu = 0{,}03$ und der Neigungswinkel zwischen der Deichsel und der Straße (Horizontale!) sei $\alpha = 40°$. Wie groß muß die Zugkraft an der Deichsel mindestens sein, und welche Arbeit ist zu verrichten, um den Wagen über eine Wegstrecke von s = 1 km zu ziehen?
Zugkraft F_z (in Richtung der Deichsel!)

$$F_z \geqq F_r \frac{1}{\cos\alpha}$$

mit $F_r = \mu \cdot F_n$ (Reibkraft nach Coulomb!),

$$F_n = m \cdot g - F_z \cdot \sin\alpha \text{ (Normalkraft!)}$$

und g = Erdbeschleunigung.

$$F_z \geqq \frac{\mu \cdot m \cdot g - \mu \cdot F_z \cdot \sin\alpha}{\cos\alpha}$$

$$F_z \geqq \frac{\mu \cdot m \cdot g}{\cos\alpha + \mu \cdot \sin\alpha} = \frac{0{,}03 \cdot 500 \cdot 9{,}81}{\cos 40° + 0{,}03 \cdot \sin 40°} \, \mathrm{N}$$

$$F_z \geqq 187{,}4 \, \mathrm{N}$$

Arbeit W

$$W = F_z \cdot s \cdot \cos\alpha = 187{,}4 \cdot 1000 \cdot \cos 40° \, \mathrm{Nm}$$

$$W = 143\,556{,}7 \, \mathrm{Nm} = 143\,556{,}7 \, \mathrm{J} \simeq 143{,}6 \, \mathrm{kJ}$$

2. Beispiel

Wie groß muß die Leistung P am Zughaken einer Lokomotive sein, die bei einer Geschwindigkeit v = 72 km/h eine Zugkraft von F = 25 000 N hat?
Leistung P

$$P = F \cdot v = 25\,000 \cdot \frac{72}{3{,}6} \frac{\mathrm{Nm}}{\mathrm{s}} = 500\,000 \frac{\mathrm{Nm}}{\mathrm{s}}$$

$$P = 500\,000 \, \mathrm{W} = 500 \, \mathrm{kW}$$

3. Beispiel

Ein Güterzug der Masse m = 80000 kg soll von einer Lokomotive in einer Zeit $\Delta t = 1$ min von der Geschwindigkeit $v_0 = 0$ auf $v_1 = 12$ m/s gleichmäßig beschleunigt werden. Der Widerstand (Roll- und Luftwiderstand!), der auf den Zug einwirkt, betrage W* = 1/200 seines Gewichtes G ($G = m \cdot g$). Wie groß muß die Kraft F am Zughaken der Lokomotive sein?
Beschleunigung b

$$b = \frac{\Delta v}{\Delta t} = \frac{v_1 - v_0}{\Delta t} = \frac{12 - 0}{60} \frac{\mathrm{m}}{\mathrm{s}^2} = 0{,}2 \frac{\mathrm{m}}{\mathrm{s}^2}$$

Zugkraft F

$$F - W^* = m \cdot b \quad \text{(2. Newtonsches Gesetz!)}$$

$$F = m \cdot b + W^*$$

$$F = 80000 \cdot 0{,}2\,\text{N} + \frac{80000 \cdot 9{,}81}{200}\,\text{N}$$

$$F = 16000\,\text{N} + 3924\,\text{N} = 19924\,\text{N}$$

4. Beispiel

Ein PKW-Motor gibt bei einer Drehzahl $n = 6100\ 1/\text{min}$ eine Leistung von $P = 81\ \text{kW}$ ab. Wie groß ist das an der Schwungscheibe vorhandene Drehmoment?
Drehmoment T

$$T = \frac{P}{\omega} = \frac{30 \cdot P}{\pi \cdot n}$$

$$\text{mit } \omega = \frac{\pi \cdot n}{30} = \text{Winkelgeschwindigkeit in } 1/\text{s}$$

$$T = \frac{30 \cdot 81000}{\pi \cdot 6100}\,\text{Nm} = 126{,}8\,\text{Nm}$$

5. Beispiel

Der im Beispiel 4 genannte Motor bringt ein maximales Drehmoment $T_{max} = 140\ \text{Nm}$ bei einer Drehzahl $n_1 = 5000\ 1/\text{min}$. Welche Leistung gibt der Motor dann ab?
Leistung P

$$P = T \cdot \omega = T \cdot \frac{\pi \cdot n}{30}$$

$$\text{mit } \omega = \frac{\pi \cdot n}{30} = \text{Winkelgeschwindigkeit in } 1/\text{s}$$

$$P = 140 \cdot \frac{\pi \cdot 5000}{30} \frac{\text{Nm}}{\text{s}} = 73303{,}83 \frac{\text{Nm}}{\text{s}}$$

$$P = 73303{,}83\,\text{W} \simeq 73{,}3\,\text{kW}$$

6. Beispiel

Wie groß ist das Drehmoment T_2 an der Abtriebswelle eines Getriebes, wenn eine Drehzahlübersetzung $i = n_1/n_2 = 5$ (Übersetzung ins Langsame!) vorliegt und das Getriebe a) verlustfrei (Wirkungsgrad $\eta = 1$!) und b) mit einem Gesamtwirkungsgrad

$\eta = 0{,}88$ arbeitet. Die Getriebeeingangsleistung beträgt $P_1 = 65\,\text{kW}$ bei einer Eingangsdrehzahl $n_1 = 375\ 1/\text{min}$.

Drehmomente $T_{1,2}$

$$T_1 = \frac{P_1}{\omega_1} = \frac{30 \cdot P_1}{\pi \cdot n_1}$$

$$T_2 = \frac{P_2}{\omega_2} = \frac{30 \cdot P_2}{\pi \cdot n_2} = \frac{30 \cdot i \cdot P_2}{\pi \cdot n_1}$$

mit $\omega_{1,2}$ = Winkelgeschwindigkeiten in 1/s an der Antriebs- bzw. Abtriebswelle.

a) verlustfreie Leistungsübertragung

$$\text{Wirkungsgrad } \eta = \frac{|\text{abgeführte Leistung}|}{\text{zugeführte Leistung}}$$

$$\eta = \frac{|P_2|}{P_1} = 1, \quad \text{d.h. } P_1 = |P_2|$$

$$T_1 = \frac{30 \cdot P_1}{\pi \cdot n_1} = \frac{30 \cdot 65000}{\pi \cdot 375}\,\text{Nm} = 1655{,}2\,\text{Nm}$$

$$T_2 = \frac{30 \cdot i \cdot P_1}{\pi \cdot n_1} = i \cdot T_1 = 5 \cdot 1655{,}2\,\text{Nm} = 8276\,\text{Nm}$$

$$n_2 = \frac{n_1}{i} = \frac{375}{5}\ 1/\text{min} = 75\ 1/\text{min (Abtriebsdrehzahl!)}$$

b) verlustbehaftete Leistungsübertragung

$$\eta = \frac{|P_2|}{P_1} = 0{,}88, \quad \text{d.h. } |P_2| = \eta \cdot P_1$$

$$|P_2| = 0{,}88 \cdot 65\,\text{kW} = 57{,}2\,\text{kW}$$

$$T_1 = \frac{30 \cdot P_1}{\pi \cdot n_1} - 1655{,}2\,\text{Nm}$$

$$T_2 = \frac{30 \cdot i \cdot P_2}{\pi \cdot n_1} = \frac{30 \cdot i \cdot \eta \cdot P_1}{\pi \cdot n_1} = \frac{30 \cdot 5 \cdot 0{,}88 \cdot 65000}{\pi \cdot 375}\,\text{Nm}$$

$$T_2 = 7282{,}9\,\text{Nm}$$

7. *Beispiel*

Ein Schiff fährt mit einer konstanten Geschwindigkeit von $v = 22$ Knoten $=$ 40,74 km/h. Die theoretische Maschinenleistung beträgt $P_e = 15\,000\,\text{kW}$ bei einem Wirkungsgrad $\eta = 0{,}75$. Wie groß ist die Widerstandskraft F_v, die das Schiff überwinden muß?

Wirkungsgrad η

$$\eta = \frac{|P_a|}{P_e} = 0{,}75$$

Abgegebene Leistung P_a

$$|P_a| = F_v \cdot v = \eta \cdot P_e = 0{,}75 \cdot 15000\,\text{kW} = 11250\,\text{kW}$$

Widerstandskraft F_v

$$F_v = \frac{\eta \cdot P_e}{v} = \frac{0{,}75 \cdot 15000 \cdot 1000 \cdot 3{,}6}{40{,}74}\,\text{N}$$

$$F_v = 994109\,\text{N}$$

1.8 Schrifttum

1. Bahrmann, H.: Einführung in das methodische Konstruieren. Braunschweig: Vieweg 1977
2. Beyer, R.: Kinematische Getriebesynthese; Grundlagen einer quantitativen Getriebelehre ebener Getriebe. Berlin, Göttingen, Heidelberg: Springer 1953
3. Beyer, R.: Kinematisch-getriebeanalytisches Praktikum. Berlin, Göttingen, Heidelberg: Springer 1958
4. Bischoff, W.; Hansen, F.: Rationelles Konstruieren. Berlin: VEB Verlag Technik 1953
5. Brankamp, K.; Grabowski, H.; Wiendahl, H.-P. und andere: Rechnergestütztes Konstruieren. Berlin, Köln, Frankfurt a.M.: Beuth 1971
6. Claussen, U.: Konstruieren mit Rechnern. Berlin, Heidelberg, New York: Springer 1971
7. Daeves, K.: Werkstoff-Handbuch Stahl und Eisen. 4. Aufl. Herausgeber Verein Deutscher Eisenhüttenleute. Düsseldorf: Verlag Stahleisen 1965
8. Decker, K.-H.: Maschinenelemente. Gestaltung und Berechnung. 11. Aufl. München, Wien: Hanser 1991
9. DIN-Taschenbuch 4. Stahl und Eisen Gütenormen. 2. Aufl. Berlin, Köln, Frankfurt a.M.: Beuth 1985
10. DIN-Taschenbuch 27. Nichteisenmetalle, Aluminium, Aluminiumlegierungen. 5. Aufl. Berlin, Köln, Frankfurt a.M.: Beuth 1987
11. DIN-Taschenbuch 26. Nichteisenmetalle, Kupfer und Kupferknetlegierungen. 4. Aufl. Berlin, Köln, Frankfurt a.M.: Beuth 1991
12. DIN-Taschenbuch 54. Nichteisenmetalle, Blei, Magnesium, Nickel, Titan, Zink, Zinn und deren Legierungen. 3. Aufl. Berlin, Köln, Frankfurt a.M.: Beuth 1991
13. Ewald, O.: Lösungssammlungen für das methodische Konstruieren. Düsseldorf: VDI Verlag 1975
14. Findeisen, F.: Neuzeitliche Maschinenelemente. Band I, II und III. Zürich: Schweizer Druck- und Verlagshaus 1950, 1951, 1953
15. Franke, R.: Vom Aufbau der Getriebe. Düsseldorf: VDI-Verlag. I. Band: Die Entwicklung der Getriebe. 3. Aufl. 1958. II. Band: Die Baulehre der Getriebe. 1. Aufl. 1951
16. Fronius, St.: Maschinenelemente, Antriebselemente. Berlin: VEB Verlag Technik 1971
17. Gräfen, H.; Gramberg, U.; Horn, E.-M.; Mattern, P.: Kleine Stahlkunde für den Chemieapparatebau. Düsseldorf: VDI-Verlag 1978
18. Hansen, F.: Konstruktionswissenschaft. Grundlagen und Methoden. München, Wien: Hanser 1974
19. Hansen, F.: Konstruktionssystematik. Berlin: VEB Verlag Technik 1956
20. Hildebrand, S.; Krause, W.: Fertigungsgerechtes Gestalten in der Feinwerktechnik. Braunschweig: Vieweg 1978
21. Hoffmann, W.: Richtlinien für funktions- und fertigungsgerechte Gestaltung. Camberg-Schwickershausen: Verlag Zeichentechnik 1977
22. Hubka, V.: Theorie der Maschinensysteme. Berlin, Heidelberg, New York: Springer 1973

23. Just, E.: Kleine Stahlkunde für den Kraftfahrzeugbau. Düsseldorf: VDI-Verlag 1979
24. Kesselring, F.: Technische Kompositionslehre. Berlin, Göttingen, Heidelberg: Springer 1954
25. Kesselring, F.: Morphologisch-analytische Konstruktionsmethode. VDI-Z 97 (1955), S. 327–331.
26. Kesselring, F.: Bewertung von Konstruktionen. Düsseldorf: VDI-Verlag 1951
27. Kiessler, H.: Kleine Stahlkunde für den Maschinenbau. Düsseldorf: VDI-Verlag 1974
28. Köhler, G.; Rögnitz, H.: Maschinenteile. Teil 1 und 2. 8. Aufl. Stuttgart: Teubner 1992
29. Koller, R.: Ein Weg zur Konstruktionsmethodik. Konstruktion 23 (1971), H. 10, S. 388–400
30. Koller, R.: Eine algorithmisch-physikalisch orientierte Konstruktionsmethodik
    Teil 1: Aufgabenanalyse, VDI-Z 115 (1973), S. 147–152;
    Teil 2: Qualitative Konstruktion; von der Effektvariation biz zur Darstellung der Prinziplösung. VDI-Z 115 (1973), S. 309–317;
    Teil 3: Qualitative Konstruktion; Gestaltvariieren und Kombinieren. VDI-Z 115 (1973), S. 843–847;
    Teil 4: Qualitative Konstruktion; Entwerfen. VDI-Z 115 (1973), S. 1078–1085
31. Koller, R.: Konstruktionsmethode für den Maschinenbau. 2. Aufl. Berlin, Heidelberg, New York: Springer 1985
32. Kraus, R.: Maschinenelemente. Darmstadt, Hannover, Boppard: Schroedel 1951
33. Laeis, W.: Einführung in die Werkstoffkunde der Kunststoffe. München: Hanser 1972
34. Leyer, A.: Maschinenkonstruktionslehre. Hefte 1–7. Technica-Reihe. Basel, Stuttgart: Birkhäuser 1963, 1964, 1966, 1968, 1969, 1971, 1978
35. MacFarlane, A.G.J.: Analyse Technischer Systeme. Mannheim: Bibliographisches Institut 1967
36. Menges, G.: Werkstoffkunde der Kunststoffe. 3. Aufl. München, Wien: Hanser 1990
37. Niemann, G.; Winter, H.: Maschinenelemente. Berlin, Heidelberg, New York: Springer
    Band I: Konstruktion und Berechnung von Verbindungen, Lagern und Wellen. 2. Aufl. 1975
    Band II: Getriebe allgemein, Zahnradgetriebe – Grundlagen, Stirnradgetriebe. 2. Aufl. 1983
    Band III: Schraubrad-, Kegelrad-, Schnecken-, Ketten-, Riemen-, Reibradgetriebe, Kupplungen, Bremsen, Freiläufe. 2. Aufl. 1983
38. Pahl, G.; Beitz, W.: Konstruktionslehre. 3. Aufl. Berlin, Heidelberg, New York: Springer 1993
39. Rapatz, F.: Die Edelstähle. 5. Aufl. Berlin, Göttingen, Heidelberg: Springer 1962
40. Rodenacker, W.G.; Claussen, U.: Regeln des methodischen Konstruierens. Mainz: Krausskopf
    Teil I: Regeln 1 bis 4. 1973
    Teil II: Regeln 5 bis 8. 1975
41. Rodenacker, W.G.: Wege zur Konstruktionsmethodik. Konstruktion 20 (1968), H. 10, S. 381–385
42. Rodenacker, W.G.: Physikalisch orientierte Konstruktionsweise. Konstruktion 18 (1966), H. 7, S. 263–269
43. Rodenacker, W.G.: Methodisches Konstruieren. 4. Aufl. Berlin, Heidelberg, New York: Springer 1991
44. Roloff, H.; Matek, W.: Maschinenelemente. 12. Aufl. Wiesbaden: Vieweg 1992
45. Roth, K.: Methodisches Ermitteln von Funktionsstruktur und Gestalt. VDI-Berichte 219. Düsseldorf: VDI-Verlag 1974
46. Roth, K.; Franke, H.-J.; Simonek, R.: Algorithmisches Auswahlverfahren zur Konstruktion mit Katalogen. Feinwerktechnik 75 (1971), H. 8, S. 337–345
47. Roth, K.; Franke, H.-J.; Simonek, R.: Die Allgemeine Funktionsstruktur, ein wesentliches Hilfsmittel zum methodischen Konstruieren. Konstruktion 24 (1972), H. 7, S. 277–282
48. Roth, K.: Systematik der Maschinen und ihrer mechanischen elementaren Funktionen. Feinwerktechnik 74 (1970), H. 11, S. 453–460
49. Schatt, W.: Werkstoffe des Maschinen-, Anlagen- und Apparatebaues. Leipzig: VEB Deutscher Verlag für Grundstoffindustrie 1975
50. Schimpke, P.; Schropp, H.; König, R.: Technologie der Maschinenbaustoffe. 18. Aufl. Stuttgart: Hirzel 1977
51. Schlottmann, D.: Maschinenelemente, Grundlagen. Berlin: VEB Verlag Technik 1973
52. Schmitz, H.: Stahl-Eisen-Liste. 6. Aufl. Herausgeber Verein Deutscher Eisenhüttenleute. Düsseldorf: Verlag Stahleisen 1977
53. Steinwachs, H.O.: Praktische Konstruktionsmethode: Anleitung zum methodischen Konstruieren. Würzburg: Vogel 1976
54. Steudel, H.: Werkstoff-Handbuch Nichteisenmetalle. 2. Aufl. Herausgeber Deutsche Gesellschaft für Stahlkunde und Verein Deutscher Ingenieure. Düsseldorf: VDI-Verlag 1960
55. Tochtermann, W.; Bodenstein, F.: Konstruktionselemente des Maschinenbaues. 9. Aufl. Teil 1 und 2. Berlin, Heidelberg, New York: Springer 1979
56. VDI-Richtlinie 2211, Bl. 1, April 1980 und Bl. 3, Juni 1980. Datenverarbeitung in der Konstruktion. Düsseldorf: VDI-Verlag 1980

57. VDI-Richtlinie 2212, Oktober 1981. Datenverarbeitung in der Konstruktion; Systematisches Suchen und Optimieren konstruktiver Lösungen. Düsseldorf: VDI-Verlag 1981
58. VDI-Richtlinie 2215, November 1980. Datenverarbeitung in der Konstruktion; Organisatorische Voraussetzungen und allgemeine Hilfsmittel. Düsseldorf: VDI-Verlag 1980
59. VDI-Richtlinie 2222, Bl. 1, Mai 1977 und Bl. 2, Februar 1982. Konstruktionsmethodik. Düsseldorf: VDI-Verlag 1977, 1982
60. VDI-Richtlinie 2224, Februar 1972. Formgebung technischer Erzeugnisse für den Konstrukteur. Düsseldorf: VDI-Verlag 1972
61. VDI-Richtlinie 2225, Bl. 1 und 2, April 1977. Konstruktionsmethodik; Technisch wirtschaftliches Konstruieren. Düsseldorf: VDI-Verlag 1977
62. Wellinger, K.; Gimmel, P.; Bodenstein, M.: Werkstoff-Tabellen der Metalle. 7. Aufl. Stuttgart: Kröner 1972
63. Wolff, J.: Kreatives Konstruieren. Essen: Girardet 1976
64. Zwicky, F.: Entdecken, Erfinden, Forschen. 2. Aufl. Glarus: Baeschlin, 1989
65. DIN 1651, April 1988. Automatenstähle; Technische Lieferbedingungen
66. DIN 1681, Juni 1985. Stahlguß für allgemeine Verwendungszwecke; Technische Lieferbedingungen.
67. DIN 1691, Mai 1985. Gußeisen mit Lamellengraphit (Grauguß); Eigenschaften
68. DIN 1691, Bbl., Mai 1985. Gußeisen mit Lamellengraphit (Grauguß); Allgemeine Hinweise für die Werkstoffauswahl und die Konstruktion; Anhaltswerte der mechanischen und physikalischen Eigenschaften. Erläuterungen über die Festigkeitseigenschaften in Gußstücken
69. DIN 1692, Januar 1982. Temperguß; Begriff, Eigenschaften
70. DIN 1693, T1, Oktober 1973. Gußeisen mit Kugelgraphit; Werkstoffsorten, unlegiert und niedriglegiert
71. DIN 1693, T2, Oktober 1977. Gußeisen mit Kugelgraphit; unlegiert und niedriglegiert; Eigenschaften im angegossenen Probestück
72. DIN 1718, November 1959, Kupferlegierungen; Begriffe
73. DIN 1725, T1, Februar 1983. Aluminiumlegierungen; Knetlegierungen
74. DIN 1725, T1, Bbl. 1, Mai 1977. Aluminiumlegierungen; Knetlegierungen, Beispiele für die Anwendung
75. DIN 1725, T2, Februar 1986. Aluminiumlegierungen, Gußlegierungen; Sandguß, Kokillenguß, Druckguß, Feinguß
76. DIN 1725, T3, Juni 1973. Aluminiumlegierungen; Vorlegierungen
77. DIN 1729, T1, August 1982. Magnesiumlegierungen; Knetlegierungen
78. DIN 1729, T2, Juli 1973. Magnesiumlegierungen; Gußlegierungen, Sandguß, Kokillenguß, Druckguß
79. DIN 1741, Mai 1974. Blei-Druckgußlegierungen; Druckgußstücke
80. DIN 1742, Juli 1971. Zinn-Druckgußlegierungen; Druckgußstücke
81. DIN 1743, T1, September 1978. Feinzink-Gußlegierungen; Blockmetalle
82. DIN 1743, T2, April 1978. Feinzink-Gußlegierungen; Gußstücke aus Druck-, Sand- und Kokillenguß
83. DIN 7728, T1, Januar 1988. Kunststoffe; Kennbuchstaben und Kurzzeichen für Polymere und ihre besonderen Eigenschaften
84. DIN 17007, T1, April 1959. Werkstoffnummern; Rahmenplan
85. DIN 17007, T3, Januar 1971. Werkstoffnummern; Systematik der Hauptgruppe 0: Roheisen, Vorlegierungen, Gußeisen
86. DIN 17007, T4, Juli 1963. Werkstoffnummern; Systematik der Hauptgruppen 2 und 3: Nichteisenmetalle
87. DIN 17100, Januar 1980. Allgemeine Baustähle; Gütenorm (Zurückgezogen; in der Übergangsphase noch verwendbar!)
88. DIN 17200, Dezember 1969. Vergütungsstähle; Gütevorschriften (Zurückgezogen; in der Übergangsphase noch verwendbar!)
89. DIN 17210, September 1986. Einsatzstähle; Technische Lieferbedingungen
90. DIN 17245, Dezember 1987. Warmfester ferritischer Stahlguß; Technische Lieferbedingungen
91. DIN 17445, November 1984. Nichtrostender Stahlguß; Gütevorschriften
92. DIN 17662, November 1984. Kupfer-Knetlegierungen, Kupfer-Zinn-Legierungen (Zinnbronze); Zusammensetzung
93. DIN 17663, Dezember 1983. Kupfer-Knetlegierungen, Kupfer-Nickel-Zink-Legierungen (Neusilber); Zusammensetzung
94. DIN 17664, Dezember 1983. Kupfer-Knetlegierungen, Kupfer-Nickel-Legierungen; Zusammensetzung

95. DIN 17665, Dezember 1983. Kupfer-Knetlegierungen, Kupfer-Aluminium-Legierungen (Aluminiumbronze); Zusammensetzung
96. DIN 17666, Dezember 1983. Niedriglegierte Kupfer-Knetlegierungen; Zusammensetzung
97. DIN 17670, T1, Dezember 1983. Bänder und Bleche aus Kupfer und Kupfer-Knetlegierungen; Eigenschaften
98. DIN 17670, T2, Juni 1969. Bleche und Bänder aus Kupfer und Kupfer-Knetlegierungen; Technische Lieferbedingungen
99. DIN EN 10002, T1, April 1991. Metallische Werkstoffe; Zugversuch; Teil 1; Prüfverfahren (bei Raumtemperatur)
100. DIN EN 10025, Januar 1991. Warmgewalzte Erzeugnisse aus unlegierten Baustählen; Technische Lieferbedingungen
101. DIN EN 10027, T1, September 1992. Bezeichnungssysteme für Stähle; Teil 1: Kurznamen, Hauptsymbole
102. DIN EN 10027, T2, September 1992. Bezeichnungssysteme für Stähle; Teil 2: Nummernsystem
103. DIN EN 10083, T1, Oktober 1991. Vergütungsstähle; Technische Lieferbedingungen für Edelstähle.
104. DIN EN 10083, T2, Oktober 1991. Vergütungsstähle; Technische Lieferbedingungen für unlegierte Qualitätsstähle
105. DIN ISO 1043, T2, August 1991. Kunststoffe; Kurzzeichen; Füllstoffe und Verstärkungsstoffe

2 Normen, Toleranzen und Passungen, technische Oberflächen

Zur Vermeidung von Wiederholungen bei der Konstruktion von technischen Systemen werden Maschinen- und Konstruktionselemente, die bereits eine technische Reife hinsichtlich ihrer Funktion und Wirtschaftlichkeit besitzen, standardisiert [3, 15, 17]. Da diese Standardisierung die Grundlage für die gegenwärtige und künftige Entwicklung der Produktion und anderer Gebiete der Technik, der Wissenschaft und der Volkswirtschaft mitbestimmt, hat sie sich am Fortschritt fortwährend zu orientieren und praktische Erfahrungen sinnvoll zu nutzen. Die Standardisierung ist also zeitlich veränderlich. Ihr sind auch Grenzen durch die verfügbaren Rohstoffe, die Halbfabrikate, die Fertigungs- und Investitionsmöglichkeiten sowie andere technisch-wirtschaftliche Einflußgrößen gesetzt. Die Standardisierung kann werksintern bzw. auch national und international vorgenommen werden. Man hat dann Werksnormen bzw. allgemein anerkannte Normen (DIN- oder ISO-Normen!).

2.1 Normung

Die Normung hat das Ziel, Begriffe, Erzeugnisse, Vorschriften, Verfahren usw. im Bereich der Wissenschaft, Technik, Wirtschaft und Verwaltung festzulegen, zu ordnen und zu vereinheitlichen [3, 7, 10]. Die durch die Normung erzielte Häufung von gleichartigen Erzeugnissen gestattet deren wirtschaftliche Herstellung (Vorrichtungen, Werkzeuge und Maschinen!) und Kontrolle (Lehren, Meßwerkzeuge!). Die Normung garantiert ferner den Austauschbau ohne spezielles Anpassen der Teile, der die Grundlage für die rationelle Fertigung von Massengütern ist. Grundlage der Normungsarbeit ist die DIN 820.

2.1.1 Einleitung

Die Normung ist ganz allgemein gesprochen ein Mittel zur zweckgerichteten Ordnung in der Technik. Sie stellt bewährte Lösungen bereit für wiederkehrende Aufgaben. Ihr Ziel ist die sinnvolle Standardisierung von Objekten anstelle einer willkürlichen Vielfalt. Es gibt z.B. folgende Normenarten:

- *Verständigungsnormen* (Begriffe, Bezeichnungen, Benennungen, Symbole, Formelzeichen ...);

- *Typnormen* (Typenbeschreibung von Erzeugnissen nach Art, Form, Größe...);
- *Planungsnormen* (Grundsätze für Entwicklung, Berechnung, Ausführung);
- *Konstruktionsnormen* (konstruktive Gesichtspunkte für die Gestaltung technischer Gegenstände);
- *Abmessungsnormen* (Abmessungen und Maßtoleranzen für Bauelemente, Profile...);
- *Stoffnormen* (Stoffe, Einteilung, Eigenschaften, Richtlinien für Verwendung...);
- *Gütenormen* (Anforderungen an die Qualität von Erzeugnissen);
- *Verfahrensnormen* (Arbeitsverfahren für die Herstellung und Behandlung);
- *Prüfnormen* (Untersuchungs- und Meßverfahren);
- *Liefer- und Dienstleistungsnormen* (technische Grundsätze – Lieferbedingungen – für die Vereinbarung von Lieferungen);
- *Sicherheitsnormen* (Schutz von Leben und Gesundheit, Schutz von Sachwerten).

2.1.2 Historischer Überblick über die Entwicklung der Normen

Im Prinzip unterscheidet man nationale und internationale Normen.

a) *Deutsche Normen* (*nationale Normen*)

1869, Verein Deutscher Ingenieure (VDI), „Normalprofil-Buch für Walzeisen";
1881, Verein Deutscher Ingenieure (VDI), „Lieferbedingungen für Eisen und Stahl";
1900, Verein Deutscher Elektroingenieure (VDE), „VDE-Vorschriftenbuch";
1917, Gründung „Normenausschuß der Deutschen Industrie" als eingetragener Verein (e.V.), Sitz Berlin. Herausgeber von: **D**eutsche **I**ndustrie **N**ormen (= DIN);
1926, Umwandlung in „Deutscher Normenausschuß e.V." (DNA); Sitz Berlin;
1975, Umbenennung des DNA in „DIN Deutsches Institut für Normung e.V.", Sitz Berlin.

Ordentliche Mitglieder des DIN:
- Firmen
- interessierte Körperschaften
- Organisationen
- Behörden...

Das Deutsche Institut für Normung (DIN) der Bundesrepublik Deutschland gibt die DIN-Normen heraus. Sie haben keine Gesetzeskraft, werden aber – soweit zutreffend – als „Regeln der Technik" anerkannt. In der früheren Deutschen Demokratischen Republik (DDR) gab es analog die Technischen Normen, Gütevorschriften und Lieferbedingungen oder in Abkürzung TGL, deren Herausgeber das Amt für Standardisierung (AfS) war. Diese DDR-Standards TGL hatten Gesetzeskraft!

b) *Internationale Normen*

1926, Gründung der "International Federation of the National Standardizing Associations" (ISA). Wichtigstes Ergebnis der Anfangsarbeit: ISA-Toleranzsystem (heute: ISO-Toleranzsystem, siehe Abschnitt 2.2.2.3);

1946, Neugründung unter dem Namen “International Organization for Standardization” (ISO), Generalsekretariat in Genf;
1952, Wiederaufnahme der Bundesrepublik Deutschland in die ISO.

Die Technischen Komitees (TC) der ISO erarbeiten Empfehlungen für die nationalen Normenausschüsse oder geben direkt die ISO-Normen heraus.

2.1.3 Erstellung von Normen

Die Normungsarbeit beim DIN wird geleistet
- für weite Fachgebiete (z.B. Bauwesen) in Fachnormenausschüssen (FNA),
- für eng begrenzte Fachgebiete innerhalb eines FNA in Arbeitsausschüssen (z.B. FNA Nichteisenmetalle),
- für übergeordnete Gebiete, die viele oder alle Fachgebiete berühren, in selbständigen Ausschüssen (A), z.B. für Gewinde, Zeichnungen,...

Die Mitarbeit in den Ausschüssen ist ehrenamtlich. Die Mitarbeiter werden aus den interessierten Fachkreisen (Industrie, Universitäten, Fachhochschulen, Behörden, Verbänden, TÜV,...) herangezogen; dabei ist die Mitgliedschaft im DIN nicht erforderlich. Die Erstellung einer Norm kann von jedermann beim DIN angeregt werden.

Das erste Ergebnis der Normungsarbeit in den Ausschüssen ist der *Norm-Entwurf*. Nach dessen Prüfung durch die Normenprüfstelle des DIN wird er zur Kritik in den DIN-Mitteilungen veröffentlicht. Einsprüche und Änderungswünsche sind bis zum Ablauf der Einspruchsfrist möglich. Die Anregungen werden geprüft und in die endgültige Fassung eingearbeitet, oder es wird ein neuer Norm-Entwurf geschaffen. Unter Umständen wird auch der erste Norm-Entwurf zurückgezogen. Die endgültige Fassung wird von der Prüfstelle des DIN verabschiedet und veröffentlicht [4].

2.1.4 Einige Grundnormen

Zu den wichtigsten Grundnormen zählen die Normzahlen (NZ), die als Vorzugszahlen für die Wahl beliebiger Größen – auch außerhalb der Normung – dienen. Sie sind durch die internationalen Normen ISO 3-1973, ISO 17-1973 sowie ISO 497-1973 und die nationale Norm DIN 323 festgelegt [5, 11].

Die zahlenmäßige Reihung bzw. Ordnung von physikalischen Größen kann durch eine additive oder eine multiplikative Gesetzmäßigkeit erfolgen. Im ersten Fall hat man die Abstufung in der Art einer arithmetischen Reihe und im zweiten Fall in der Art einer geometrischen Reihe.

1) *Stufung nach einer arithmetischen Reihe*
Sie wird in der Technik nur in wenigen Ausnahmefällen angewendet (z.B. Abstufung von Schraubenlängen!) und hat einen konstanten Stufenschritt. Ihr Bildungsgesetz ist additiv. Man unterscheidet folgende Typen:

a) Einfache Reihen mit konstanter Differenz von zwei aufeinander folgenden Gliedern.

$a_{i+1}, a_i, a_{i-1}, a_{i-2}, \ldots$

Stufenschritt Δ = Differenz von zwei aufeinander folgenden Gliedern

$$\Delta = a_{i+1} - a_i = \text{const} \tag{2.1}$$

z.B. $\Delta = 2$: 1, 3, 5, 7, ...

b) Reihen höherer Art mit konstanter Differenz der Differenzen von zwei aufeinander folgenden Gliedern.

$a_{i+1}, a_i, a_{i-1}, a_{i-2}, \ldots$

Stufenschritt Δ = Differenz der Differenzen von zwei aufeinander folgenden Gliedern

$$\Delta = (a_{i+1} - a_i) - (a_i - a_{i-1}) = \text{const} \tag{2.2}$$

z.B. $\Delta = 1$: 1, 3, 6, 10, 15, ...
$\Delta = 2$: 1, 2, 5, 10, 17, 26, ...

Anmerkung:
Der Stufensprung q = Quotient von zwei aufeinander folgenden Gliedern hat keinen konstanten Wert.

2) *Stufung nach einer geometrischen Reihe*
Sie wird in der Technik sehr häufig angewendet und hat sich sehr gut bewährt. Sie hat einen konstanten Stufensprung. Ihr Bildungsgesetz ist multiplikativ. Dies ist auch der Hauptgrund für ihre Anwendung zum Aufbau einer Ordnung für physikalische Größen. Fast alle physikalischen technischen Gesetze sind nämlich multiplikativ aufgebaut. Bei Vergrößerungen oder Verkleinerungen von physikalischen Größen im Rahmen der Entwicklung einer Typenreihe ergeben sich durch die Division der aufeinander folgenden Zahlenwerte der betrachteten physikalischen Größe immer konstante Faktoren. Für die geometrische Reihe gilt allgemein die Beziehung

$$a_{i+1} = a_i \cdot q \tag{2.3}$$

mit q = Stufensprung = const.

Ist das Anfangsglied einer geometrischen Reihe a_1, so lautet das i-te Glied bei bekanntem Stufensprung q

$$a_i = a_1 \cdot q^{i-1} \tag{2.4}$$

z.B. $a_1 = 1$; $q = 2$;
1, 2, 4, 8, 16, ...

$a_1 = 2$; $q = 3$;
2, 6, 18, 54, 162, ...

Anmerkung:
Der Stufenschritt Δ = Differenz von zwei aufeinander folgenden Gliedern hat keinen konstanten Wert.

Normzahlen (*NZ*)
Zweck der Normzahlen (= Vorzugszahlen) ist die sinnvolle Beschränkung von Typen und/oder Abmessungen. Sie sind die Basis vieler Normen und können in unterschiedlicher Größe abgestuft sein. Ihre Abstufung basiert wie bei den geometrischen Reihen auf einem konstanten Stufensprung, der aber keine ganze Zahl ist. Für die Normzahlen gelten folgende Beziehungen:

1. Sie schließen an den bekannten dezimalen Bereich an, d.h., sie enthalten alle ganzzahligen Potenzen von 10 (z.B. 0,01; 0,1; 1; 10; 100; 1000;...).
2. Sie bilden eine geometrische Reihe mit konstantem Stufensprung.
3. Die Glieder größerer Reihen sind wieder als Glieder in den feiner abgestuften Reihen enthalten.
4. Produkte und Quotienten von Normzahlen sind wieder Normzahlen.

Daraus läßt sich folgendes Bildungsgesetz ableiten:
a) Geometrische n_i-Teilung einer Dekade (Verwirklichung der Punkte 1, 2 und 4).
b) Dualteilung des n_i-Wertes (Verwirklichung von Punkt 3).

Die Zahlen 1 und 10 werden als Normzahlen gesetzt und die Zwischenwerte nach einer geometrischen Reihe gestuft [5, 11]. Ist n die Zahl der Zwischenräume zwischen den Zahlen 1 und 10, so gilt für den Stufensprung die Beziehung

$$q = \sqrt[n]{10} \tag{2.5}$$

Für z.B. n = 5 wird q = 1,5849.... Daraus ergibt sich die *Genauwertreihe für n* = 5. Sie lautet vollständig:

1   1,5849   2,5119   3,9811   6,3096   10

Diese Genauwerte sind unhandlich. Durch eine schwache Rundung erhält man aus ihnen die eigentlichen Normzahlen (= Hauptwerte), die dann die *Grundreihen* bilden.

Beispiel: n = 5:

Grundreihe R 5:   1   1,6   2,5   4   6,3   10

Damit ergibt sich folgende *Definition* für die Normzahlen:

> Normzahlen sind vereinbarte, gerundete Glieder einer dezimalgeometrischen Reihe.

Neben n = 5 sind auch genormt: n = 10, 20, 40, (80).

Daraus ergeben sich die in Tabelle 2.1 angegebenen *Grundreihen* R 5, R 10, R 20, R 40, (R 80) (vgl. DIN 323). Im Maschinenbau werden am häufigsten die Grundreihen R 10 und R 20 angewendet (R 5 ist meist zu grob und R 40 ist meist zu fein!).

Tabelle 2.1. Grundreihen R5, R10, R20 und R40

Hauptwerte R 5	R 10	R 20	R 40	Ordnungsnummern N	Mantissen	Genauwerte	Abweichung der Hauptwerte von den Genauwerten %
1,00	1,00	1,00	1,00	0	000	1,0000	0
			1,06	1	025	1,0593	+ 0,07
		1,12	1,12	2	050	1,1220	- 0,18
			1,18	3	075	1,1885	- 0,71
	1,25	1,25	1,25	4	100	1,2589	- 0,71
			1,32	5	125	1,3353	- 1,01
		1,40	1,40	6	150	1,4125	- 0,88
			1,50	7	175	1,4962	+ 0,25
1,60	1,60	1,60	1,60	8	200	1,5849	+ 0,95
			1,70	9	225	1,6788	+ 1,26
		1,80	1,80	10	250	1,7783	+ 1,22
			1,90	11	275	1,8836	+ 0,87
	2,00	2,00	2,00	12	300	1,9953	+ 0,24
			2,12	13	325	2,1135	+ 0,31
		2,24	2,24	14	350	2,2387	+ 0,06
			2,36	15	375	2,3714	- 0,48
2,50	2,50	2,50	2,50	16	400	2,5119	- 0,47
			2,65	17	425	2,6607	- 0,40
		2,80	2,80	18	450	2,8184	- 0,65
			3,00	19	475	2,9854	+ 0,49
	3,15	3,15	3,15	20	500	3,1623	- 0,39
			3,35	21	525	3,3497	+ 0,01
		3,55	3,55	22	550	3,5481	+ 0,05
			3,75	23	575	3,7584	- 0,22
4,00	4,00	4,00	4,00	24	600	3,9811	+ 0,47
			4,25	25	625	4,2170	+ 0,78
		4,50	4,50	26	650	4,4668	+ 0,74
			4,75	27	675	4,7315	+ 0,39
	5,00	5,00	5,00	28	700	5,0119	- 0,24
			5,30	29	725	5,3088	- 0,17
		5,60	5,60	30	750	5,6234	- 0,42
			6,00	31	775	5,9566	+ 0,73
6,30	6,30	6,30	6,30	32	800	6,3096	- 0,15
			6,70	33	825	6,6834	+ 0,25
		7,10	7,10	34	850	7,0795	+ 0,29
			7,50	35	875	7,4989	+ 0,01
	8,00	8,00	8,00	36	900	7,9433	+ 0,71
			8,50	37	925	8,4140	+ 1,02
		9,00	9,00	38	950	8,9125	+ 0,98
			9,50	39	975	9,4406	+ 0,63
10,00	10,00	10,00	10,00	40	000	10,0000	0

Die Schreibweise der Normzahlen ohne Endnullen ist international ebenfalls gebräuchlich.

Tabelle 2.2. Beispiele für Auswahlreihen aus den Grundreihen R10 und R20

R 10	1	1,25	1,6	2	2,5	3,15	4	5	6,3	8	10
R 10/3 (1)	1			2			4			8	
R 10/3 (1,25)		1,25			2,5			5			10
R 10/3 (1,6)			1,6			3,15			6,3		

R 20	1	1,12	1,25	1,4	1,6	1,8	2	2,24	2,5	2,8	3,15	3,55	4	4,5	5	5,6	6,3	7,1	8	9	10
R 20/2(1)	1		1,25		1,6		2		2,5		3,15		4		5		6,3		8		10
R 20/3(1,25)			1,25			1,8			2,5			3,55			5			7,1			10
R 20/4(1)	1				1,6				2,5				4				6,3				10

Normzahlen $NZ > 10$ erhält man durch Multiplikation der Grundreihen mit $10^1, 10^2, \ldots$
Normzahlen $NZ < 10$ erhält man durch Multiplikation der Grundreihen mit 10^{-1}, $10^{-2}, \ldots$

Eine stärkere Rundung der Genauwerte (z.B. 1,5 statt 1,5849 oder 6 statt 6,3096!) führt auf die *Rundwertreihen*, die aber nach Möglichkeit vermieden werden sollen. Beispiel:

Rundwertreihe R″5: 1 1,5 2,5 4 6 10

Neben diesen Genauwert-, Grund- und Rundwertreihen gibt es noch die *Auswahlreihen*, die aus den Grundreihen abgeleitet werden. Sie stellen für die Normung einen eingeschränkten Wertevorrat zur Verfügung und entstehen dadurch, daß aus der zugeordneten Grundreihe Rn nur jedes p-te Glied (z.B. nur jedes 3, Glied!) verwendet wird. Sie werden mit dem Kurzzeichen der betreffenden Grundreihe Rn bezeichnet, dem hinter einem Schrägstrich die Größe p folgt. Im Regelfall wird hinter das Reihenkurzzeichen noch das erste Glied a_1 in runden Klammern angegeben. Die Kurzbezeichnung einer Auswahlreihe ist demnach $Rn/p(a_1)$. Beispiele für Auswahlreihen sind in Tabelle 2.2 zusammengestellt.

Sind von geometrisch ähnlichen Körpern die linearen Abmessungen nach einer Normzahlreihe gestuft, so ergibt sich auch für die abgeleiteten Größen eine dezimalgeometrische Abstufung nach einer Normzahlreihe:

Länge oder Abmessung:	Stufensprung	q
Fläche:	”	q^2
Volumen, Widerstandsmoment:	”	q^3
Flächenträgheitsmoment:	”	q^4

Beispiele für die Anwendung der Normzahlen

1) *Rundungshalbmesser* nach DIN 250 [2, 9]
Die Rundungshalbmesser sind gemäß DIN 250 nach Normzahlen abgestuft und in einer Vorzugs- und einer Nebenreihe in Tabelle 2.3 zusammengefaßt. Die in der Vorzugsreihe stehenden Werte sind in der Praxis zu bevorzugen!

2) *Nennweiten* nach DIN 2402 bzw. DIN 28002 [16]
Die Nennweite (Kurzzeichen DN nach ISO/DIS 3545.2) ist eine Kenngröße, die bei Rohrleitungssystemen als kennzeichnendes Merkmal zueinander passender Teile, z.B. Rohre, Rohrverbindungen, Formstücke und Armaturen, benutzt wird. Die Nennweite hat keine Einheit und darf nicht als Maßeintragung im Sinne von DIN 406 benutzt werden. Die Nennweiten entsprechen annähernd den lichten Durchmessern in mm der Rohrleitungsteile. Mit Rücksicht auf die Herstellung der Rohre, Formstücke und Armaturen können die lichten Durchmesser je nach den zur Ausführung gelangenden Wanddicken Unterschiede gegenüber dem durch die Nennweite ausgedrückten Maß aufweisen. Die gebräuchlichen Nennweiten sind nach Normzahlen abgestuft in Tabelle 2.4 zusammengestellt.

Tabelle 2.3. Vorzugs- und Nebenreihe für Rundungshalbmesser

R Vorzugsreihe	R Nebenreihe
0,2	0,2
	0,3
0,4	0,4
	0,5
0,6	0,6
	0,8
1	1
	1,2
1,6	1,6
	2
2,5	2,5
	3
4	4
	5

R Vorzugsreihe	R Nebenreihe
6	6
	8
10	10
	12
16	16
	18
20	20
	22
25	25
	28
32	32
	36
40	40
	45

R Vorzugsreihe	R Nebenreihe
50	50
	56
63	63
	70
80	80
	90
100	100
	110
125	125
	140
160	160
	180
200	200

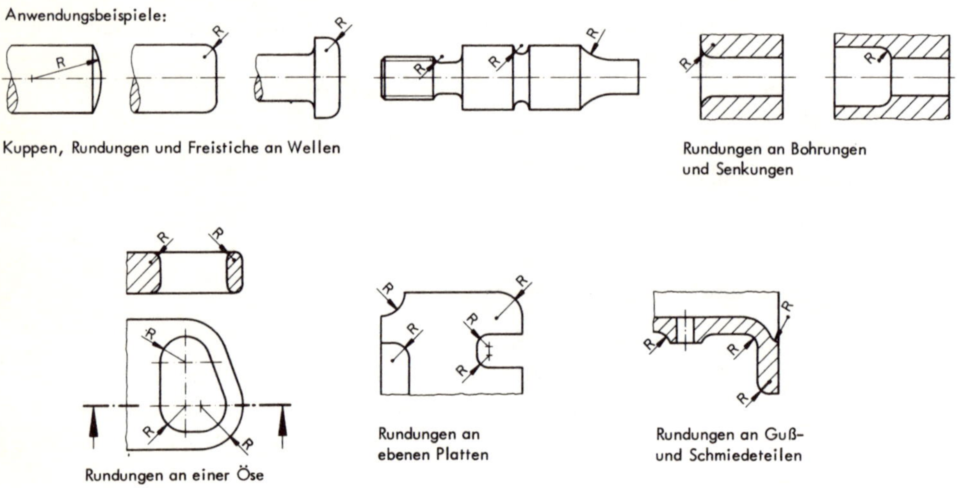

3) *Nenndruckstufen* nach DIN 2401 bzw. DIN 28002 [16]

Der Nenndruck (Kurzzeichen PN nach ISO/DIS 3545.2) ist die Bezeichnung für eine ausgewählte Druck-Temperatur-Abhängigkeit, die zur Normung von Bauteilen herangezogen wird. Der Nenndruck wird ohne Einheit angegeben! Die Nenndrücke sind gemäß der nachfolgenden Tabelle 2.5 nach Normzahlen gestuft. Bauteile desselben Nenndrucks haben bei gleicher Nennweite DN gleiche Anschlußmaße.

Tabelle 2.4. Nennweiten nach DIN 2402 bzw. DIN 28002

	10	● 100	● 1000
	12[1])	125	● 1200 1400
	16[1]) ● 15[2])	● 150 (175)[4])	1600 1800
	20	● 200	2000 2200 2400
	● 25	● 250	2600 2800
3	32	● 300 350	3000 3200 3400 3600 3800
4	● 40	● 400 450	4000
5	● 50	● 500	
6	65 (70)[3])	● 600 700	
8	● 80	● 800 900	

1) Diese Nennweiten werden angewandt, wenn eine engere Stufung notwendig ist, z.B. bei Rohrverschraubungen, Lötfittings usw.

2) Diese Nennweite wird angewandt, wenn eine gröbere Stufung ausreicht, z.B. bei Flanschen, Gewindefittings usw.

3) Nur für drucklose Abflußrohre

4) Nur für Schiffbau und Heißdampfleitungen mit $p_e > 100$ bar

Soweit in einzelnen Fachgebieten, z.B. für Gasfernleitungen, Zwischengrößen für Rohrleitungen mit Nennweiten über 500 benötigt werden, sind bis Nennweite 1200 Stufensprünge von 50, über Nennweite 1200 Stufensprünge von 100 zu wählen.
Für Nennweiten über 4000 sollen Stufensprünge von 200 gewählt werden.

● Vorzugsgrößen, die nach Möglichkeit zu verwenden sind.
Bezeichnung für Nennweite 250: DN 250

Tabelle 2.5. Nenndrücke nach DIN 2401 bzw. DIN 28002

	● 1	● 10	● 100	● 1000
		(12,5)	(125)	1250
	1,6	16	● 160	1600
	2	(20)	(200)	2000
	2,5	● 25	● 250	2500
	3,2	(32)	315	
	4	● 40	400	4000
0,5	5	(50)	(500)	
	6	● 63	630	6300
			700	
	(8)	(80)	(800)	
● Vorzugsgrößen, die nach Möglichkeit zu verwenden sind.				

2.2 Toleranzen, Passungen und Paßtoleranzfelder

Zur Gewährleistung ihrer Funktion müssen Bauteile oder Komponenten eines technischen Systems zueinander passen, d.h., sie dürfen in ihrer Form, ihrer Lage und ihren Abmessungen keinen unzulässig großen Abweichungen unterliegen. Alle diese Größen sind für sich zu tolerieren, d.h. mit einer Toleranz zu versehen und bei der Fertigung und Zuordnung oder Montage zu berücksichtigen (DIN 406, DIN ISO 286, DIN ISO 1101, DIN ISO 1132, DIN ISO 2768 und DIN ISO 3040). Ein Welle, die z.B. in einer Führung oder Buchse laufen soll, muß im Durchmesser kleiner sein als der Durchmesser der gepaarten Bohrung. Soll eine Riemenscheibe z.B. fest auf einer Welle sitzen, so muß der Durchmesser der Welle größer sein als der der Nabenbohrung der Riemenscheibe.

Da die meisten Bauteile nicht mehr einzeln hergestellt und in das Gegenstück eingepaßt werden, sondern zur Erhöhung der Wirtschaftlichkeit in größeren Serien und ohne Abstimmung auf ein spezielles Gegenstück (wahllose Paarung der Teile!) gefertigt werden, sind zur Vermeidung von Nacharbeit und zur Gewährleistung der Austauschbarkeit von Teilen folgende Bedingungen zu erfüllen:

1. Vorgabe von tolerierten Maßen (Nennmaß und Grenzabmaße oder Nennmaß und Toleranzklasse) oder Passungen für die zu paarenden Formteile;
2. Fixierung der Teileabmessungen für die gewünschten Toleranzfelder;
3. maßgerechte Fertigung der Einzelteile, d.h. Einhaltung der vorgegebenen Toleranzen (Istmaß im Toleranzbereich!).

Das einheitliche System der DIN-Passungen wurde in Deutschland in Anlehnung an Werks-Passungsnormen nach dem ersten Weltkrieg geschaffen. Das ISA-Komitee hat 1928 die Vereinheitlichung der unterschiedlichen nationalen Passungssysteme eingeleitet. Die DIN-Passungen wurden somit durch ISA-Passungen abgelöst. Seit 1964 heißen sie offiziell ISO-Passungen (ISO-System für Grenzmaße und Passungen!).

2.2.1 Allgemeines und Begriffe

Die wichtigsten und gebräuchlichsten Toleranzen sind die für die Abmessungen der Bauteile. Man nennt sie daher auch Maßtoleranzen. Daneben gibt es auch Toleranzen zur Festlegung der Form und der Lage eines Formteiles. Die Formtoleranzen berücksichtigen bei einem einzelnen Element die Geradheit, die Ebenheit, die Rundheit (Kreisform!), die Zylindrizität, das Profil einer beliebigen Linie und das Profil einer beliebigen Fläche. Die Lagetoleranzen gelten für bezogene Elemente und lassen sich in die Richtungstoleranzen für die Parallelität, die Rechtwinkligkeit und die Neigung, die Ortstoleranzen für die Position, die Konzentrizität und die Koaxialität sowie die Symmetrie und die Lauftoleranzen für den Lauf und den Gesamtlauf unterteilen. Im folgenden werden fast ausschließlich die Maßtoleranzen besprochen.

Die Grundbegriffe der Längenmaße und deren Toleranzen sowie die Passungen für flache (ebene) und zylindrische Werkstücke sind in der DIN ISO 286, T1 und T2 zusammengefaßt. Sie gelten sinngemäß auch für die Maßtoleranzen und Passungen an Kegeln (DIN ISO 3040), Prismen und Gewinden.

Ein Werkstück kann nur mit größeren oder kleineren Abweichungen (abhängig von der Fertigungsausrüstung und vom technischen Aufwand!) vom Sollmaß gefertigt werden. Ist- und Sollmaße eines Werkstückes sind daher unterschiedlich, doch dürfen wegen der zu erfüllenden Funktion bestimmte Grenzmaße nicht überschritten werden. Die Spanne zwischen dem gerade noch geduldeten Höchstmaß G_o und dem mindestens erforderlichen Mindestmaß G_u einer Abmessung ist die Maßtoleranz T bzw. die Grundtoleranz IT, die immer ohne Vorzeichen angegeben wird. Die Abweichung zwischen dem Ist- und dem Sollmaß muß innerhalb der Maßtoleranz liegen.

Zur Gewährleistung der Übersichtlichkeit einer Zeichnung werden für eine Abmessung nicht die zulässigen Grenzmaße angegeben, sondern ein Nennmaß, d.h. eine Maßzahl (eine ganze Zahl oder eine Dezimalzahl!) und die zulässigen Grenzabmaße. Diese sind das obere und das untere Abmaß.

Das obere Abmaß ist die Differenz zwischen dem Höchstmaß G_o und dem Nennmaß N, und das untere Abmaß ist die Differenz zwischen dem Mindestmaß G_u und dem Nennmaß N. Die Maßtoleranz, die die Differenz zwischen dem Höchstmaß und dem Mindestmaß ist, ist damit auch die Differenz zwischen dem oberen und dem unteren Abmaß (Bild 2.1).

Mit den Bezeichnungen ES bzw. es für das obere Abmaß bei Innenmaßen oder Bohrungen bzw. bei Außenmaßen oder Wellen und EI bzw. ei für das untere

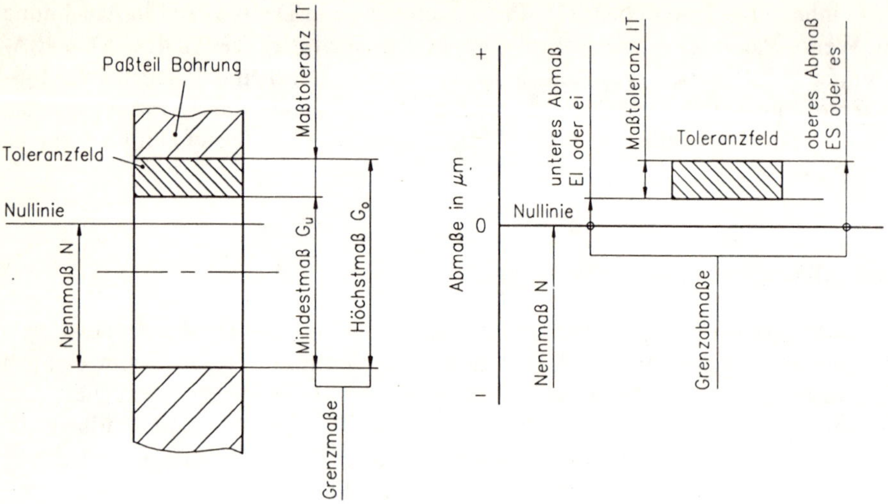

Bild 2.1. Die Grundbegriffe Nennmaß, Grenzmaße, Grenzabmaße, Nullinie und Toleranzfeld für die Tolerierung von Abmessungen

Abmaß bei Innenmaßen oder Bohrungen bzw. bei Außenmaßen oder Wellen lassen sich folgende Beziehungen angeben:

Oberes Abmaß

bei Innenmaßen (Bohrungen): $ES = G_o - N$
bei Außenmaßen (Wellen): $es = G_o - N$ (2.6)

Unteres Abmaß

bei Innenmaßen (Bohrungen): $EI = G_u - N$
bei Außenmaßen (Wellen): $ei = G_u - N$ (2.7)

Maßtoleranz bzw. Grundtoleranz IT

bei Innenmaßen (Bohrungen): $IT = G_o - G_u = ES - EI$
bei Außenmaßen (Wellen): $IT = G_o - G_u = es - ei$ (2.8)

Grundsätzlich ist zu sagen, daß diese Art der Maßangabe durch das Nennmaß und die beiden Grenzabmaße sehr variabel ist. So können durch entsprechende Grenzabmaßvorgaben Sollabmessungen vorgeschrieben werden, die z.B. immer größer oder immer kleiner sind als das Nennmaß. Ferner haben die zu paarenden Teile immer das gleiche Nennmaß.

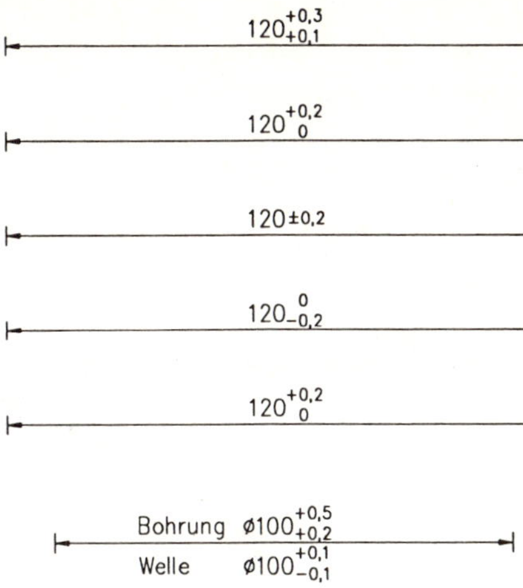

Bild 2.2. Eintragen von Grenzabmaßen (oberes Abmaß und unteres Abmaß) nach DIN 406, T1 und T2

Für das Eintragen der Grenzabmaße gelten nach DIN 406 folgende Regeln (Bild 2.2):

1. Das obere Abmaß wird ohne Rücksicht auf das Vorzeichen hinter die Maßzahl hoch gesetzt.
2. Das untere Abmaß wird hinter die Maßzahl tief gesetzt.
3. Das Grenzabmaß 0 (Null) kann, muß aber nicht eingetragen werden.
4. Bei dem Betrag nach gleich großem oberen und unteren Abmaß wird das Grenzabmaß mit beiden Vorzeichen einmal in mittlerer Höhe hinter der Maßzahl – dem Nennmaß – angegeben.
5. Bei gepaart gezeichneten Teilen wird nur eine Maßlinie vorgesehen. Über ihr steht das Nennmaß für die Bohrung mit den dafür zulässigen Grenzabmaßen, und unter ihr steht das Nennmaß für die Welle mit den geltenden Grenzabmaßen.
6. Die Schrifthöhe der Zahlen für die Grenzabmaße ist kleiner als die der Maßzahl, d.h. des Nennmaßes.

Anmerkung:
Alle Außenmaße werden als Wellenmaße (Wellendurchmesser!) und alle Innenmaße als Bohrungsmaße (Bohrungsdurchmesser!) bezeichnet. (Paßflächen an Bohrungen = Innenpaßflächen; Paßflächen an Wellen = Außenpaßflächen).

Wichtige Abmessungen und Passungs- oder Toleranzbegriffe:

Außenmaß:
Maß zwischen zwei parallelen Flächen oder Tangentialebenen, die eine bestimmte Geometrie eines Werkstückes von außen begrenzen.

Innenmaß:
Maß zwischen zwei parallelen Flächen oder Tangentialebenen, die eine bestimmte Geometrie eines Werkstückes von innen begrenzen.
Nennmaß N:
Maß zur Größenangabe. Auf dieses Maß werden die Grenzabmaße, d.h. das obere und das untere Abmaß bezogen.
Istmaß I:
Durch Messen am fertigen Werkstück ermitteltes Maß.
Paßmaß M_P:
Toleriertes Maß für eine Paßfläche bzw. zusammengehörige Paßflächen.
Grenzmaße G:
Höchstmaß und Mindestmaß, zwischen denen das Istmaß liegen muß einschließlich der Grenzmaße selbst.
Höchstmaß G_o:
Größtes zulässiges Istmaß eines Formelements.
Mindestmaß G_u:
Kleinstes zulässiges Istmaß eines Formelements.
Mittenmaß C:
Arithmetisches Mittel aus Höchst- und Mindestmaß. Es liegt in der Mitte des Toleranzfeldes ($C = (G_o + G_u)/2$).
Maß ohne Toleranzangabe („Freimaß“):
Nennmaß ohne Toleranzangaben, d.h. frei von Grenzabmaßen und Toleranzklasse des ISO-Systems für Grenzmaße und Passungen.
Abmaß:
Algebraische Differenz zwischen einem Maß (z.B. Istmaß oder Grenzmaß) und dem zugehörigen Nennmaß.

Oberes Abmaß ES bzw. es:
Algebraische Differenz zwischen dem Höchstmaß und dem zugehörigen Nennmaß.
Unteres Abmaß EI bzw. ei:
Algebraische Differenz zwischen dem Mindestmaß und dem zugehörigen Nennmaß.
Istabmaß A_i:
Algebraische Differenz zwischen dem Istmaß und dem zugehörigen Nennmaß.

Anmerkung:
Große Buchstaben bei Bohrungen; kleine Buchstaben bei Wellen.
Grenzabmaße:
Oberes und unteres Abmaß.
Toleranzbereich:
Bereich zugelassener Werte zwischen Mindestmaß und Höchstmaß.
Maßtoleranz T bzw. Grundtoleranz IT:
Differenz zwischen dem Höchstmaß und dem Mindestmaß, d.h. auch die Differenz zwischen dem oberen und dem unteren Abmaß.

Toleranzfeld:
Feld in einer graphischen Darstellung von Maßtoleranzen, das in der Höhe durch das Höchst- und das Mindestmaß begrenzt ist. Intervall zwischen Mindestmaß und Höchstmaß. Es gibt die Maßtoleranz bzw. die Grundtoleranz und ihre Lage zum Nennmaß (Nullinie) an.
Toleranzfeldlage:
Sie ist durch die Grundabmaße (= Kleinstabstände zur Nullinie) bestimmt und wird im ISO-System für Grenzmaße und Passungen durch Buchstaben (Großbuchstaben für Bohrungen, Kleinbuchstaben für Wellen) gekennzeichnet.
Toleranzklasse:
Sie dient im ISO-System für Grenzmaße und Passungen zur Kennzeichnung von Toleranzfeldern und besteht aus einem oder zwei Buchstaben zur Angabe des Grundabmaßes (Toleranzfeldlage!) und aus einer Zahl oder zwei Zahlen zur Fixierung des Grundtoleranzgrades (Größe der Toleranz oder Maßtoleranz!).
Passung P:
Beziehung zwischen Paßflächen der zu paarenden oder gepaarten Paßteile. Sie ergibt sich aus der Maßdifferenz der zu fügenden Paßteile vor dem Fügen. Eine Passung wird bestimmt durch das Nennmaß und die Kurzzeichen für die Toleranzklasse der Bohrung (Innenmaß!) und der Welle (Außenmaß!), z.B. ∅ 30 H7/e7.
Spiel:
Positive Differenz zwischen dem Maß der Bohrung (Innenmaß!) und dem Maß der Welle (Außenmaß!), wenn das Bohrungsmaß größer ist als das Wellenmaß (Bild 2.3). Spiel tritt immer bei einer Spielpassung auf.
Übermaß:
Negative Differenz zwischen dem Maß der Bohrung (Innenmaß!) und dem Maß der Welle (Außenmaß!), wenn das Bohrungsmaß kleiner ist als das Wellenmaß (Bild 2.3). Übermaß tritt immer bei einer Übermaßpassung auf.

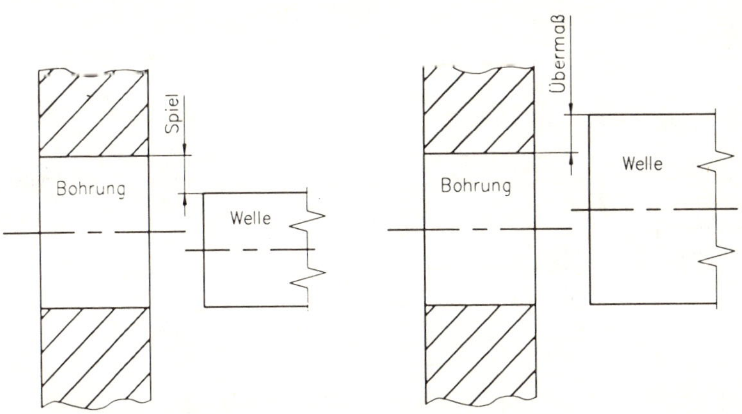

Bild 2.3. Spiel (Spielpassung) oder Übermaß (Übermaßpassung) bei zu fügenden Paßteilen

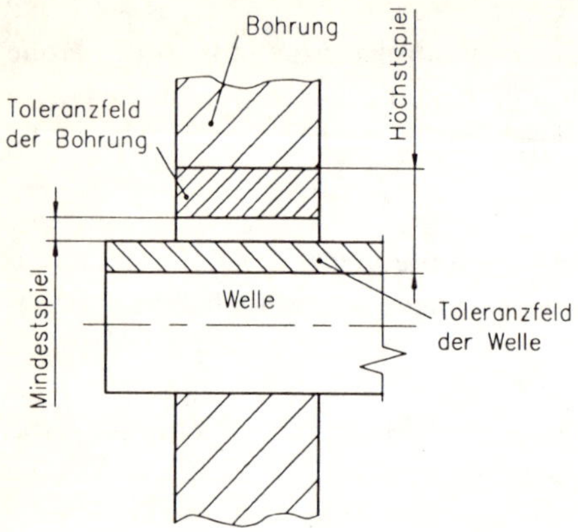

Bild 2.4. Spielpassung, Mindestspiel und Höchstspiel

Mindestspiel:
Es ist die positive Differenz zwischen dem Mindestmaß der Bohrung und dem Höchstmaß der Welle (Bild 2.4).
Höchstspiel:
Es ist die positive Differenz zwischen dem Höchstmaß der Bohrung und dem Mindestmaß der Welle (Bild 2.4).
Mindestübermaß:
Es ist die negative Differenz zwischen dem Höchstmaß der Bohrung und dem Mindestmaß der Welle (Bild 2.5).
Höchstübermaß:
Es ist die negative Differenz zwischen dem Mindestmaß der Bohrung und dem Höchstmaß der Welle (Bild 2.5).

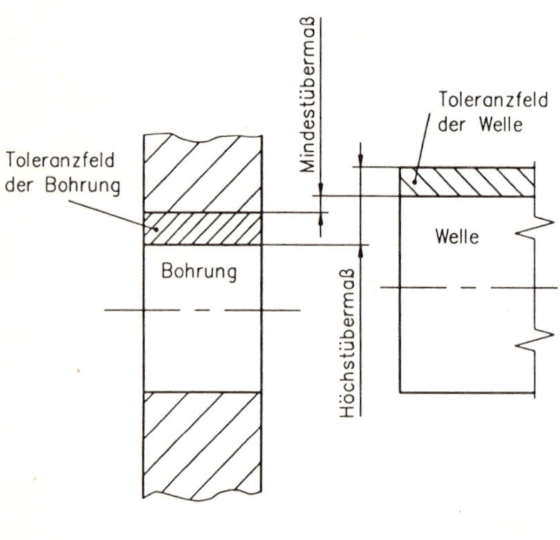

Bild 2.5. Übermaßpassung, Mindestübermaß und Höchstübermaß

Spielpassung:
Eine Passung, bei der immer ein Spiel vorliegt, d.h., das Mindestmaß der Bohrung ist immer größer als das Höchstmaß der Welle oder das Mindestmaß der Bohrung ist gleich dem Höchstmaß der Welle (Bild 2.6).
Übermaßpassung:
Eine Passung, bei der immer ein Übermaß vorliegt, d.h., das Höchstmaß der Bohrung ist immer kleiner als das Mindestmaß der Welle oder das Höchstmaß der Bohrung ist gleich dem Mindestmaß der Welle (Bild 2.7).

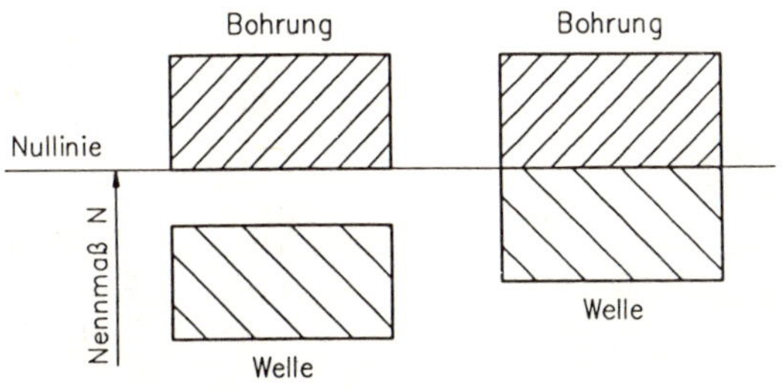

Bild 2.6. Schematische Darstellung von Spielpassungen im Passungssystem Einheitsbohrung durch die Toleranzfelder (DIN ISO 286, T1)

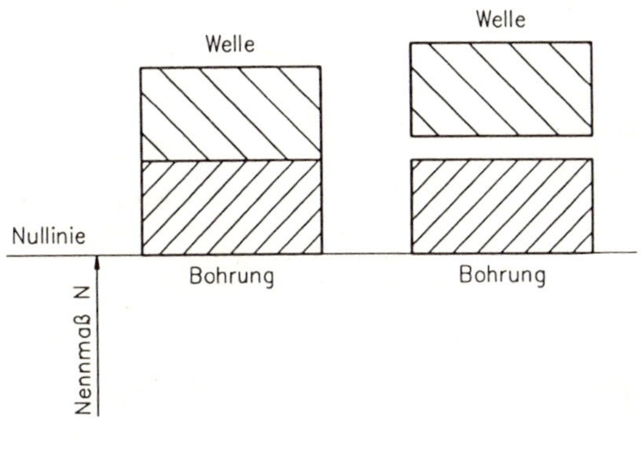

Bild 2.7. Schematische Darstellung von Übermaßpassungen im Passungssystem Einheitsbohrung durch die Toleranzfelder (DIN ISO 286, T1)

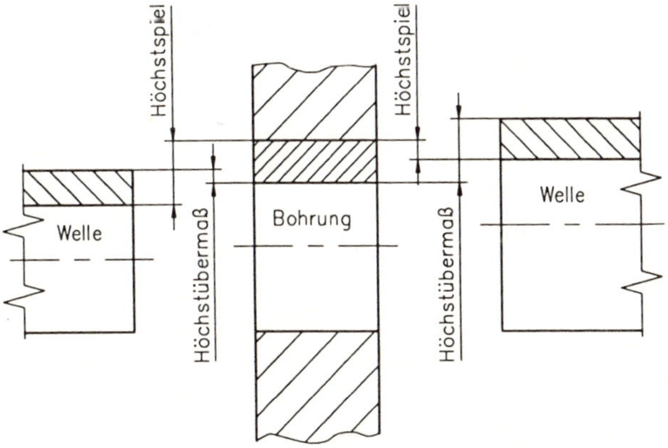

Bild 2.8. Übergangspassung mit Spiel oder Übermaß je nach den Istmaßen der Paßteile Bohrung und Welle

Übergangspassung:
Eine Passung, bei der je nach den Istmaßen der gefügten Teile ein Spiel oder ein Übermaß vorliegt (Bild 2.8). Die Toleranzfelder von Bohrung und Welle überdekken sich gemäß Bild 2.9 entweder vollständig oder teilweise.
Paßtoleranz:
Sie ist die arithmetische Summe der Maßtoleranzen der beiden Formelemente, die gefügt werden, d.h. zu einer Passung gehören.
Allgemeintoleranz (frühere Bezeichnung: Freimaßtoleranz):
Werkstattübliche Genauigkeit eines Maßes nach DIN 7168 und DIN ISO 2768, T 1 und T 2.
Passungssystem:
Ein System von Passungen, das die zu einem System der Grenzmaße gehörenden Bohrungen und Wellen umfaßt.
Maximum-Material-Grenze (MML):
Sie ist dasjenige der beiden Grenzmaße, das dem Maximum-Material-Maß des Formelements entspricht. Bei einer Welle ist dies das Höchstmaß und bei einer

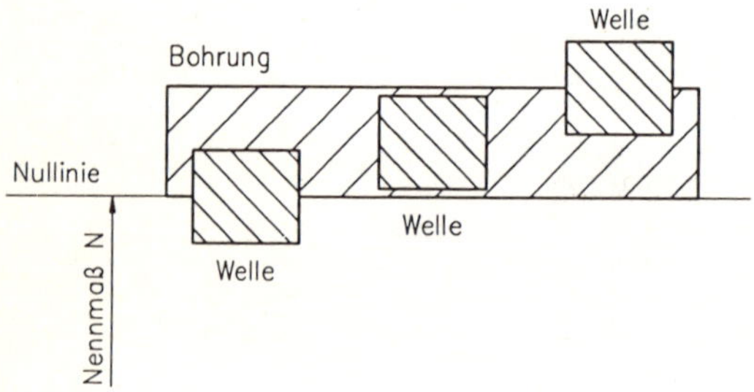

Bild 2.9. Schematische Darstellung von Übergangspassungen im Passungssystem Einheitsbohrung durch die Toleranzfelder (DIN ISO 286, T 1)

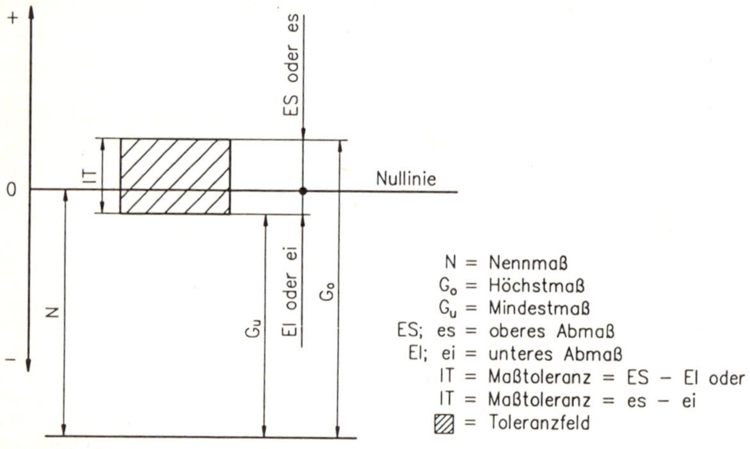

Bild 2.10. Grundbegriffe für Maße und Maßtoleranzen (Toleranzfeld)

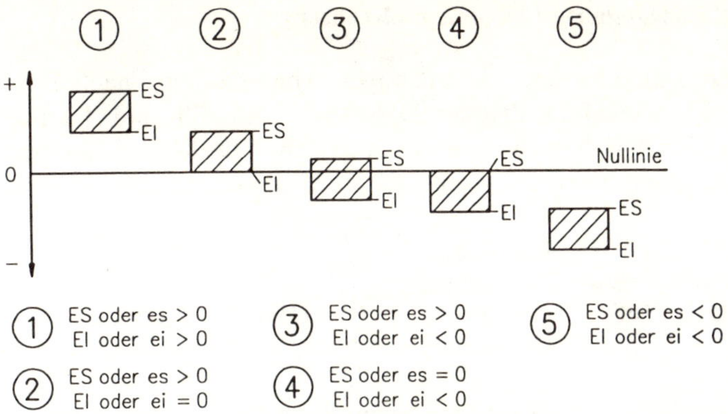

Bild 2.11. Möglichkeiten der Toleranzfeldlage zur Nullinie (Nennmaß)

Bohrung das Mindestmaß. Die frühere Bezeichnung war Gutgrenze oder Gutmaß.
Minimum-Material-Grenze (LML):
Sie ist dasjenige der beiden Grenzmaße, das dem Minimum-Material-Maß des Formelements entspricht. Bei einer Welle ist dies das Mindestmaß und bei einer Bohrung das Höchstmaß. Die frühere Bezeichnung war Ausschußgrenze oder Ausschußmaß.
Toleranzfeldlage:
Das Toleranzfeld wird durch die Größe der Toleranz (Maßtoleranz oder Grundtoleranz!) und deren Lage (Grundabmaß!) zur Nullinie (Nennmaß!) festgelegt (Bild 2.10). Es kann nach Bild 2.11 grundsätzlich fünf verschiedene Lagen bezüglich der Nullinie einnehmen.

1. Das Toleranzfeld liegt über der Nullinie. Das Istmaß ist somit größer als das Nennmaß.
2. Das Toleranzfeld liegt oben an der Nullinie. Das Istmaß ist höchstens um die Maßtoleranz größer als das Nennmaß.
3. Das Toleranzfeld liegt beiderseits der Nullinie (symmetrisch oder unsymmetrisch!). Das Istmaß kann somit größer oder kleiner als das Nennmaß sein.
4. Das Toleranzfeld liegt unten an der Nullinie. Das Istmaß ist höchstens um die Maßtoleranz kleiner als das Nennmaß.
5. Das Toleranzfeld liegt unter der Nullinie. Das Istmaß ist somit kleiner als das Nennmaß.

2.2.2 Maßangaben

Die Bemaßung von Werkstücken kann auf unterschiedliche Weise vorgenommen werden. Es gibt Maße ohne und Maße mit Toleranzangaben. Die Toleranzangaben können durch Maße oder nach dem ISO-System für Grenzmaße und Passungen durch die Toleranzklasse (Buchstaben und Zahlen!) erfolgen.

2.2.2.1 Maße ohne Toleranzangaben (Allgemeintoleranzen)

Für Maße ohne Toleranzangabe sind die zulässigen Abweichungen nach DIN 7168 (nur für bestehende Zeichungen!) oder DIN ISO 2768, T 1 und T 2 (für Neukonstruktionen!) symmetrisch nach oben (+) und nach unten (−) im Rahmen der üblichen Fertigungsgenauigkeit festgelegt. Es werden vier Toleranzklassen unterschieden:

1. f (fein) 2. m (mittel) 3. g (grob) 4. sg (sehr grob)	nach DIN 7168	1. f (fein) 2. m (mittel) 3. c (grob) 4. v (sehr grob)	nach DIN ISO 2768, T1

In der Zeichnung ist anzugeben, nach welcher Norm die Allgemeintoleranzen zu ermitteln sind und welche Toleranzklasse gelten soll.

Beispiele für einen Zeichnungshinweis: DIN 7168 – m
ISO 2768 – m

Sollen zusätzlich die Allgemeintoleranzen für Form und Lage nach DIN 7168 gelten, dann sind dem Kurzzeichen der nach DIN 7168 gewählten Toleranzklasse (f, m, g oder sg) das oder die Kurzzeichen der Toleranzklasse (R, S, T oder U) noch DIN 7168 anzufügen. Für Längenmaße gelten nach DIN 7168 die in der folgenden Tabelle 2.6 für die unterschiedlichen Nennmaßbereiche und Toleranzklassen zusammengestellten zulässigen Abweichungen. Sie gelten nicht für

1. Maße, deren zulässige Abweichungen durch andere Normen festgelegt sind,
2. Maße an Rundungen und Fasen,
3. Winkelmaße an Kreisteilungen,
4. Längenmaße, die durch Fügen von Teilen entstehen, z.B. Schweißgruppen, sofern es sich nicht um Bearbeitungsmaße handelt.

Bei Neukonstruktionen gelten für die Form und die Lage eines Formelementes die Allgemeintoleranzen nach DIN ISO 2768, T2 und die Toleranzklassen H, K und L. Die gewählte Toleranzklasse ist direkt im Anschluß an die Toleranzklasse für die Längen- oder die Winkelmaße anzugeben. Der Zeichnungseintrag bei einer Neukonstruktion lautet dann z.B.:

ISO 2768 – mK oder
Allgemeintoleranzen ISO 2768 – mK

2.2.2.2 Maße mit zahlenmäßiger Toleranzangabe

Die Grenzabmaße werden nach DIN 406, T1 und T2 in kleineren Zahlen hinter das Nennmaß geschrieben (Bild 2.2). Bei ineinandergesteckt gezeichneten Werkstücken steht das Nennmaß mit den beiden zulässigen Grenzabmaßen für das Außenteil (Bohrung!) über der Maßlinie und das Nennmaß mit den beiden zulässigen Grenzabmaßen für das Innenteil (Welle!) unter der Maßlinie. Die Zuordnung der

Tabelle 2.6. Obere und untere Abmaße (Grenzabmaße) für Längenmaße gemäß der Allgemeintoleranzen
a) nach DIN 7168

Toleranzklasse	Grenzabmaße in mm für Nennmaßbereiche in mm											
	0,5[1]) bis 3	über 3 bis 6	über 6 bis 30	über 30 bis 120	über 120 bis 400	über 400 bis 1000	über 1000 bis 2000	über 2000 bis 4000	über 4000 bis 8000	über 8000 bis 12 000	über 12 000 bis 16 000	über 16 000 bis 20 000
f (fein)	±0,05	±0,05	±0,1	±0,15	±0,2	±0,3	±0,5	±0,8	–	–	–	
m (mittel)	±0,1	±0,1	±0,2	±0,3	±0,5	±0,8	±1,2	±2	±3	±4	±5	±6
g (grob)	±0,15	±0,2	±0,5	±0,8	±1,2	±2	±3	±4	±5	±6	±7	±8
sg (sehr grob)	–	±0,5	±1	±1,5	±2	±3	±4	±6	±8	±10	±12	±12

b) nach DIN ISO 2768, T1

Toleranzklasse		Grenzabmaße in mm für Nennmaßbereiche in mm							
Kurzzeichen	Benennung	von 0,5[1]) bis 3	über 3 bis 6	über 6 bis 30	über 30 bis 120	über 120 bis 400	über 400 bis 1000	über 100 bis 2000	über 2000 bis 4000
f	fein	±0,05	±0,05	±0,1	±0,15	±0,2	±0,3	±0,5	–
m	mittel	±0,1	±0,1	±0,2	±0,3	±0,5	±0,8	±1,2	±2
c	grob	±0,2	±0,3	±0,5	±0,8	±1,2	±2	±3	±4
v	sehr grob	–	±0,5	±1	±1,5	±2,5	±4	±6	±8

[1]) Für Nennmaße unter 0,5 mm sind die Grenzabmaße direkt an dem (den) entsprechenden Nennmaß(en) anzugeben.

Maße wird durch eine Wortangabe (Welle, Bohrung, Pos.-Nr. oder Zeichnungs-Nr.) vor der Maßzahl für das Nennmaß gewährleistet.

Absatzmaße

Absatzmaße gehen von einer Maßbezugsebene (z.B. Wellenabsatz) aus und können Innen- oder Außenmaße sein (Bild 2.12). Sie sind dann Innenmaße, wenn die Maßbezugsebene der Bearbeitung gemäß mit der Stirnfläche zusammenfällt. Die oberen Abmaße haben dann ein positives Vorzeichen. Fällt die Maßbezugsebene nicht mit der Stirnfläche zusammen, dann sind die Absatzmaße Außenmaße und haben einen negativen Wert für das untere Abmaß.

Maßkette

Eine Maßkette wird durch aneinandergereihte Maße gebildet. Die einzelnen Maße der Maßkette und das Gesamtmaß dürfen nicht gleichzeitig mit Toleranzen versehen werden (Bild 2.13). Mit Rücksicht auf die Toleranzsummierung soll eine Länge unbemaßt bleiben (Ausnahme: Teilungen mit theoretischen Maßen und besonders gekennzeichnete Hilfsmaße nach DIN 406, T2).

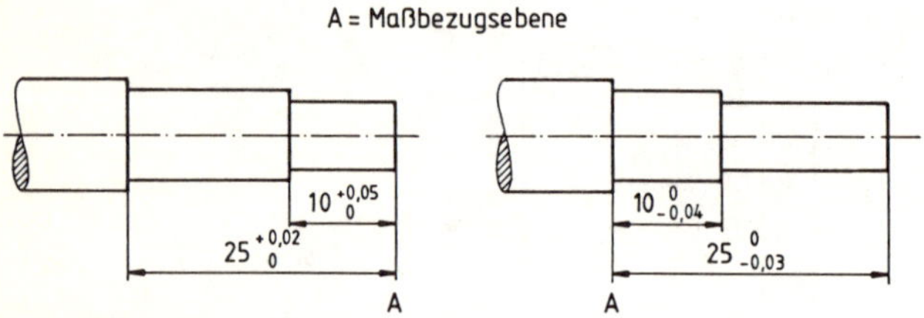

Bild 2.12. Absatzmaße

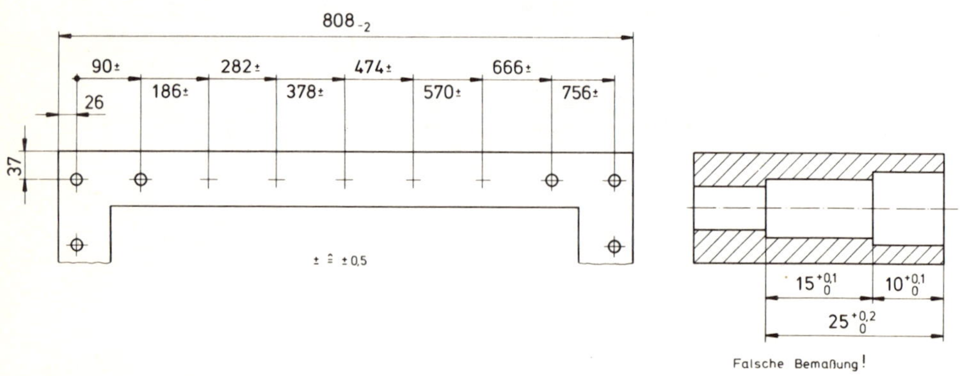

Bild 2.13. Maßkette

Nach DIN ISO 286, T1 darf ein Istmaß beliebig innerhalb der Grenzmaße liegen oder die Größe der Grenzmaße haben. Rechnet man mit dieser Möglichkeit, so ergibt sich im Fall einer Maßkette als Differenz zwischen unterer und oberer Grenze des Schließmaßes (es ist das aus der algebraischen Addition von n unabhängigen Einzelmaßen einer Maßkette sich ergebende Maß) die Summe der Einzeltoleranzen T_i. Wird diese Differenz als Toleranz des Schließmaßes benutzt, so kann es zu fertigungstechnisch nicht realisierbaren Einzeltoleranzen (Toleranz eines Einzelfeldes!) führen oder zu einer funktionell nicht vertretbaren Schließtoleranz. Erfahrungsgemäß häufen sich jedoch die Istwerte eines Maßes um einen zentralen Wert, der meistens im mittleren Bereich des Toleranzfeldes liegt.

Die Summe der Einzeltoleranzen der Glieder der Maßkette ist nach DIN 7186, T1 die arithmetische Schließtoleranz T_a. Legt man hingegen die Schließtoleranz aufgrund der Istmaßverteilung der Einzelmaße fest, so ergibt sich die statistische Schließtoleranz T_s, die kleiner ist als die arithmetische Schließtoleranz. Die kleinstmögliche statistische Schließtoleranz ist die quadratische Schließtoleranz T_q, die die positive Quadratwurzel aus der Summe der Quadrate der Einzeltoleranzen der Einzelmaße der Maßkette ist. Für die Anwendung der DIN 7186, T1 sind somit ausreichende Kenntnisse über die Verteilung der Einzelmaße notwendig, d.h. über die statistische Einzeltoleranz T_{si}. Das Toleranzfeld wird für die Festlegung einer statistischen Einzeltoleranz in drei Bereiche unterteilt, die vorzugsweise symmetrisch zum Mittelwert C liegen. Der untere Seitenbereich B_{un} ist der unmittelbar an das Mindestmaß G_u angrenzende Bereich. Der obere Seitenbereich B_{ob} ist der unmittelbar an das Höchstmaß G_o angrenzende Bereich, und der Mittenbereich ist der zwischen B_{un} und B_{ob} liegende Toleranzfeldbereich. Bezüglich der Anwendung der statistischen Tolerierung, der zugehörigen Rechenverfahren und Zeichnungsangaben sei auf die angegebene DIN 7186, T1 und auf die in Vorbereitung befindlichen Normen hingewiesen.

Mittenentfernungen

Mittenentfernungen werden gleichmäßig, d.h. symmetrisch nach + und − toleriert (Bild 2.14). Der Abstand einer Lochmitte von einer zuvor bearbeiteten Kante (Maßbezugsebene!) ist ebenfalls mit einer symmetrischen Maßtoleranz zu versehen. Bei Bezug einer Kante auf eine Lochmitte ist die Lochmitte als Maßbezugsebene aufzufassen und das obere Abmaß (ES oder es) für den Abstand dieser Kante von der Lochmitte mit Null anzusetzen (Bild 2.15).

Mittigkeiten

Bei der Mittigkeit ist zu beachten, daß sie keine Abmessung, sondern eine Lage charakterisiert. Ihre Toleranz ist somit keine Maß-, sondern eine Lagetoleranz, die z.B. die Abweichung der Symmetrie (Ortstoleranz!) oder des Rund- sowie des Planlaufes (Lauftoleranz!) angibt. Bei hohen Anforderungen an die Mittengenauigkeit eines Werkstückes werden die Grenzabmaße ohne Vorzeichen angegeben. Dies bedeutet, daß das obere und das untere Abmaß dem Betrage nach gleich

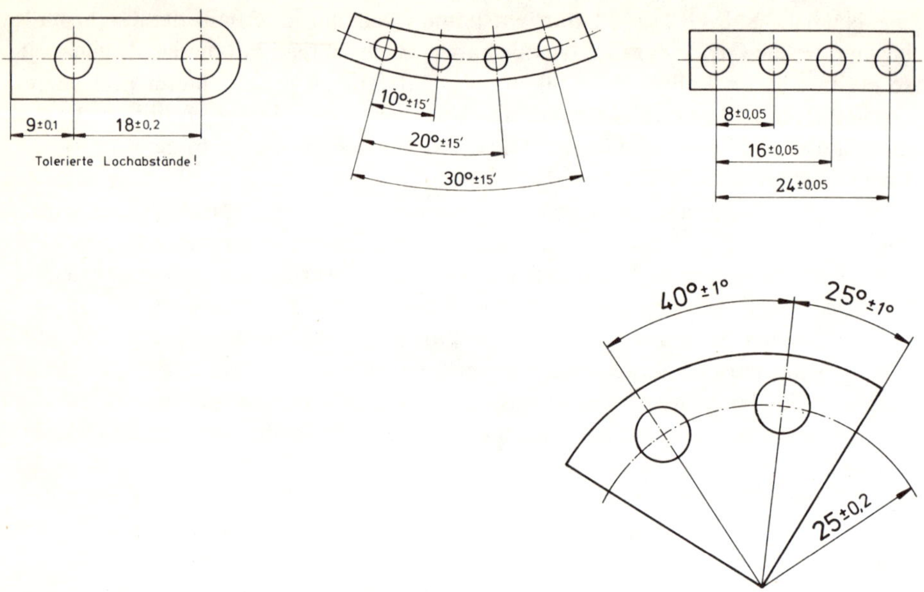

Bild 2.14. Mittenentfernungen

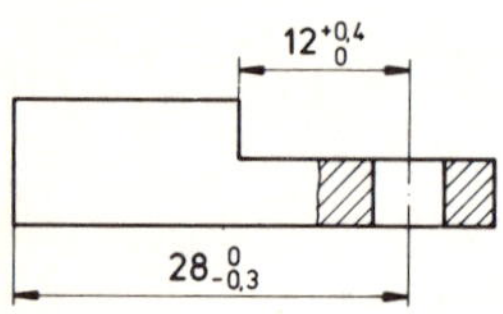

Bild 2.15. Lochmittenbezug

groß sind. Das Nennmaß der Mittigkeit ist immer Null und wird nicht angegeben. Handelt es sich um eine Toleranz für die Symmetrie eines Bauteils, so werden nach Bild 2.16 (DIN ISO 1101) vor dem Abmaß noch drei parallele horizontale Striche gezogen. Bei einer Lauftoleranz zur Festlegung der Rundlauf- oder Planlaufabweichung wird vor dem Abmaß ein schräg verlaufender Pfeil eingezeichnet. Hinter dem Abmaß stehen bei allen Symmetrie- und Lauftoleranzen noch ein oder mehrere große Buchstaben entsprechend der Anzahl der Bezugselemente. Alle diese Angaben sind in einem sogenannten, in drei Felder unterteilten Toleranzrahmen zusammengestellt.

Beim ersten Beispiel in Bild 2.16 ist die maximal zulässige Abweichung zwischen der Wellenmitte und der Schlitzmitte 0,03 mm. Der maximale Umfangsschlag an der Stirnseite kann somit 0,06 mm betragen.

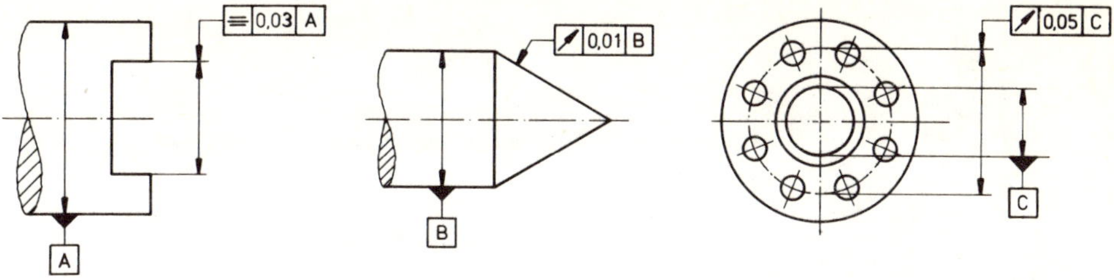

Bild 2.16. Ortstoleranz (Symmetrie) und Lauftoleranzen nach DIN ISO 1101

2.2.2.3 Längenmaße mit Toleranzen nach dem ISO-System für Grenzmaße und Passungen

Längenmaße (Längen, Breiten, Durchmesser!) werden nach der DIN ISO 286 angegeben. Die Angabe von Toleranzen für Längenmaße nach dem ISO-System für Grenzmaße und Passungen gemäß DIN ISO 286 beruht auf den beiden fixierten Prinzipien „Grundtoleranzsystem" und „Grundabmaßsystem". Durch das „Grundtoleranzsystem" (Grundtoleranzen IT in Abhängigkeit vom Nennmaßbereich und Grundtoleranzgrad) wird die Größe der Grundtoleranz IT bei bekanntem Nennmaßbereich durch den sogenannten Grundtoleranzgrad angegeben, der in einer ein- oder zweiziffrigen Zahl (z.B. 01, 0, 1, 2,..., 17, 18) mit den davorstehenden Buchstaben IT verschlüsselt ist. Durch das „Grundabmaßsystem" wird das Toleranzfeld bei bekanntem Nennmaßbereich in seiner Lage zur Nullinie (Nennmaß) festgelegt. Diese Angabe erfolgt verschlüsselt durch einen oder zwei Buchstaben (z.B. A, B,..., ZA, ZB, ZC oder a, b,..., za, zb, zc). Die exakte Kennzeichnung eines Toleranzfeldes ist die Toleranzklasse. Sie besteht somit aus einem oder zwei Buchstaben für die Lagekennzeichnung und einer ein- oder zweiziffrigen Zahl, dem Grundtoleranzgrad, für die Größe oder Spanne des Toleranzfeldes.

Lage der Toleranzfelder („Grundabmaßsystem")

In der DIN ISO 286, T1 sind 24 bzw. 28 Toleranzfeldlagen festgelegt und mit Buchstaben bezeichnet. Zur Vermeidung von Verwechslungen werden die Buchstaben I, L, O, Q und W bzw. i, l, o, q und w ausgelassen und dafür die Buchstabenverbindungen ZA, ZB und ZC bzw. za, zb und zc eingeführt. Für Nenndurchmesser bis 10 mm sind nach der neuesten ISO-Norm noch die Zwischenfelder CD, EF, FG und JS bzw. cd, ef, fg und js möglich. Außerdem gelten die Felder JS und js auch für Nenndurchmesser größer 10 mm. Die Großbuchstaben gelten für Innenmaße (Bohrungen) und die Kleinbuchstaben für Außenmaße (Wellen). Die Buchstaben kennzeichnen nach Bild 2.17 den kleinsten Abstand der Toleranzfelder von der Nullinie. Liegt das Toleranzfeld unterhalb der Nullinie, dann wird durch die Buchstaben der Abstand des oberen Abmaßes ES oder es von der Nullinie festgelegt. Bei einem Toleranzfeld oberhalb der Nullinie wird durch die Buchstaben

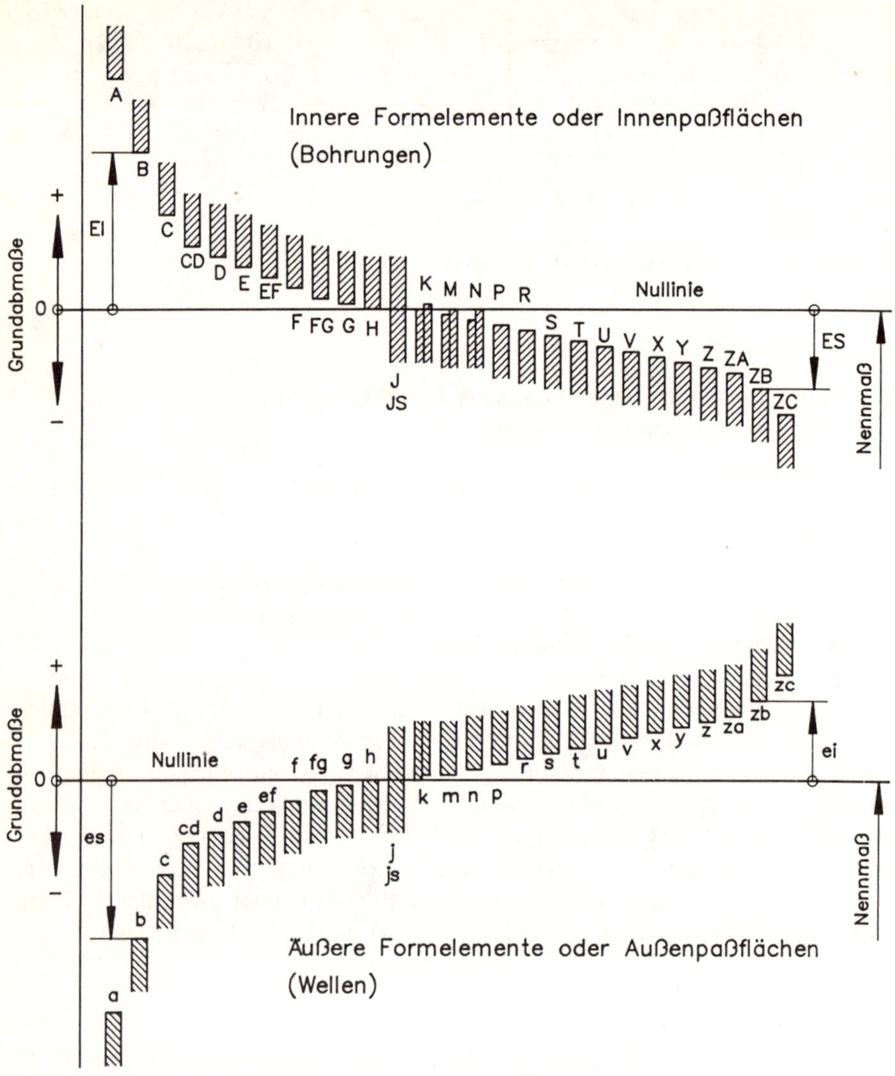

Bild 2.17. Lage der Toleranzfelder bzw. schematische Darstellung der Lage von Grundabmaßen für Bohrungen und Wellen nach DIN ISO 286, T1

der Abstand des unteren Abmaßes EI oder ei von der Nullinie bestimmt. Diese Kleinstabstände von der Nullinie, d.h. die Lage der Toleranzfelder, sind durch die ISO-Grundabmaße der Toleranzlagen vorgegeben, die in der DIN ISO 286, T1 für die unterschiedlichen Nennmaßbereiche und für die unterschiedlichen Grundtoleranzgrade zusammengestellt sind. Die Grundabmaße für Außenpaßflächen (Wellen) der Toleranzfeldlagen a bis js, d.h. die kleinsten Abstände (oberes Abmaß es!) von der Nullinie, und der Toleranzfeldlagen j bis zc, d.h. die kleinsten Abstände (unteres Abmaß ei!) von der Nullinie, sind in den Tabellen 2.7 und 2.8 für unterschiedliche Nennmaßbereiche und Grundtoleranzgrade nach DIN ISO 286, T1 zusammengestellt.

Für Innenpaßflächen (Bohrungen) sind die Grundabmaße der Toleranzfeldlagen A bis JS, d.h. die kleinsten Abstände (unteres Abmaß EI!) von der Nullinie in der Tabelle 2.9, und der Toleranzfeldlagen J bis ZC, d.h. die kleinsten Abstände (oberes Abmaß ES!) von der Nullinie in den Tabellen 2.9 und 2.10 für unterschiedliche Nennmaßbereiche und Grundtoleranzgrade nach DIN ISO 286, T1 angegeben.

Größe der Toleranzfelder („Grundtoleranzsystem")

Für jeden der Nennmaßbereiche gibt es mehrere – höchstens 20 – verschieden große Grundtoleranzgrade. Diese Grundtoleranzgrade werden mit den Buchstaben IT und den nachfolgenden Zahlen 01, 0, 1, 2 bis 18 gekennzeichnet. Der Grundtoleranzgrad charakterisiert die Größe der Grundtoleranz IT (Maßtoleranz). Jedem einzelnen Grundtoleranzgrad sind mit steigendem Nennmaßbereich größere Grundtoleranzen (Maßtoleranzen) zugeordnet. Die Gesamtheit der Grundtoleranzen innerhalb eines Grundtoleranzgrades für alle Nennmaßbereiche wird dem gleichen Genauigkeitsniveau zugerechnet.

Die Größe aller Grundtoleranzen wird in $\mu m = 10^{-6}$ m ausgedrückt und ist für die Grundtoleranzgrade IT 5 bis IT 18 aus dem Toleranzfaktor i bzw. I durch Multiplikation mit einem Faktor entstanden, der aus Tabelle 2.11 zu ersehen ist. Der Toleranzfaktor i hat die Größe

$$i = 0{,}45 \cdot \sqrt[3]{D} + 0{,}001 \cdot D \quad \text{für } D \leqq 500\,\text{mm (Nennmaß)} \tag{2.9}$$

In dieser Zahlenwertgleichung ist D in mm das geometrische Mittel der beiden Grenzmaße eines Nennmaßbereiches und i der Toleranzfaktor in µm.

Der Gültigkeitsbereich dieser Gleichung (2.9) ist $D \leqq 500$ mm. Diese Formel wurde empirisch ermittelt unter Berücksichtigung der Tatsache, daß unter gleichen Fertigungsbedingungen die Beziehung zwischen dem Fertigungsfehler und dem Nennmaß eine parabolische Funktion ist. Mit zunehmender Größe lassen sich nämlich Teile mit einer relativ größeren Genauigkeit herstellen. Das additive Glied $0{,}001 \cdot D$ berücksichtigt die mit wachsendem Nennmaß linear größer werdende Meßunsicherheit.

Ist $500\,\text{mm} < D \leqq 3150\,\text{mm}$, so gilt nach DIN ISO 286, T1 für den Toleranzfaktor I in µm die Beziehung

$$I = 0{,}004 \cdot D + 2{,}1 \quad \text{für } 500\,\text{mm} < D \leqq 3150\,\text{mm (Nennmaß)} \tag{2.10}$$

Für die Grundtoleranzgrade IT 01 bis IT 1 sind die Toleranzfaktoren i für Nennmaße $\leqq 500$ mm nach folgenden Formeln zu berechenen:

$$\text{IT 01:} \quad i = 0{,}3 + 0{,}008 \cdot D \tag{2.11}$$

$$\text{IT 0:} \quad i = 0{,}5 + 0{,}012 \cdot D \tag{2.12}$$

$$\text{IT 1:} \quad i = 0{,}8 + 0{,}020 \cdot D \tag{2.13}$$

Tabelle 2.7. Zahlenwerte der Grundabmaße (oberes Abmaß es) von Außenpaßflächen (Wellen) in µm für die Toleranzfeldlagen a bis js nach DIN ISO 286, T 1

Nennmaß in mm		Werte der Grundabmaße oberes Abmaß *es* in μm alle Grundtoleranzgrade											
über	bis	a[1)]	b[1)]	c	cd	d	e	ef	f	fg	g	h	js[2)]
–[1)]	3	-270	-140	-60	-34	-20	-14	-10	-6	-4	-2	0	Abmaße = ± IT · *n* / 2, wobei *n* der IT-Zahlenwert ist
3	6	-270	-140	-70	-46	-30	-20	-14	-10	-6	-4	0	
6	10	-280	-150	-80	-56	-40	-25	-18	-13	-8	-5	0	
10	14	-290	-150	-95		-50	-32		-16		-6	0	
14	18												
18	24	-300	-160	-110		-65	-40		-20		-7	0	
24	30												
30	40	-310	-170	-120		-80	-50		-25		-9	0	
40	50	-320	-180	-130									
50	65	-340	-190	-140		-100	-60		-30		-10	0	
65	80	-360	-200	-150									
80	100	-380	-220	-170		-120	-72		-36		-12	0	
100	120	-410	-240	-180									
120	140	-460	-260	-200									
140	160	-520	-280	-210		-145	-85		-43		-14	0	
160	180	-580	-310	-230									
180	200	-660	-340	-240									
200	225	-740	-380	-260		-170	-100		-50		-15	0	
225	250	-820	-420	-280									
250	280	-920	-480	-300		-190	-110		-56		-17	0	
280	315	-1050	-540	-330									
315	355	-1200	-600	-360		-210	-125		-62		-18	0	
355	400	-1350	-680	-400									
400	450	-1500	-760	-440		-230	-135		-68		-20	0	
450	500	-1650	-840	-480									
500	560					-260	-145		-76		-22	0	
560	630												
630	710					-290	-160		-80		-24	0	
710	800												
800	900					-320	-170		-86		-26	0	
900	1000												
1000	1120					-350	-195		-98		-28	0	
1120	1250												
1250	1400					-390	-220		-110		-30	0	
1400	1600												
1600	1800					-430	-240		-120		-32	0	
1800	2000												
2000	2240					-480	-260		-130		-34	0	
2240	2500												
2500	2800					-520	-290		-145		-38	0	
2800	3150												

[1)] Die Grundabmaße a und b sind nicht für Nennmaße bis einschließlich 1 mm anzuwenden.

[2)] Bei den Toleranzklassen js7 bis js11 kann der IT-Zahlenwert, *n*, falls er aus einer ungeraden Zahl besteht, auf die unmittelbar darunterliegende gerade Zahl gerundet werden, so daß die sich ergebenden Abmaße, d.h. $\pm \frac{IT\,n}{2}$, in ganzen µm ausgedrückt werden können.

DIN ISO 286, T1

Nennmaß in mm		Werte der Grundabmaße unteres Abmaß *ei* in µm																		
		IT5 und IT6	IT7	IT8	IT4 bis IT7	bis IT3 und über IT7	alle Grundtoleranzgrade													
über	bis	j			k		m	n	p	r	s	t	u	v	x	y	z	za	zb	zc
–	3	−2	−4	−6	0	0	+2	+4	+6	+10	+14		+18		+20		+26	+32	+40	+60
3	6	−2	−4		+1	0	+4	+8	+12	+15	+19		+23		+28		+35	+42	+50	+80
6	10	−2	−5		+1	0	+6	+10	+15	+19	+23		+28		+34		+42	+52	+67	+97
10	14	−3	−6		+1	0	+7	+12	+18	+23	+28		+33		+40		+50	+64	+90	+130
14	18													+39	+45		+60	+77	+108	+150
18	24	−4	−8		+2	0	+8	+15	+22	+28	+35		+41	+47	+54	+63	+73	+98	+136	+188
24	30											+41	+48	+55	+64	+75	+88	+118	+160	+218
30	40	−5	−10		+2	0	+9	+17	+26	+34	+43	+48	+60	+68	+80	+94	+112	+148	+200	+274
40	50											+54	+70	+81	+97	+114	+136	+180	+242	+325
50	65	−7	−12		+2	0	+11	+20	+32	+41	+53	+66	+87	+102	+122	+144	+172	+226	+300	+405
65	80									+43	+59	+75	+102	+120	+146	+174	+210	+274	+360	+480
80	100	−9	−15		+3	0	+13	+23	+37	+51	+71	+91	+124	+146	+178	+214	+258	+335	+445	+565
100	120									+54	+79	+104	+144	+172	+210	+254	+310	+400	+525	+690
120	140	−11	−18		+3	0	+15	+27	+43	+63	+92	+122	+170	+202	+248	+300	+365	+470	+620	+800
140	160									+65	+100	+134	+190	+228	+280	+340	+415	+535	+700	+900
160	180									+68	+108	+146	+210	+525	+310	+380	+465	+600	+780	+1000
180	200	−13	−21		+4	0	+17	+31	+50	+77	+122	+166	+236	+284	+350	+425	+520	+670	+880	+1150
200	225									+80	+130	+180	+258	+310	+385	+470	+575	+740	+960	+1250
225	250									+84	+140	+196	+284	+340	+425	+520	+640	+820	+1050	+1350
250	280	−16	−26		+4	0	+20	+34	+56	+94	+158	+218	+315	+385	+475	+580	+710	+920	+1200	+1550
280	315									+98	+170	+240	+350	+425	+525	+650	+790	+1000	+1300	+1700
315	355	−18	−28		+4	0	+21	+37	+62	+108	+190	+268	+390	+475	+590	+730	+900	+1150	+1500	+1900
355	400									+114	+208	+294	+435	+530	+660	+820	+1000	+1300	+1650	+2100
400	450	−20	−32		+5	0	+23	+40	+68	+126	+232	+330	+490	+595	+740	+920	+1100	+1450	+1850	+2400
450	500									+132	+252	+360	+540	+660	+820	+1000	+1250	+1600	+2100	+2600
500	560				0	0	+26	+44	+78	+150	+280	+400	+600							
560	630									+155	+310	+450	+660							
630	710				0	0	+30	+50	+88	+175	+340	+500	+740							
710	800									+185	+380	+560	+840							
800	900				0	0	+34	+56	+100	+210	+430	+620	+940							
900	1000									+220	+470	+680	+1050							
1000	1120				0	0	+40	+66	+120	+250	+520	+780	+1150							
1120	1250									+260	+580	+840	+1300							
1250	1400				0	0	+48	+78	+140	+300	+640	+960	+1450							
1400	1600									+330	+720	+1050	+1600							
1600	1800				0	0	+58	+92	+170	+370	+820	+1200	+1850							
1800	2000									+400	+920	+1350	+2000							
2000	2240				0	0	+68	+110	+195	+440	+1000	+1500	+2300							
2240	2500									+460	+1100	+1650	+2500							
2500	2800				0	0	+76	+135	+240	+550	+1250	+1900	+2900							
2800	3150									+580	+1400	+2100	+3200							

Tabelle 2.9. Zahlenwerte der Grundabmaße (unteres Abmaß EI) von Innenpaßflächen (Bohrungen) in µm für die Toleranzfeldlagen A bis JS nach DIN ISO 286, T1

Nennmaß in mm		Werte der Grundabmaße oberes Abmaß *EI* in µm											
		alle Grundtoleranzgrade											
über	bis	A[1]	B[1]	C	CD	D	E	EF	F	FG	G	H	JS[2]
–[1]	3	+270	+140	+60	+34	+20	+14	+10	+6	+4	+2	0	Abmaße = ± IT · *n* / 2, wobei *n* der IT-Zahlenwert ist
3	6	+270	+140	+70	+46	+30	+20	+14	+10	+6	+4	0	
6	10	+280	+150	+80	+56	+40	+25	+18	+13	+8	+5	0	
10	14	+290	+150	+95		+50	+32		+16		+6	0	
14	18												
18	24	+300	+160	+110		+65	+40		+20		+7	0	
24	30												
30	40	+310	+170	+120		+80	+50		+25		+9	0	
40	50	+320	+180	+130									
50	65	+340	+190	+140		+100	+60		+30		+10	0	
65	80	+360	+200	+150									
80	100	+380	+220	+170		+120	+72		+36		+12	0	
100	120	+410	+240	+180									
120	140	+460	+260	+200		+145	+85		+43		+14	0	
140	160	+520	+280	+210									
160	180	+580	+310	+230									
180	200	+660	+340	+240		+170	+100		+50		+15	0	
200	225	+740	+380	+260									
225	250	+820	+420	+280									
250	280	+920	+480	+300		+190	+110		+56		+17	0	
280	315	+1050	+540	+330									
315	355	+1200	+600	+360		+210	+125		+62		+18	0	
355	400	+1350	+680	+400									
400	450	+1500	+760	+440		+230	+135		+68		+20	0	
450	500	+1650	+840	+480									
500	560					+260	+145		+76		+22	0	
560	630												
630	710					+290	+160		+80		+24	0	
710	800												
800	900					+320	+170		+86		+26	0	
900	1000												
1000	1120					+350	+195		+98		+28	0	
1120	1250												
1250	1400					+390	+220		+110		+30	0	
1400	1600												
1600	1800					+430	+240		+120		+32	0	
1800	2000												
2000	2240					+480	+260		+130		+34	0	
2240	2500												
2500	2800					+520	+290		+145		+38	0	
2800	3150												

[1] Die Grundabmaße A und B sind nicht für Nennmaße bis einschließlich 1 mm anzuwenden.

[2] Bei den Toleranzklassen JS7 bis JS11 kann der IT-Zahlenwert, *n*, falls er aus einer ungeraden Zahl besteht, auf die unmittelbar darunterliegende gerade Zahl gerundet werden, so daß die sich ergebenden Abmaße, d.h. $\pm\frac{\mathrm{IT}\,n}{2}$, in ganzen µm ausgedrückt werden können.

Tabelle 2.10. Zahlenwerte der Grundabmaße (oberes Abmaß ES) von Innenpaßflächen (Bohrungen) in μm für die Toleranzfeldlagen J bis ZC nach DIN ISO 286, T1

Nennmaß in mm		Werte der Grundabmaße oberes Abmaß *ES* in μm																						Werte für Δ					
		IT6	IT7	IT8	bis IT8	über IT8	bis IT8	über IT8	bis IT8	über IT8	bis IT7	Grundtoleranzgrade über IT7												Grundtoleranzgrade					
über	bis	J			K[1)]		M[1)2)]		N[1)3)]		P bis ZC[1)]	P	R	S	T	U	V	X	Y	Z	ZA	ZB	ZC	IT3	IT4	IT5	IT6	IT7	IT8
–[1)]	3	+2	+4	+6	0	0	−2	−2	−4	−4	Werte wie für Grundtoleranzgrade über IT7, um Δ erhöht	−6	−10	−14		−18		−20		−26	−32	−40	−60	0	0	0	0	0	0
3	6	+5	+6	+10	Δ−1		Δ−4	−4	Δ−8	0		−12	−15	−19		−23		−28		−35	−42	−50	−80	1	1,5	1	3	4	6
6	10	+5	+8	+12	Δ−1		Δ−6	−6	Δ−10	0		−15	−19	−23		−28		−34		−42	−52	−67	−97	1	1,5	2	3	6	7
10	14	+6	+10	+15	Δ−1		Δ−7	−7	Δ−12	0		−18	−23	−28		−33		−40		−50	−64	−90	−130	1	2	3	3	7	9
14	18																−39	−45		−60	−77	−108	−150						
18	24	+8	+12	+20	Δ−2		Δ−8	−8	Δ−15	0		−22	−28	−35		−41	−47	−54	−63	−73	−98	−136	−188	1,5	2	3	4	8	12
24	30														−41	−48	−55	−64	−75	−88	−118	−160	−218						
30	40	+10	+14	+24	Δ−2		Δ−9	−9	Δ−17	0		−26	−34	−43	−48	−60	−68	−80	−94	−112	−148	−200	−274	1,5	3	4	5	9	14
40	50														−54	−70	−81	−97	−114	−136	−180	−242	−325						
50	65	+13	+18	+28	Δ−2		Δ−11	−11	Δ−20	0		−32	−41	−53	−66	−87	−102	−122	−144	−172	−226	−300	−405	2	3	5	6	11	16
65	80												−43	−59	−75	−102	−120	−146	−174	−210	−274	−360	−480						
80	100	+16	+22	+34	Δ−3		Δ−13	−13	Δ−23	0		−37	−51	−71	−91	−124	−146	−178	−214	−258	−335	−445	−585	2	4	5	7	13	19
100	120												−54	−79	−104	−144	−172	−210	−254	−310	−400	−525	−690						
120	140	+18	+26	+41	Δ−3		Δ−15	−15	Δ−27	0		−43	−63	−92	−122	−170	−202	−248	−300	−365	−470	−620	−800	3	4	6	7	15	23
140	160												−65	−100	−134	−190	−228	−280	−340	−415	−535	−700	−900						
160	180												−68	−108	−146	−210	−252	−310	−380	−465	−600	−780	−1000						
180	200	+22	+30	+47	Δ−4		Δ−17	−17	Δ−31	0		−50	−77	−122	−166	−236	−284	−350	−425	−520	−670	−880	−1150	3	4	6	9	17	26
200	225												−80	−130	−180	−258	−310	−385	−470	−575	−740	−960	−1250						
225	250												−84	−140	−196	−284	−340	−425	−520	−640	−820	−1050	−1350						
250	280	+25	+36	+55	Δ−4		Δ−20	−20	Δ−34	0		56	−94	−158	−218	−315	−385	−475	−580	−710	−920	−1200	−1550	4	4	7	9	20	29
280	315												−98	−170	−240	−350	−425	−525	−650	−790	−1000	−1300	−1700						
315	355	+29	+39	+60	Δ−4		Δ−21	−21	Δ−37	0		−62	−108	−190	−268	−390	−475	−590	−730	−900	−1150	−1500	−1900	4	5	7	11	21	32
355	400												−114	−208	−294	−435	−530	−660	−820	−1000	−1300	−1650	−2100						
400	450	+33	+43	+66	Δ−5		Δ−23	−23	Δ−40	0		−68	−126	−232	−330	−490	−595	−740	−920	−1100	−1450	−1850	−2400	5	5	7	13	23	34
450	500												−132	−252	−360	−540	−660	−820	−1000	−1250	−1600	−2100	−2600						
500	560				0		−26		−44			−78	−150	−280	−400	−600													
560	630												−155	−310	−450	−660													
630	710				0		−30		−50			−88	−175	−340	−500	−740													
710	800												−185	−380	−560	−840													
800	900				0		−34		−56			−100	−210	−430	−620	−940													
900	1000												−220	−470	−680	−1050													
1000	1120				0		−40		−66			−120	−250	−520	−780	−1150													
1120	1250												−260	−580	−840	−1300													
1250	1400				0		−48		−78			−140	−300	−640	−960	−1450													
1400	1600												−330	−720	−1050	−1600													
1600	1800				0		−58		−92			−170	−370	−820	−1200	−1850													
1800	2000												−400	−920	−1350	−2000													
2000	2240				0		−68		−110			−195	−440	−1000	−1500	−2300													
2240	2500												−460	−1100	−1650	−2500													
2500	2800				0		−76		−135			−240	−550	−1250	−1900	−2900													
2800	3150												−580	−1400	−2100	−3200													

1) Zur Ermittlung der Werte K, M und N für die Grundtoleranzreihen bis einschließlich IT8 und der Abmaße P bis ZC für die Grundtoleranzgrade bis einschließlich IT7 sind die Δ-Werte aus den rechten Spalten dieser Tabelle zu entnehmen. Beispiele:

K7 im Bereich 18 bis 30 mm: $\Delta = 8\,\mu m$, deshalb ist $ES = -2 + 8 = +6\,\mu m$
S6 im Bereich 18 bis 30 mm: $\Delta = 4\,\mu m$, deshalb ist $ES = -35 + 4 = -31\,\mu m$

2) Sonderfälle: Für die Toleranzklasse M6 im Bereich 250 bis 315 mm ist $ES = -9\,\mu m$ (statt $-11\,\mu m$).

3) Das Abmaß N für Grundtoleranzgrade über IT8 ist für Nennmaße bis einschließlich 1 mm nicht anzuwenden.

Tabelle 2.11. Grundtoleranzen IT in Abhängigkeit vom Toleranzfaktor i bzw. I für die Grundtoleranzgrade IT5 bis IT18 nach DIN ISO 286, T1

Nennmaß in mm		Grundtoleranzgrade																	
		IT1[1]	IT2[1]	IT3[1]	IT4	IT5	IT6	IT7	IT8	IT9	IT10	IT11	IT12	IT13	IT14	IT15	IT16	IT17	IT18
über	bis	Formeln für Grundtoleranzen (Ergebnisse in µm)																	
–	500	–	–	–	–	$7i$	$10i$	$16i$	$25i$	$40i$	$64i$	$100i$	$160i$	$250i$	$400i$	$640i$	$1000i$	$1600i$	$2500i$
500	3150	$2I$	$2{,}7I$	$3{,}7I$	$5I$	$7I$	$10I$	$16I$	$25I$	$40I$	$64I$	$100I$	$160I$	$250I$	$400I$	$640I$	$1000I$	$1600I$	$2500I$

[1] Nach den Gleichungen (2.10) bis (2.13).

Die Werte für i bei IT 2 bis IT 4 liegen annähernd geometrisch abgestuft zwischen den Werten für IT 1 und IT 5. Die ISO-Toleranzfaktoren i und I werden somit mit steigender Größe des Nennmaßes in den einzelnen Nennmaßbereichen größer. Die Faktoren, die die Anzahl oder das Vielfache der Toleranzfaktoren für die Grundtoleranzen bei den einzelnen Grundtoleranzgraden angeben, sind in der Tabelle 2.11 zusammengestellt. Sie sind mit Ausnahme der Werte 64 bei IT 10 und 640 bei IT 15 nach der Normzahlen-Reihe R5 abgestuft. Dies bedeutet, daß bei jedem fünften Grundtoleranzgrad eine Verzehnfachung der Toleranzfaktoren vorliegt. Die Grundtoleranzen, die für die einzelnen Grundtoleranzgrade (IT) und Nennmaßbereiche gültig sind, sind gemäß DIN ISO 286, T1 in der folgenden Tabelle 2.12 angegeben.

Beispiele:

1. Nennmaßbereich: 80 bis 120 mm
   Grundtoleranzgrad IT 10
   Ergebnisse:

   $D = \sqrt{80 \cdot 120} = 97{,}9796\,\text{mm}$
   $i = 2{,}17253\,\mu\text{m}$
   $IT = 2{,}17253 \cdot 64\,\mu\text{m} = 139{,}0419\,\mu\text{m}$
   $IT = 140\,\mu\text{m}$
   (aufgerundete Maßtoleranz)

2. Nennmaßbereich: 30 bis 50 mm
   Grundtoleranzgrad IT 9
   Ergebnisse:

   $D = \sqrt{30 \cdot 50} = 38{,}7208\,\text{mm}$
   $I = 1{,}5612\,\mu\text{m}$
   $IT = 1{,}5612 \cdot 40\,\mu\text{m} = 62{,}4497\,\mu\text{m}$
   $IT = 62\,\mu\text{m}$
   (abgerundete Maßtoleranz)

Bezüglich der einzelnen Grundtoleranzgrade ist anzumerken, daß die Grundtoleranzgrade IT 01 bis IT 7 für die Herstellung von Lehren, die Grade IT 5 bis IT 13 für Passungen und die Grade IT 14 bis IT 18 für grobe Toleranzen, z.B. für spanlose Formung (Walzen, Ziehen, Stanzen, Pressen, Schmieden) Verwendung finden.

Beispiele für Längenmaße mit Toleranzangabe:

1. $\varnothing\, 10^{H7}$ (Bohrung mit 10 mm Durchmesser und den Grenzabmaßen EI = 0 und ES = 15 µm)
2. $\varnothing\, 60_{h9}$ (Welle mit 60 mm Durchmesser und den Grenzabmaßen es = 0 und ei = − 74 µm)
3. $\varnothing\, 60^{H8}$ (Bohrung mit 60 mm Durchmesser und den Grenzabmaßen EI = 0 und ES = 46 µm)
4. $\varnothing\, 60^{H8}_{h9}$ (Spielpassung mit 60 mm Durchmesser, einem Höchstspiel von + 120 µm und einem Mindestspiel von 0 µm).

2.2.3 Passungen und Passungssysteme

Unter einer Passung versteht man die maßliche Zuordnung zwischen den zu fügenden oder zu paarenden Teilen, die sich aus dem Maßunterschied dieser Teile vor dem Fügen ergibt. Sie kennzeichnet somit die Beziehung zwischen den

Tabelle 2.12. Zahlenwerte der Grundtoleranzen IT für Nennmaße bis 3150 mm und die Toleranzgrade IT1 bis IT18 nach DIN ISO 286, T1

Nennmaß in mm		Grundtoleranzgrade																	
		IT1[2]	IT2[2]	IT3[2]	IT4[2]	IT5[2]	IT6	IT7	IT8	IT9	IT10	IT11	IT12	IT13	IT14[3]	IT15[3]	IT16[3]	IT17[3]	IT18[3]
über	bis	Grundtoleranzen µm											mm						
–	3[3]	0,8	1,2	2	3	4	6	10	14	25	40	60	0,1	0,14	0,25	0,4	0,6	1	1,4
3	6	1	1,5	2,5	4	5	8	12	18	30	48	75	0,12	0,18	0,3	0,48	0,75	1,2	1,8
6	10	1	1,5	2,5	4	6	9	15	22	36	58	90	0,15	0,22	0,36	0,58	0,9	1,5	2,2
10	18	1,2	2	3	5	8	11	18	27	43	70	110	0,18	0,27	0,43	0,7	1,1	1,8	2,7
18	30	1,5	2,5	4	6	9	13	21	33	52	84	130	0,21	0,33	0,52	0,84	1,3	2,1	3,3
30	50	1,5	2,5	4	7	11	16	25	39	62	100	160	0,25	0,39	0,62	1	1,6	2,5	3,9
50	80	2	3	5	8	13	19	30	46	74	120	190	0,3	0,46	0,74	1,2	1,9	3	4,6
80	120	2,5	4	6	10	15	22	35	54	87	140	220	0,35	0,54	0,87	1,4	2,2	3,5	5,4
120	180	3,5	5	8	12	18	25	40	63	100	160	250	0,4	0,63	1	1,6	2,5	4	6,3
180	250	4,5	7	10	14	20	29	46	72	115	185	290	0,46	0,72	1,15	1,85	2,9	4,6	7,2
250	315	6	8	12	16	23	32	52	81	130	210	320	0,52	0,81	1,3	2,1	3,2	5,2	8,1
315	400	7	9	13	18	25	36	57	89	140	230	360	0,57	0,89	1,4	2,3	3,6	5,7	8,9
400	500	8	10	15	20	27	40	63	97	155	250	400	0,63	0,97	1,55	2,5	4	6,3	9,7
500	630[2]	9	11	16	22	32	44	70	110	175	280	440	0,7	1,1	1,75	2,8	4,4	7	11
630	800[2]	10	13	18	25	36	50	80	125	200	320	500	0,8	1,25	2	3,2	5	8	12,5
800	1000[2]	11	15	21	28	40	56	90	140	230	360	560	0,9	1,4	2,3	3,6	5,6	9	14
1000	1250[2]	13	18	24	33	47	66	105	165	260	420	660	1,05	1,65	2,6	4,2	6,6	10,5	16,5
1250	1600[2]	15	21	29	39	55	78	125	195	310	500	780	1,25	1,95	3,1	5	7,8	12,5	19,5
1600	2000[2]	18	25	35	46	65	92	150	230	370	600	920	1,5	2,3	3,7	6	9,2	15	23
2000	2500[2]	22	30	41	55	78	110	175	280	440	700	1100	1,75	2,8	4,4	7	11	17,5	28
2500	3150[2]	26	36	50	68	96	135	210	330	540	860	1350	2,1	3,3	5,4	8,6	13,5	21	33

[2] Die Werte für die Grundtoleranzgrade IT1 bis einschließlich IT5 für Nennmaße über 500 mm sind für experimentelle Zwecke enthalten.
[3] Die Grundtoleranzgrade IT14 bis einschließlich IT18 sind für Nennmaße bis einschließlich 1 mm nicht anzuwenden.

Toleranzfeldern der zu paarenden Teile. Sie ist erreichbar durch die zweckdienliche Wahl der Toleranzfeldlage und die Maßtoleranz oder Grundtoleranz des Innen- und des Außenmaßes der zu paarenden Formelemente. Die Art der Passung ist durch die beabsichtigte Funktion bestimmt. Die häufigsten Passungen sind die Rundpassung (zwischen Welle und Bohrung) und die Flachpassung (zwischen parallelen ebenen Flächen).

Eine Passung wird nach DIN ISO 286 durch folgende Angaben bestimmt:

1. Gemeinsames Nennmaß der zu paarenden Formelemente;
2. Kurzzeichen der Toleranzklasse für das innere Formelement, die Bohrung, z.B. H7;
3. Kurzzeichen der Toleranzklasse für das äußere Formelement, die Welle, z.B. f6.

Die Toleranzklasse kennzeichnet durch einen oder zwei Buchstaben das Grundabmaß (Toleranzfeldlage!) und durch ein oder zwei Zahlen den Grundtoleranzgrad (Größe der Maßtoleranz oder Grundtoleranz!).

Beispiel: ∅ 30 H7/f6 (Spielpassung!)

Die wichtigsten Begriffe und Beziehungen für Passungen sind in den Bildern 2.18 und 2.19 erläutert. Hieraus ergeben sich die folgenden Beziehungen (Bild 2.20):

Höchstspiel: $SP_H = ES - ei$ (2.14)

Mindestspiel: $SP_M = EI - es$ (2.15)

Spielpassung

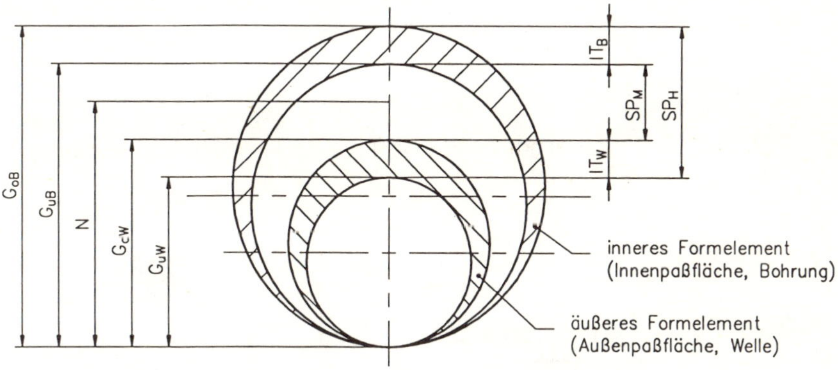

G_{oB} bzw. G_{uB} = Höchstmaß bzw. Mindestmaß der Bohrung
G_{oW} bzw. G_{uW} = Höchstmaß bzw. Mindestmaß der Welle
SP_H = Höchstspiel (wenn Bohrung am größten, Welle am kleinsten)
SP_M = Mindestspiel (wenn Bohrung am kleinsten, Welle am größten)
$SP_H = G_{oB} - G_{uW} = N + ES - (N + ei) = ES - ei$
$SP_M = G_{uB} - G_{oW} = N + EI - (N + es) = EI - es$

Index W → Welle; Index B → Bohrung

Bild 2.18. Rundpassung und charakteristische Größen (Welle im Durchmesser kleiner als Bohrung; Spielpassung)

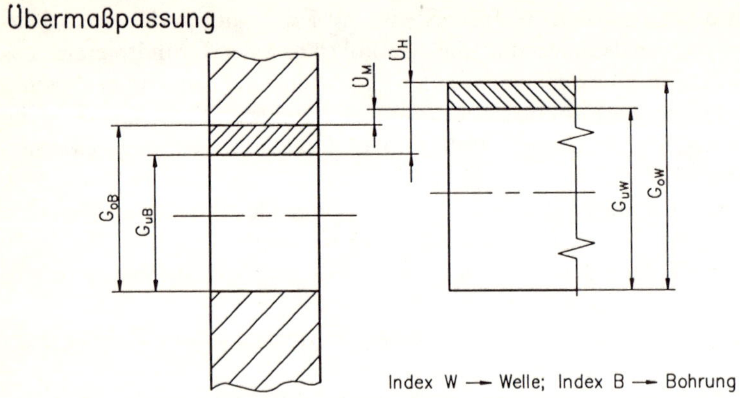

G_{oB} bzw. G_{uB} = Höchstmaß bzw. Mindestmaß der Bohrung
G_{oW} bzw. G_{uW} = Höchstmaß bzw. Mindestmaß der Welle
$\ddot{U}_H$ = Höchstübermaß (wenn Bohrung am kleinsten, Welle am größten)
$\ddot{U}_M$ = Mindestübermaß (wenn Bohrung am größten, Welle am kleinsten)
$\ddot{U}_H = -(G_{uB} - G_{oW}) = G_{oW} - G_{uB} = N + es - (N + EI) = es - EI$
$\ddot{U}_M = -(G_{oB} - G_{uW}) = G_{uW} - G_{oB} = N + ei - (N \div ES) = ei - ES$

Bild 2.19. Rundpassung und charakteristische Größen (Welle im Durchmesser größer als Bohrung; Übermaßpassung)

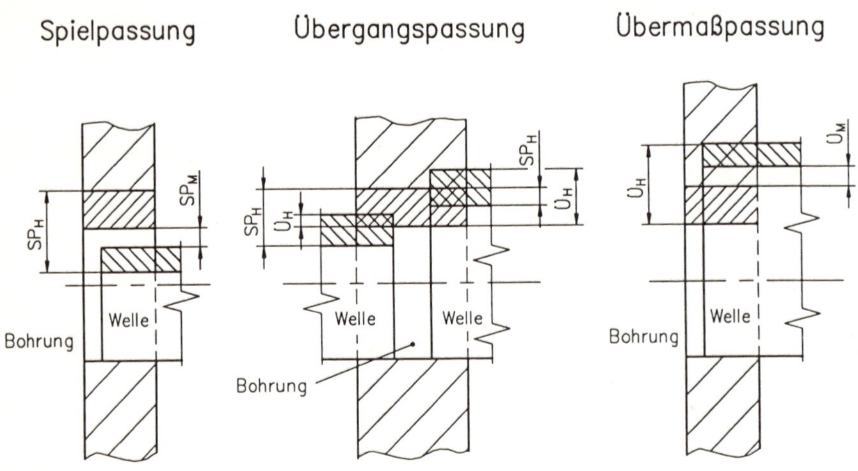

Bild 2.20. Unterschiedliche Passungen (Spielpassung, Übergangspassung, Übermaßpassung)

Höchstübermaß: $Ü_H = es - EI$ (2.16)

Mindestübermaß: $Ü_M = ei - ES$ (2.17)

2.2.3.1 Passungen (Spiel und Übermaß)

Folgende Ergebnisse sind möglich (Bild 2.20):

1. $SP_H > 0$; $SP_M \geqq 0 \rightarrow$ *Spielpassung*
   Für jedes zulässige Istmaß der Teile ist Spiel vorhanden (Grenzfall Null).
2. $SP_H > 0$; $Ü_H > 0 \rightarrow$ *Übergangspassung*
   Nach statistischer Streuung der Istmaße ist sowohl Spiel als auch Übermaß möglich.
3. $Ü_H > 0$; $Ü_M \geqq 0 \rightarrow$ *Übermaßpassung*
   Für jedes zulässige Istmaß der Teile ist Übermaß vorhanden (Grenzfall Null).

Im ISO-System der Grenzmaße und Passungen sind die Kombinationsmöglichkeiten sehr groß, so daß man sich bei der Auswahl Beschränkungen auferlegen muß (DIN ISO 286, T1, DIN 7154 und DIN 7155).

Kombinationsmöglichkeiten für ein Nennmaß:
Für alle 28 Grundabmaße (Toleranzfeldlagen!) werden der Einfachheit halber alle 20 Grundtoleranzgrade (Größe der Toleranzfelder!) angenommen. Somit gibt es:

Bohrung:	28 Grundabmaße 20 Grundtoleranzgrade	} 560 Kombinationen
Welle:	28 Grundabmaße 20 Grundtoleranzgrade	} 560 Kombinationen

Kombiniert man jedes Glied der einen Reihe mit jedem Glied der anderen, so ergeben sich 313 600 Möglichkeiten. Es leuchtet sofort ein, daß ein Einschränkung der Kombinationsmöglichkeiten notwendig ist. Eine Kombination etwa der Grundtoleranzgrade IT 01 für die Welle und IT 18 für die Bohrung wäre sicher nicht sinnvoll (Paarung des kleinsten mit dem größten Grundtoleranzgrad!). Sinnvoll ist sicher, für beide Formelemente etwa die gleichen Grundtoleranzgrade zu wählen. Beachtet man noch, daß im allgemeinen die Welle durch Außenschleifen mit geringerem Aufwand genauer gefertigt werden kann als die Bohrung, wird man im allgemeinen die Toleranz für die Welle um ein bis zwei Grundtoleranzgrade niedriger wählen (also kleinere Maßtoleranzen IT!) als für die Bohrung. Damit erreicht man schon eine beträchtliche Einschränkung der Kombinationsmöglichkeiten.

Eine weitere Möglichkeit der Einschränkung besteht darin, daß man für die Bohrung nur *eine* Toleranzfeldlage wählt und die gewünschte Passung durch geeignete Wahl der Toleranzfeldlage der Welle erzeugt (oder umgekehrt!). Diese Art der Einschränkung führt zu den beiden wichtigen Passungssystemen im ISO-System für Grenzmaße und Passungen. Diese sind nach DIN ISO 286, T1:

– *Passungssystem Einheitsbohrung*
– *Passungssystem Einheitswelle.*

2.2.3.2 Passungssysteme im ISO-System

Eine ausgezeichnete Lage bezüglich der Nullinie – d.h. bezüglich des Nennmaßes – nimmt die Toleranzfeldlage H (Bohrung!) bzw. h (Welle!) ein, da das untere Abmaß bei der Bohrung bzw. das obere Abmaß bei der Welle Null ist. Deshalb wählt man diese Toleranzfeldlagen für das ISO-Passungssystem Einheitsbohrung bzw. das ISO-Passungssystem Einheitswelle.

ISO-Passungssystem Einheitsbohrung (EB):
(DIN ISO 286, T1 und DIN 7154; Bild 2.21)
Für alle Bohrungen wird die Toleranzfeldlage H, für die Wellen werden beliebige Toleranzfeldlagen gewählt. Zur Herstellung und Kontrolle der Bohrungen sind dann nur wenige Werkzeuge (z.B. Reibahlen!) und Meßwerkzeuge (z.B. Lehrdorne!) erforderlich (für ein Nennmaß z.B. nur H5, H6, H7!). Das Passungssystem Einheitsbohrung wird überwiegend im Maschinen- und Apparatebau angewendet.

ISO-Passungssystem Einheitswelle (EW):
(DIN ISO 286, T1 und DIN 7155; Bild 2.22)
Für alle Wellen wird die Toleranzfeldlage h, und für die Bohrungen werden beliebige Toleranzfeldlagen gewählt. Das Passungssystem Einheitswelle wird bei Maschinen mit vielen langen, glatten Wellen (z.B. aus gezogenem, kalibriertem Rundmaterial!) angewendet, auf denen Hebel, Räder und dgl. befestigt werden sollen (Land- und Textilmaschinenbau!).

Das ISO-Passungssystem Einheitswelle kommt seltener zur Anwendung als das ISO-Passungssystem Einheitsbohrung! Auf der Zeichnung ist das jeweils verwendete Passungssystem durch eine Wortangabe zu vermerken.

Durch die Einführung der unterschiedlichen ISO-Passungssysteme hat man eine ganz wesentliche Einschränkung der Auswahlmöglichkeiten erreicht. Eine weitere Einschränkung ergibt sich durch die Anwendung empfohlener (d.h. in der Praxis häufig benötigter) Toleranzen gemäß DIN 7157.

2.2.3.3 Beispiele für Passungen und Toleranzklassen

Die Auswahl der Toleranzfelder bzw. Toleranzklassen nach DIN 7157 hat den Zweck, durch die Auswahl einiger häufig gebrauchter Toleranzklassen die Anzahl der Werkzeuge sowie der Prüf- und Meßgeräte auf eine Mindestzahl zu beschränken. In der Praxis genügen im Regelfall wenige Toleranzklassen. Nur in Ausnahmefällen werden Passungen bzw. Toleranzklassen aus den Tafeln der Normen DIN 7154 und DIN 7155 entnommen.

Allgemeine Toleranzfelder

Eine Auswahl der im Maschinenbau in der Praxis üblichen Toleranzklassen ist in Tabelle 2.13 zusammengestellt.

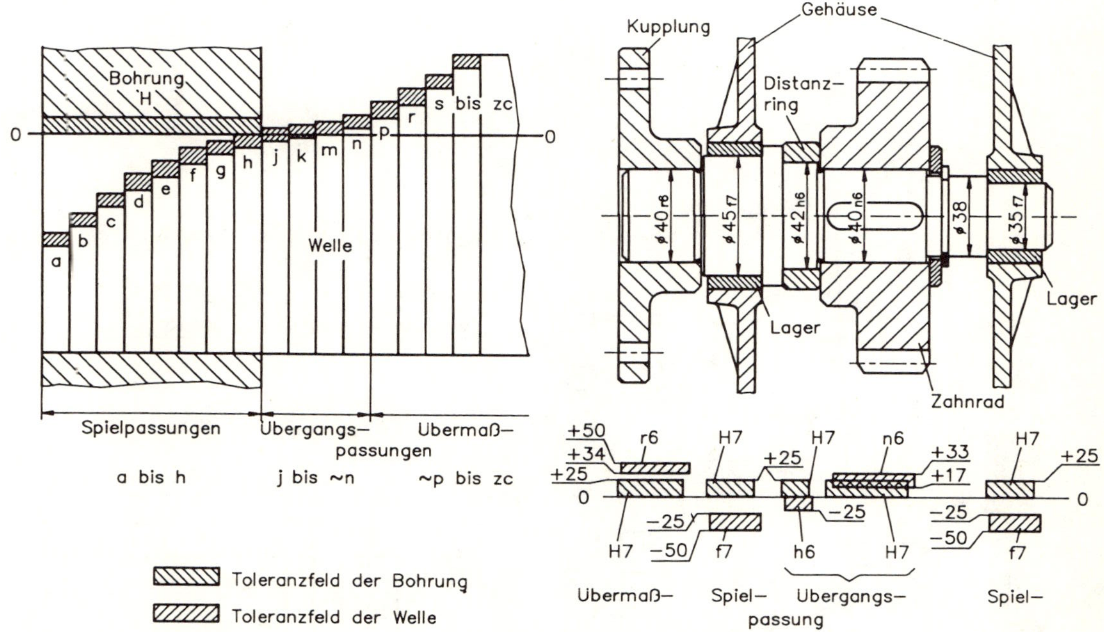

Bild 2.21 ISO-Passungssystem Einheitsbohrung nach DIN ISO 286, T1 und DIN 7154

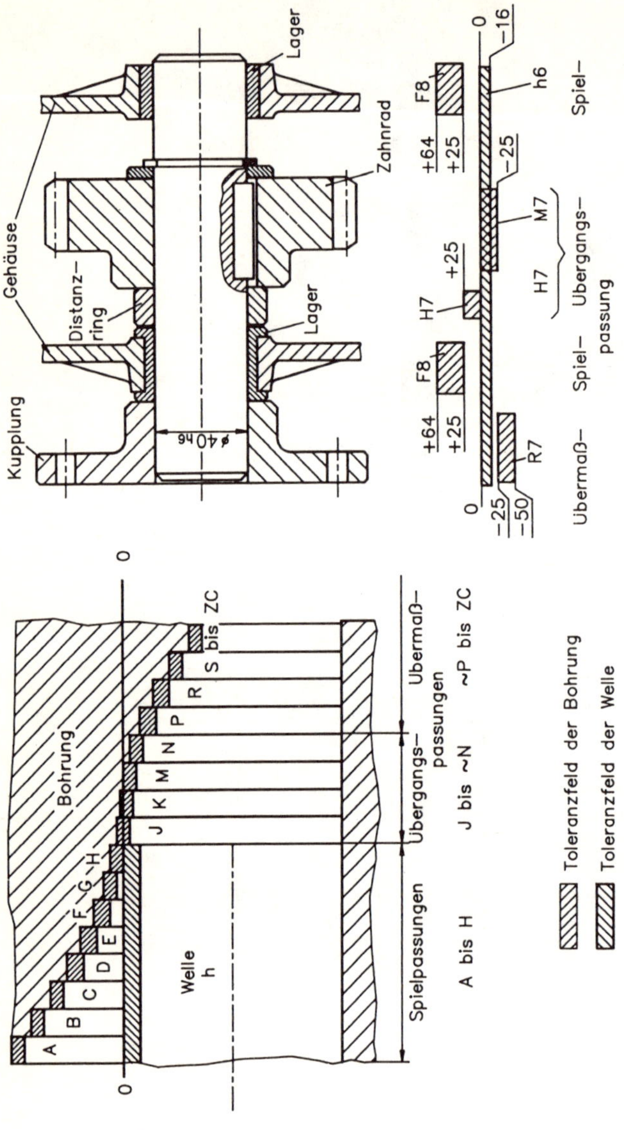

Bild 2.22. ISO-Passungssystem Einheitswelle nach DIN ISO 286, T1 und DIN 7154

Tabelle 2.13. Auswahl der im Maschinenbau üblichen Passungen und Toleranzklassen [1]

Einheitsbohrung			Darstellung und Beschreibung	Einheitswelle		
H7	H8	(H11)	Bohrungen / Wellen	h6	h9	h11
	u8		Ubermaßpassung mit großem Ubermaß; kann nur durch Schrumpfen oder Dehnen gefügt werden. Für Räder auf Achsen, Zapfen in Kurbeln, Schrumpfringe geeignet.			
(s6)			Ubermaßpassung mit reichlichem Ubermaß; nur mit großer Preßkraft oder durch Schrumpfen oder Dehnen fügbar. Für Radkränze auf Laufrädern, Laufräder, Achsen geeignet.			
r6			Ubermaßpassung mit geringem Ubermaß; kann mit Preßkraft gefügt werden. Für Lagerbüchsen in Gehäusen, Zahnkränze auf Radkörpern geeignet.			
n6			Ubergangspassung mit großem Ubermaß und kleinem Spiel; nur mit geringer Preßkraft fügbar. Für Kupplungen, Lagerbüchsen in Gehäusen und Ritzel auf Wellenenden geeignet.			
(k6)			Ubergangspassung; Ubermaß und Spiel ungefähr gleich; mit Hammerschlägen fügbar. Für Kupplungen, Zahnräder, Riemenscheiben geeignet. Teile müssen gegen Verdrehen gesichert werden.			
(j6)			Ubergangspassung mit kleinem Ubermaß und großem Spiel; mit leichten Hammerschlägen fügbar. Für Kupplungen, Zahnräder, Riemenscheiben geeignet. Teile müssen gegen Verdrehen gesichert werden.			
h6	h9	(h11)	Spielpassung; noch gleitfähig. Die Teile sind bei genauer Führung noch verschiebbar. Für Zentriersätze, Pinolen in Gehäusen, Distanzringe geeignet.	H7	H8	(H11)
(h6)			Spielpassung; gut gleitfähig. Für Gleitlager von Arbeitsspindeln an Werkzeugmaschinen, verschiebbare Kupplungen, Wechselräder geeignet.	(G7)		
	f7		Spielpassung mit geringem Spiel. Für Gleitlager allgemein, Steuerkolben in Zylindern, Umsteckräder, Schieberäder geeignet.	(G7)	F8	
	(e8)		Spielpassung mit merklichem Spiel. Für Gleitlager mit langen Wellen oder mit mehreren Lagerstellen, Kurbelwellen- und Schneckenwellenlager, Hebellagerungen geeignet.		E9	
	(d9)	(d9)	Spielpassung mit reichlichem Spiel. Für Lager mit starker Erwärmung, Grobmaschinenlager für Kranantriebe und -fahrwerke, Leerlaufscheiben geeignet.		D10	D10
		(c11)	Spielpassung mit großem Spiel. Für Lager mit starker Erwärmung, Grobmaschinenbau, Bocklager, Steckbolzen geeignet.		C11	C11
		(a11)	Spielpassung mit sehr großem Spiel. Für Lager mit Verschmutzungsgefahr und mangelhafter Schmierung, Gleitlager für Bagger, Gelenkverbindungen geeignet.			(A11)

ISO-Passungssystem Einheitsbohrung (linke Tabellenseite!):
Die Bohrungstoleranzklassen H7, H8 und H11 können mit den darunterstehenden Wellentoleranzklassen zu Übermaß- (Preß-), Übergangs- und Spielpassungen gepaart werden.
ISO-Passungssystem Einheitswelle (rechte Tabellenseite!):
Die Wellentoleranzklassen h6, h9 und h11 können mit den Bohrungstoleranzklassen zu Spielpassungen gepaart werden. Nach dieser Toleranzklassenauswahl sind im Passungssystem der Einheitswelle keine Übermaß- (Preß-) und Übergangspassungen vorgesehen.

Die Toleranzklassen ohne Klammern gehören zur Reihe 1, die mit Klammern zur Reihe 2. Die Reihe 1 ist der Reihe 2 vorzuziehen!

Wälzlagerpassungen und -toleranzklassen

Die Toleranzen für Wälzlager sind international nach DIN ISO 1132 und national nach DIN 620 genormt. Die Wälzlager werden in der Standardausführung in der Toleranzklasse P0 angeboten, die nicht durch ein Zusatzzeichen gekennzeichnet wird. Für höhere Ansprüche hinsichtlich Maßtoleranz und Rundlauftoleranz stehen auch Wälzlager der Toleranzklassen P6, P5 und P4 zur Verfügung. Diese Toleranzklassen P6 bis P4 müssen immer hinter die Typenbezeichnung des Wälzlagers geschrieben werden und bedeuten mit abnehmender Ziffer eine Verkleinerung oder Einengung der Toleranzen, d.h. genauere Abmessungen. Für die Lagerung der Arbeitsspindeln von Werkzeugmaschinen kommen auch noch Wälzlager in den Toleranzklassen SP (Spezial-Präzision) und UP (Ultra-Präzision) zum Einsatz. Für das Bohrungstoleranzfeld des Wälzlagerinnenringes und das Manteltoleranzfeld des Wälzlageraußenringes gibt es – im Unterschied zu früher – keine Lagekennzeichnung des jeweiligen Toleranzfeldes gemäß der ISO-Passungssysteme. Dies ist auch folgerichtig, weil nicht die oberen und die unteren Abmaße für den Bohrungs- bzw. den Außendurchmesser des Lagers bei den einzelnen Toleranzklassen fixiert sind, sondern nur die in einer Ebene (senkrecht zur Lagerachse!) vorhandenen Abweichungen des mittleren Bohrungs- bzw. des mittleren Außendurchmessers vom jeweiligen Nenndurchmesser angegeben werden. Grundsätzlich ist festzuhalten, daß das Bohrungstoleranzfeld des Innenringes und das Manteltoleranzfeld des Außenringes unterhalb der Nullinie liegen, d.h. der Bohrungsdurchmesser des Wälzlagerinnenringes und der Manteldurchmesser des Wälzlageraußenringes kleiner oder höchstens gleich dem Nennmaß sind (Bild 2.23). Der Sitz oder die Passung eines eingebauten Wälzlagers wird durch die entsprechende Tolerierung des Gegenstückes für den Wälzlagerinnenring – der Welle – und für den Wälzlageraußenring – des Gehäuses – erreicht. Die in der DIN 5425, T1 für den Einbau von Wälzlagern vorgeschlagenen Wellen- bzw. Gehäusetoleranzfelder sind in Bild 2.24 zusammengestellt.

Innenringe, gepaart mit Wellen mit den Toleranzklassen g5 oder g6 für den Außendurchmesser, haben einen losen Sitz, und die Toleranzklassen h5, h6, ..., r5 und r6 für den Außendurchmesser der Welle ergeben in dieser Reihenfolge zunehmend festere Sitze. Ab der Toleranzklasse k5 ist immer ein Übermaß

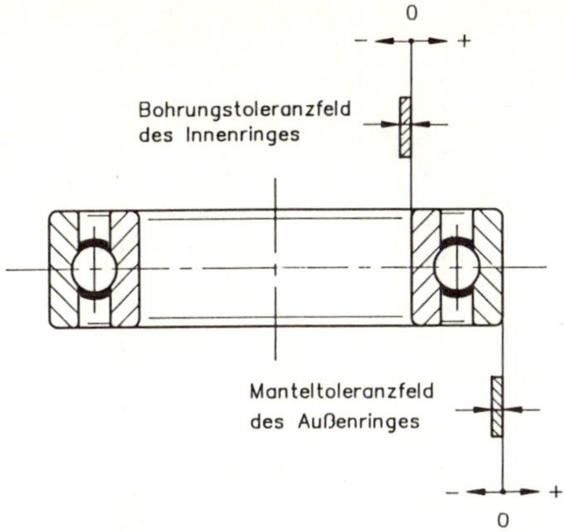

Bild 2.23. Toleranzfelder für die Hauptmaße der Wälzlager

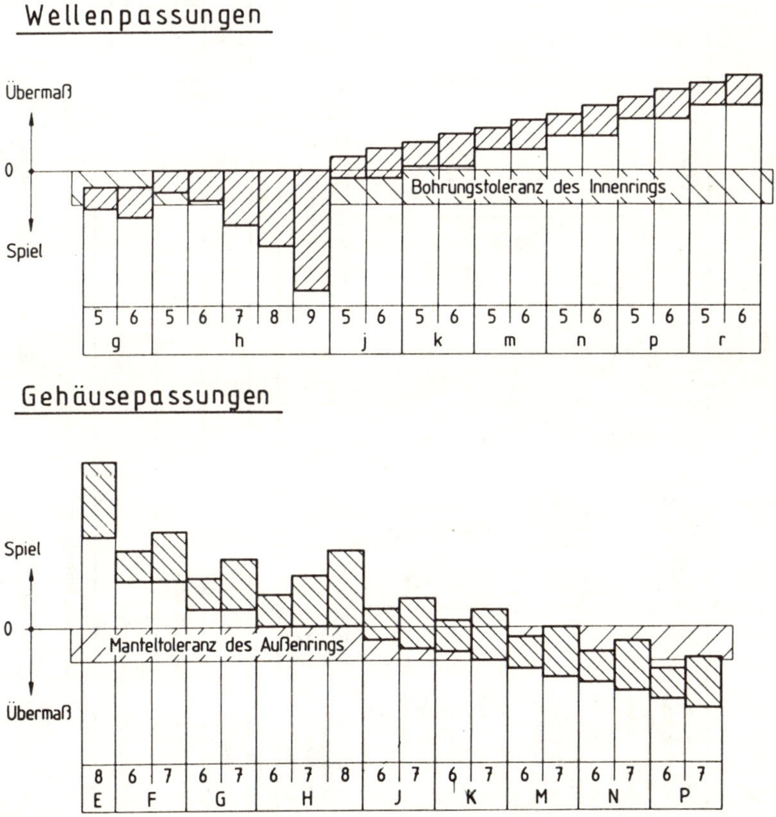

Bild 2.24. Toleranzen für den Einbau von Wälzlagern nach DIN 5425, T1; Wellen- und Gehäusetoleranzklassen

Tabelle 2.14. Lage der Toleranzfelder für Wellendurchmesser und Gehäusebohrungsdurchmesser für den Einbau von Radial- und Axial-Wälzlagern sowie empfohlene Werte für die Oberflächenrauheit von Paßflächen nach DIN 5425, T1

Radiallager

Zylindrische Lagerbohrung												
Bewegungsverhältnisse			Innenring/Welle					Außenring/Gehäuse				
Beschreibung	Schema	typische Beispiele	Lastfall	Passung	Belastung F	Toleranzlage[1]) für Welle Kugel- lager	Toleranzlage[1]) für Welle Rollen- lager	Lastfall	Passung	Belastung F	Toleranzlage[1]) für Gehäuse Kugel- lager	Toleranzlage[1]) für Gehäuse Rollen- lager
Innenring rotiert Außenring steht still Lastrichtung unveränderlich		Stirnrad- getriebe, Elektromotoren	Umfangs- last für Innen- ring	fester Sitz erfor- derlich	$< 0{,}07 \cdot C_r$	h k	k m	Punktlast für Außenring, geteilte Gehäuse möglich	loser Sitz zulässig	beliebig	J[2]) H G[3]) F[3])	
					0,07 bis $0{,}15 \cdot C_r$	j k m	k m n p					
Innenring steht still Außenring rotiert Lastrichtung rotiert mit Außenring		Naben- lagerung mit großer Unwucht			$> 0{,}15 \cdot C_r$	m n	n p r					
Innenring steht still Außenring rotiert Lastrichtung unveränderlich		Laufräder mit stillstehender Achse, Seilrollen	Punkt- last für Innenring	loser Sitz zulässig	beliebig	j h g f		Umfangs- last für Außen- ring, nur ungeteilte Gehäuse	fester Sitz erfor- derlich	$< 0{,}07 \cdot C_r$	J	K
										0,07 bis $0{,}15 \cdot C_r$	K M	M N
Innenring rotiert Außenring steht still Lastrichtung rotiert mit Innenring		Schwingsiebe, Unwucht- schwinger								$> 0{,}15 \cdot C_r$	–	N P
Kombination von verschiedenen Bewegungsverhältnissen oder wechselnde Bewegungsverhältnisse		Kurbeltriebe	Unbe- stimmt	Passung und Toleranzlage für die Welle werden bestimmt von dem dominierenden Lastfall sowie Montierbarkeit und Einstellbarkeit der Lagerung				Unbe- stimmt	Passung und Toleranzlage für das Gehäuse werden bestimmt von dem dominierenden Lastfall sowie Montierbarkeit und Ein- stellbarkeit der Lagerung			

Kegelige Lagerbohrung	
Lagerbefestigung	Toleranzfeld für Welle[4])
Mit Abziehhülse nach DIN 5416	h7/IT 5 h8/IT 6
Mit Spannhülse nach DIN 5415	h7/IT 5 h8/IT 6 h9/IT 7

[1]) Die Reihenfolge der Toleranzlage (von oben nach unten) ist nach steigender Lagergröße geordnet (siehe auch Abschnitt 2.1.4).

[2]) Nicht für geteilte Gehäuse.

[3]) Die Toleranzlage „G" und „F" werden auch bei Wärmezufuhr von der Welle angewandt.

[4]) IT (5, 6, 7) bedeutet, daß außer der jeweiligen Maßtoleranz eine Zylinderformtoleranz des entsprechenden Genauigkeitsgrades empfohlen wird (siehe auch Abschnitt 3.1).

Tabelle 2.14. (*Fortsetzung*)

Axiallager

Belastungsart	Lager Bauform	Wellenscheibe/Welle			Gehäusescheibe/Gehäuse		
		Lastfall	Passung	Toleranzlage[1]) für Welle	Lastfall	Passung	Toleranzlage[1]) für Gehäuse
Kombinierte Last	Axial-Schrägkugellager, Axial-Pendelrollenlager, Axial-Kegelrollenlager	Umfangslast	fester Sitz erforderlich	j k m	Punktlast	loser Sitz zulässig	H J
		Punktlast	loser Sitz zulässig	j	Umfangslast	fester Sitz erforderlich	K M
Reine Axiallast	Axial-Kugellager, Axial-Rollenlager	–		h j k	–		H G E

[1]) Die Reihenfolge der Toleranzlagen (von oben nach unten) ist nach steigender Lagergröße geordnet (siehe auch Abschnitt 2.1.4).

Empfohlene Werte für die Oberflächenrauheit von Paßflächen

Wellen- oder Gehäuse-Durchmesser in mm		Genauigkeit der Durchmessertoleranz von Wellen- oder Gehäusepaßflächen								
		IT 7			IT 6			IT 5		
		Oberflächenrauheit[1]) in µm nach DIN 4768 Teil 1								
		R_z	R_a		R_z	R_a		R_z	R_a	
über	bis		geschliffen	gedreht		geschliffen	gedreht		geschliffen	gedreht
–	80	10	1,6	3,2	6,3	0,8	1,6	4	0,4	0,8
80	500	16	1,6	3,2	10	1,6	3,2	6,3	0,8	1,6
500	1250	25	3,2	6,3	16	1,6	3,2	10	1,6	3,2

[1]) Zur Festlegung der Oberflächenrauheit ist nach Vereinbarung entweder R_a oder R_z heranzuziehen.

Tabelle 2.15. Beispiele für Breitentoleranzklassen von Paßfedern und Nuten bei unterschiedlichen Passungen

		Übermaß-passung (Preßpassung)	Übergangs-passung	Spiel-passung
Paßfederbreite		h9	h9	h9
Nutbreite in der	Welle	P9	N9 (P9)	H8
	Nabe	P9	J9	D10

(in Klammern alte Bezeichnung!)

vorhanden. Bei den Außenringen bewirken die Gehäusebohrungstoleranzklassen E8, F6, F7, G6, G7, H6, H7 und H8 ein Spiel (mit abnehmender Größe in dieser Reihenfolge!). Die Gehäusebohrungstoleranzklassen J6, J7, K6 und K7 bewirken Übergangspassungen mit Spiel oder Übermaß und die Gehäusebohrungstoleranzklassen M6, M7, N6, N7, P6 und P7 ein Übermaß (mit zunehmender Größe in dieser Reihenfolge!). Übliche Toleranzklassen für die Wellen- und die Gehäusebohrungsdurchmesser im Bereich der Wälzlagersitze sind nach DIN 5425, T1 für unterschiedliche Lagerarten, Belastungen und Gehäuseausführungen in der folgenden Tabelle 2.14 angegeben.

Paßfederpassungen und -toleranzklassen

Bei Paßfedern wird das ISO-Passungssystem Einheitswelle angewendet. Die Paßfeder ist in ihrer Breite über die gesamte Höhe und Länge konstant toleriert. Die Breite der Nabennut und die Breite der Wellennut können demgegenüber aber unterschiedlich toleriert sein. Mögliche Toleranzklassen für die Breite der Paßfeder und die Breite der Nut in der Welle und in der Nabe bei den unterschiedlichen Paßfedersitzen oder -passungen sind in der Tabelle 2.15 dargestellt.

Toleranzangaben bei Kegeln

Die normgerechte Bemaßung von Kegeln ist in der DIN ISO 3040 und der DIN 7178 festgelegt und erfordert nach Bild 2.25 folgende Angaben:

1. Kegelverjüngung C als Verhältniswert 1:x (C = 1:x) oder als eingeschlossener Kegelwinkel α;
2. Kegeldurchmesser an einem gekennzeichneten Querschnitt (z.B. größter Durchmesser, kleinster Durchmesser oder Durchmesser D_x an einer genau gekennzeichneten Stelle L_x);
3. Maß L_x für die Lage des genau gekennzeichneten Querschnitts;
4. halber Kegelwinkel (Kegel-Erzeugungswinkel) $\alpha/2$ als eingeklammertes Hilfsmaß für die Fertigung.

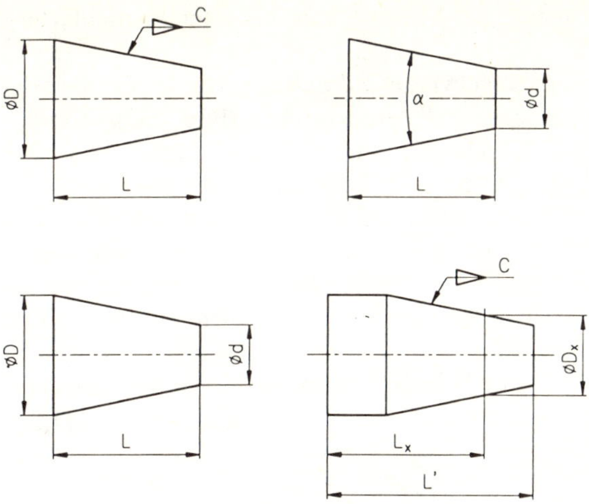

Bild 2.25. Normgerechte Bemaßung von Kegeln nach DIN ISO 3040

Die Kegelverjüngung (Kegelverhältnis) C mit C = 1: x ist das Verhältnis aus der Differenz von zwei Kegeldurchmessern D und d und deren Abstand L. Es gilt also folgende Beziehung:

$$C = 1 : x = \frac{D - d}{L} = 2 \cdot \tan\frac{\alpha}{2} \qquad (2.18)$$

Die Kegelform wird in der Zeichnung gemäß Bild 2.26 mit einem horizontal angeordneten gleichschenkligen Dreieck mit der Spitze in Richtung der Kegelverjüngung, einer Hinweislinie zur Kegelmantellinie und einer Bezugslinie parallel zur Mittellinie des Kegels für die Angabe der Kegelverjüngung 1: x zum Ausdruck gebracht.

Die Tolerierung eines Kegels kann nach DIN ISO 3040 auf folgende fünf Arten erfolgen, wenn das Formelzeichen t die Größe der Breite der Toleranzzone angibt, und das horizontal liegende Halbkreissymbol (liegender Halbkreis!) das

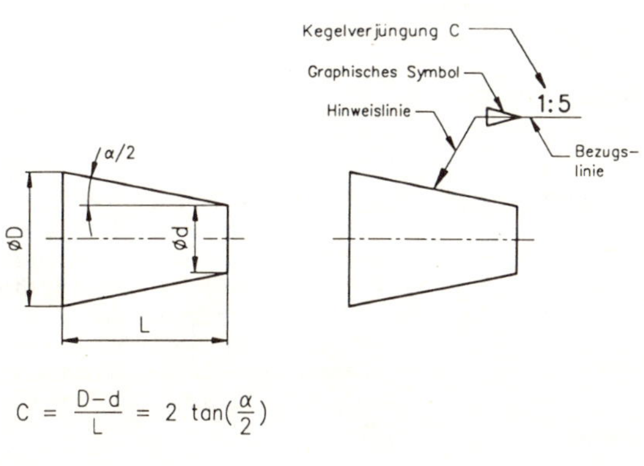

Bild 2.26. Wert der Kegelverjüngung C und Angabe der Kegelverjüngung C in der technischen Zeichnung nach DIN ISO 3040

Symbol der Formtoleranz einer beliebigen Fläche – hier der Kegelmantelfläche – darstellt:

1. Kegeltolerierung bei festgelegtem Kegelwinkel α durch Angabe der Größe t der Formtoleranz der Kegelmantelfläche im Toleranzrahmen (Bild 2.27).
2. Kegeltolerierung bei festgelegter Kegelverjüngung C durch Angabe der Größe t der Formtoleranz der Kegelmantelfläche im Toleranzrahmen (Bild 2.28).
3. Kegeltolerierung, bei der die Toleranzzone des Kegels gleichzeitig die axiale Lage des Kegels bestimmt, mit festgelegter Kegelverjüngung C und vorgegebenem Kegeldurchmesser D_x an einer genau vorgegebenen Stelle L_x durch Angabe der Größe t der Formtoleranz der Kegelmantelfläche im Toleranzrahmen (Bild 2.29).
4. Kegeltolerierung unabhängig von der Toleranz der axialen Lage des Kegels bei festgelegter Kegelverjüngung C und vorgegebenem Kegeldurchmesser D_x an

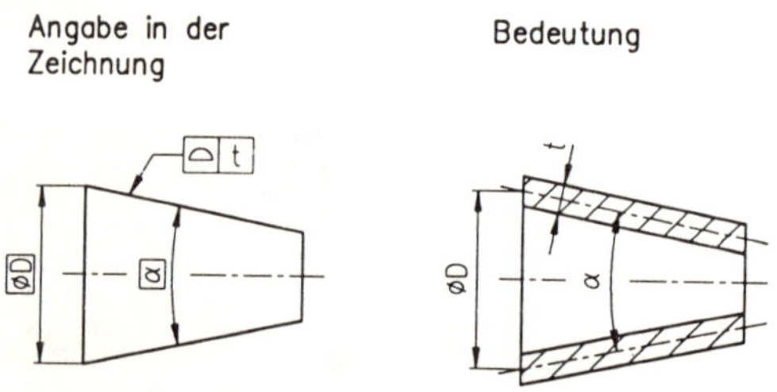

Bild 2.27. Kegeltolerierung bei festgelegtem Kegelwinkel α durch Angabe der Größe der Formtoleranz t der Kegelmantelfläche nach DIN ISO 3040

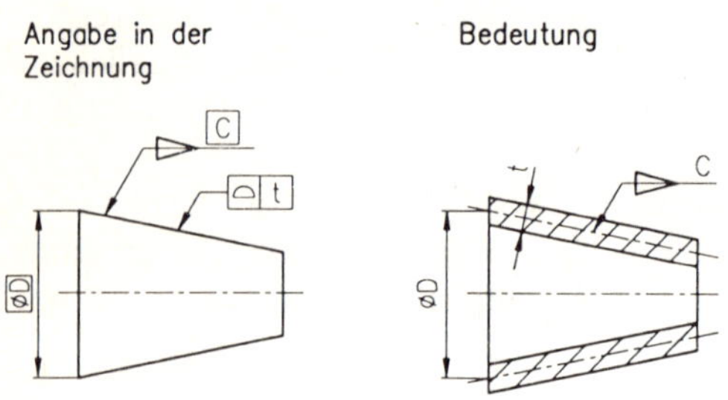

Bild 2.28. Kegeltolerierung bei festgelegter Kegelverjüngung C durch Angabe der Größe der Formtoleranz t der Kegelmantelfläche nach DIN ISO 3040

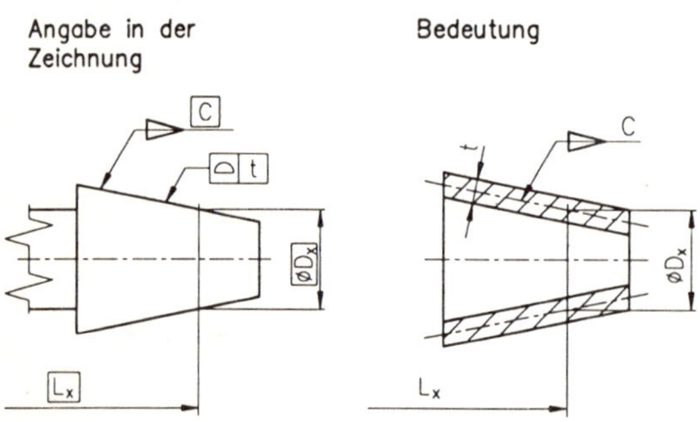

Bild 2.29. Kegeltolerierung bei festgelegter Kegelverjüngung C und vorgegebenem Kegeldurchmesser D_x an einer vorgegebenen Stelle L_x durch Angabe der Größe der Formtoleranz t der Kegelmantelfläche nach DIN ISO 3040. Die Toleranzzone des Kegels bestimmt dabei gleichzeitig die axiale Lage des Kegels

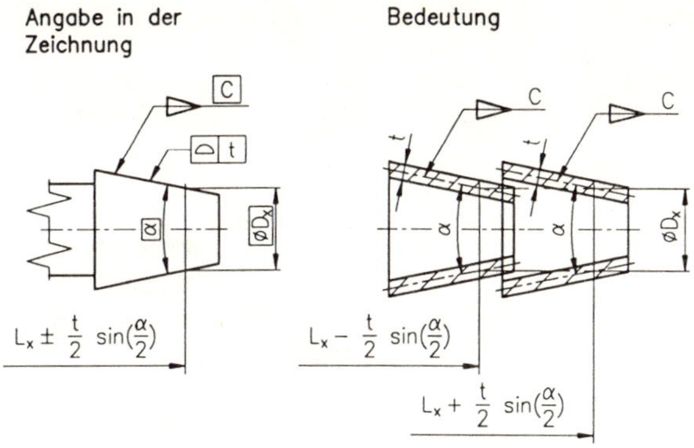

Bild 2.30. Kegeltolerierung bei festgelegter Kegelverjüngung C und vorgegebenem Kegeldurchmesser D_x an einer Stelle L_x, die abhängig ist von der vorgegebenen Größe der Formtoleranz t der Kegelmantelfläche und dem halben Kegelwinkel α/2 nach DIN ISO 3040

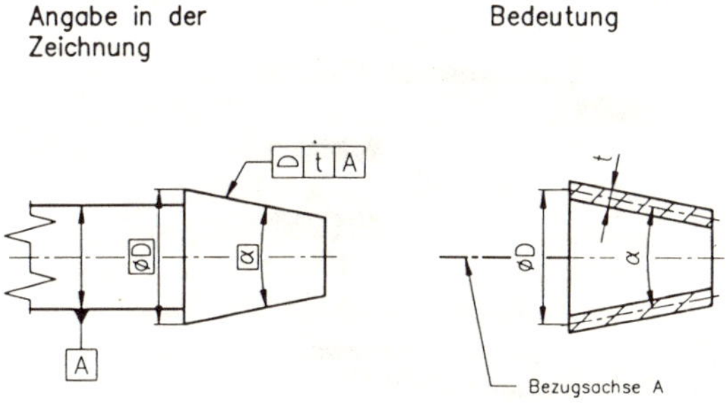

Bild 2.31. Kegeltolerierung bei festgelegtem Kegelwinkel α und vorgegebenem Bezugselement A durch Angabe der Größe der Formtoleranz t der Kegelmantelfläche in bezug auf das Bezugselement A nach DIN ISO 3040

einer Stelle L_x, die in Abhängigkeit von der im Toleranzrahmen angegebenen Größe t der Formtoleranz der Kegelmantelfläche und dem halben Kegelwinkel α/2 variiert (Bild 2.30).

5. Kegeltolerierung, die einem Bezugselement zugeordnet ist bei festgelegtem Kegelwinkel α und vorgegebenem Bezugselement A durch Angabe der Größe t der Formtoleranz der Kegelmantelfläche und des Bezugselementes A im Toleranzrahmen (Bild 2.31). Ist das Bezugselement A der Durchmesser bzw. dic Achse des an den Kegel anschließenden Zylinders, so ist die Kegelmantelfläche gleichzeitig in ihrer Koaxialität (Ortstoleranz!) toleriert.

2.3 Technische Oberflächen

Die Oberflächengüte eines technischen Bauteils wird im wesentlichen gemäß Tabelle 2.16 nach DIN 4766, T1 und T2 durch das Fertigungsverfahren vorbestimmt. Man sieht, daß die kleinsten erreichbaren gemittelten Rauhtiefen R_z im Bereich $>0{,}04\,\mu m$ und die kleinsten erreichbaren arithmetischen Mittenrauhwerte R_a im Bereich $>0{,}006\,\mu m$ liegen und nur durch Honen oder Läppen zu erzielen sind.

Tabelle 2.16. Erreichbare gemittelte Rauhtiefen R_z und erreichbare arithmetische Mittenrauhwerte R_a bei den unterschiedlichen Fertigungsverfahren nach DIN 4766, T1 und DIN 4766, T2

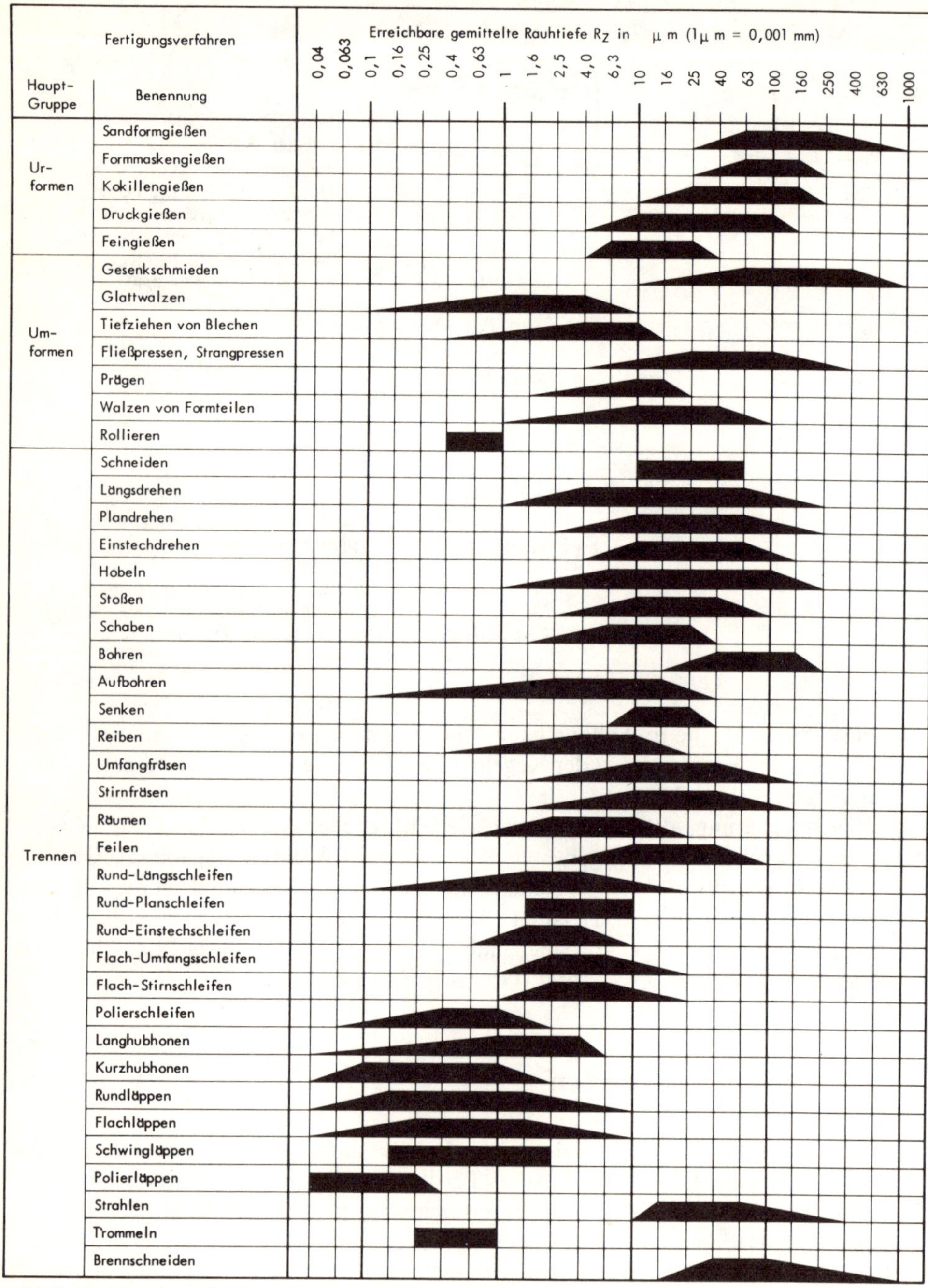

Bei Oberflächenangaben nach DIN ISO 1302 ist die Rauheit in R_a oder R_z anzugeben.
Die gemittelte Rauhtiefe R_z ist meßtechnisch einfacher zu erfassen. Sie wird daher in Deutschland bevorzugt angewendet. In den meisten Fällen deckt sich auch R_z mit R_t.

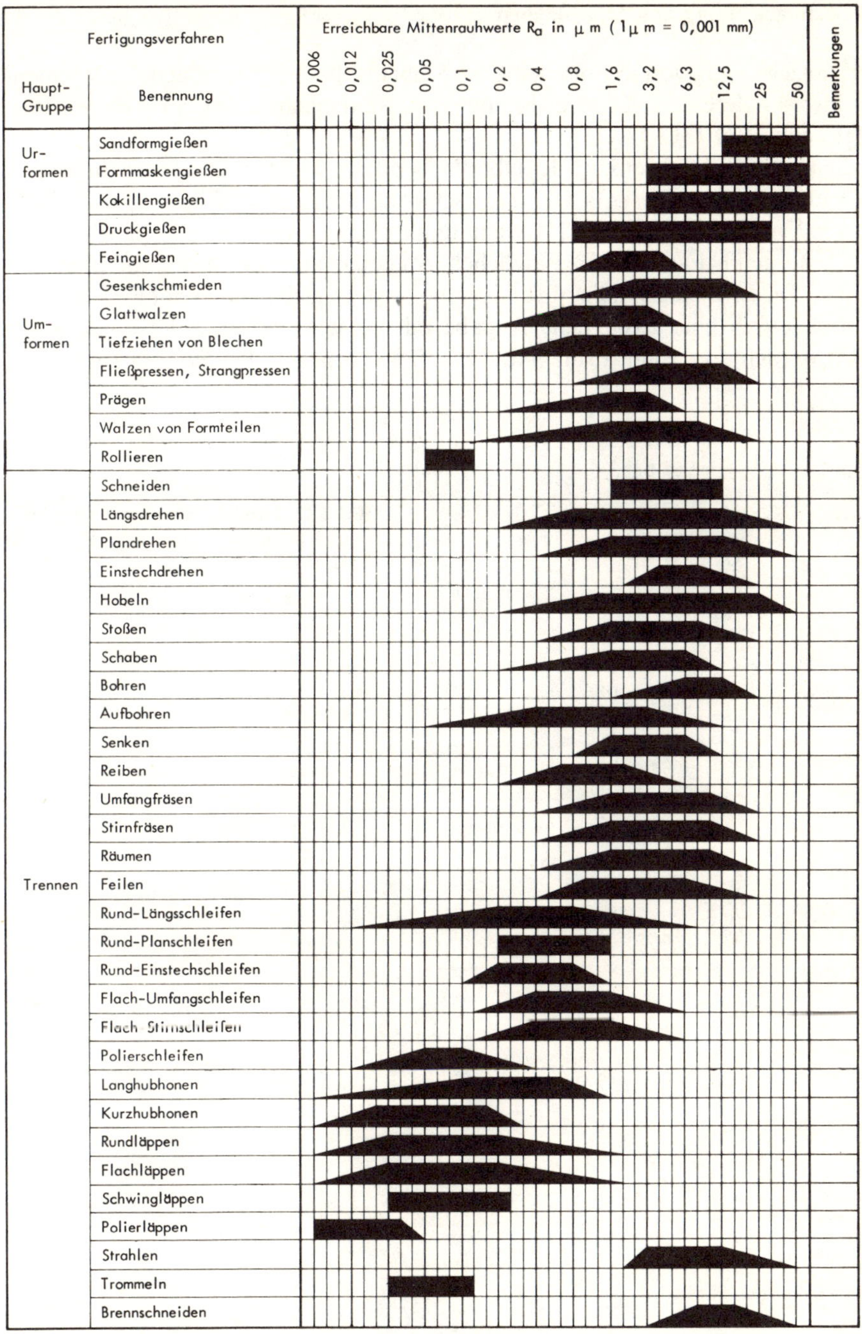

Die in der Tabelle angegebenen Werte sind Orientierungs- und Erfahrungswerte, die unter den üblichen Fertigungsbedingungen nach dem jetzigen Stande der Technik erreicht werden können. Der von links nach rechts keilförmig ansteigende Balken deutet an, daß besondere Maßnahmen für das Erreichen der angegebenen Rauheitswerte erforderlich sind.

2.3.1 Kennzeichnung von Oberflächen

Die Kennzeichnung von technischen Oberflächen, d.h. ihrer Oberflächenbeschaffenheit, insbesondere die Kennzeichnung von Rauheitsangaben an Oberflächen, erfolgt nach DIN ISO 1302.

Zur genauen Beschreibung der Oberflächenbeschaffenheit von Maschinen- und Konstruktionselementen (z.B. Gleitlagerschalen!) wird gemäß Bild 2.32 nach DIN ISO 1302 ein Bezugshaken (2 Linien ungleicher Länge um 60° geneigt!) zur Oberfläche geführt und mit zusätzlichen Angaben an ganz bestimmten Stellen versehen. Dieser Bezugshaken (Grundsymbol!) ist für sich allein nicht aussagefähig und muß durch eine zusätzliche Angabe oder eine Querlinie oder einen Kreis ergänzt werden, so daß im Prinzip drei Symbole vorliegen. Bei Symbol 1 darf jede

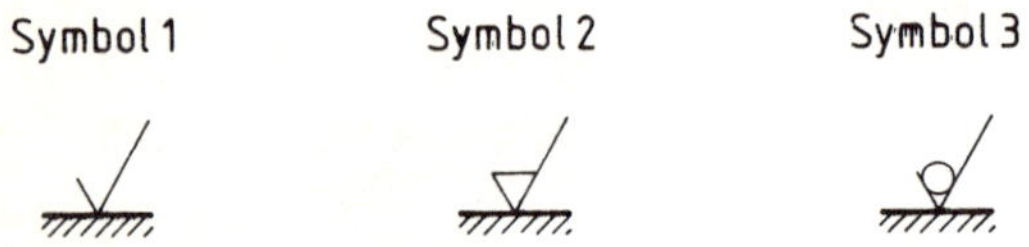

Bild 2.32. Grundsymbole zur Beschreibung von Oberflächen nach DIN ISO 1302

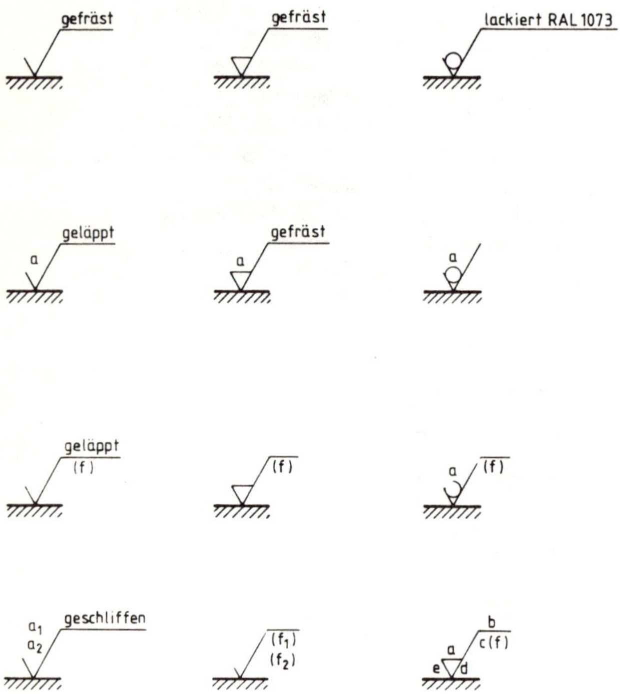

Bild 2.33. Genaue Beschreibung von Oberflächen nach DIN ISO 1302

Fertigungsmethode angewendet werden, bei Symbol 2 muß die Oberfläche materialabtrennend bearbeitet werden, und bei Symbol 3 ist eine materialabtrennende Bearbeitung der Oberfläche nicht zugelassen. Dieses Symbol kann auch dann angewendet werden, wenn deutlich gemacht werden soll, daß die Oberfläche des Werkstückes in dem Zustand des vorhergehenden Arbeitsganges zu belassen ist, unabhängig davon, ob dieser Zustand durch materialabtrennende Bearbeitung oder auf eine andere Weise erreicht wurde. Das Grundsymbol ist also nur dann allein zu verwenden, wenn seine Bedeutung durch eine zusätzliche Angabe gemäß Bild 2.33 erläutert wird. Durch zusätzliche Angabe des Rauheitswertes oder des Mittenrauhwertes R_a an der Stelle a oder anderer Rauheitsmeßgrößen, z.B. der maximalen Profilhöhe R_y oder der gemittelten Rauhtiefe R_z an der Stelle f (Angabe in Klammern gesetzt!) ergeben sich die gezeigten Symbole mit den Werten in µm für die genannten Oberflächenrauhigkeitsmaße. Die Angabe der Oberflächenbeschaffenheit am Symbol ist dabei besonders zu beachten (Bild 2.33). Anstelle des Mittenrauhwertes R_a an der Stelle a kann nach der DIN ISO 1302 auch die äquivalente Rauheitsklasse (N 1 bis N 12) angeschrieben werden, die mit größer werdendem Mittenrauhwert R_a größer wird (Tabelle 2.17).

Falls es technisch erforderlich ist, für das Hauptkriterium der Rauheit (z.B. R_a, R_z oder R_y) obere und untere Grenzwerte festzulegen, sind beide Werte anzugeben und zwar so, daß die Größtwerte a_1, f_1 über den Kleinstwerten a_2, f_2 stehen (die f-Werte stehen jeweils in Klammern!). Die Lage sämtlicher Oberflächenangaben am Symbol ist in der letzten Darstellung des Bildes 2.33 systematisch zusammengestellt und anhand einiger Beispiele ausführlich erläutert. Die Verknüpfung des Mittenrauhwertes R_a und der gemittelten Rauhtiefe R_z ist für Oberflächen, die durch Spanen erzeugt werden, in Bild 2.34 nach DIN 4768, T 1, Bbl. 1 unter Berücksichtigung eines Streubandes dargestellt.

Tabelle 2.17. Rauheitsklassen für die arithmetischen Mittenrauhwerte R_a nach DIN ISO 1302

Rauheitswerte R_a		Rauheitsklassen
µm	µin	
50	2000	N 12
25	1000	N 11
12,5	500	N 10
6,3	250	N 9
3,2	125	N 8
1,6	63	N 7
0,8	32	N 6
0,4	16	N 5
0,2	8	N 4
0,1	4	N 3
0,05	2	N 2
0,025	1	N 1

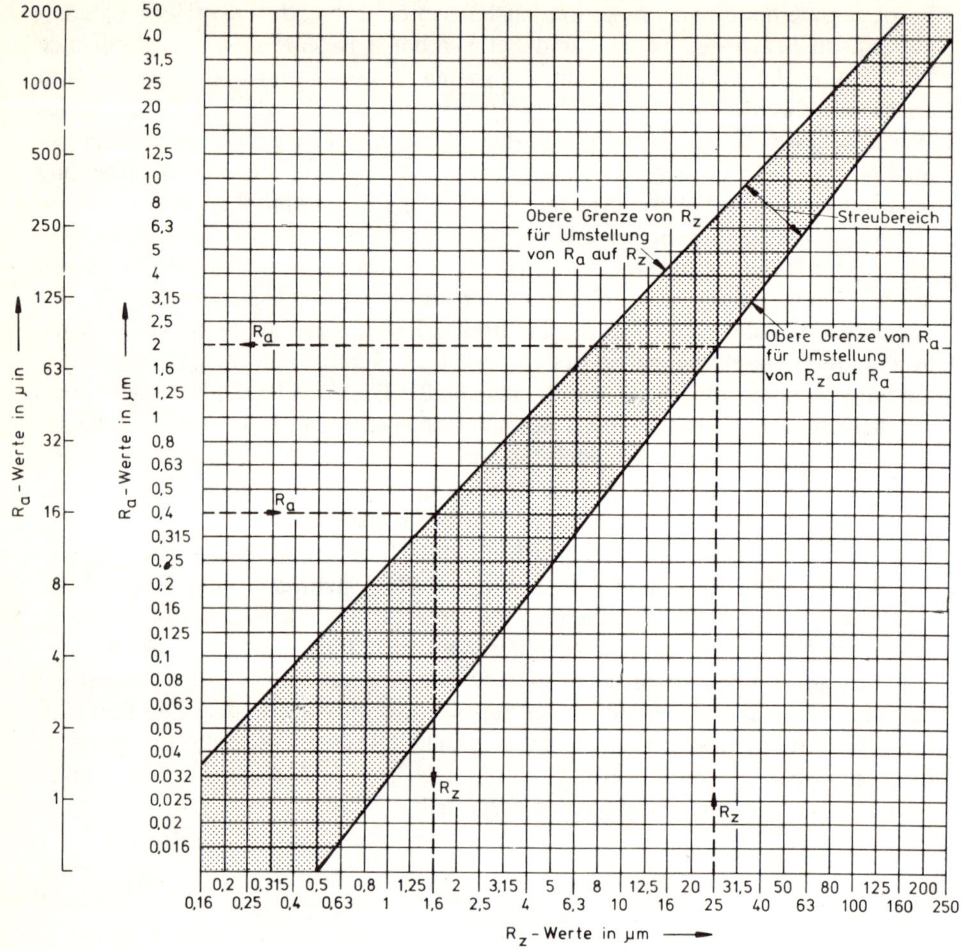

Bild 2.34. Verknüpfung von gemittelter Rauhtiefe R_z und arithmetischem Mittenrauhwert R_a für Oberflächen, die durch Spanen erzeugt werden, nach DIN 4768, T 1, Bbl. 1

2.3.2 Gestaltabweichungen

Bei technischen Oberflächen spielen deren makro- und mikrogeometrische Form eine besondere Rolle. Man unterscheidet eine Oberflächenstruktur und ein Oberflächenprofil. Nach Bild 2.35 kann eine Oberfläche in einer Richtung eine besonders ausgeprägte Richtungsstruktur (z.B. bei gedrehten Oberflächen!), eine wenig ausgeprägte Richtungsstruktur (z.B. bei geschliffenen Oberflächen!) und überhaupt keine Richtungsstruktur aufweisen (z.B. bei elektroerosiv bearbeiteten Oberflächen!). In Bild 2.35 werden ferner alle möglichen Rillenrichtungen und die in der DIN ISO 1302 dafür angegebenen Symbole gezeigt. Bezüglich des Oberflächenprofils

Symbol	Erklärung	
=	Parallel zur Projektionsebene, in der das Symbol angewendet wird	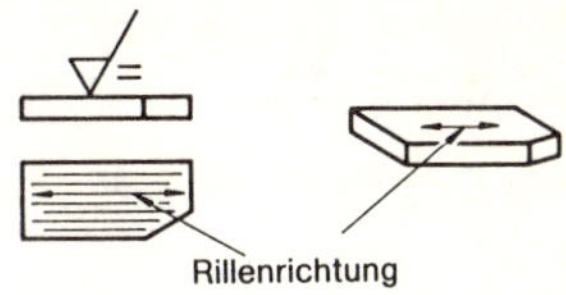
⊥	Senkrecht zur Projektionsebene der Ansicht, in der das Symbol angewendet wird	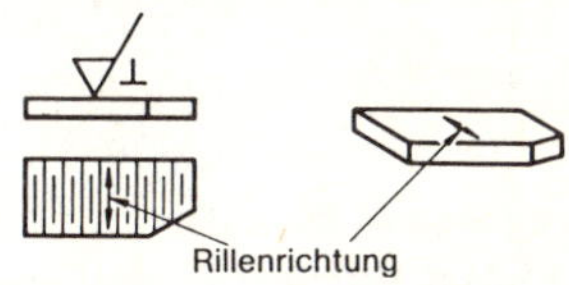
X	Gekreuzt in 2 schrägen Richtungen zur Projektionsebene, in der Ansicht, in der das Symbol angewendet wird	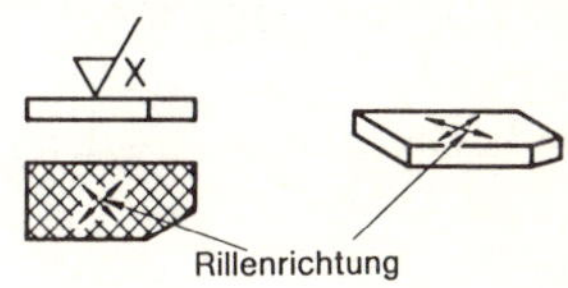
M	Viele Richtungen	
C	Annähernd zentrisch zum Mittelpunkt der Oberfläche, zu der das Symbol gehört	
R	Annähernd radial zum Mittelpunkt der Oberfläche, zu der das Symbol gehört	
P	Nichtrillige Oberfläche, ungerichtet oder muldig	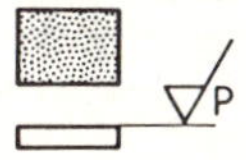

Anmerkung: Sollte eine Rillenrichtung festgelegt werden, die nicht eindeutig durch die Symbole erfaßt ist, dann muß diese durch eine zusätzliche Bemerkung in der Zeichnung beschrieben werden.

Bild 2.35. Oberflächenstrukturen und Rillenrichtungen sowie deren Symbole nach DIN ISO 1302

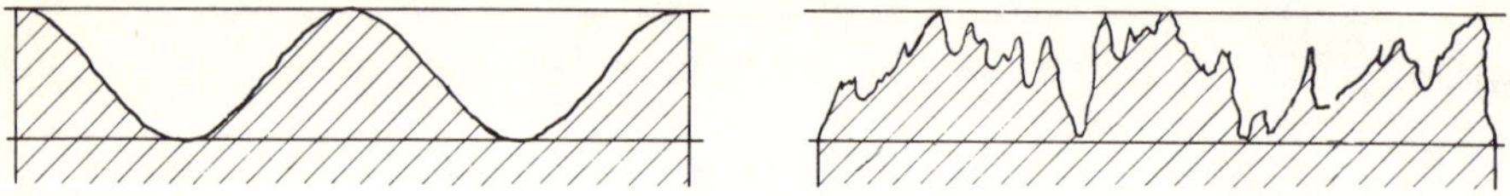

Bild 2.36. Periodisches und aperiodisches oder stochastisches Oberflächenprofil

kann man periodische und aperiodische oder stochastische Profile unterscheiden, die in Bild 2.36 gegenübergestellt sind.

Bei der Kontrolle und Abnahme technischer Oberflächen müssen die Gestaltabweichungen berücksichtigt werden, die gemäß Bild 2.37 nach DIN 4760 in folgende Gruppen unterteilt werden können:

1. Gestaltabweichungen 1. Ordnung
   Dies sind Grobgestaltabweichungen, die bei der Betrachtung der gesamten Istoberfläche eines Formelementes feststellbar sind.

Gestaltabweichung (als Profilschnitt überhöht dargestellt)		Beispiele für die Art der Abweichung	Beispiele für die Entstehungsursache
1. Ordnung: Formabweichungen 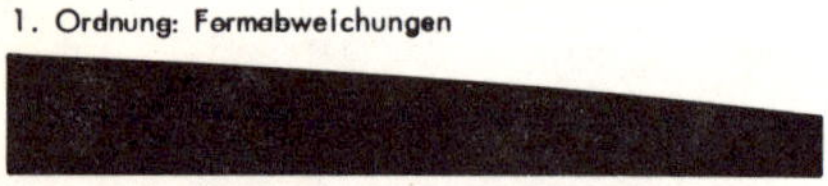		Unebenheit Unrundheit	Fehler in den Führungen der Werkzeugmaschine, Durchbiegung der Maschine oder des Werkstückes, falsche Einspannung des Werkstückes, Härteverzug, Verschleiß
2. Ordnung: Welligkeit 		Wellen	Außermittige Einspannung oder Formfehler eines Fräsers, Schwingungen der Werkzeugmaschine oder des Werkzeuges
3. Ordnung: 	Rauheit	Rillen	Form der Werkzeugschneide, Vorschub oder Zustellung des Werkzeuges
4. Ordnung: 	Rauheit	Riefen Schuppen Kuppen	Vorgang der Spanbildung (Reißspan, Scherspan, Aufbauschneide), Werkstoffverformung beim Sandstrahlen, Knospenbildung bei galvanischer Behandlung
5. Ordnung: nicht mehr in einfacher Weise bildlich darstellbar	Rauheit	Gefügestruktur	Kristallisationsvorgänge, Veränderung der Oberfläche durch chemische Einwirkung (z.B. Beizen), Korrosionsvorgänge
6. Ordnung: nicht mehr in einfacher Weise bildlich darstellbar		Gitteraufbau des Werkstoffes	Physikalische und chemische Vorgänge im Aufbau der Materie, Spannungen und Gleitungen im Kristallgitter
		Überlagerung der Gestaltabweichungen 1. bis 4. Ordnung	

Die in der Tabelle dargestellten Gestaltabweichungen 1. bis 4. Ordnung überlagern sich in der Regel zu der Istoberfläche, wie sie beispielsweise im unteren Bild im Schnitt dargestellt ist.

Bild 2.37. Gestaltabweichungen bei technischen Oberflächen nach DIN 4760

Gemittelte Rauhtiefe R_z

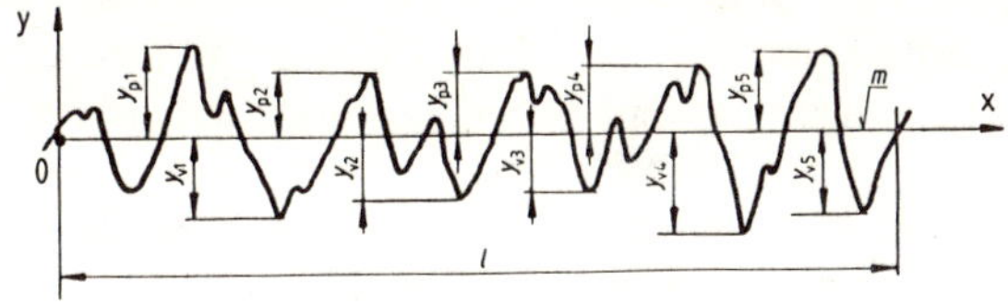

$$R_z = \frac{\sum_{i=1}^{5} |y_{pi}| + \sum_{i=1}^{5} |y_{vi}|}{5}$$

Arithmetischer Mittenrauhwert R_a

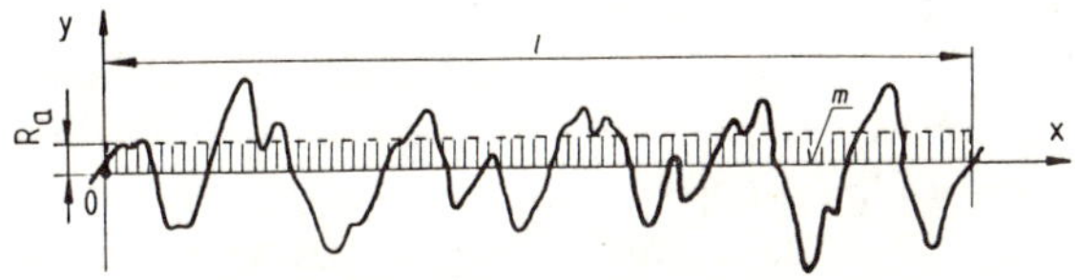

$$R_a = \frac{1}{l} \int |y(x)|\, dx \approx \frac{1}{n} \sum_{i=1}^{n} |y_i|$$

m = Mittellinie = Mittellinie der kleinsten Abweichungs-quadrate des Profils.

Bild 2.38. Profilschnitt senkrecht zur geometrisch-idealen Oberfläche; Definition der gemittelten Rauhtiefe R_z und des arithmetischen Mittenrauhwertes R_a nach DIN 4762

a) Maßtoleranzen nach DIN ISO 286, T1
b) Formtoleranzen nach DIN ISO 1101.

2. Gestaltabweichungen 2. bis 5. Ordnung
   Dies sind Feingestaltabweichungen, die nur an einem Flächenausschnitt der Istoberfläche eines Formelementes feststellbar sind.
   a) Welligkeit nach DIN 4774 (2. Ordnung)
   b) Rauheiten nach DIN 4768 (3. bis 5. Ordnung).
3. Gestaltabweichungen 6. Ordnung
   Dies sind die durch den Aufbau der Materie bedingten Abweichungen.

Unter Gestaltabweichungen versteht man die Gesamtheit aller Abweichungen der Istoberfläche von der geometrisch-idealen Oberfläche. Die Istoberfläche ist die meßtechnisch erfaßbare Oberfläche, und die geometrisch-ideale Oberfläche ist die Begrenzung des geometrisch vollkommen gedachten Körpers. Die Gestaltabweichungen der 3. bis 5. Ordnung (Bild 2.37) beziehen sich auf die Rauheit. Als Hauptmaß der Rauheit wird im allgemeinen die gemittelte Rauhtiefe R_z oder der arithmetische Mittenrauhwert R_a angegeben, die in Bild 2.38 definiert sind.

2.3.3 Rauheitsmessungen

Die Istoberfläche eines hergestellten Bauteils wird im allgemeinen Fall immer von der auf der Zeichnung vorgeschriebenen Solloberfläche abweichen. Die gemessenen

Gestaltabweichungen eines Bauteils sind vom Meßverfahren abhängig und können nur als angenähertes Abbild der wirklich vorhandenen Oberflächengestalt angesehen werden. Nach dem derzeitigen Stand der Oberflächenmeßtechnik gibt es keine objektiv vermessende, sondern nur gerätespezifisch vermessende Oberflächenmeßgeräte.

Es gibt im Prinzip zwei Arten von Meßsystemen. Es sind dies die M- und die E-Systeme. Am gebräuchlichsten sind die E-Systeme, die das Ist-Profil durch ein Profil einhüllen (E = Einhüllung!). Dieses Hüllprofil ist dann das Basis- oder Bezugsprofil für die Rauheits-Meßgrößen. Alle Tastschnittmeßgeräte (z.B. Perth-O-Meter und Leitz-Rauhtester) beruhen auf diesem Arbeitsprinzip und erfassen Gestaltabweichungen der 1. bis 4. Ordnung, d.h. Unebenheiten, Unrundheiten, Wellen, Rillen, Riefen, Schuppen und Kuppen.

Bei den M-Systemen wird eine mittlere Linie in genau festgelegter Weise durch das Rauheitsprofil gelegt (m = Mittellinie!). Von ihr aus werden alle erforderlichen Größen oder Begriffe definiert. Diese Mittellinie ist die Basis- oder Referenzlinie für die Rauheits-Meßgrößen oder Profilparameter.

Alle Messungen und Begriffe gehen davon aus, daß die zu vermessende technische Oberfläche in der waagrechten Ebene liegt. Zur Charakterisierung einer derartigen Oberfläche werden grundsätzlich Maße in senkrechter und Maße in waagrechter Richtung benötigt.

Senkrechtkenngrößen der Rauheit nach DIN 4762

Es sind Maße senkrecht zur Flächenerstreckung der technischen Oberfläche, und sie werden nach DIN 4768 auf eine Gesamtmeßstrecke l_m als Bezugsmeßstrecke (Auswertelänge) bezogen. Gemäß DIN 4768 und DIN 4762 werden die Einzelrauhtiefe Z_i, die maximale Rauhtiefe R_{max}, die gemittelte Rauhtiefe R_z sowie der arithmetische Mittenrauhwert R_a und die maximale Profilhöhe R_y unterschieden. Diese Maße für die Oberflächenrauheit sind in Bild 2.39 anschaulich zusammengestellt und werden nachfolgend kurz erläutert.

Einzelrauhtiefe Z_i:
Sie ist der Abstand zweier Parallelen zur Mittellinie (mittleren Linie), die innerhalb der Einzelmeßstrecke das Rauheitsprofil am höchsten bzw. am tiefsten Punkt berühren.

Maximale Rauhtiefe R_{max}:
Sie ist die größte auf der gesamten Meßstrecke l_m vorkommende Einzelrauhtiefe Z_i.

Gemittelte Rauhtiefe R_z:
Sie ist nach DIN 4768 der arithmetische Mittelwert aus den Einzelrauhtiefen Z_i fünf (i = 1 bis 5) aneinander grenzender Einzelmeßstrecken gleicher Meßlänge l_e. Durch die Erweiterung des Meßbereiches werden der Einfluß von Ausreißern im Oberflächenprofil kleiner und die Meßergebnisse repräsentativer als bei der Messung der früher üblichen Rauhtiefe R_t.

Arithmetischer Mittenrauhwert R_a:
Er ist nach DIN 4762 und DIN 4768 der mittlere Wert (arithmetische

Mittelwert!) der absoluten Werte der Profilabweichungen y_i innerhalb der Bezugsstrecke 1 (in der Praxis = Auswertelänge!).

Quadratischer Mittenrauhwert R_q:
Er ist nach DIN 4762 der quadratische Mittelwert der Profilabweichungen innerhalb der Bezugsstrecke.

Maximale Profilhöhe R_y:
Sie ist nach DIN 4762 der Abstand zwischen der Linie der Profilkuppen (obere Berührlinie!) und der Linie der Profiltäler (untere Berührlinie!) innerhalb der Bezugsstrecke. Sie ist der maximalen Rauhtiefe R_{max} nach DIN 4768 gleichwertig.

In der seit Januar 1989 vorliegenden DIN 4762 werden sämtliche Begriffe der Oberflächenrauheit definiert, die zukünftig für technische Unterlagen und wissenschaftliche Veröffentlichungen verwendet werden sollen. Hierbei handelt es sich hauptsächlich um folgende, in den Bildern 2.39 und 2.40 graphisch dargestellten Größen:

Profilabweichung y;
Mittellinie m der kleinsten Abweichungsquadrate des Profils (Regressionslinie!);
Profilkuppenhöhe y_p;
Profiltaltiefe y_v;
Höhe der Profilunregelmäßigkeiten $y_p + y_v$;
Maximale Profilhöhe R_y (maximale Rauhtiefe R_{max});
Zehnpunktehöhe der Profilunregelmäßigkeiten R_z (gemittelte Rauhtiefe);
Arithmetischer Mittenrauhwert des Profils R_a (Mittenrauhwert);
Maximale Profilkuppenhöhe R_p;
Maximale Profiltaltiefe R_m.

Waagrechtkenngrößen der Rauheit nach DIN 4762

Es sind Maße in Richtung der technischen Oberfläche, d.h. in der Tangentialebene oder in dazu parallelen Ebenen (Tangentialschnitt!). Nach DIN 4762 handelt es sich bei diesen Maßen um die mittlere quadratische Wellenlänge λ_q, die mittlere Wellenlänge λ_a der Rauheit des Profils, den Abstand $S_{m,i}$ der Profilunregelmäßigkeiten (Rillenabstand!), den mittleren Abstand S_m der Profilunregelmäßigkeiten (mittlerer Rillenabstand!), den Abstand S_i der örtlichen Profilspitzen und den mittleren Abstand S der örtlichen Profilspitzen innerhalb der Bezugsstrecke l. Ferner sind in der DIN 4762 die abgewickelte oder gestreckte Profillänge L_o der Bezugsstrecke l, das Profillängenverhältnis $l_r = L_o/l$, die Dichte $D = l/S_m$ der Profilkuppen, die tragende Länge η_p des Profils und der Profiltraganteil $t_p = \eta_p/l$ definiert. Die wichtigsten dieser Größen sind in Bild 2.41 zusammengefaßt und mit ihren Definitionen versehen.

2.3.4 Vergleich der Meßschriebe technischer Oberflächen

Die Meßschriebe von technischen Oberflächen, die sogenannten Profilogramme, die mit den unterschiedlichen Oberflächenmeßgeräten aufgenommen werden, sind

Zeichen	Benennung	Norm	Definition	Auswertung
R_a	Arithmetischer Mittenrauhwert	DIN 4768 DIN 4762 ISO 4287/1	$R_a = \frac{1}{l} \int_{x=0}^{x=l} \lvert y(x) \rvert \, dx$ Das arithmetische Mittel der absoluten Werte der Profilabweichungen y_i innerhalb der Bezugsstrecke l.	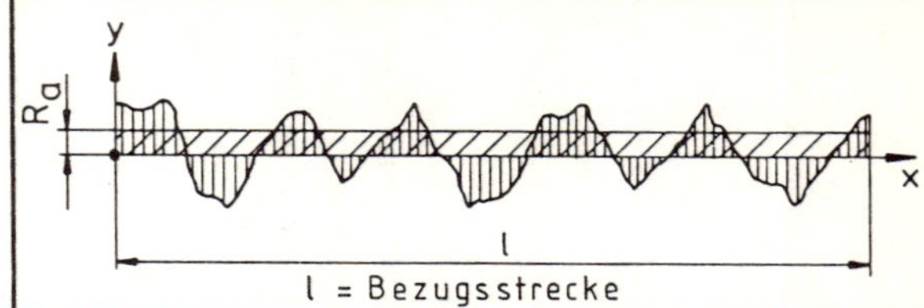
R_{max}	Maximale Einzelrauhtiefe	DIN 4768	Größte der auf der Gesamtmeßstrecke l_m vorkommenden Einzelrauhtiefen Z_i.	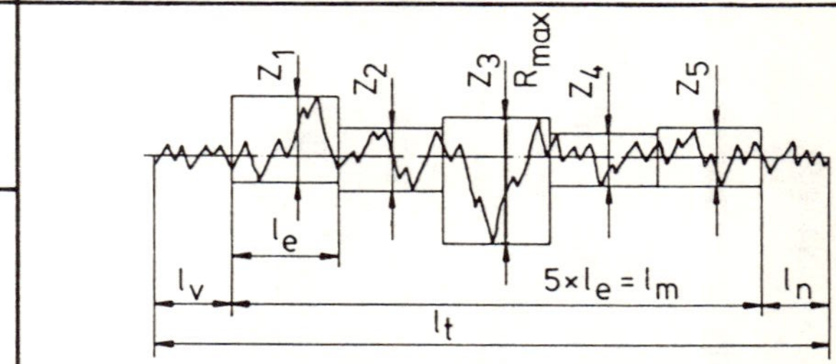
R_z ($R_{z\,DIN}$)	Gemittelte Rauhtiefe		$R_z = \frac{1}{5}(Z_1 + Z_2 + Z_3 + Z_4 + Z_5)$ Arithmetisches Mittel aus den Einzelrauhtiefen Z_i fünf aneinandergrenzender, gleichlanger Einzelmeßstrecken l_m.	
R_y	Maximale Profilhöhe	DIN 4762 ISO 4287/1	Abstand zwischen der Linie der Profilkuppen (obere Berührlinie) und der Linie der Profiltäler (untere Berührlinie) innerhalb der Bezugsstrecke l.	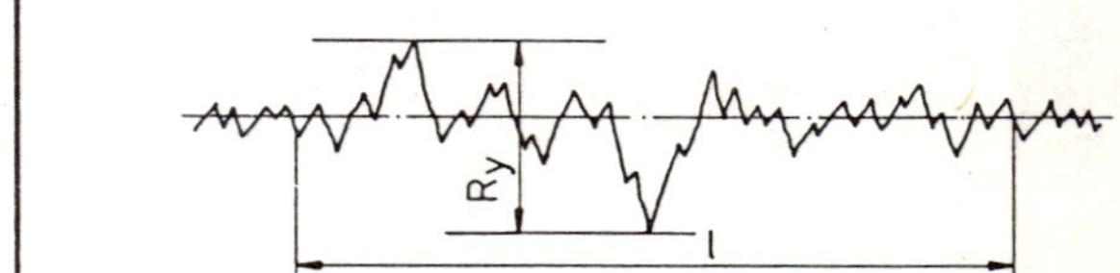
y_p	Profilkuppenhöhe	DIN 4762 ISO 4287/1	Abstand zwischen dem höchsten Punkt der Profilkuppen und der Mittellinie m.	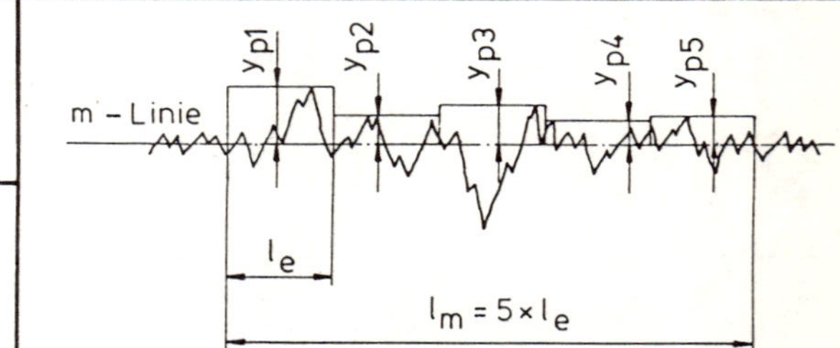
y_{pm}	Gemittelte Profilkuppenhöhe		$y_{pm} = \frac{1}{5}(y_{p1} + y_{p2} + \ldots + y_{p5})$ Arithmetisches Mittel der in fünf aneinandergrenzenden, gleichlangen Einzelmeßstrecken l_e ermittelten Profilkuppenhöhen $y_{p\,i}$.	

Zeichen	Benennung	Norm	Definition	Auswertung
R_z (R_{zISO})	Zehnpunktehöhe (der Profilunregelmäßigkeiten)	DIN 4762 ISO 4287/1	$R_z = \frac{1}{5}\left(\sum_{i=1}^{5} y_{pi} + \sum_{i=1}^{5} y_{vi}\right)$ Mittelwert der Absolutwerte der Höhen der fünf höchsten Profilkuppen und der Absolutwerte der Tiefen der fünf tiefsten Profiltäler innerhalb der Bezugsstrecke l.	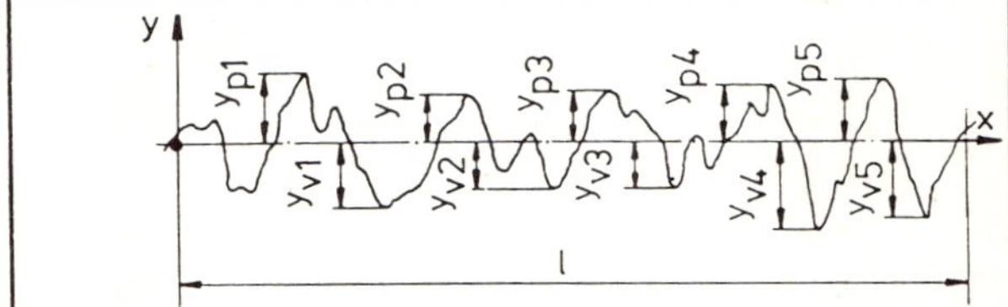
R_q	Quadratischer Mittenrauhwert	DIN 4762 ISO 4287/1	$R_q = \sqrt{\frac{1}{l}\int_0^l y^2(x)\,dx}$ Quadratischer Mittelwert der Profilabweichungen y_i innerhalb der Bezugsstrecke l.	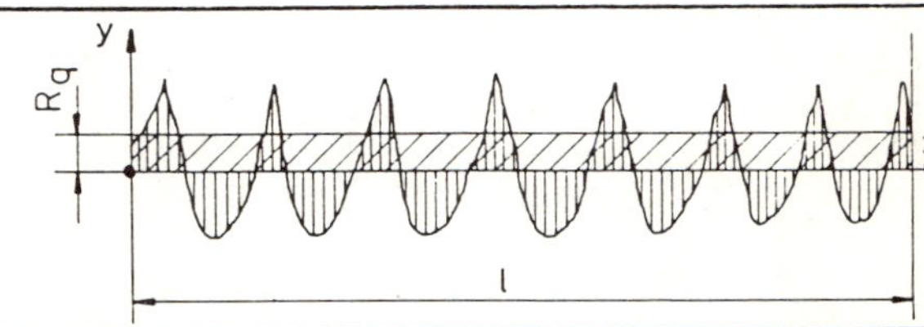
P_t	Profiltiefe	DIN 4771	Abstand zwischen zwei parallelen bzw. äquidistanten Begrenzungslinien, die das meßtechnisch erfaßte Oberflächenprofil innerhalb der Bezugsstrecke l_i kleinstmöglich einschließen.	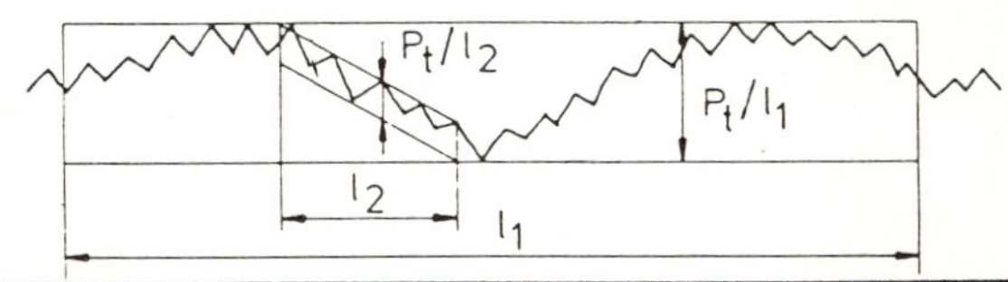
W_t	Wellentiefe	DIN 4774	Abstand zwischen den durch den höchsten und den tiefsten Punkt eines Welligkeitsprofils innerhalb der Welligkeitsmeßstrecke l_{mw} gelegten Parallelen bzw. Äquidistanten zur Mittellinie.	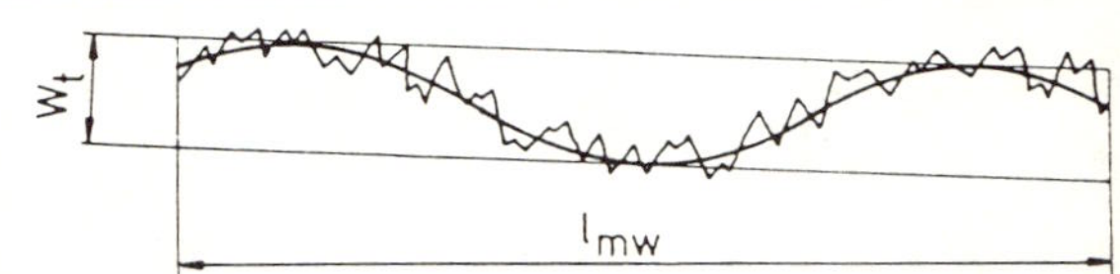

Bild 2.39. Begriffe und Definitionen in der Oberflächenmeßtechnik

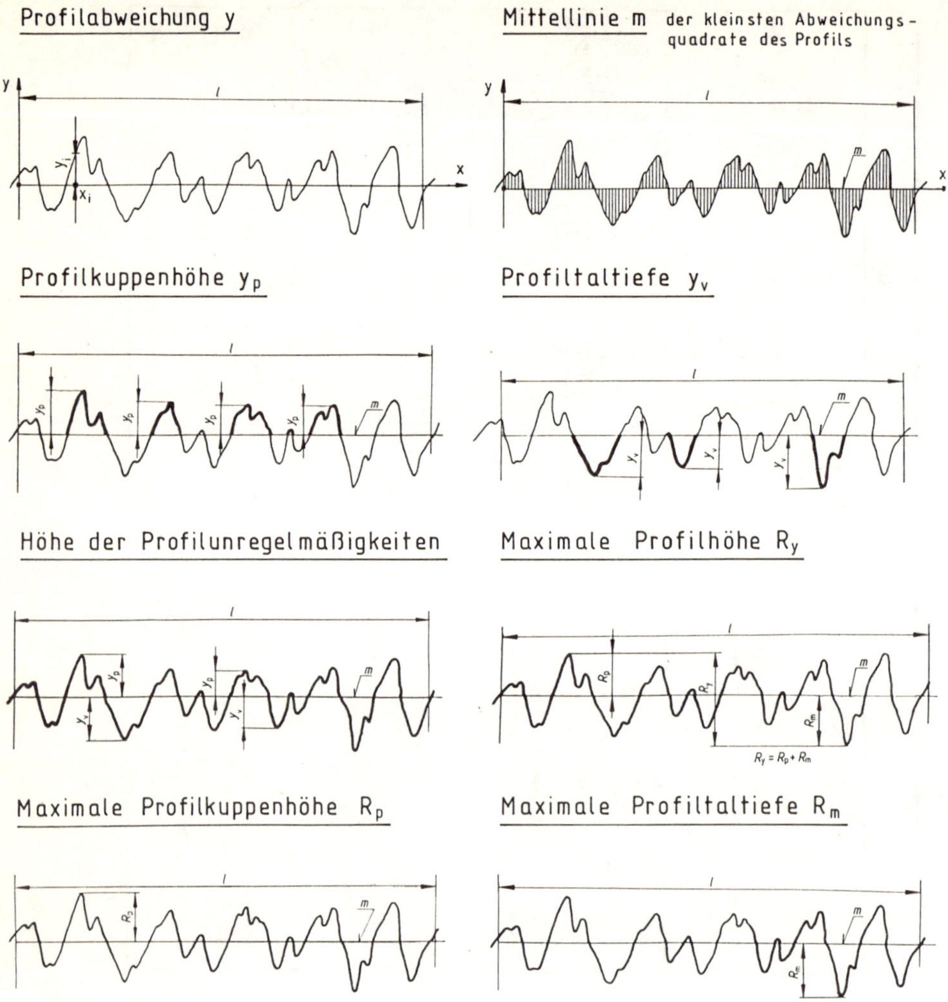

Bild 2.40. Auswahl von Begriffen und Definitionen für Oberflächenrauheiten (Senkrechtkenngrößen der Rauheit!) nach DIN 4762

nur unter gleichen Voraussetzungen und Bedingungen miteinander zu vergleichen. Es müssen vor allem folgende Bedingungen erfüllt sein:

1. Gleiche Meßlänge der Oberfläche in gleichem Profilschnitt, d.h. gleiche Auswertelänge;
2. gleiches Bezugssystem bzw. gleiche Tasterkonstruktion der Meßgeräte;
3. gleiche Wellen- oder Frequenzfilter bei den elektrischen Tastschnittgeräten zum Ausfiltern der Formabweichungen und der Welligkeit.

Diese und auch alle davon abweichenden Bedingungen sollten daher zum Vergleich von technischen Oberflächen unbedingt auf einem Profilogramm vermerkt werden.

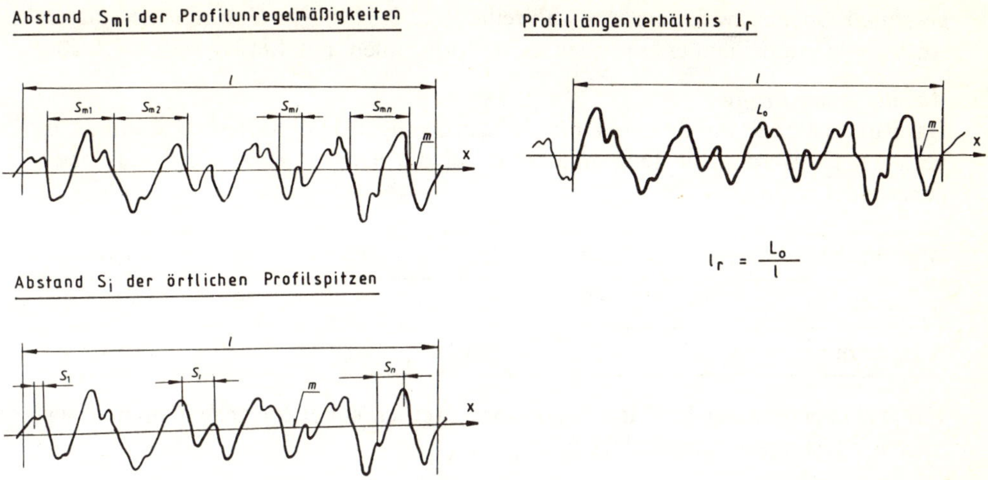

Bild 2.41. Auswahl von Begriffen und Definitionen für Oberflächenrauheiten (Waagrechtkenngrößen der Rauheit!) nach DIN 4762

2.4 Berechnungsbeispiele

1. Beispiel

Zur Vereinfachung der Lagerhaltung und für die Aufnahme in eine Werksnorm sollen Zugstäbe mit Kreisquerschnitt aus Baustahl St 37 (neue Bezeichnung nach der DIN EN 10025: Fe 360 B!) hinsichtlich der zulässigen Zugkräfte in sechs Größen nach einer geometrischen Reihe abgestuft werden. Das kleinste Profil soll einen Durchmesser von d = 15 mm haben. Von den Auswahlreihen R 20/3 (a_1) oder R 40/3 (a_1) ist diejenige auszuwählen, von der eine Normzahl ($= a_1$!) dem kleinsten Profil am nächsten kommt.

Da für die zulässige Zugkraft F das Produkt aus zulässiger Spannung σ_{zul} und Querschnittsfläche A von Bedeutung ist und die Zugstäbe aus dem gleichen Werkstoff sind (σ_{zul} ist konstant für alle Zugstäbe!), ist die Querschnittsfläche A die in Normzahlen abzustufende Größe.

Kleinstes Profil

$$d = 15\,\text{mm}; \qquad A = \frac{\pi d^2}{4} = 176{,}71\,\text{mm}^2$$

Gewähltes Anfangsglied a_1

$$a_1 = 1{,}8; \qquad \text{d.h. } A = 180\,\text{mm}^2$$

Gewählte Auswahlreihe

Im Prinzip können beide Auswahlreihen verwendet werden, weil in beiden die Normzahl 1,8 bzw. 180 vorhanden ist. Zur möglichst weiten Überstreichung der gesamten Spanne wird die Auswahlreihe R20/3 (1,8) gewählt. Die in dieser Auswahlreihe aufeinander folgenden sechs Normzahlen sind: 1,8; 2,5; 3,55; 5; 7,1; 10.

Abstufung der Profile
Da Rundmaterial im Regelfall nur in ganzzahliger Durchmesserabstufung zu beziehen ist, werden die Durchmesser d auf die nächste ganze Zahl auf- bzw. abgerundet.

A in mm^2	180	250	355	500	710	1000
d in mm	15	18	21	25	30	36
A_{vorh} in mm^2	176,7	254,5	346,4	490,9	706,9	1017,9

Für die Lagerhaltung bzw. die Werksnorm werden somit folgende Durchmesser für die Zugstangen vorgeschlagen:

$$d = 15;\ 18;\ 21;\ 25;\ 30;\ 36\,\mathrm{mm}.$$

2. Beispiel

Für Wellen aus St 60 (neue Bezeichnung nach der DIN EN 10025: Fe 360 B!) mit kreisrundem Querschnitt (Vollwellen!), die auf Torsion beansprucht werden, soll eine Werksnorm so aufgestellt werden, daß die nach der Auswahlreihe R 10/2 (a_1) abgestuften zu übertragenden Drehmomente eine nahezu gleich starke Beanspruchung ergeben. Es sollen ferner einschließlich des kleinsten Durchmessers d = 20 mm fünf Wellendurchmesser vorgesehen werden.

Da für das zu übertragende Drehmoment T das Produkt aus zulässiger Torsionsspannung $\tau_{t,zul}$ und Widerstandsmoment gegen Torsion W_t von Bedeutung ist und für alle Wellen der gleiche Werkstoff vorliegt, d.h., die gleiche Torsionsspannung zugelassen werden kann ($\tau_{t,zul}$ = const!), ist das Widerstandsmoment W_t die in Normzahlen abzustufende Größe.

Kleinstes Profil

$$d = 20\,\mathrm{mm};\ W_t = \frac{\pi d^3}{16} = 1570{,}76\,\mathrm{mm}^3$$

Anfangsglied a_1 der Normzahlreihe R 10/2 (a_1)

$$a_1 = 1{,}6;\ \text{d.h. } W_t = 1600\,\mathrm{mm}^3$$

Auswahlreihe R 10/2 (1,6)

R 10/2 (1,6): 1,6; 2,5; 4,0; 6,3; 10.

Widerstandsmomente W_t: 1600; 2500; 4000; 6300; 10000 mm^3

Abstufung der Profile
Da das Wellenmaterial im Regelfall nur in ganzzahliger Durchmesserabstufung zu beziehen ist, werden die Durchmesser – mit Ausnahme des Anfangsdurchmessers d = 20 mm – auf die nächste ganze Zahl aufgerundet.

W_t in mm^3	1600	2500	4000	6300	10000
d in mm	20	24	28	32	38
$W_{t,vorh}$ in mm^3	1570,8	2714,3	4310,3	6434,0	10774,1

Für die Lagerhaltung bzw. die Werksnorm werden somit folgende Wellendurchmesser d vorgeschlagen:

$$d = 20;\ 24;\ 28;\ 32;\ 38\,\text{mm}.$$

3. Beispiel

Gegeben ist die Passung $\phi 5$ E9/h8. Wie groß ist das Nennmaß, welches Passungssystem liegt vor, wie groß sind das Höchst- und das Mindestspiel sowie die Paßtoleranz, und wie ist der Charakter der Passung?

Nennmaß N

$$N = 5\,\text{mm}$$

Passungssystem

ISO-Passungssystem Einheitswelle (EW)

Höchstspiel SP_H, Mindestspiel SP_M, Paßtoleranz P_T

Bohrung: Oberes Abmaß $ES = 50\,\mu m$
Unteres Abmaß $EI = 20\,\mu m$
Höchstmaß $G_{oB} = 5{,}050\,mm$
Mindestmaß $G_{uB} = 5{,}020\,mm$

Welle: Oberes Abmaß $es = 0\,\mu m$
Unteres Abmaß $ei = -18\,\mu m$
Höchstmaß $G_{oW} = 5{,}000\,mm$
Mindestmaß $G_{uW} = 4{,}982\,mm$

Höchstspiel SP_H: $SP_H = G_{oB} - G_{uW} = N + ES - (N + ei) = ES - ei$
$SP_H = 50 - (-18)\,\mu m = 68\,\mu m$ (Spiel!)

Mindestspiel SP_M: $SP_M = G_{uB} - G_{oW} = N + EI - (N + es) = EI - es$
$SP_M = 20 - 0\,\mu m = 20\,\mu m$ (Spiel!)

Paßtoleranz P_T: $P_T = ES - EI + (es - ei)$
$P_T = 50 - 20 + (0 - (-18))\,\mu m = 48\,\mu m$ bzw.
$P_T = SP_H - SP_M$
$P_T = 68 - 20\,\mu m = 48\,\mu m$

Charakter der Passung

Spielpassung

4. Beispiel

Gegeben ist die Übermaßpassung $\phi 50$ H8/t8 im ISO-Passungssystem Einheitsbohrung. Es soll so auf das ISO-Passungssystem Einheitswelle umgestellt werden, daß die Werte für das Höchst- und das Mindestübermaß (Überdeckung!) erhalten bleiben.

1) H8/t8 (ISO-Passungssystem Einheitsbohrung!)

Nennmaß N

$$N = 50\,\text{mm}$$

Grenzabmaße

Bohrung H8:	ES = 39 µm	
	EI = 0 µm	
	IT = 39 µm	(Grundtoleranzgrad IT 8!)
Welle t8:	es = 93 µm	
	ei = 54 µm	
	IT = 39 µm	(Grundtoleranzgrad IT 8!)

Mindestübermaß $Ü_M$

$$Ü_M = -(ES - ei) = ei - ES = 54 - 39\,\mu m = +15\,\mu m$$
$$Ü_M = +15\,\mu m \text{ (Überdeckung!)}$$

Höchstübermaß $Ü_H$

$$Ü_H = -(EI - es) = es - EI = 93 - 0\,\mu m = +93\,\mu m$$
$$Ü_H = +93\,\mu m \text{ (Überdeckung!)}$$

2) T8/h8 (ISO-Passungssystem Einheitswelle!)
Nennmaß N

$$N = 50\,\text{mm}$$

Grenzabmaße

Bohrung T8:	ES = −54 µm	
	EI = −93 µm	
	IT = 39 µm	(Grundtoleranzgrad) IT 8!)
Welle h8:	es = 0 µm	
	ei = −39 µm	
	IT = 39 µm	(Grundtoleranzgrad IT 8!)

Mindestübermaß $Ü_M$

$$Ü_M = -(ES - ei) = ei - ES = -39 - (-54)\,pm = +15\,\mu m$$
$$Ü_M = +15\,\mu m \text{ (Überdeckung!)}$$

Höchstübermaß $Ü_H$

$$Ü_H = -(EI - es) = es - EI = 0 - (-93)\,\mu m = +93\,\mu m$$
$$Ü_H = +93\,\mu m \text{ (Überdeckung!)}$$

Ergebnis
Die Passung ϕ50 T8/h8 im ISO-Passungssystem Einheitswelle hat die gleichen Übermaße wie die Passung ϕ50 H8/t8 im ISO-Passungssystem Einheitsbohrung.

5. Beispiel

Das Spiel zwischen der Ventilspindel und der Stopfbuchsenbrille einer Ventildichtung soll mindestens 0,1 mm und höchstens 0,3 mm betragen, um einerseits eine leichte Gängigkeit zu gewährleisten und andererseits ein Eindringen oder Einziehen der Packung in den Spalt zwischen Spindel und Brille zu vermeiden. Das Nennmaß N der Spindel soll gleich dem Höchstmaß G_o sein und $N = 20$ mm betragen.

Die Grenzabmaße für die Spindel (Welle!) und die Brillenbohrung (Bohrung!) sind so zu ermitteln, daß beide Teile gleiche Maßtoleranzen (Toleranzen!) haben ($T_W = T_B$!). Die Maße sind ferner normgerecht in einer Skizze (Bild 2.42) einzutragen.

Nennmaß N

$$N = 20\,\text{mm}$$

Spiele

Höchstspiel $SP_H = 0{,}3\,\text{mm} = T_W + SP_M + T_B = SP_M + 2 \cdot T_B$

Mindestspiel $SP_M = 0{,}1\,\text{mm}$

Maßtoleranzen (Toleranzen)

$$T_B = T_W = \frac{SP_H - SP_M}{2} = \frac{0{,}3 - 0{,}1}{2}\,\text{mm} = 0{,}1\,\text{mm}$$

Bohrungstoleranz $T_B = 0{,}1\,\text{mm}$

Wellentoleranz $T_W = 0{,}1\,\text{mm}$

Grenzabmaße

Welle: $es = 0\,\text{mm}$ ($N = G_o$!)

$ei = -T_W = -T_B = -es + ei = -0{,}1\,\text{mm}$

Bohrung: $EI = SP_M = 0{,}1\,\text{mm}$

$ES = EI + T_B = 0{,}1 + 0{,}1\,\text{mm} = 0{,}2\,\text{mm}$

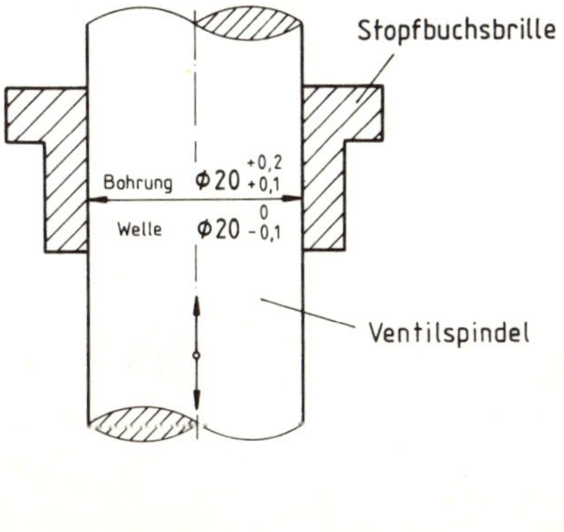

Bild 2.42. Spielpassung; Ventilspindel und Stopfbuchsbrille

Normgerechte Eintragung in einer Skizze (Bild 2.42)

Bohrung: $\phi 20^{+0,2}_{+0,1}$

Welle: $\phi 20^{0}_{-0,1}$ bzw. $\phi 20_{-0,1}$

6. Beispiel

Für das in Bild 2.43 dargestellte Schnitt- und Stanzteil sind die für die Fertigung und spätere Montage wichtigen Abmessungen toleriert. Für das zur Fertigung des Werkzeuges interessierende Maß x sind das Nennmaß N_x, die arithmetische Schließtoleranz T_{ax}, das Höchst- und das Mindestmaß G_{ox} und G_{ux} sowie die beiden Grenzabmaße es_x und ei_x zu ermitteln.

Zur Ermittlung dieser Größen sind die in der Maßkette liegenden Maße x1 bis x4 von Bedeutung, die folgende Größe haben:

$$x1 = 30^{+0,1}\,\text{mm};\quad x2 = 30 \pm 0,1\,\text{mm};$$

$$x3 = 25^{+0,2}_{-0,1}\,\text{mm};\quad x4 = 10_{-0,1}\,\text{mm}.$$

Nennmaß N_x

$$N_x = 30 + 30 - (25 + 10)\,\text{mm} = 25\,\text{mm}$$

Arithmetische Schließtoleranz T_{ax}

$$T_{ax} = 0,1 + 0,2 + 0,3 + 0,1\,\text{mm} = 0,7\,\text{mm}$$

Höchstmaß G_{ox}

$$G_{ox} = N_x + es_x = G_{ox1} + G_{ox2} - (G_{ux3} + G_{ux4})$$

$$G_{ox} = 30,1 + 30,1 - (24,9 + 9,9)\,\text{mm} = 60,2 - 34,8\,\text{mm}$$

$$G_{ox} = 25,4\,\text{mm}$$

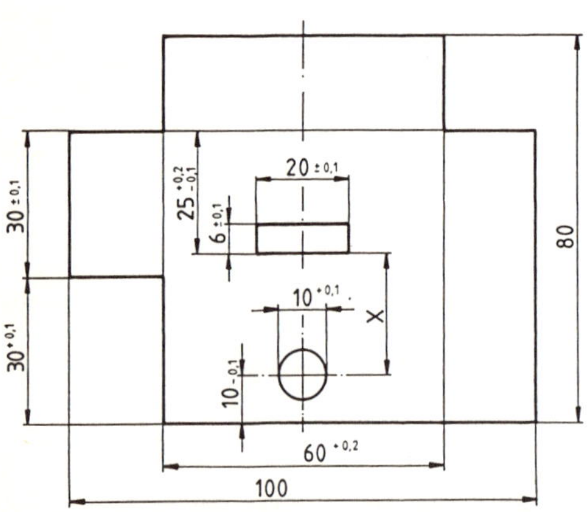

Bild 2.43. Schnitt- und Stanzteil mit Maßkette von tolerierten Einzelmaßen

Mindestmaß G_{ux}

$$G_{ux} = N_x + ei_x = G_{ux1} + G_{ux2} - (G_{ox3} + G_{ox4})$$

$$G_{ux} = 30{,}0 + 29{,}9 - (25{,}2 + 10{,}0)\,\text{mm} = 59{,}9 - 35{,}2\,\text{mm}$$

$$G_{ux} = 24{,}7\,\text{mm}$$

Grenzabmaße

Oberes Abmaß: $es_x = G_{ox} - N_x = 25{,}4 - 25\,\text{mm}$

$es_x = 0{,}4\,\text{mm}$

Unteres Abmaß: $ei_x = G_{ux} - N_x = 24{,}7 - 25\,\text{mm}$

$ei_x = -0{,}3\,\text{mm}$

Toleranz T_x

$$T_x = es_x - ei_x = 0{,}4 - (-0{,}3)\,\text{mm}$$

$$T_x = 0{,}7\,\text{mm}$$

Maß x

$$x = N_{x\,ei_x}^{ex_x} = 25^{+0{,}4}_{-0{,}3}\,\text{mm}$$

7. Beispiel

Für ein Radialgleitlager mit 50 mm Nenndurchmesser ist bei Normaltemperatur eine Spielpassung H7/e7 vorgesehen. Der Wellenwerkstoff ist ein Baustahl mit dem linearen Wärmeausdehnungskoeffizienten $\alpha_{St} = 11{,}2 \cdot 10^{-6}$ 1/K und der Gleitlagerschalenwerkstoff ist Messing mit dem linearen Wärmeausdehnungskoeffizienten $\alpha_M = 18 \cdot 10^{-6}$ 1/K. Wie groß sind die Grenzabmaße, die Grenzmaße und die Spiele bei der Normaltemperatur $t_N = 20\,°C$ und der Betriebstemperatur $t_B = 80\,°C$?

1. Normaltemperatur $t_N = 20\,°C$

Welle:	Nennmaß	$N_W = 50\,\text{mm}$
(c7)	Oberes Abmaß	$es = -50\,\mu m$
	Unteres Abmaß	$ei = -75\,\mu m$
	Höchstmaß	$G_{oW} = 49{,}950\,\text{mm}$
	Mindestmaß	$G_{uW} = 49{,}925\,\text{mm}$
Bohrung:	Nennmaß	$N_B = 50\,\text{mm}$
(H7)	Oberes Abmaß	$ES = +25\,\mu m$
	Unteres Abmaß	$EI = 0\,\mu m$
	Höchstmaß	$G_{oB} = 50{,}025\,\text{mm}$
	Mindestmaß	$G_{uB} = 50{,}000\,\text{mm}$
Spiele:	Mindestspiel	$SP_M = G_{uB} - G_{oW}$
		$SP_M = +50\,\mu m$
	Höchstspiel	$SP_H = G_{oB} - G_{uW}$
		$SP_H = +100\,\mu m$

2. Betriebstemperatur $t_B = 80\,°C$
   Grundsätzlich gilt für die Berechnung der Längenänderung eines Bauteils der Länge l bei einem linearen Ausdehnungskoeffizienten α und der Temperaturänderung Δt die Beziehung $\Delta l = l \cdot \alpha \cdot \Delta t$.

Welle:	Nennmaß	$N_W = 50{,}033600\,mm$
	Oberes Abmaß	$es = -50{,}034\,\mu m$
	Unteres Abmaß	$ei = -75{,}050\,\mu m$
	Höchstmaß	$G_{oW} = 49{,}983566\,mm$
	Mindestmaß	$G_{uW} = 49{,}958550\,mm$
Bohrung:	Nennmaß	$N_B = 50{,}054000\,mm$
	Oberes Abmaß	$ES = +25{,}027\,\mu m$
	Unteres Abmaß	$EI = 0\,\mu m$
	Höchstmaß	$G_{oB} = 50{,}079027\,mm$
	Mindestmaß	$G_{uB} = 50{,}054000\,mm$
Spiele:	Mindestspiel	$SP_M = G_{uB} - G_{oW}$
		$SP_M = +70{,}434\,\mu m$
	Höchstspiel	$SP_H = G_{oB} - G_{uW}$
		$SP_H = +120{,}477\,\mu m$

Die Ergebnisse zeigen, daß das Höchst- und das Mindestspiel in beiden Fällen ein Spiel zwischen Gleitlagerschale und Welle gewährleisten, das bei Betriebstemperatur größer ist als bei Normaltemperatur. Die Spielvergrößerung beträgt ca. 20 µm.

2.5 Schrifttum

1. Appold, H. et al.: Technologie Metall für maschinentechnische Berufe. 15. Aufl. Hamburg: Handwerk und Technik 1987
2. Böttcher, P. et al.: Technisches Zeichnen. 21. Aufl. Stuttgart: Teubner 1990
3. Borowski, K.-H.: Das Baukastensystem in der Technik. Berlin, Göttingen, Heidelberg: Springer 1961
4. DIN-Mitteilungen + elektronorm. (z.Zt. DIN-Mitt. 73 (1994)). Zentralorgan der deutschen Normung. Berlin, Köln: Beuth
5. DIN-Taschenbuch 3. Maschinenbau-Normen für Studium und Praxis. 9. Aufl. Berlin, Köln: Beuth 1990
6. Eschmann, P.; Hasbargen, L.; Weigand, K.: Die Wälzlagerpraxis. 2. Aufl. München, Wien: Oldenbourg 1978
7. Findeisen, F.: Neuzeitliche Maschinenelemente, I. Bd. Zürich: Schweizer Druck- und Verlagshaus 1950
8. Hampp, W.: Wälzlagerungen. Berechnung und Gestaltung. Berlin, Heidelberg, New York: Springer 1971
9. Hoischen, H.: Technisches Zeichnen. 23. Aufl. Bielefeld: Cornelsen 1990
10. Kienzle, O.: Normungszahlen. Berlin, Göttingen, Heidelberg: Springer 1950
11. Klein, M.: Einführung in die DIN-Normen. 10. Aufl. Stuttgart: Teubner; Berlin, Köln: Beuth 1989
12. Niemann, G.; Winter, H.: Maschinenelemente. Berlin, Heidelberg, New York: Springer.
    Band I: Konstruktion und Berechnung von Verbindungen, Lagern und Wellen. 2. Aufl. 1975.
    Band II: Getriebe allgemein, Zahnradgetriebe – Grundlagen, Stirnradgetriebe. 2. Aufl. 1983.
    Band III: Schraubrad-, Kegelrad-, Schnecken-, Ketten-, Riemen-, Reibradgetriebe, Kupplungen, Bremsen, Freiläufe. 2. Aufl. 1983.

13. Palmgren, A.: Grundlagen der Wälzlagertechnik. 3. Aufl. Stuttgart: Franckh 1964
14. Reimpell, J.; Pautsch, E.; Stangenberg, R.: Die normgerechte technische Zeichnung für Konstruktion und Fertigung. Düsseldorf: VDI-Verlag 1967
Bd. 1: Darstellungen und ihre Bemaßung, Konstruktions-Richtlinien, Toleranzen und Passungen
Bd. 2: 25 Musterzeichnungen, Werkstoffe in Zeichnung und Berechnung, Perspektive, Zuschnitte, Rohr und Strang
15. Schlottmann, D.: Maschinenelemente. Grundlagen. Berlin: VEB Verlag Technik 1973
16. Titze, H.: Elemente des Apparatebaues. 2. Aufl. Berlin, Heidelberg, New York: Springer 1967
17. Winter, H.: Grundzüge der Maschinenkonstruktion und Normung. Wolfenbüttel, Hannover: Wolfenbütteler Verlagsanstalt 1947
18. DIN 250, Juli 1972. Rundungshalbmesser
19. DIN 323, T1, August 1974. Normzahlen und Normzahlreihen; Hauptwerte, Genauwerte, Rundwerte
20. DIN 323, T2, November 1974. Normzahlen und Normzahlreihen; Einführung
21. DIN 406, T10, Dezember 1992. Technische Zeichnungen; Maßeintragung; Begriffe, allgemeine Grundlagen
22. DIN 406, T11, Dezember 1992. Technische Zeichnungen; Maßeintragung; Grundlagen der Anwendung
23. DIN 406, T12, Dezember 1992. Technische Zeichnungen; Maßeintragung; Eintragung von Toleranzen für Längen- und Winkelmaße
24. DIN 620, T1, Juni 1982. Wälzlager; Meßverfahren für Maß- und Lauftoleranzen
25. DIN 620, T2, Februar 1988. Wälzlager; Toleranzen für Radiallager
26. DIN 620, T3, Juni 1982. Wälzlager; Toleranzen für Axiallager
27. DIN 620, T4, August 1987. Wälzlager; Wälzlagertoleranzen; Radiale Lagerluft
28. DIN 820, T1, Januar 1986. Normungsarbeit; Grundsätze
29. DIN 820, Bbl. 1, Februar 1987. Normungsarbeit; Stichwortverzeichnis
30. DIN 820, T4, Januar 1986. Normungsarbeit; Geschäftsgang
31. DIN 2401, September 1991. Innen- oder außendruckbeanspruchte Bauteile; Druck- und Temperaturangaben; Begriffe, Nenndruckstufen
32. DIN 2402, Februar 1976. Rohrleitungen; Nennweiten, Begriffe, Stufung
33. DIN 4760, Juni 1982. Gestaltabweichungen; Begriffe, Ordnungssystem
34. DIN 4761, Dezember 1978. Oberflächencharakter; Geometrische Oberflächentextur; Merkmale, Begriffe, Kurzzeichen
35. DIN 4762, Januar 1989. Oberflächenrauheit, Begriffe, Oberfläche und ihre Kenngrößen
36. DIN 4766, T1, März 1981. Herstellverfahren der Rauheit von Oberflächen; erreichbare gemittelte Rauhtiefe R_z nach DIN 4768, Teil 1
37. DIN 4766, T2, März 1981. Herstellverfahren der Rauheit von Oberflächen; erreichbare Mittenrauhwerte R_a nach DIN 4768, Teil 1
38. DIN 4768, Mai 1990. Ermittlung der Rauheitskenngrößen R_a, R_z, R_{max} mit elektrischen Tastschnittgeräten; Begriffe, Meßbedingungen
39. DIN 4768, T1, Bbl. 1, Oktober 1978. Ermittlung der Rauheitsmeßgrößen R_a, R_z, R_{max} mit elektrischen Tastschnittgeräten; Umrechnung der Meßgröße R_a in R_z und umgekehrt
40. DIN 4771, April 1977. Messung der Profiltiefe von Oberflächen
41. DIN 4774, Juni 1981. Messung der Wellentiefe mit elektrischen Tastschnittgeräten
42. DIN 5425, T1, November 1984. Wälzlager; Toleranzen für den Einbau; Allgemeine Richtlinien
43. DIN 7154, T1, August 1966. ISO-Passungen für Einheitsbohrung; Toleranzfelder, Abmaße in µm
44. DIN 7154, T2, August 1966. ISO-Passungen für Einheitsbohrung; Paßtoleranzen, Spiele und Übermaße in µm
45. DIN 7155, T1, August 1966. ISO-Passungen für Einheitswelle; Toleranzfelder, Abmaße in µm
46. DIN 7155, T2, August 1966. ISO-Passungen für Einheitswelle; Paßtoleranzen, Spiele und Übermaße in µm
47. DIN 7157, Januar 1966. Passungsauswahl; Toleranzfelder, Abmaße, Paßtoleranzen
48. DIN 7162, Dezember 1965. Arbeits- und Prüflehren für Längenmaße; Herstelltoleranzen und zulässige Abnutzung
49. DIN 7168, April 1991. Allgemeintoleranzen; Längen- und Winkelmaße, Form und Lage; nicht für Neukonstruktionen
50. DIN 7172, April 1991. Toleranzen und Grenzabmaße für Längenmaße über 3150 bis 10000 mm; Grundlagen, Grundtoleranzen, Grenzabmaße
51. DIN 7178, T1, Dezember 1974. Kegeltoleranz- und Kegelpaßsystem für Kegel von Verjüngung C = 1:3 bis 1:500 und Längen von 6 bis 630 mm; Kegeltoleranzsystem
52. DIN 7178, T1, Bbl. 1, Dezember 1973. Kegeltoleranz- und Kegelpaßsystem für Kegel von

Verjüngung C = 1:3 bis 1:500 und Längen von 6 bis 630 mm; Verfahren zum Prüfen von Innen- und Außenkegeln
53. DIN 7178, T2, August 1986. Kegeltoleranz- und Kegelpaßsystem für Kegel von Verjüngung C = 1:3 bis 1:500 und Längen von 6 bis 630 mm; Kegelpaßsystem
54. DIN 7178, T3, August 1986. Kegeltoleranz- und Kegelpaßsystem für Kegel von Verjüngung C = 1:3 bis 1:500 und Längen von 6 bis 630 mm; Auswirkung der Abweichungen am Kegel auf die Kegelpassung
55. DIN 7178, T4, August 1986. Kegeltoleranz- und Kegelpaßsystem für Kegel von Verjüngung C = 1:3 bis 1:500 und Längen von 6 bis 630 mm; axiale Verschiebemaße
56. DIN 7186, T1, August 1974. Statistische Tolerierung; Begriffe, Anwendungsrichtlinien und Zeichnungsangaben
57. DIN EN 45020, August 1991. Allgemeine Fachausdrücke und deren Definition betreffend Normung und damit zusammenhängender Tätigkeiten
58. DIN ISO 286, T1, November 1990. ISO-System für Grenzmaße und Passungen; Grundlagen für Toleranzen, Abmaße und Passungen
59. DIN ISO 286, T2, November 1990. ISO-System für Grenzmaße und Passungen; Tabellen der Grundtoleranzgrade und Grenzabmaße für Bohrungen und Wellen
60. DIN ISO 1101, März 1985. Technische Zeichnungen; Form- und Lagetolerierung; Form-, Richtungs-, Orts- und Lauftoleranzen; Allgemeines, Definitionen, Symbole, Zeichnungseintragungen
61. DIN ISO 1132, Juni 1982. Wälzlager; Toleranzen, Definitionen
62. DIN ISO 1302, Juni 1980. Technische Zeichnungen; Angabe der Oberflächenbeschaffenheit in Zeichnungen
63. DIN ISO 1302, Entw., April 1988. Technische Zeichnungen; Angabe der Oberflächenbeschaffenheit
64. DIN ISO 1302, Bbl. 1 Juni 1980. Technische Zeichnungen; Angabe der Oberflächenbeschaffenheit in Zeichnungen, Anwendungsbeispiele
65. DIN ISO 2768, T1, Juni 1991. Allgemeintoleranzen; Toleranzen für Längen- und Winkelmaße ohne einzelne Toleranzeintragung
66. DIN ISO 2768, T2, April 1991. Allgemeintoleranzen; Toleranzen für Form und Lage ohne einzelne Toleranzeintragung
67. DIN ISO 3040, September 1991. Technische Zeichnungen; Eintragung der Maße und Toleranzen für Kegel
68. ISO 3 – 1973 (E.). Preferred numbers – Series of preferred numbers
69. ISO 17 – 1973 (E.). Guide to the use of preferred numbers and of series of preferred numbers
70. ISO 497 – 1973 (E.). Guide to the choice of preferred numbers and of series containing more rounded values of preferred numbers
71. ISO/DIS 3545.2 – 1979 (E.). Steel tubes and turbular shaped accessories with circular cross section – Symbols to be used in specifications

3 Grundlagen der Festigkeitsberechnung

Die Beanspruchung von Bauteilen kann auf unterschiedliche Arten zustandekommen. Die Analyse der Beanspruchungsmöglichkeiten, wie sie in der Praxis auftreten, führt auf Grundbeanspruchungsarten, die im folgenden behandelt werden.

3.1 Grundbeanspruchungsarten

Sie lassen sich nach der Wirkung und der Richtung der äußeren Einwirkungen (Kräfte und Momente) einteilen und können in reiner Form oder auch zusammengesetzt vorliegen. Im Prinzip werden Zug-, Druck-, Biege-, Schub- oder Scher- und Torsionsbeanspruchung unterschieden. Bei allen Beanspruchungsarten kann die Dimensionierung eines Bauteils hinsichtlich der Spannungen (festigkeitsgerecht!) und/oder der Verformungen (steifigkeitsgerecht!) vorgenommen werden.

Grundsätzlich versteht man unter Spannungen die inneren Kräfte pro Flächeneinheit, die an einem zu untersuchenden Querschnitt angreifen und den äußeren Kräften und Momenten des abgeschnittenen Teils das Gleichgewicht halten. Spannungen senkrecht zur Querschnittsfläche sind Normalspannungen (z.B. Zug-, Druck- und Biegespannungen) und Spannungen in der Ebene des Querschnitts sind Tangentialspannungen (z.B. Schub- und Torsionsspannungen).

Normalspannungen lassen sich algebraisch zu einer resultierenden Spannung überlagern. Bei gleichzeitigem Auftreten von Normal- und Tangentialspannungen (z.B. Biege- und Torsionsspannungen) muß mit Hilfe einer Festigkeitshypothese eine auf einen einachsigen Spannungszustand (nur Zugspannungen!) bezogene Vergleichsspannung ermittelt werden.

3.1.1 Zugbeanspruchung

Diese Beanspruchung wird beispielsweise durch Zugkräfte bei Schrauben, Zugstangen, Spindeln, Wellen und Laschen bewirkt (Bild 3.1). Bei einem in Längsrichtung durch Zugkräfte beanspruchten Stab (Wirklinie der Kräfte mit der Stabachse zusammenfallend!) kann die Spannung in einem zur Längsachse senkrechten Querschnitt, unabhängig von dessen Form, als gleichmäßig verteilt

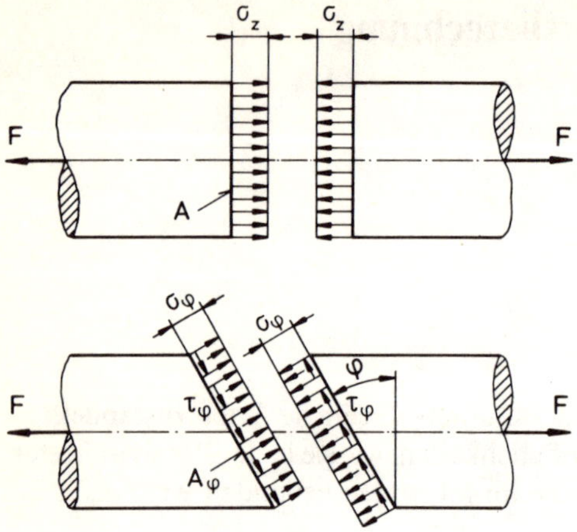

Bild 3.1. Zugbeanspruchung eines Stabes

angenommen werden. Die Zugspannung läßt sich aus der Normalkraft F und der Querschnittsfläche A nach der Beziehung ermitteln:

$$\sigma_z = \frac{F}{A} \tag{3.1}$$

Dabei sind:

σ_z = Zugspannung in N/mm^2 (positiver Wert!),
F = Zugkraft in N,
A = Querschnittsfläche in mm^2 (normal zum Vektor $\vec{F}$!).

Für einen kreisrunden Querschnitt gilt:

$$\sigma_z = \frac{F \cdot 4}{\pi \cdot d^2} \quad \text{mit } d = \text{Durchmesser}$$

Bei beliebiger Schnittführung, der ebene Schnitt A_φ ist um den Winkel φ gegenüber der Normalfläche A geneigt, wird die Längskraft in je eine Komponente normal und parallel zur Schnittfläche zerlegt (Bild 3.2). Außer der Normalspannung tritt zusätzlich noch eine Schubspannung auf. Beide lassen sich in folgender Weise ermitteln:

Normalspannung: $$\sigma_\varphi = \frac{F_N}{A_\varphi} = \frac{F \cdot \cos\varphi}{\dfrac{A}{\cos\varphi}} = \frac{F}{A} \cdot \cos^2\varphi$$

$$\sigma_\varphi = \sigma_z \cdot \cos^2\varphi \tag{3.2}$$

Schubspannung: $$\tau_\varphi = \frac{F_T}{A_\varphi} = \frac{F \cdot \sin\varphi}{\dfrac{A}{\cos\varphi}} = \frac{F}{A} \cdot \sin\varphi \cdot \cos\varphi$$

$$\tau_\varphi = \sigma_z \cdot \sin\varphi \cdot \cos\varphi \tag{3.3}$$

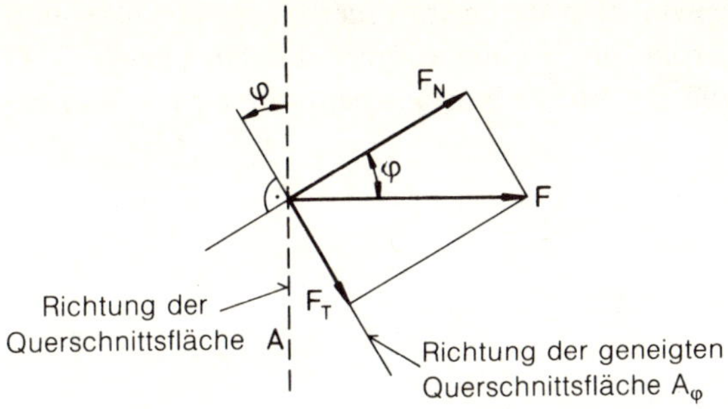

Bild 3.2. Kraftzerlegung

Dabei bedeuten:

$F_N = F \cdot \cos\varphi$ = Kraft normal zur Fläche A_φ,
$F_T = F \cdot \sin\varphi$ = Kraft tangential zur Fläche A_φ,
A_φ = geneigte Querschnittsfläche,
φ = Neigungswinkel von A_φ gegenüber A,
σ_z = Zugspannung im Querschnitt A normal zur Kraft F.

Zeichnerisch können die Normalspannung σ_φ und die Schubspannung τ_φ im geneigten Querschnitt A_φ nach Mohr [15, 23, 29] aus dem Mohrschen Spannungskreis ermittelt werden (Bild 3.3). Es ergeben sich folgende Zusammenhänge für die Spannungen:

Normalspannung: $$\sigma_\varphi = \sigma_z \cdot \cos^2\varphi \tag{3.4}$$

Schubspannung: $$\tau_\varphi = \sigma_z \cdot \sin\varphi \cdot \cos\varphi \tag{3.5}$$

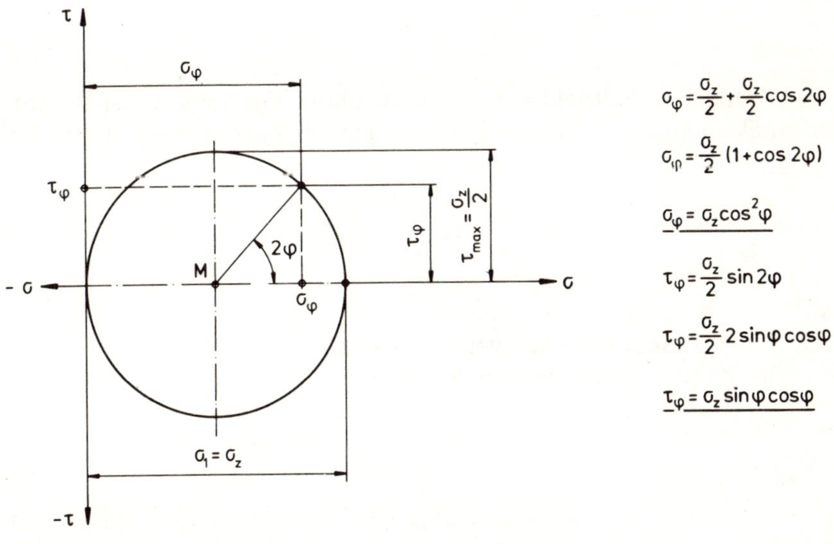

Bild 3.3. Mohrscher Spannungskreis bei Zugbeanspruchung

Je nach angenommenem Neigungswinkel φ treten im Querschnitt Normal- und Schubspannungen verschiedener Größe auf. In einer ausgezeichneten Lage ($\varphi = 0$!) wird die Schubspannung $\tau_\varphi = 0$. Die zugehörige Normalspannung σ_φ ist dann die Hauptspannung $\sigma_1 = \sigma_z$.

Festigkeitsbedingung:

$$\sigma_{z,vorh} \leqq \sigma_{z,zul} = \frac{K}{S} \tag{3.6}$$

mit

$\sigma_{z,zul}$ = zulässige Zugspannung in N/mm^2,
K = Werkstoffkennwert in N/mm^2,
S = Sicherheitsfaktor (Sicherheit).

Solange die Beanspruchung eine werkstoffspezifische Größe – die Elastizitätsgrenze – nicht übersteigt, erfährt der Stab unter der Lasteinwirkung eine der Kraft F proportionale Verlängerung von l_0 auf l_1 um Δl. Es gilt also:

$$\Delta l = l_1 - l_0 \sim F$$

Die Verlängerung Δl bezogen auf die ursprüngliche Länge l_0 nennt man die Dehnung ε.

$$\varepsilon = \frac{\Delta l}{l_0} = \frac{l_1 - l_0}{l_0} \tag{3.7}$$

Mit $F = \sigma \cdot A$ und $F \sim \Delta l$ folgt aus Gl (3.7) das Hookesche Gesetz [15, 23]

$$\frac{F}{A} = \sigma \sim \Delta l \sim \frac{\Delta l}{l_0} = \varepsilon$$

$$\sigma = E \cdot \varepsilon, \tag{3.8}$$

in dem der Proportionalitätsfaktor E, der auch Elastizitätsmodul genannt wird, eine Werkstoffkenngröße ist. Für die Verlängerung des Zugstabes ergibt sich der Wert

$$\Delta l = \frac{F \cdot l_0}{E \cdot A}. \tag{3.9}$$

Dabei sind:

l_0 = Länge des Zugstabes im unbelasteten Zustand,
l_1 = Länge des Zugstabes im belasteten Zustand ($l_1 > l_0$).

Steifigkeitsbedingung:

$$\varepsilon_{vorh} \leqq \varepsilon_{zul} \tag{3.10}$$

z.B. $\varepsilon_{zul} = 0{,}002$ (= 0,2 %) für Werkstoffe ohne ausgeprägte Streckgrenze oder 0,01 (= 1 %) für Konstruktionen im Apparatebau.

3.1.2 Druckbeanspruchung und Flächenpressung

Diese Beanspruchungen werden durch Druckkräfte bei Stützen, Druckstäben, Pfeilern und Ständern hervorgerufen (Bild 3.4). Analog zur Zugbeanspruchung kann die Druckspannung in einem zur Längsachse senkrechten Schnitt, unabhängig von dessen Form, als gleichmäßig verteilt angenommen werden. Sie läßt sich in folgender Weise ermitteln:

$$\sigma_d = \frac{F}{A} \tag{3.11}$$

Dabei sind:

σ_d = Druckspannung in N/mm^2 (negativer Wert!),
F = Druckkraft in N,
A = Querschnittsfläche in mm^2 (normal zum Vektor $\vec{F}$!).

Für einen kreisrunden Querschnitt gilt:

$$\sigma_d = \frac{4 \cdot F}{\pi \cdot d^2} \quad \text{mit } d = \text{Durchmesser}$$

Gleichung (3.11) gibt die Druckspannung im Querschnitt A normal zum Druckkraftvektor an. Die Druck- und die Schubspannung in einem Querschnitt A_φ werden in Analogie zur Zug- und Schubspannung nach folgenden Beziehungen ermittelt [15, 23, 29]:

$$\text{Normalspannung:} \quad \sigma_\varphi = \sigma_d \cdot \cos^2 \varphi \tag{3.12}$$

$$\text{Schubspannung:} \quad \tau_\varphi = \sigma_d \cdot \sin \varphi \cdot \cos \varphi \tag{3.13}$$

Für die Kraftzerlegung (Kräfteparallelogramm!) gelten mathematisch die gleichen Beziehungen wie bei der Zugbeanspruchung, nur verlaufen bei den Kräften und

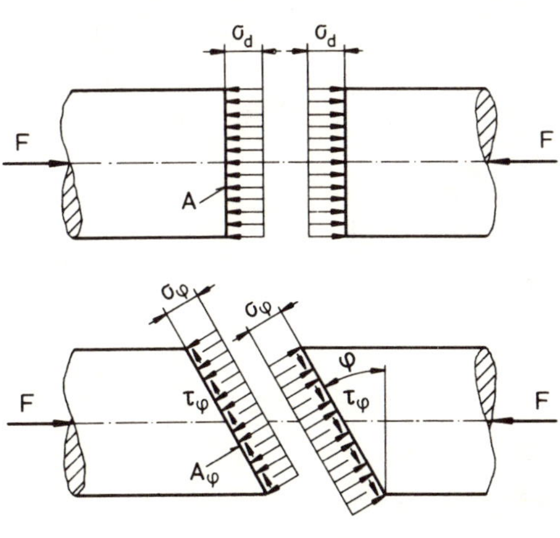

Bild 3.4. Druckbeanspruchung eines Stabes

den Spannungen die Pfeilspitzen in entgegengesetzter Richtung. Die graphische Ermittlung der Normalspannung σ_φ und der Schubspannung τ_φ kann nach Bild 3.5 im Mohrschen Spannungskreis in analoger Weise erfolgen wie bei Zugbeanspruchung.

Die Normalspannung ist auch bei der Druckbeanspruchung dann eine Hauptspannung, wenn keine Schubspannung vorliegt ($\sigma_d = \sigma_1$ für $\tau = 0$!).

Festigkeitsbedingung:

$$\sigma_{d,vorh} \leqq \sigma_{d,zul} = \frac{K}{S} \tag{3.14}$$

$\sigma_{d,zul}$ = zulässige Druckspannung in N/mm²,
K = Werkstoffkennwert in N/mm²,
S = Sicherheitsfaktor (Sicherheit).

Die Stauchung des Druckstabes läßt sich aus dem Hookeschen Gesetz nach folgender Beziehung ermitteln [15, 19]:

$$\varepsilon = \frac{\sigma}{E} = \frac{F}{A \cdot E} \quad \text{(negativer Wert!)} \tag{3.15}$$

Mit $$\varepsilon = \frac{\Delta l}{l_0} = \frac{l_1 - l_0}{l_0} \tag{3.16}$$

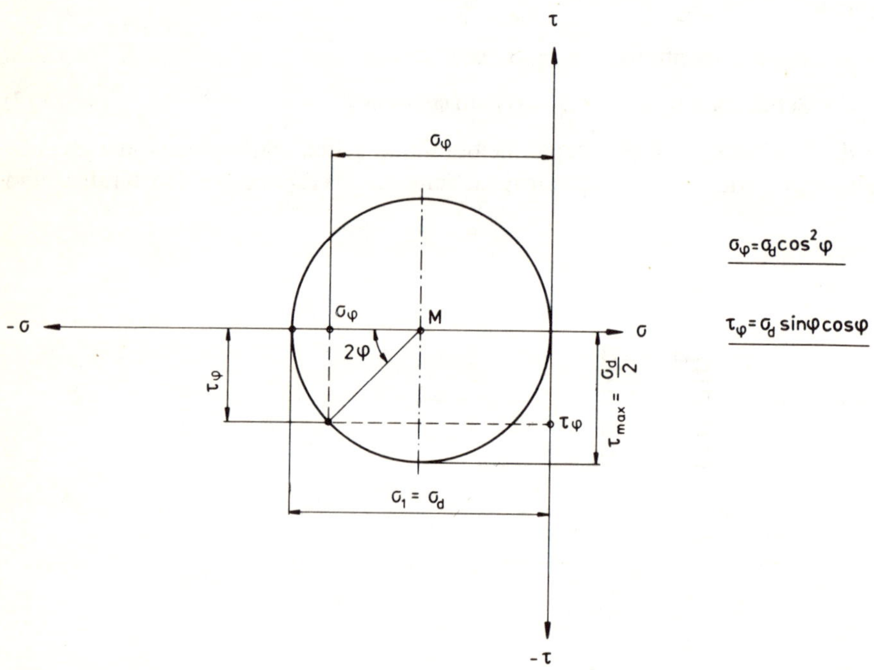

Bild 3.5. Mohrscher Spannungskreis bei Druckbeanspruchung

ergibt sich für die Stauchung des Druckstabes der Wert

$$\Delta l = \frac{F \cdot l_0}{E \cdot A} \tag{3.17}$$

Dabei sind:

l_0 = Länge des Druckstabes im unbelasteten Zustand,
l_1 = Länge des Druckstabes im belasteten Zustand ($l_1 < l_0$).

Steifigkeitsbedingung:

$$\varepsilon_{vorh} \leqq \varepsilon_{zul} \tag{3.18}$$

z.B. $\varepsilon_{zul} = 0{,}002$ ($= 0{,}2\,\%$) oder $0{,}01$ ($= 1\,\%$)

Flächenpressung

Die Flächenpressung p wird bei zwei durch eine Druckkraft F gegeneinander gepreßten Bauteilen gemäß Bild 3.6 als gleichmäßig verteilt angenommen. Tatsächlich treten meist vernachlässigbare Abweichungen davon auf, z.B. am Rande oder durch ungleichförmige Steifigkeitsverteilung im Querschnitt. Bei stark gewölbten Kontaktflächen ist die Spannungsverteilung aber so ungleichmäßig, daß die nachfolgende einfache Berechnung nicht mehr zulässig ist und die Hertzsche Pressung berücksichtigt werden muß (Abschnitt 3.4!). Bei der Annahme einer gleichmäßigen Verteilung der Flächenpressung läßt sich diese in folgender Weise ermitteln:

$$p = \frac{F}{A_p} \tag{3.19}$$

Dabei sind:

p = Flächenpressung in N/mm^2,
F = Druckkraft in N,
A_p = Preßfläche in mm^2.

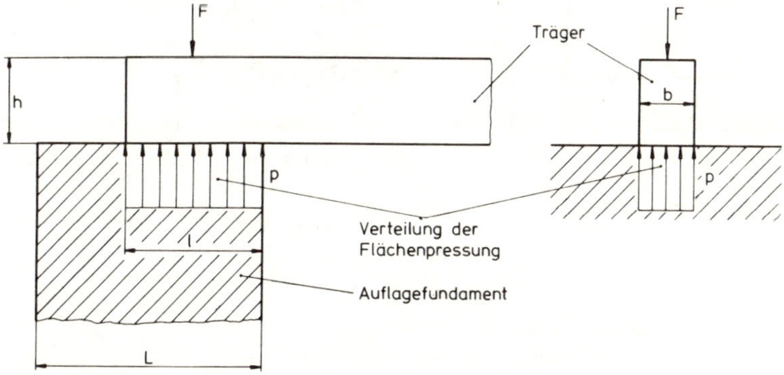

Bild 3.6. Flächenpressung in der Auflagefläche eines Trägers

Bei einer rechteckigen Auflage- bzw. Berührungsfläche gilt:

$$p = \frac{F}{b \cdot l}$$

mit

b = Breite der Auflagefläche,
l = Länge der Auflagefläche.

Für einen kreiszylindrischen Querschnitt (Bild 3.7) gelten nach [29] folgende Beziehungen für die mittlere Flächenpressung p_m oder die Lochleibung σ_l im Teil 1:

$$p_m = \sigma_1 = \frac{F}{A_{proj}} = \frac{F}{l \cdot d} \tag{3.20}$$

Teil 2:

$$p_m = \sigma_1 = \frac{F}{2 \cdot b \cdot d_1} \tag{3.21}$$

Dabei sind:

p_m = mittlere Flächenpressung = σ_1 = Leibungsdruck in N/mm²,
F = Druckkraft in N,
A_p = Preßfläche = A_{proj} = projizierte Fläche in mm²,

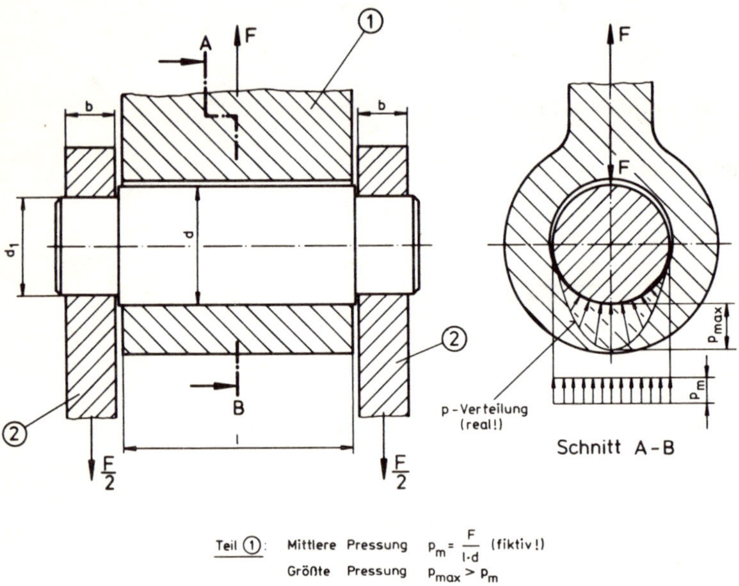

Bild 3.7. Flächenpressung bei einer Bolzenverbindung

l = Breite der Preßfläche in mm im Bereich von Teil 1,
b = Breite der Preßfläche in mm im Bereich von Teil 2,
d = Durchmesser des Zapfens oder Bolzens in mm im Bereich von Teil 1,
d_1 = Durchmesser des Zapfens oder Bolzens in mm in Bereich von Teil 2.

Es gilt: $p_m < p_{max}$.

Festigkeitsbedingung:

$$p_{m,vorh} \leqq p_{zul} \tag{3.22}$$

mit p_{zul} = zulässige Flächenpressung in N/mm^2.

Die zulässige Flächenpressung ist von der Werkstoffpaarung und der Relativgeschwindigkeit v_{rel} der aufeinander gepreßten Teile abhängig. Liegt keine Relativgeschwindigkeit vor, dann ist die zulässige Flächenpressung gleich der zulässigen Druckspannung. Es gilt also:

$$p_{zul} = \sigma_{d,zul} \quad \text{für } v_{rel} = 0 \tag{3.23}$$

Zur Vermeidung des Fressens und des Verschweißens (Kaltverschweißen!) der gepaarten Oberflächen sollte die Werkstoffpaarung weicher Stahl/weicher Stahl unbedingt vermieden werden. Tritt eine Relativgeschwindigkeit auf, z.B. bei der Lagerung von Laufrädern, Rollen, Laschen, Kettengliedern, Hebeln und Gelenkverbindungen von Gestängen, so können für p_{zul} die in Tabelle 3.1 unter Gleitsitze (Gelenke) angegebenen Werte als Richtwerte angesetzt werden. Zum Vergleich sind auch die bei den Festsitzen, d.h. bei $v_{rel} = 0$, für die Flächenpressung zulässigen

Tabelle 3.1. Richtwerte für die zulässige Flächenpressung bei Bolzen- und Stiftverbindungen beim Vorhandensein einer Relativgeschwindigkeit (bei Kerbstiften nur ca. 70 % dieser Werte berücksichtigen!)

Festsitze				Gleitsitze (Gelenke)	
Werkstoff *	p_{zul} in N/mm^2			Werkstoffpaarung	p_{zul} ** in N/mm^2
	ruhend	schwellend	wechselnd		
Rg ; Bz	30	20	15	St/GG	5
GG	70	50	30	St/GS	7
GS	80	60	40	St/Rg ; Bz	8
St 37	85	65	50	St geh./Rg ; Bz	10
St 50	120	90	60	St geh./St geh.	15
St 60	150	105	65		
St 70 ; geh. St	180	120	70		

* Bei Paarung unterschiedlicher Werkstoffe ist jeweils der kleinere Wert zu nehmen.

** Bei kurzfristigen Lastspitzen sind höhere Werte zulässig.

Werte gegenübergestellt. Es zeigt sich, daß p_{zul} beim Vorhandensein einer Relativgeschwindigkeit zwischen den gepaarten Teilen ungefähr um den Faktor 10 kleiner ist als die Werte bei Festsitzen und ruhender (stationärer) Belastung.

3.1.3 Biegebeanspruchung (gerade Biegung!)

Fällt der Biegemomentenvektor mit einer Hauptträgheitsachse des beanspruchten Querschnitts zusammen, so liegt gerade Biegung vor. Durch eine Querkraft, ein Biegemoment oder ein Kräftepaar wird die Biegung bei Trägern, Balken, Wellen und Achsen hervorgerufen (Bild 3.8).

Die Biegespannung (Zugspannung auf der Zugseite bzw. Druckspannung auf der Druckseite!) darf über die Querschnittshöhe h als linear verteilt angenommen werden mit dem Größtwert am Rand. Sie wird berechnet mit Hilfe der aus der Festigkeitslehre [15, 23, 29] bekannten Gleichung

$$\sigma_b(y) = -\frac{M_b}{I_{äq}} \cdot y \quad \text{für } M_b \text{ und } I_{äq} = \text{const} \tag{3.24}$$

bzw.

$$\sigma_b(y,z) = -\frac{M_b(z)}{I_{äq}(z)} \cdot y \quad \text{für } M_b = M_b(z) \text{ und } I_{äq} = I_{äq}(z) \tag{3.25}$$

Hierbei sind folgende Bereiche zu berücksichtigen:

$y > 0$: $\sigma_b < 0$ (Druckspannungen),
$y = 0$: $\sigma_b = 0$ (neutrale Faser),
$y < 0$: $\sigma_b > 0$ (Zugspannungen).

Es bedeuten:

M_b = Biegemoment in Nmm,
$I_{äq}$ = Flächenträgheitsmoment gegen Biegung (äquatoriales Flächenträgheitsmoment!) in mm^4 bezogen auf die x-Achse,
y = Abstand von der neutralen Faser in mm.

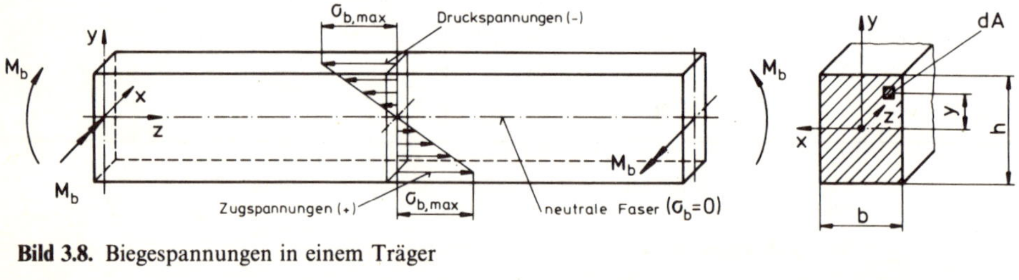

Bild 3.8. Biegespannungen in einem Träger

Das äquatoriale Flächenträgheitsmoment bezogen auf die x-Achse ist wie folgt definiert:

$$I_{äq} = I_{x-x} = \int_{(A)} y^2 \cdot dA \tag{3.26}$$

mit dA = Flächenelement.

Die höchste Spannung tritt am äußersten Rand auf, d.h. bei y_{max}, und hat den Betrag

$$|\sigma_{b,max}| = \left| \frac{M_b}{I_{äq}} \cdot y_{max} \right| . \tag{3.27}$$

Mit der Definition

$$W_{äq} = \frac{I_{äq}}{y_{max}} \quad \text{bzw.} \quad W_{x-x} = \frac{I_{x-x}}{y_{max}} \tag{3.28}$$

kann für den Betrag der maximalen Randspannung auch folgende Beziehung angegeben werden:

$$|\sigma_{b,max}| = \frac{M_b}{W_{äq}}$$

Fällt die neutrale Faser in die Symmetrieebene, die durch die x- und die z-Achse aufgespannt ist, dann haben die Druck- und die Zugrandspannungen den gleichen Betrag. Bei unsymmetrischen Querschnitten sind die Beträge der Randspannungen auf der Druck- und der Zugseite verschieden groß. Diese ungleichmäßige Spannungsverteilung zwingt bei bestimmten Werkstoffen zu einer besonderen Querschnittsgestaltung. Für einen Rechteckquerschnitt ergeben sich folgende Beziehungen:

$$I_{äq} = I_{x-x} = \int_{-h/2}^{+h/2} y^2 \cdot b \cdot dy$$

$$I_{äq} = \frac{b \cdot h^3}{12} \quad \text{(bei x-Achse = Biegemomentenachse!)} \tag{3.29}$$

$$\sigma_{b,max} = \sigma_b\left(y = \pm \frac{h}{2}\right) = \mp \frac{M_b}{I_{äq}} \cdot \frac{h}{2} = \mp \frac{6 \cdot M_b}{b \cdot h^2}$$

Für einen kreisförmigen Querschnitt mit dem Durchmesser d gelten für das äquatoriale Flächenträgheitsmoment $I_{äq}$ und das Widerstandsmoment $W_{äq}$ folgende Beziehungen:

$$I_{äq} = \frac{\pi \cdot d^4}{64}; \quad W_{äq} = \frac{I_{äq}}{\frac{d}{2}} = \frac{\pi \cdot d^3}{32}$$

Für andere Profile sind die entsprechenden Werte für die Flächenträgheitsmomente und die Widerstandsmomente in der Hütte [7], im Dubbel [3] oder in einer Auswahl in Tabelle 3.2 zusammengestellt.

Tabelle 3.2. Flächenträgheits- und Widerstandsmomente gegen Biegung und gegen Torsion

Querschnitt	Äquatoriales Trägheitsmoment gegen Biegung	Äquatoriales Widerstandsmoment gegen Biegung	Trägheitsmoment gegen Torsion	Widerstandsmoment gegen Torsion	Biegespannung	Torsionsspannung	Bemerkungen zu den Torsionsspannungen
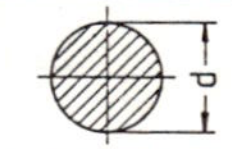	$I_{äq} = \frac{\pi d^4}{64}$	$W_{äq} = \frac{\pi d^3}{32}$	$I_t = \frac{\pi d^4}{32}$	$W_t = \frac{\pi d^3}{16}$	$\sigma_b = \frac{M_b}{W_{äq}}$	$\tau_t = \frac{T}{W_t}$	Größte Spannung in den Punkten des Umfanges.
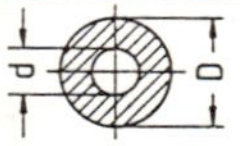	$I_{äq} = \frac{\pi(D^4 - d^4)}{64}$	$W_{äq} = \frac{\pi}{32}\frac{(D^4-d^4)}{D}$	$I_t = \frac{\pi}{32}(D^4 - d^4)$	$W_t = \frac{\pi}{16}\frac{(D^4-d^4)}{D}$	↓	↓	Größte Spannung in den Punkten des äußeren Umfanges.
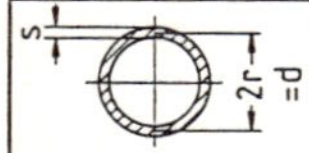	Bei kleiner Wanddicke s: $I_{äq} = \pi s r^3 [1 + (\frac{s}{2r})^2] \approx \pi s r^3$	$W_{äq} = \frac{I_{äq}}{\frac{2r+s}{2}} \approx \frac{\pi}{4} s d^2$	$I_t = \frac{\pi}{4} s d^3$	$W_t = \frac{\pi}{2} s d^2$	↓	↓	
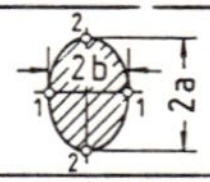	$I_{1äq} = \frac{\pi}{4} a^3 b$ $I_{2äq} = \frac{\pi}{4} a b^3$	$W_{1äq} = \frac{\pi}{4} a^2 b$ $W_{2äq} = \frac{\pi}{4} a b^2$	$I_t = \pi \frac{a^3 b^3}{a^2 + b^2} = \frac{\pi \bar{n}^3 b^4}{\bar{n}^2 + 1}$ $\frac{a}{b} = \bar{n} \geq 1$	$W_t = \frac{\pi}{2} a b^2$	↓	↓	Größte Spannungen an den Endpunkten der kleinen Achse. In den Endpunkten der gr. Achse: $\tau_t = \frac{\tau_{t,max}}{\bar{n}}$
x) 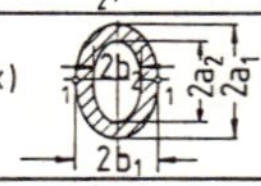	$I_{1äq} = \frac{\pi}{4}(a_1^3 b_1 - a_2^3 b_2)$ Bei kleiner Wanddicke s: $I_{1äq} \approx \frac{\pi}{4} a^2 (a + 3b) s$	$W_{1äq} = \frac{I_{1äq}}{a_1}$ $W_{1äq} \approx \frac{\pi}{4} a (a + 3b) s$	$I_t = \frac{\pi \bar{n}^3}{\bar{n}^2 + 1}(b_1^4 - b_2^4)$	$W_t = \frac{\pi}{2} \bar{n} \frac{(b_1^4 - b_2^4)}{b_1}$	↓	↓	
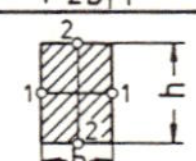	$I_{1äq} = \frac{b h^3}{12}$ $I_{2äq} = \frac{h b^3}{12}$	$W_{1äq} = \frac{b h^2}{6}$ $W_{2äq} = \frac{h b^2}{6}$	$I_t = c_1 h b^3 = c_1 n b^4$	$W_t = \frac{c_1}{c_2} h b^2 = \frac{c_1}{c_2} n b^3$	↓	↓	Größte Spannungen in der Mitte der größten Seiten. In der Mitte der kleineren Seiten: $\tau_t = c_3 \cdot \tau_{t,max}$ xx)
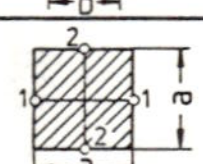	$I_{1äq} = I_{2äq} = \frac{a^4}{12}$	$W_{1äq} = W_{2äq} = \frac{a^3}{6}$	$I_t = 0{,}141\, a^4$	$W_t = 0{,}208\, a^3$	↓	↓	Größte Spannungen in der Mitte der Seiten. xx)
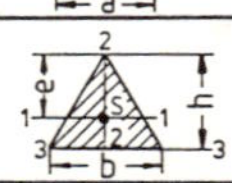	Gleichschenkliges Dreieck: $I_{1äq} = \frac{bh^3}{36}$ xxx) $I_{2äq} = \frac{hb^3}{48}$; $I_{3äq} = \frac{bh^3}{12}$	$W_{1äq} = \frac{bh^2}{24}$ xxx) $W_{2äq} = \frac{hb^2}{24}$; $e = \frac{2}{3} h$	Gleichseitiges Dreieck: $I_t = \frac{b^4}{46{,}19} \approx \frac{h^4}{26}$	$W_t = \frac{b^3}{20} \approx \frac{h^3}{13}$	$\sigma_b = \frac{M_b}{W_{äq}}$	$\tau_t = \frac{T}{W_t}$	Größte Spannungen in der Mitte der Seiten. xx)

x) Bei Bezug auf die große Halbachse ist a_1 mit b_1 zu vertauschen.

xx) in den Ecken ist $\tau_t = 0$

xxx) gilt auch für beliebige Dreiecke

$n = h/b$	1	1,5	2	3	4	6	8	10	∞
c_1	0,141	0,196	0,229	0,263	0,281	0,298	0,307	0,312	0,333
c_2	0,675	0,852	0,928	0,977	0,990	0,997	0,999	1,000	1,000
c_3	1,000	0,858	0,796	0,753	0,745	0,743	0,743	0,743	0,743

Die Normalspannungen in Querschnitten senkrecht zur neutralen Faser sowie die Normalspannungen und die Tangentialspannungen in Querschnitten unter einem Winkel φ zur neutralen Faser können für die einzelnen Abstände (y) von der neutralen Faser aus dem Mohrschen Spannungskreis gemäß Bild 3.9 ermittelt werden. Aus Bild 3.9 ergeben sich die Hauptspannungen auf der Abszisse, d.h. an den Stellen $\tau = 0$.

Festigkeitsbedingung:

$$\sigma_{b,max,vorh} \leqq \sigma_{b,zul} = \frac{K}{S} \tag{3.30}$$

mit

$\sigma_{b,zul}$ = zulässige Biegespannung in $N/mm^2 = \sigma_{z,zul}$,
K = Werkstoffkennwert in N/mm^2,
S = Sicherheitsfaktor (Sicherheit).

Die neutrale Faser (Nullinie!) geht durch den Flächenschwerpunkt des Querschnitts, dessen Lage bei zusammengesetzten Querschnitten nach Steiner [15, 23, 29] folgendermaßen ermittelt werden kann (Bild 3.10):

Flächenmomente erster Ordnung (statische Momente!):

$$A \cdot a = A_3 \cdot a_3 + A_2 \cdot a_2 + A_1 \cdot a_1 \tag{3.31}$$

$$\text{Gesamtfläche:} \quad A = A_1 + A_2 + A_3 \tag{3.32}$$

Lage des Schwerpunktes:

$$a = \frac{A_3 \cdot a_3 + A_2 \cdot a_2 + A_1 \cdot a_1}{A_1 + A_2 + A_3} = \frac{\sum(A_i \cdot a_i)}{\sum A_i} \tag{3.33}$$

Das Flächenträgheitsmoment (äquatoriales Trägheitsmoment) und das äquatoriale Widerstandsmoment werden bei zusammengesetzten Profilen auf die durch den

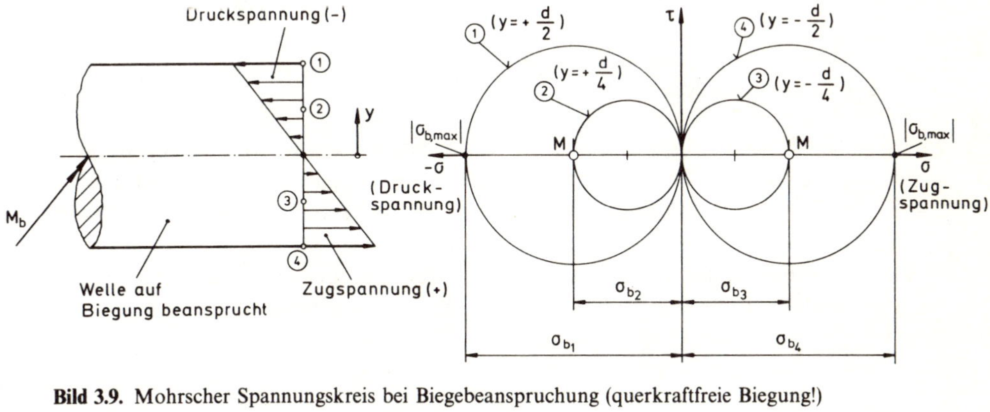

Bild 3.9. Mohrscher Spannungskreis bei Biegebeanspruchung (querkraftfreie Biegung!)

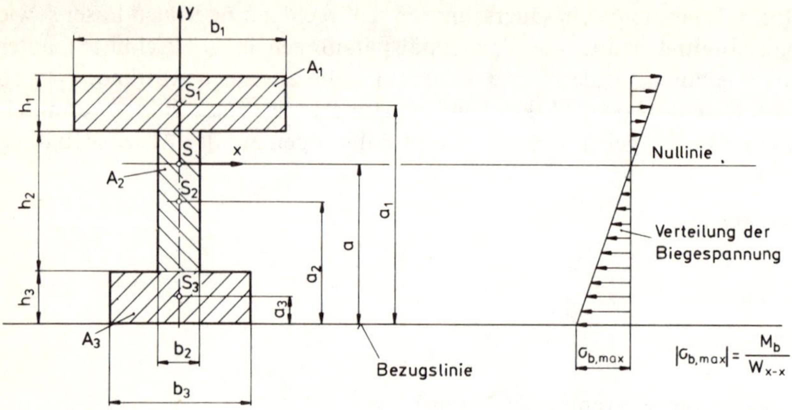

Bild 3.10. Ermittlung des Schwerpunktes bei zusammengesetzten Querschnitten

Schwerpunkt gehende neutrale Faser (Nullinie!) bezogen und nach dem *Satz von Steiner* berechnet:

Das Flächenträgheitsmoment eines zusammengesetzten Profils ist gleich der Summe der Einzelflächenträgheitsmomente bezogen auf den jeweiligen Flächenschwerpunkt der einzelnen Flächen vermehrt um die Produkte der Abstandsquadrate der Einzelschwerpunkte vom Gesamtschwerpunkt und der Einzelflächen. In ausführlicher Schreibweise gilt:

$$I_{äq} = I_{x-x} = I_{x1} + A_1 \cdot (a_1 - a)^2 + I_{x2} + A_2 \cdot (a_2 - a)^2 + I_{x3} + A_3 \cdot (a_3 - a)^2$$

$$I_{äq} = I_{x-x} = \sum [I_{xi} + A_i \cdot (a_i - a)^2] \qquad (3.34)$$

$$W_{äq} = W_{x-x} = \frac{I_{x-x}}{|y_{max}|} \qquad (3.35)$$

mit y_{max} = größter Randfaserabstand; z.B. $y_{max} = a$ nach Bild 3.10.

3.1.4 Torsionsbeanspruchung

Ein gerader Stab (Träger, Balken oder Welle), an dem zwei entgegengesetzt gerichtete gleichgroße Torsionsmomente oder Kräftepaare angreifen, deren Vektoren parallel zur Stablängsachse liegen, wird auf reine Torsion beansprucht (Bild 3.11).

Die Torsionsspannung in einem Stab mit kreisförmigem Querschnitt hat einen linearen Verlauf. Für sie gilt nach [15, 23, 29] die Beziehung

$$\tau_t = \frac{T}{I_t} \cdot y \qquad (3.36)$$

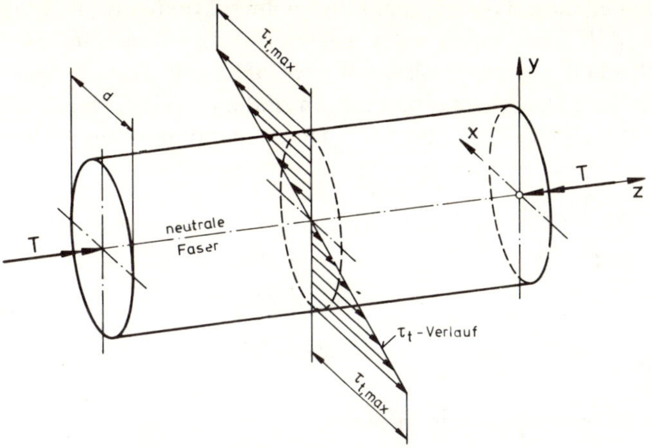

Bild 3.11. Torsionsbeanspruchung einer Welle

mit dem Randfaserabstand $y_{max} = d/2$

$$\tau_{t,max} = \frac{T}{I_t} \cdot \frac{d}{2} = \frac{T}{W_t} \tag{3.37}$$

Dabei bedeuten:

τ_t = Torsionsspannung in N/mm^2,
T = Drehmoment in Nmm,
$I_t = \int_{(A)} r^2 \cdot dA$ = Torsionsträgheitsmoment in mm^4,
W_t = Torsionswiderstandsmoment in mm^3,
y = Abstand von der neutralen Faser in mm.

Für $y = y_{max}$ (Randfaserabstand!) hat die Torsionsspannung den größten Wert $\tau_{t,max}$. Die Annahme einer linearen Spannungsverteilung gilt nur für kreisförmige Querschnitte. Gl. (3.36) darf deshalb bei anderen Querschnittsformen nicht angewendet werden. Bei einem kreisförmigen Querschnitt haben das Torsionsträgheitsmoment und das Torsionswiderstandsmoment folgende Werte:

$$I_t = I_{pol} = \frac{\pi \cdot d^4}{32} \quad \text{und} \quad W_t = W_{pol} = \frac{\pi \cdot d^3}{16} \tag{3.38}$$

$$W_t = W_{pol} = \frac{I_{pol}}{y_{max}} = \frac{I_{pol}}{\frac{d}{2}} = \frac{2 \cdot I_{pol}}{d}$$

(I_{pol} = polares Flächenträgheitsmoment und W_{pol} = polares Widerstandsmoment!)

An einem Element der Wellenoberfläche, dessen Seiten parallel und normal zur z-Achse verlaufen, greifen nur Torsionsspannungen an. Liegt das Element an der Außenfläche, dann haben diese Torsionsspannungen ihren Maximalwert. Wird das Element so gedreht, daß seine Seiten unter 45° zur z-Achse verlaufen, dann wirken an den Schnittflächen nur Normalspannungen, d.h., die Torsionsspannungen haben den Wert Null. Die Normalspannungen sind dann Hauptspannungen (σ_1 und σ_2). Diese Beziehungen sind im Mohrschen Spannungskreis in Bild 3.12 dargestellt.

Festigkeitsbedingung

$$\tau_{t,max,vorh} \leqq \tau_{t,zul} = \frac{K}{S} \tag{3.39}$$

mit $\tau_{t,max,vorh} = \frac{T}{W_t}$ und

$\tau_{t,zul}$ = zulässige Torsionsspannung in N/mm².

Verdrehung oder Verdrillung eines Bauteils

Die gegenseitige Verdrehung zweier im Abstand 1 zueinander liegender Querschnitte beträgt in Analogie [15] zur Verlängerung eines Zugstabes nach Gl. (3.9) und unter Berücksichtigung der in Bild 3.13 festgelegten Abmessungen

$$\widehat{\varphi} = \frac{T \cdot 1}{G \cdot I_t} \tag{3.40}$$

Dabei bedeuten:

$\widehat{\varphi}$ = stirnsteitige Verdrehung des Verdrehstabes in rad,
T = Torsionsmoment in Nmm,

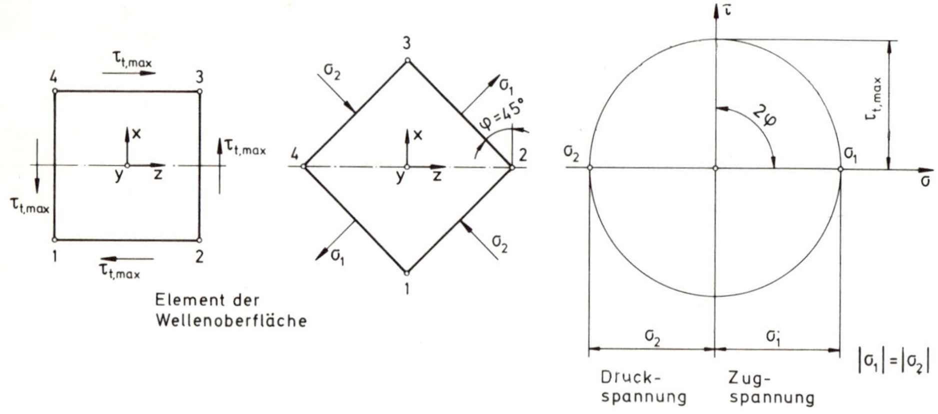

Bild 3.12. Mohrscher Spannungskreis bei reiner Torsion; $\tau_{t,max}$ = maximale Torsionsspannung, σ_1 (Zugspannung!), σ_2 (Druckspannung!) = Hauptspannungen

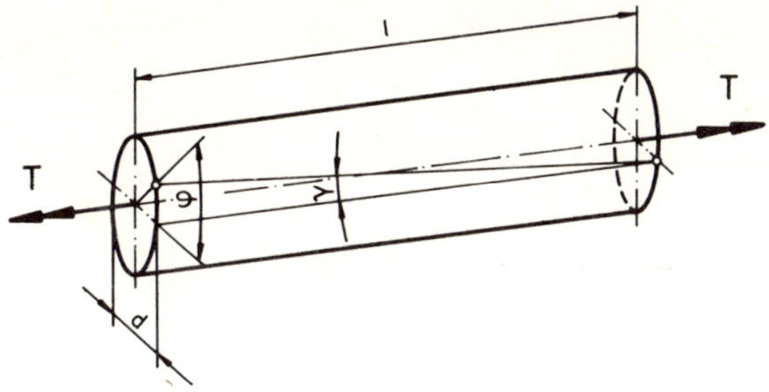

Bild 3.13. Verdrehung eines Bauteils

l = Länge des Verdrehstabes in mm,
G = Schub- oder Gleitmodul in N/mm^2
I_t = Torsionsträgheitsmoment in mm^4.

Steifigkeitsbedingung

$$\widehat{\varphi}_{vorh} \leqq \widehat{\varphi}_{zul} = \left(\frac{\widehat{\varphi}}{T}\right)_{zul} \cdot l \tag{3.41}$$

$$\text{z.B.} \left(\frac{\widehat{\varphi}}{l}\right)_{zul} = 0{,}25 \cdot \frac{\pi}{180} \cdot 10^{-3} \frac{1}{mm} \quad (= 0{,}25° \text{ pro } 1000\,mm \text{ Länge})$$

$$\left(\frac{\widehat{\varphi}}{l}\right)_{zul} = 0{,}5 \cdot \frac{\pi}{180} \cdot 10^{-3} \frac{1}{mm} \quad (= 0{,}5° \text{ pro } 1000\,mm \text{ Länge})$$

mit $\left(\frac{\widehat{\varphi}}{l}\right)_{zul}$ = zulässige Verdrehung im Bogenmaß für ein Bauteil von 1 m Länge.

3.1.5 Schub- oder Scherbeanspruchung

Werden Bolzen, Stifte, Balken oder Wellen (Bild 3.14) durch eine Querkraft beansprucht, so liegt Schub- oder Scherbeanspruchung vor. Für die mittlere Schubspannung (Bild 3.15) in der Scherfläche gilt nach [15, 23, 29] die Beziehung

$$\tau_{a,m} = \frac{F}{A_S} \tag{3.42}$$

Dabei sind:

$\tau_{a,m}$ = mittlere Schubspannung in N/mm^2 (in der Praxis $\tau_{a,m} \equiv \tau_a$!),
F = Querkraft oder Scherkraft in N,
A_S = Schub- oder Scherfläche in mm^2.

In Wirklichkeit liegt in der Scherfläche gemäß Bild 3.16 eine nichtlineare Schubspannungsverteilung vor (bei runden und rechteckigen Querschnitten eine parabolische Verteilung!), die nach den Gesetzmäßigkeiten der Festgkeitslehre [15, 23, 29]

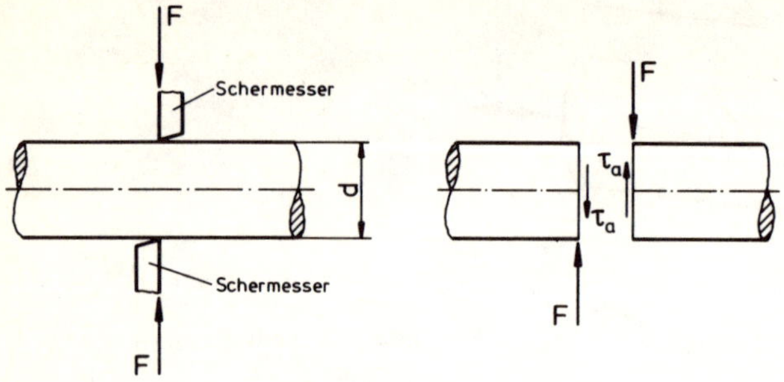

Bild 3.14. Schubbeanspruchung bei einem Bolzen

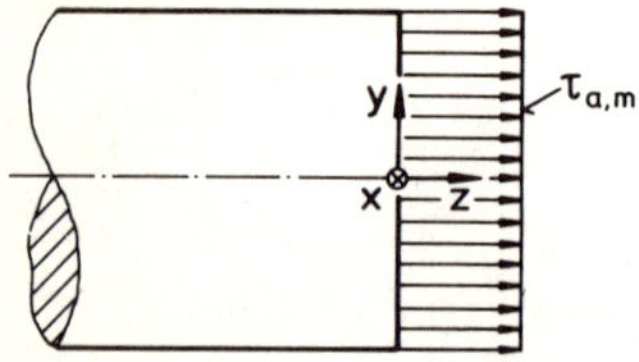

Bild 3.15. Mittlere Schubspannung (fiktive Verteilung!)

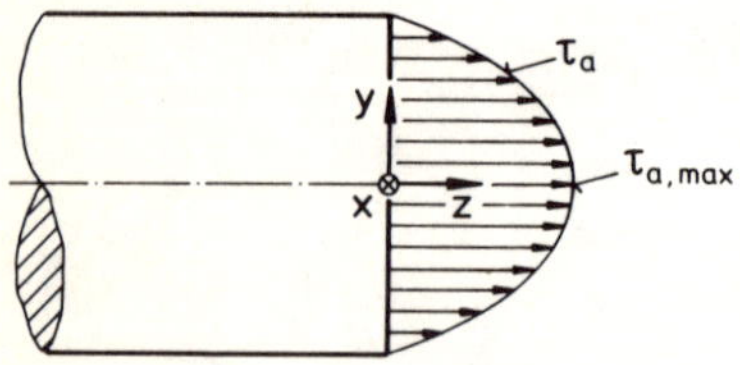

Bild 3.16. Reale Schubspannungsverteilung (parabolische Verteilung bei kreisförmigem Querschnitt!)

in folgender Weise ermittelt werden kann:

$$\tau_a \equiv \tau_a(y) = \frac{F \cdot S_{x-x}(y)}{I_{x-x} \cdot b(y)} \tag{3.43}$$

Dabei sind:

F = Querkraft oder Scherkraft in N,
$S_{x-x}(y)$ = statisches Moment in mm^3 bezüglich der x-Achse an der beliebigen Stelle y,
$I_{x-x} \equiv I_{äq}$ = äquatoriales Flächenträgheitsmoment in mm^4 bezüglich der x-Achse,
$b(y)$ = Breite des Profils in mm gemessen in x-Richtung an der beliebigen Stelle y.

Die Berechnung des statischen Momentes der in der x-y-Ebene liegenden Scherfläche an einer beliebigen Stelle η der y-Achse in bezug auf die x-Achse erfolgt nach der Beziehung [15, 29]

$$S_{x-x}(\eta) = \int_{y=\eta}^{y=y_{max}} b(y) \cdot y \cdot dy \tag{3.44}$$

Für einen kreisförmigen Scherquerschnitt mit dem Durchmesser d gelten folgende Beziehungen:

a) bei einer Scherfläche (einschnittige Verbindung nach Bild 3.14!)

$$\tau_{a,m} = \frac{F}{A_S} = \frac{4 \cdot F}{\pi \cdot d^2} \quad \text{(Mittelwert!)} \tag{3.45}$$

$$\tau_{a,max} = \frac{4}{3} \cdot \frac{4 \cdot F}{\pi \cdot d^2} \quad \text{(Maximalwert der parabolischen Verteilung!)} \tag{3.46}$$

b) bei zwei Scherflächen (zweischnittige Verbindung nach Bild 3.17!)

$$\tau_{a,m} = \frac{F}{2 \cdot A_S} = \frac{2 \cdot F}{\pi \cdot d^2} \quad \text{(Mittelwert!)} \tag{3.47}$$

$$\tau_{a,max} = \frac{1}{2} \cdot \frac{4}{3} \cdot \frac{4 \cdot F}{\pi \cdot d^2} \quad \text{(Maximalwert der parabolischen Verteilung!)} \tag{3.48}$$

Festigkeitsbedingung:

$$\tau_{a,max} \leqq \tau_{a,zul} = \frac{K}{S} \tag{3.49}$$

mit $\tau_{a,max}$ = vorhandene mittlere Schubspannung $\tau_{a,m}$ oder maximale Schubspannung $\tau_{a,max}$ und $\tau_{a,zul}$ = zulässige Scherspannung in N/mm².

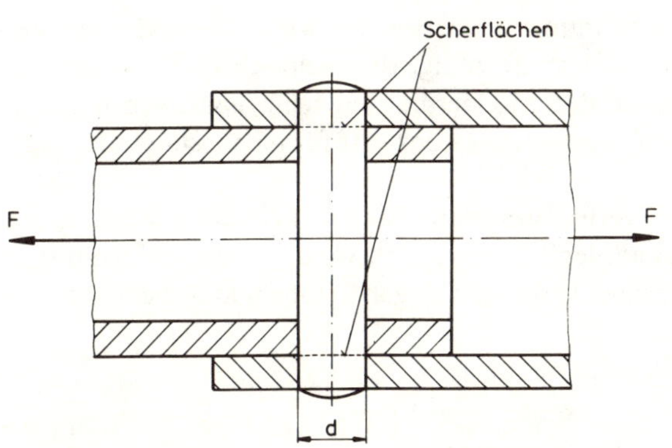

Bild 3.17. Auf Schub oder Scherung beanspruchte zweischnittige Bolzenverbindung

3.2 Zusammengesetzte Beanspruchung, Vergleichsspannung und Festigkeitshypothesen

Unterliegt eine Konstruktion gleichzeitig mehreren Belastungsarten, dann tritt im Bauteil durch Überlagerung der einzelnen Beanspruchungen eine komplexe, mehrdimensionale Spannungsverteilung auf. Hierbei ist unbekannt, in welcher Höhe diese Beanspruchung vom Werkstoff ertragen wird, denn die Festigkeitskennwerte werden im Regelfall nur an einachsig zugbeanspruchten Werkstoffproben ermittelt. Um ein Kriterium für die Dimensionierung zu bekommen, bildet man den mehrachsigen auf einen eindimensionalen Spannungszustand ab. Die dafür errechnete, sog. Vergleichsspannung σ_v (gedachte oder fiktive Spannung!) verursacht somit eine äquivalente Wirkung oder Beanspruchung (Anstrengung!) wie das tatsächliche Spannungsfeld, und sie darf die zulässigen Festigkeits- oder Spannungsgrenzen nicht überschreiten. Schwierigkeiten bei der Umrechnung ergeben sich aus der Sonderstellung des eindimensionalen Lastfalles. So erreichen bei einem Zugstab an der Dehngrenze die elastische Normalspannung, die elastische Schubspannung, die elastische Dehnung und die elastische Federarbeit gleichzeitig ihr Maximum, was aber bei mehrdimensionaler Beanspruchung nicht mehr zutrifft. Je nach der Annahme, welches Kriterium eine Grenze darstellt, ergeben sich daher mehrere Definitionen für eine Vergleichsspannung. Man spricht daher auch von den unterschiedlichen Festigkeitshypothesen.

3.2.1 Festigkeitshypothesen

Die Vergleichsspannung kann nach unterschiedlichen Festigkeitshypothesen ermittelt werden, die sich an der Strukturänderung des Werkstoffes bei der Verformung (z.B. Fließen, Verfestigung, Auflockerung und Bruchverlauf!) orientieren (Tabellen 3.3 und 3.4). Im Maschinenbau wird vornehmlich mit vier unterschiedlichen Festigkeitshypothesen gerechnet, die im folgenden erläutert werden [15, 28, 29].

3.2.1.1 Hypothese der größten Gestaltänderungsenergie (GE-Hypothese)

Nach dieser Hypothese versagt das Bauteil, wenn der Werkstoff durch das Auftreten unzulässig hoher plastischer Verformungen überfordert wird. Dies ist dann der Fall, wenn die in einem verformten Element infolge des mehrachsigen Spannungszustandes aufgenommene Gestaltänderungsenergie den beim einachsigen Spannungszustand zulässigen werkstoffspezifischen Grenzwert für die Gestaltänderungsenergie überschreitet.

Die GE-Hypothese wird bei verformungsfähigen, d.h. bei zähen Werkstoffen (z.B. bei Baustählen, Vergütungsstählen!) angewendet, wenn große Verformungen oder ein Dauerbruch zu erwarten sind. Im einzelnen gelten folgende Beziehungen:

Dreiachsiger Spannungszustand:

1. Hauptspannungszustand (Hauptspannungen σ_1, σ_2, σ_3):

$$\sigma_v = \sqrt{\tfrac{1}{2}\cdot[(\sigma_1 - \sigma_2)^2 + (\sigma_2 - \sigma_3)^2 + (\sigma_3 - \sigma_1)^2]} \tag{3.50}$$

Tabelle 3.3. Vergleichsspannungen nach unterschiedlichen Festigkeitshypothesen

Festigkeitshypothese	Einachsiger Spannungszustand		Zweiachsiger Spannungszustand			
(maßgebend für die Beanspruchung!)	allgemeiner Spannungszustand σ_x, τ_{xy}	Hauptspannungszustand σ_1	allgemeiner Spannungszustand σ_x, σ_y, τ_{xy}	Hauptspannungszustand σ_1, σ_2	reiner Schub $\tau_{xy,max}$	reine Torsion $\tau_{t,max}$
Größte Normalspannung	$\sigma_v = \frac{1}{2}\lvert\sigma_x\rvert + \frac{1}{2}\sqrt{\sigma_x^2 + 4\tau_{xy}^2}$	$\sigma_v = \lvert\sigma_1\rvert$	$\sigma_v = \frac{1}{2}\lvert\sigma_x + \sigma_y\rvert + \frac{1}{2}\sqrt{(\sigma_x - \sigma_y)^2 + 4\tau_{xy}^2}$	$\sigma_v = \lvert\sigma_1\rvert$ $\quad \lvert\sigma_1\rvert > \lvert\sigma_2\rvert$ $\sigma_v = \lvert\sigma_2\rvert$ $\quad \lvert\sigma_2\rvert > \lvert\sigma_1\rvert$	$\sigma_v = \tau_{xy,max}$	$\sigma_v = \tau_{t,max}$
Größte Dehnung	$\sigma_v = \frac{1-\nu}{2}\lvert\sigma_x\rvert + \frac{1+\nu}{2}\sqrt{\sigma_x^2 + 4\tau_{xy}^2}$	$\sigma_v = \lvert\sigma_1\rvert$	$\sigma_v = \frac{1-\nu}{2}\lvert\sigma_x + \sigma_y\rvert + \frac{1+\nu}{2}\sqrt{(\sigma_x - \sigma_y)^2 + 4\tau_{xy}^2}$	$\sigma_v = \lvert\sigma_1 - \nu\cdot\sigma_2\rvert$ $\quad \lvert\sigma_1\rvert > \lvert\sigma_2\rvert$ $\sigma_v = \lvert\sigma_2 - \nu\cdot\sigma_1\rvert$ $\quad \lvert\sigma_2\rvert > \lvert\sigma_1\rvert$	$\sigma_v = (1+\nu)\cdot\tau_{xy,max}$	$\sigma_v = (1+\nu)\tau_{t,max}$
Größte Schubspannung	$\sigma_v = \sqrt{\sigma_x^2 + 4\tau_{xy}^2}$	$\sigma_v = \lvert\sigma_1\rvert$	$\sigma_v = \sqrt{(\sigma_x - \sigma_y)^2 + 4\tau_{xy}^2}$ $\sigma_1 \geqq 0$; $\sigma_2 \leqq 0$; $\sigma_3 = 0$ $\sigma_v = \frac{1}{2}(\sigma_x + \sigma_y) + \frac{1}{2}\sqrt{(\sigma_x - \sigma_y)^2 + 4\tau_{xy}^2}$ $\sigma_1 \geqq 0$; $\sigma_2 \geqq 0$; $\sigma_3 = 0$ $\sigma_v = \lvert\frac{1}{2}(\sigma_x + \sigma_y) - \frac{1}{2}\sqrt{(\sigma_x - \sigma_y)^2 + 4\tau_{xy}^2}\rvert$ $\sigma_1 \leqq 0$; $\sigma_2 \leqq 0$; $\sigma_3 = 0$	$\sigma_v = \lvert\sigma_1\rvert$ $\quad \sigma_1 > \sigma_2 > 0$ $\sigma_1 < \sigma_2 < 0$ $\sigma_v = \lvert\sigma_2\rvert$ $\quad \sigma_2 > \sigma_1 > 0$ $\sigma_2 < \sigma_1 < 0$ $\sigma_v = \sigma_1 - \sigma_2$ $\quad \sigma_1 > 0$ $\sigma_2 < 0$ $\sigma_v = \sigma_2 - \sigma_1$ $\quad \sigma_2 > 0$ $\sigma_1 < 0$	$\sigma_v = 2\tau_{xy,max}$	$\sigma_v = 2\tau_{t,max}$
Größte Gestaltänderungsarbeit	$\sigma_v = \sqrt{\sigma_x^2 + 3\tau_{xy}^2}$	$\sigma_v = \lvert\sigma_1\rvert$	$\sigma_v = \sqrt{\sigma_x^2 + \sigma_y^2 - \sigma_x\cdot\sigma_y + 3\tau_{xy}^2}$	$\sigma_v = \sqrt{\sigma_1^2 + \sigma_2^2 - \sigma_1\,\sigma_2}$	$\sigma_v = \sqrt{3}\,\tau_{xy,max}$	$\sigma_v = \sqrt{3}\,\tau_{t,max}$

(Fortsetzung)

Tabelle 3.3. (*Fortsetzung*)

Festigkeitshypothese (maßgebend für die Beanspruchung!)	Dreiachsiger Spannungszustand: allgemeiner Spannungszustand $\sigma_x, \sigma_y, \sigma_z, \tau_{xy}, \tau_{xz}, \tau_{yz}$	Dreiachsiger Spannungszustand: Hauptspannungszustand $\sigma_1, \sigma_2, \sigma_3$
Größte Normalspannung	Berechnung der Hauptspannungen σ_1, σ_2 und σ_3 über die Invarianten des Spannungstensors und dann Ermittlung von σ_v wie nebenstehend angegeben!	$\sigma_v = \lvert\sigma_1\rvert$ für $\lvert\sigma_1\rvert > \lvert\sigma_2\rvert$, $\lvert\sigma_1\rvert > \lvert\sigma_3\rvert$ $\sigma_v = \lvert\sigma_2\rvert$ für $\lvert\sigma_2\rvert > \lvert\sigma_1\rvert$, $\lvert\sigma_2\rvert > \lvert\sigma_3\rvert$ $\sigma_v = \lvert\sigma_3\rvert$ für $\lvert\sigma_3\rvert > \lvert\sigma_1\rvert$, $\lvert\sigma_3\rvert > \lvert\sigma_2\rvert$
Größte Dehnung	Berechnung der Hauptspannungen σ_1, σ_2 und σ_3 über die Invarianten des Spannungstensors und dann Ermittlung von σ_v wie nebenstehend angegeben!	$\sigma_v = \lvert\sigma_1 - \nu\cdot(\sigma_2+\sigma_3)\rvert$ — $\sigma_1 > \sigma_2 > \sigma_3 > 0$ $\sigma_v = \lvert\sigma_1 - \nu\cdot(\sigma_2+\sigma_3)\rvert$ — $\sigma_1 > \sigma_2 > 0$, $\sigma_3 < 0$, $\lvert\sigma_1\rvert > \lvert\sigma_3\rvert$ $\sigma_v = \lvert\sigma_1 - \nu\cdot(\sigma_2+\sigma_3)\rvert$ — $\sigma_1 < \sigma_2 < \sigma_3 < 0$ $\sigma_v = \lvert\sigma_3 - \nu\cdot(\sigma_1+\sigma_2)\rvert$ — $\sigma_1 > \sigma_2 > 0$, $\sigma_3 < 0$, $\lvert\sigma_3\rvert > \lvert\sigma_1\rvert$ $\sigma_v = \lvert\sigma_3 - \nu\cdot(\sigma_1+\sigma_2)\rvert$ — $\sigma_1 > 0$, $\sigma_3 < \sigma_2 < 0$, $\lvert\sigma_3\rvert > \lvert\sigma_1\rvert$ $\sigma_v = \lvert\sigma_3 - \nu\cdot(\sigma_1+\sigma_2)\rvert$ — $\sigma_3 < \sigma_2 < \sigma_1 < 0$ $\sigma_v = \lvert\sigma_2 - \nu\cdot(\sigma_1+\sigma_3)\rvert$ — $\sigma_2 > \sigma_1 > \sigma_3 > 0$ $\sigma_v = \lvert\sigma_2 - \nu\cdot(\sigma_1+\sigma_3)\rvert$ — $\sigma_2 > \sigma_1 > 0$, $\sigma_3 < 0$, $\lvert\sigma_2\rvert > \lvert\sigma_3\rvert$ $\sigma_v = \sigma_2 - \nu\cdot(\sigma_1+\sigma_3)$ — $\sigma_2 > \sigma_3 > 0$, $\sigma_1 < 0$, $\lvert\sigma_2\rvert > \lvert\sigma_1\rvert$
Größte Schubspannung	Berechnung der Hauptspannungen σ_1, σ_2 und σ_3 über die Invarianten des Spannungstensors und dann Ermittlung von σ_v wie nebenstehend angegeben!	$\sigma_v = \sigma_1 - \sigma_3$ — $\sigma_1 > \sigma_2 > \sigma_3$ $\sigma_v = \sigma_1 - \sigma_2$ — $\sigma_1 > \sigma_3 > \sigma_2$ $\sigma_v = \sigma_2 - \sigma_3$ — $\sigma_2 > \sigma_1 > \sigma_3$ $\sigma_v = \sigma_2 - \sigma_1$ — $\sigma_2 > \sigma_3 > \sigma_1$ $\sigma_v = \sigma_3 - \sigma_1$ — $\sigma_3 > \sigma_2 > \sigma_1$ $\sigma_v = \sigma_3 - \sigma_2$ — $\sigma_3 > \sigma_1 > \sigma_2$
Größte Gestaltänderungsarbeit	$\sigma_v = [\sigma_x^2 + \sigma_y^2 + \sigma_z^2 - \sigma_x\cdot\sigma_y - \sigma_x\cdot\sigma_z - \sigma_y\cdot\sigma_z + 3(\tau_{xy}^2 + \tau_{xz}^2 + \tau_{yz}^2)]^{1/2}$	$\sigma_v = (\sigma_1^2 + \sigma_2^2 + \sigma_3^2 - \sigma_1\cdot\sigma_2 - \sigma_2\cdot\sigma_3 - \sigma_3\cdot\sigma_1)^{1/2}$

2. Allgemeiner Spannungszustand:
   (Normalspannungen $\sigma_x, \sigma_y, \sigma_z$; Schubspannungen $\tau_{xy}, \tau_{xz}, \tau_{yz}$)

$$\sigma_v = \sqrt{\sigma_x^2 + \sigma_y^2 + \sigma_z^2 - \sigma_x\cdot\sigma_y - \sigma_x\cdot\sigma_z - \sigma_y\cdot\sigma_z + 3(\tau_{xy}^2 + \tau_{xz}^2 + \tau_{yz}^2)} \qquad (3.51)$$

Zweiachsiger Spannungszustand:

1. Hauptspannungszustand (Hauptspanungen σ_1, σ_2)

$$\sigma_v = \sqrt{\tfrac{1}{2}\cdot[(\sigma_1 - \sigma_2)^2 + \sigma_2^2 + \sigma_1^2]} \qquad (3.52)$$

2. Allgemeiner Spannungszustand:
   (Normalspannungen σ_x, σ_y; Schubspannung τ_{xy})

$$\sigma_v = \sqrt{\sigma_x^2 + \sigma_y^2 - \sigma_x\cdot\sigma_y + 3\cdot\tau_{xy}^2} \qquad (3.53)$$

Tabelle 3.4. Vergleichsspannung nach der Hypothese der größten Gestaltänderungsarbeit

Vergleichsspannung nach der Hypothese der größten Gestaltänderungsarbeit (GE-Hypothese)		
Spannungszustand		Maß für die Höhe der Beanspruchung, d.h. σ_v (Vergleichsspannung)
einachsig	σ_1	σ_1
	σ_x, τ_{xy}	$\sqrt{\sigma_x^2 + 3\tau_{xy}^2}$
zweiachsig	σ_1, σ_2	$\sqrt{\sigma_1^2 + \sigma_2^2 - \sigma_1\sigma_2}$
	σ_x, σ_y, τ_{xy}	$\sqrt{\sigma_x^2 + \sigma_y^2 - \sigma_x\sigma_y + 3\tau_{xy}^2}$
	$\tau_{xy,max}$	$\sqrt{3}\ \tau_{xy,max}$
dreiachsig	σ_1, σ_2, σ_3	$\sqrt{\sigma_1^2 + \sigma_2^2 + \sigma_3^2 - \sigma_1\sigma_2 - \sigma_2\sigma_3 - \sigma_3\sigma_1}$
	σ_x, σ_y, σ_z, τ_{xy}, τ_{yz}, τ_{zx}	$\sqrt{\sigma_x^2 + \sigma_y^2 + \sigma_z^2 - \sigma_x\sigma_y - \sigma_y\sigma_z - \sigma_z\sigma_x + 3(\tau_{xy}^2 + \tau_{yz}^2 + \tau_{xz}^2)}$

σ_1, σ_2, σ_3 ⟶ Hauptspannungszustand
σ_x, σ_y, σ_z, τ_{xy}, τ_{yz}, τ_{xz} ⟶ allgemeiner Spannungszustand

3. Reine Schub- oder reine Torsionsbeanspruchung:
   (Maximale Schubspannung $\tau_{a,max}$ oder maximale Torsionsspannung $\tau_{t,max}$)

$$\sigma_v = \sqrt{3}\cdot\tau_{a,max} \quad \text{bzw.} \quad \sqrt{3}\cdot\tau_{t,max} \tag{3.54}$$

Einachsiger Spannungszustand:

1. Hauptspannungszustand (Hauptspannung σ_1):

$$\sigma_v = \sigma_1 \tag{3.55}$$

2. Allgemeiner Spannungszustand (Normalspannung σ_x; Schubspannung τ_{xy}):

$$\sigma_v = \sqrt{\sigma_x^2 + 3\cdot\tau_{xy}^2} \tag{3.56}$$

3.2.1.2 Hypothese der größten Normalspannung

Nach dieser Hypothese versagt ein Bauteil, wenn die dem Betrage nach größte Hauptnormalspannung des mehrachsigen Spannungszustandes einen werkstoffspezifischen Grenzwert – z.B. die Streckgrenze – überschreitet. Sie ist besonders bei Werkstoffen zu empfehlen, für die ein Trennbruch ohne vorherige plastische Verformung charakteristisch ist (z.B. bei Gußeisen oder gehärteten Stählen!). Ferner kann sie bei Bauteilen mit gehärteter Oberfläche und zähem Kern, bei denen auch ein Dauerbruch auftreten kann, oder bei Bauteilen, bei denen durch einen dreiachsigen Spannungszustand die Verformungsmöglichkeit des Werkstoffes stark eingeschränkt oder ganz unterbunden ist (z.B. durch Schweißnähte!), angewendet werden. Wenn diese Hypothese richtig wäre, müßten alle Bruchflächen senkrecht zur größten Normalspannung liegen; alle Brüche müßten also reine Trennbrüche sein!

Dreiachsiger Spannungszustand:

1. Hauptspannungszustand (Hauptspannungen σ_1, σ_2 und σ_3)

$$\sigma_v = |\sigma_{max}|$$

$$\sigma_v = |\sigma_1| \quad \text{für} \quad |\sigma_1| > |\sigma_2| \quad \text{und} \quad |\sigma_1| > |\sigma_3| \tag{3.57}$$

$$\sigma_v = |\sigma_2| \quad \text{für} \quad |\sigma_2| > |\sigma_1| \quad \text{und} \quad |\sigma_2| > |\sigma_3| \tag{3.58}$$

$$\sigma_v = |\sigma_3| \quad \text{für} \quad |\sigma_3| > |\sigma_1| \quad \text{und} \quad |\sigma_3| > |\sigma_2| \tag{3.59}$$

2. Allgemeiner Spannungszustand:
(Normalspannungen σ_x, σ_y, σ_z; Schubspannungen τ_{xy}, τ_{xz}, τ_{yz})

Ermittlung der drei Hauptspannungen σ_1, σ_2 und σ_3 aus σ_x, σ_y, σ_z, τ_{xy}, τ_{xz} und τ_{yz} über die drei Invarianten des räumlichen Spannungstensors. Es gelten folgende Bestimmungsgleichungen [15, 29]:

a) $$\sigma_x + \sigma_y + \sigma_z = \sigma_1 + \sigma_2 + \sigma_3 \tag{3.60}$$

b) $$\sigma_x \cdot \sigma_y + \sigma_y \cdot \sigma_z + \sigma_z \cdot \sigma_x - \tau_{xy}^2 - \tau_{yz}^2 - \tau_{xz}^2 = \sigma_1 \cdot \sigma_2 + \sigma_2 \cdot \sigma_3 + \sigma_1 \cdot \sigma_3 \tag{3.61}$$

c) $$\sigma_x \cdot \sigma_y \cdot \sigma_z - \sigma_x \cdot \tau_{yz}^2 - \sigma_y \cdot \tau_{xz}^2 - \sigma_z \cdot \tau_{xy}^2 + 2 \cdot \tau_{xy} \cdot \tau_{yz} \cdot \tau_{xz} = \sigma_1 \cdot \sigma_2 \cdot \sigma_3 \tag{3.62}$$

Vergleichsspannung:

$$\sigma_v = |\sigma_{max}| \text{ aus } |\sigma_1|, |\sigma_2| \text{ und } |\sigma_3| \tag{3.63}$$

Zweiachsiger Spannungszustand:

1. Hauptspannungszustand (Hauptspannungen σ_1, σ_2):

$$\sigma_v = |\sigma_1| \quad \text{für } |\sigma_1| > |\sigma_2|$$

$$\sigma_v = |\sigma_2| \quad \text{für } |\sigma_2| > |\sigma_1| \tag{3.64}$$

2. Allgemeiner Spannungszustand:
(Normalspannungen σ_x, σ_y; Schubspannung τ_{xy})

Ermittlung der beiden Hauptspannungen:

$$\sigma_1 = \tfrac{1}{2} \cdot (\sigma_x + \sigma_y) + \tfrac{1}{2} \cdot \sqrt{(\sigma_x - \sigma_y)^2 + 4 \cdot \tau_{xy}^2} \tag{3.65}$$

$$\sigma_2 = \tfrac{1}{2} \cdot (\sigma_x + \sigma_y) - \tfrac{1}{2} \cdot \sqrt{(\sigma_x - \sigma_y)^2 + 4 \cdot \tau_{xy}^2} \tag{3.66}$$

Vergleichsspannung:

$$\sigma_v = |\sigma_{max}| \text{ aus } |\sigma_1| \text{ und } |\sigma_2| \tag{3.67}$$

$$\sigma_v = \tfrac{1}{2}\cdot|\sigma_x + \sigma_y| + \tfrac{1}{2}\cdot\sqrt{(\sigma_x - \sigma_y)^2 + 4\cdot\tau_{xy}^2} \qquad (3.68)$$

3. Reine Schub- oder reine Torsionsbeanspruchung (maximale Schubspannung $\tau_{a,max}$ oder maximale Torsionsspannung $\tau_{t,max}$)

   Vergleichsspannung:

$$\sigma_v = \tau_{a,max} \quad \text{bzw.} \quad \tau_{t,max} \qquad (3.69)$$

Einachsiger Spannungszustand:

1. Hauptspannungszustand (Hauptspannung σ_1):
   Vergleichsspannung:

$$\sigma_v = |\sigma_1| \qquad (3.70)$$

2. Allgemeiner Spannungzustand (Normalspannung σ_x; Schubspannung τ_{xy}):
   Hauptspannungen:

$$\sigma_1 = \tfrac{1}{2}\cdot\sigma_x + \tfrac{1}{2}\cdot\sqrt{\sigma_x^2 + 4\cdot\tau_{xy}^2} \qquad (3.71)$$

$$\sigma_2 = \tfrac{1}{2}\cdot\sigma_x - \tfrac{1}{2}\cdot\sqrt{\sigma_x^2 + 4\cdot\tau_{xy}^2} \qquad (3.72)$$

   Vergleichsspannung:

$$\sigma_v = \tfrac{1}{2}\cdot|\sigma_x| + \tfrac{1}{2}\cdot\sqrt{\sigma_x^2 + 4\cdot\tau_{xy}^2} \qquad (3.73)$$

3.2.1.3 Hypothese der größten Schubspannung

Nach dieser Hypothese versagt das Bauteil, wenn der Werkstoff durch die größte auftretende Schubspannung (Hauptschubspannung!) über eine werkstoffspezifische Grenze hinaus beansprucht wird. Die plastischen Verformungen erfolgen durch Schubspannungen. Die maximale Schubspannung hat somit beim Bruchvorgang den entscheidenden Anteil. Als Vergleichsspannung σ_v gilt dann diejenige einachsige Spannung, bei der die gleichgroße maximale Schubspannung auftritt wie bei dem in der Praxis vorliegenden mehrachsigen Spannungszustand. Nach den Gesetzen der Mechanik zeigt sich, daß die mittlere Normalspannung keinen Einfluß auf den Bruchvorgang hat. Diese Hypothese wird bei verformungsfähigen und bei spröden Werkstoffen angewendet, bei denen ein Gleitbruch auftreten kann. Bei spröden Werkstoffen tritt ein Gleitbruch nur bei überwiegender Druckbeanspruchung auf.

Dreiachsiger Spannungszustand:

1. Hauptspannungszustand (Hauptspannungen $\sigma_1, \sigma_2, \sigma_3$):

$$\sigma_v = \sigma_{max} - \sigma_{min} = 2\cdot\tau_{max} \qquad (3.74)$$

   mit σ_{max} und σ_{min} aus σ_1, σ_2 und σ_3

$$\sigma_v = \sigma_1 - \sigma_3 = 2\cdot\tau_{max} \text{ bei } \sigma_1 > \sigma_2 > \sigma_3 > 0 \qquad (3.75)$$

2. Allgemeiner Spannungszustand:
   (Normalspannungen σ_x, σ_y, σ_z; Schubspannungen τ_{xy}, τ_{xz}, τ_{yz})

Ermittlung der drei Hauptspannungen σ_1, σ_2 und σ_3 aus σ_x, σ_y, σ_z, τ_{xy}, τ_{xz} und τ_{yz} über die drei Invarianten des räumlichen Spannungstensors (siehe Hypothese der größten Normalspannung!).
Vergleichsspannung:

$$\sigma_v = \sigma_{max} - \sigma_{min} = 2 \cdot \tau_{max} \tag{3.76}$$

mit σ_{max} und σ_{min} aus σ_1, σ_2 und σ_3.

Zweiachsiger Spannungszustand:

1. Hauptspannungszustand (Hauptspannungen σ_1, σ_2):
Vergleichsspannung:

$$\sigma_v = |\sigma_1| \text{ bei } \sigma_1 > \sigma_2 > 0 \quad \text{und } \sigma_1 < \sigma_2 < 0 \tag{3.77}$$

$$\sigma_v = |\sigma_2| \text{ bei } \sigma_2 > \sigma_1 > 0 \quad \text{und } \sigma_2 < \sigma_1 < 0 \tag{3.78}$$

$$\sigma_v = \sigma_1 - \sigma_2 \text{ bei } \sigma_1 > 0 \quad \text{und } \sigma_2 < 0 \tag{3.79}$$

$$\sigma_v = \sigma_2 - \sigma_1 \text{ bei } \sigma_2 > 0 \quad \text{und } \sigma_1 < 0 \tag{3.80}$$

2. Allgemeiner Spannungszustand:
(Normalspannungen σ_x, σ_y; Schubspannung τ_{xy})

1. Fall:

$$\sigma_x \cdot \sigma_y > \tau_{xy}^2$$

Folgerung für die Hauptspannungen:

$$\sigma_1 = \tfrac{1}{2} \cdot (\sigma_x + \sigma_y) + \tfrac{1}{2} \cdot \sqrt{(\sigma_x - \sigma_y)^2 + 4 \cdot \tau_{xy}^2} \tag{3.81}$$

$$\sigma_2 = \tfrac{1}{2} \cdot (\sigma_x + \sigma_y) - \tfrac{1}{2} \cdot \sqrt{(\sigma_x - \sigma_y)^2 + 4 \cdot \tau_{xy}^2} \tag{3.82}$$

$$\sigma_1 \geqq 0; \quad \sigma_2 \geqq 0; \quad \sigma_3 = 0$$

Folgerung für die drei Hauptschubspannungen:

$$\tau_1 = \frac{\sigma_2 - \sigma_3}{2} = \frac{\sigma_2}{2} \tag{3.83}$$

$$\tau_2 = \frac{\sigma_1 - \sigma_3}{2} = \frac{\sigma_1}{2} \tag{3.84}$$

$$\tau_3 = \frac{\sigma_1 - \sigma_2}{2} \tag{3.85}$$

Maximale Hauptspannung:

$$\tau_{max} = \tau_2 = \frac{\sigma_1}{2} \tag{3.86}$$

Vergleichsspannung:

$$\sigma_v = 2 \cdot \tau_{max} = \sigma_1 \tag{3.87}$$

bzw.

$$\sigma_v = \tfrac{1}{2}\cdot(\sigma_x + \sigma_y) + \tfrac{1}{2}\cdot\sqrt{(\sigma_x - \sigma_y)^2 + 4\cdot\tau_{xy}^2} \tag{3.88}$$

2. Fall:

$$\sigma_x \cdot \sigma_y \leqq \tau_{xy}^2$$

Folgerung für die drei Hauptspannungen:

$$\sigma_1 = \tfrac{1}{2}\cdot(\sigma_x + \sigma_y) + \tfrac{1}{2}\cdot\sqrt{(\sigma_x - \sigma_y)^2 + 4\cdot\tau_{xy}^2} \tag{3.89}$$

$$\sigma_2 = \tfrac{1}{2}\cdot(\sigma_x + \sigma_y) - \tfrac{1}{2}\cdot\sqrt{(\sigma_x - \sigma_y)^2 + 4\cdot\tau_{xy}^2} \tag{3.90}$$

$$\sigma_1 \geqq 0; \quad \sigma_2 \leqq 0; \quad \sigma_3 = 0$$

Folgerung für die drei Hauptschubspannungen:

$$\tau_1 = \frac{\sigma_1}{2} \tag{3.91}$$

$$\tau_2 = \frac{\sigma_2}{2} \tag{3.92}$$

$$\tau_3 = \frac{\sigma_1 - \sigma_2}{2} \tag{3.93}$$

Maximale Hauptschubspannung:

$$\tau_{max} = \tau_3 = \frac{\sigma_1 - \sigma_2}{2} \tag{3.94}$$

Vergleichsspannung:

$$\sigma_v = 2\cdot\tau_{max} = \sigma_1 - \sigma_2 \tag{3.95}$$

bzw.

$$\sigma_v = \sqrt{(\sigma_x - \sigma_y)^2 + 4\cdot\tau_{xy}^2} \tag{3.96}$$

3. Fall:

$$\sigma_x \cdot \sigma_y \geqq \tau_{xy}^2$$

Folgerung für die Hauptspannungen:

$$\sigma_1 = \tfrac{1}{2}\cdot(\sigma_x + \sigma_y) + \tfrac{1}{2}\cdot\sqrt{(\sigma_x - \sigma_y)^2 + 4\cdot\tau_{xy}^2} \tag{3.97}$$

$$\sigma_2 = \tfrac{1}{2}\cdot(\sigma_x + \sigma_y) - \tfrac{1}{2}\cdot\sqrt{(\sigma_x - \sigma_y)^2 + 4\cdot\tau_{xy}^2} \tag{3.98}$$

$$\sigma_1 \leqq 0; \ \sigma_2 \leqq 0; \ \sigma_3 = 0$$

und $|\sigma_2| > |\sigma_1|$

Folgerung für die drei Hauptschubspannungen:

$$\tau_1 = \frac{\sigma_2 - \sigma_3}{2} = \frac{|\sigma_2|}{2} \tag{3.99}$$

$$\tau_2 = \frac{\sigma_1 - \sigma_3}{2} = \frac{|\sigma_1|}{2} \tag{3.100}$$

$$\tau_3 = \frac{\sigma_1 - \sigma_2}{2} = \frac{|\sigma_1 - \sigma_2|}{2} \tag{3.101}$$

Maximale Hauptschubspannung:

$$\tau_{max} = \tau_1 = \frac{|\sigma_2|}{2} \tag{3.102}$$

Vergleichsspannung:

$$\sigma_v = 2 \cdot \tau_{max} = |\sigma_2| \tag{3.103}$$

bzw.

$$\sigma_v = |\tfrac{1}{2} \cdot (\sigma_x + \sigma_y) - \tfrac{1}{2} \cdot \sqrt{(\sigma_x - \sigma_y)^2 + 4\tau_{xy}^2}| \tag{3.104}$$

3. Reine Schub- oder reine Scherbeanspruchung:
   (maximale Schubspannung $\tau_{a,max}$ oder maximale Torsionsspannung $\tau_{t,max}$)

   Vergleichsspannung:

$$\sigma_v = 2 \cdot \tau_{a,max} \quad \text{bzw.} \ 2 \cdot \tau_{t,max} \tag{3.105}$$

Einachsiger Spannungszustand:
1. Hauptspannungszustand (Hauptspannung σ_1):
   Vergleichsspannung:

$$\sigma_v = |\sigma_1| \tag{3.106}$$

2. Allgemeiner Spannungszustand (Normalspannung σ_x; Schubspannung τ_{xy}):

   Vergleichsspannung:

$$\sigma_v = \sqrt{\sigma_x^2 + 4 \cdot \tau_{xy}^2} \tag{3.107}$$

Bei Anwendung der Schubspannungshypothese ist nach Bild 3.18 eine zweiachsige

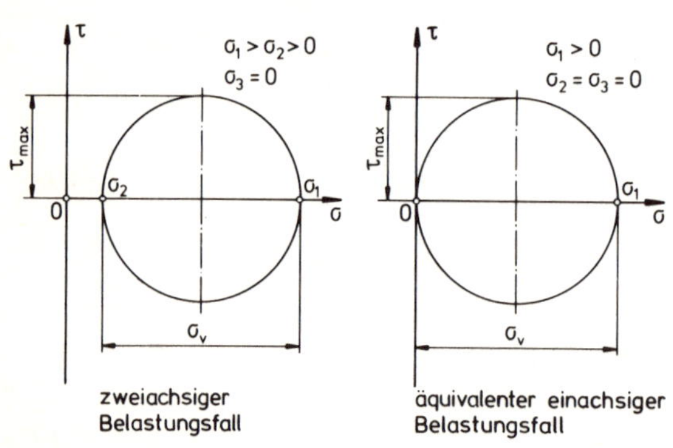

Bild 3.18. Äquivalenz eines zwei- und eines einachsigen Spannungszustandes bei Beachtung der Schubspannungshypothese

Beanspruchung in ihrer Auswirkung bezüglich der Anstrengung des Werkstoffes mit einem einachsigen Spannungszustand vergleichbar, wenn die maximalen Schubspannungen gleich groß sind.

3.2.1.4 Hypothese der größten Dehnung oder Kürzung

Nach dieser Hypothese versagt das Bauteil dann, wenn die Längenänderung (Dehnung oder Stauchung!) einen werkstoffspezifischen maximal zulässigen Wert überschreitet. Sie berücksichtigt dabei über die Querkontraktionszahl ν (= Reziprokwert der Poisson-Zahl!) die bei einer Längsdehnung auftretende Querkürzung oder die bei einer Längskürzung auftretende Querdehnung. Die Vergleichsspannung σ_v ist diejenige einachsige Spannung, die in jeder Hauptachsenrichtung dieselbe Dehnung ε bewirkt wie der in der Praxis vorliegende mehrachsige Spannungszustand. Diese Hypothese wurde in Versuchen nicht bestätigt und ist daher heute kaum noch in Anwendung.

Dehnungen in den drei Hauptspannungsrichtungen:
(Hauptspannungen σ_1, σ_2, σ_3 mit $\sigma_1 > \sigma_2 > \sigma_3$)

$$\varepsilon_1 = \frac{1}{E} \cdot [\sigma_1 - \nu \cdot (\sigma_2 + \sigma_3)] \tag{3.108}$$

$$\varepsilon_2 = \frac{1}{E} \cdot [\sigma_2 - \nu \cdot (\sigma_1 + \sigma_3)] \tag{3.109}$$

$$\varepsilon_3 = \frac{1}{E} \cdot [\sigma_3 - \nu \cdot (\sigma_1 + \sigma_2)] \tag{3.110}$$

Zusammenhang zwischen Hauptspannungen und Dehnungen in den Hauptspannungsrichtungen:

$$\sigma_1 = \frac{E}{1+\nu} \cdot \left[\varepsilon_1 + \frac{\nu}{1 - 2 \cdot \nu} \cdot (\varepsilon_1 + \varepsilon_2 + \varepsilon_3) \right] \tag{3.111}$$

$$\sigma_2 = \frac{E}{1+\nu} \cdot \left[\varepsilon_2 + \frac{\nu}{1 - 2 \cdot \nu} \cdot (\varepsilon_1 + \varepsilon_2 + \varepsilon_3) \right] \tag{3.112}$$

$$\sigma_3 = \frac{E}{1+\nu} \cdot \left[\varepsilon_3 + \frac{\nu}{1 - 2 \cdot \nu} \cdot (\varepsilon_1 + \varepsilon_2 + \varepsilon_3) \right] \tag{3.113}$$

Dreiachsiger Spannungszustand:

1. Hauptspannungszustand (Hauptspannungen σ_1, σ_2, σ_3):

$$\sigma_v = E \cdot |\varepsilon_i|_{max} \tag{3.114}$$

mit $|\varepsilon_i|_{max}$ = Maximum aus $|\varepsilon_1|$, $|\varepsilon_2|$ und $|\varepsilon_3|$

$$\sigma_v = \max[|\sigma_1 - \nu \cdot (\sigma_2 + \sigma_3)|, \ |\sigma_2 - \nu \cdot (\sigma_1 + \sigma^3)|, \ |\sigma_3 - \nu \cdot (\sigma_1 + \sigma_2)|] \tag{3.115}$$

Im einzelnen gelten für die Vergleichsspannung gemäß Bild 3.19 folgende Beziehungen:

a) $\sigma_1 > \sigma_2 > \sigma_3 \geqq 0$

$$\sigma_v = |\sigma_1 - \nu \cdot (\sigma_2 + \sigma_3)| \tag{3.116}$$

b) $\sigma_1 > \sigma_2 > 0;\ \sigma_3 < 0$

$|\sigma_1| > |\sigma_3|$

$$\sigma_v = |\sigma_1 - \nu \cdot (\sigma_2 + \sigma_3)| \tag{3.117}$$

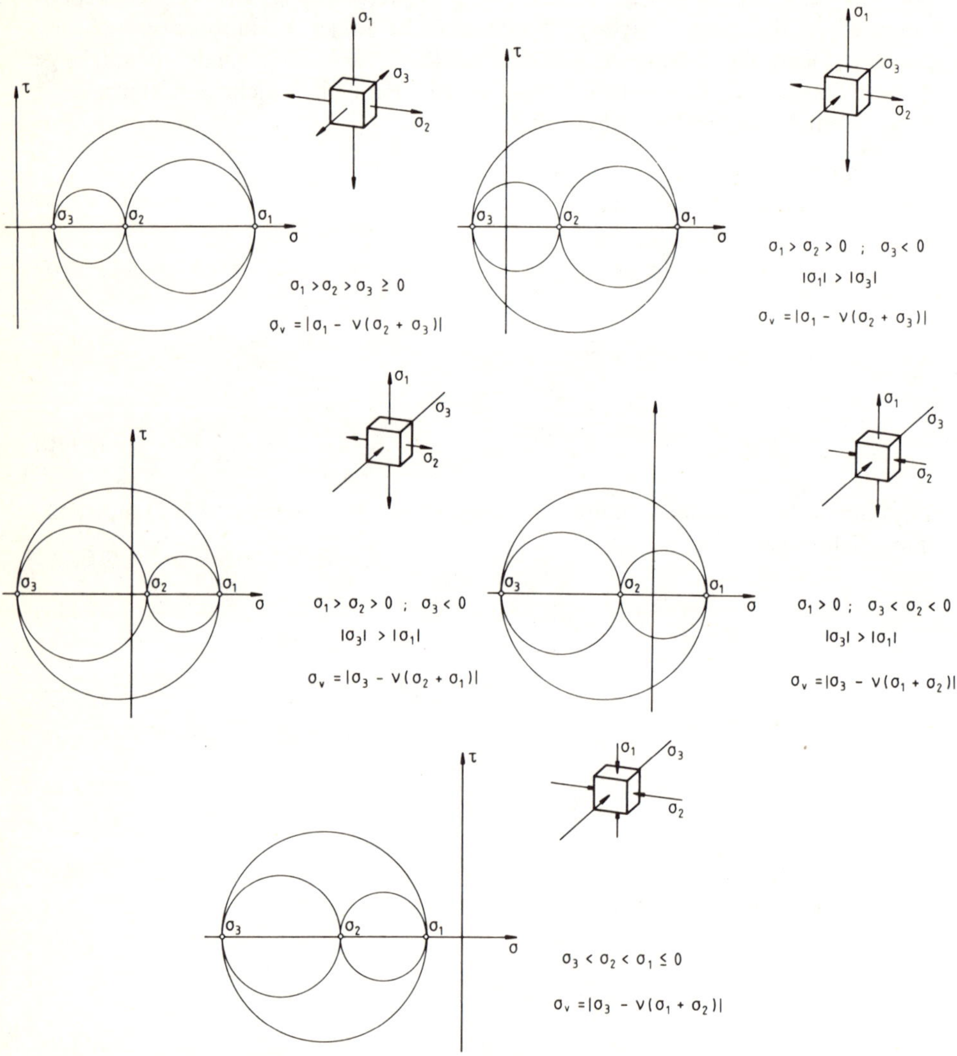

Bild 3.19. Mohrsche Spannungskreise bei unterschiedlichen Hauptspannungen und Berücksichtigung der Hypothese der größten Dehnung oder Kürzung

c) $\sigma_1 > \sigma_2 > 0;\ \sigma_3 < 0$

$|\sigma_3| > |\sigma_1|$

$$\sigma_v = |\sigma_3 - \nu\cdot(\sigma_1 + \sigma_2)| \tag{3.118}$$

d) $\sigma_1 > 0;\ \sigma_3 < \sigma_2 < 0$

$|\sigma_3| > |\sigma_1|$

$$\sigma_v = |\sigma_3 - \nu\cdot(\sigma_1 + \sigma_2)| \tag{3.119}$$

e) $\sigma_3 < \sigma_2 < \sigma_1 \leqq 0$

$$\sigma_v = |\sigma_3 - \nu\cdot(\sigma_1 + \sigma_2)| \tag{3.120}$$

2. Allgemeiner Spannungszustand:
(Normalspannungen σ_x, σ_y, σ_z; Schubspannungen τ_{xy}, τ_{xz}, τ_{yz})

Ermittlung der drei Hauptspannungen σ_1, σ_2 und σ_3 aus $\sigma_x, \sigma_y, \sigma_z, \tau_{xy}, \tau_{xz}$ und τ_{yz} über die drei Invarianten des räumlichen Spannungstensors (siehe Hypothese der größten Normalspannung!)

Vergleichsspannung:

$$\sigma_v = \max[|\sigma_1 - \nu\cdot(\sigma_2 + \sigma_3)|,\ |\sigma_2 - \nu\cdot(\sigma_1 + \sigma_3)|,\ |\sigma_3 - \nu\cdot(\sigma_1 + \sigma_2)|] \tag{3.121}$$

Zweiachsiger Spannungszustand:

1. Hauptspannungszustand (Hauptspannungen σ_1, σ_2):

Vergleichsspannung:

$$\sigma_v = |\sigma_1 - \nu\cdot\sigma_2| \quad \text{für } |\sigma_1| > |\sigma_2| \tag{3.122}$$

$$\sigma_v = |\sigma_2 - \nu\cdot\sigma_1| \quad \text{für } |\sigma_2| > |\sigma_1| \tag{3.123}$$

2. Allgemeiner Spannungszustand:
(Normalspannungen σ_x, σ_y; Schubspannung τ_{xy})

Hauptspannungen σ_1 und σ_2 aus den drei Invarianten des Spannungstensors:

$$\sigma_1 = \tfrac{1}{2}\cdot(\sigma_x + \sigma_y) + \tfrac{1}{2}\cdot\sqrt{(\sigma_x - \sigma_y)^2 + 4\cdot\tau_{xy}^2} \tag{3.124}$$

$$\sigma_2 = \tfrac{1}{2}\cdot(\sigma_x + \sigma_y) - \tfrac{1}{2}\cdot\sqrt{(\sigma_x - \sigma_y)^2 + 4\cdot\tau_{xy}^2} \tag{3.125}$$

Dehnungen in den Hauptspannungsrichtungen:

$$\varepsilon_1 = \frac{1-\nu}{2E}\cdot(\sigma_x + \sigma_y) + \frac{1+\nu}{2E}\cdot\sqrt{(\sigma_x - \sigma_y)^2 + 4\tau_{xy}^2} \tag{3.126}$$

$$\varepsilon_2 = \frac{1-\nu}{2E}\cdot(\sigma_x + \sigma_y) - \frac{1+\nu}{2E}\cdot\sqrt{(\sigma_x - \sigma_y)^2 + 4\tau_{xy}^2} \tag{3.127}$$

$$\varepsilon_3 = -\frac{\nu}{E}\cdot(\sigma_x + \sigma_y) \tag{3.128}$$

Betragsmäßig größte Dehnung in den Hauptspannungsrichtungen:

$$|\varepsilon_i|_{max} = \frac{1-\nu}{2E} \cdot |(\sigma_x + \sigma_y)| + \frac{1+\nu}{2E} \cdot \sqrt{(\sigma_x - \sigma_y)^2 + 4\tau_{xy}^2} \quad (3.129)$$

Vergleichsspannung:

$$\sigma_v = \frac{1-\nu}{2} \cdot |(\sigma_x + \sigma_y)| + \frac{1+\nu}{2} \cdot \sqrt{(\sigma_x - \sigma_y)^2 + 4\tau_{xy}^2} \quad (3.130)$$

3. Reine Schub- oder reine Torsionsbeanspruchung:
(maximale Scherspannung $\tau_{a,max}$ oder maximale Torsionsspannung $\tau_{t,max}$)
Vergleichsspannung:

$$\sigma_v = (1+\nu) \cdot \tau_{a,max} \quad \text{bzw.} \quad (1+\nu) \cdot \tau_{t,max} \quad (3.131)$$

Einachsiger Spannungszustand:

1. Hauptspannungszustand (Hauptspannung σ_1):
Vergleichsspannung:

$$\sigma_v = |\sigma_1| \quad (3.132)$$

2. Allgemeiner Spannungszustand:
(Normalspannung σ_x; Schubspannung τ_{xy})

$$\sigma_v = \frac{1-\nu}{2} \cdot |\sigma_x| + \frac{1+\nu}{2} \cdot \sqrt{\sigma_x^2 + 4\tau_{xy}^2} \quad (3.133)$$

Dabei sind:

$$\nu = \left|\frac{\varepsilon_q}{\varepsilon_l}\right| = \frac{1}{m} = \text{Querkontraktionszahl} = \text{Reziprokwert der Poisson-Zahl}, \quad (3.134)$$

$\varepsilon_q = \frac{d_1 - d_0}{d_0}$ = Querkontraktion,

$\varepsilon_l = \frac{l_1 - l_0}{l_0}$ = Längsdehnung,

d_1 = Durchmesser nach der Beanspruchung,
d_0 = Durchmesser vor der Beanspruchung,
l_1 = Länge nach der Beanspruchung,
l_0 = Länge vor der Beanspruchung.

3.2.2 Graphische Darstellung der Versagenshypothesen beim zweiachsigen Hauptspannungszustand

Beim zweiachsigen oder ebenen Hauptspannungszustand sind σ_1 und σ_2 bekannt und stehen senkrecht aufeinander. Die Hauptspannung σ_3 hat den Wert $\sigma_3 = 0$.

Es wird angenommen, daß das Versagen eines Bauteils mit Beginn der plastischen Verformung eintritt. Diese plastische Verformung liegt vor, wenn das

Bauteil im einachsigen Beanspruchungszustand über die Streckgrenze (Zug!) R_e (= Fließgrenze!) bzw. Quetschgrenze (Druck!) R_{ed}, Biegefließgrenze (Biegung!) σ_{bF} und Torsionsfließgrenze (Torsion!) τ_{tF} beansprucht wird. Bei Werkstoffen, die keine ausgeprägte Streckgrenze aufweisen, kann anstelle der Streck- oder Fließgrenze auch die 0,2%-Dehngrenze $R_{p0,2}$ eingesetzt werden. Da die Vergleichsspannung nach den unterschiedlichen Hypothesen als Analogon zur einachsigen Spannung beim Zugversuch ermittelt wird, kann der Grenzfall für das Versagen eines Bauteils bei mehrachsiger Beanspruchung durch die Beziehung

$$\sigma_v = \text{Streckgrenze} = R_e \tag{3.135}$$

bzw.

$$\sigma_v = 0{,}2\,\%\text{-Dehngrenze} = R_{p0,2} \tag{3.136}$$

bestimmt werden. Zur Veranschaulichung der einzelnen Versagenshypothesen werden die Hauptspannungen σ_1 und σ_2 als reine algebraische Größen (keine Vorzeichenberücksichtigung!) benutzt und die σ_v-Kurven in Abhängigkeit von den Hauptspannungen, die an den Koordinaten angetragen werden, eingezeichnet [28, 29, 30]. Für die Vergleichsspannung σ_v wird der Wert der Streckgrenze R_e bzw. der 0,2%-Dehngrenze $R_{p0,2}$ berücksichtigt. Bei Zug- und bei Druckbeanspruchung wird die gleiche Streckgrenze oder gleiche 0,2%-Dehngrenze angenommen. Diese Streckgrenzenwerte $\pm R_e$ bzw. diese 0,2%-Dehngrenzenwerte $\pm R_{p0,2}$ sind in dem σ_1-σ_2-Koordinatensystem durch Parallelen zu den Koordinatenachsen markiert. Der so entstehende quadratische Bereich schließt die Spannungszustände ein, bei denen unter der Voraussetzung der Anwendbarkeit der einzelnen Hypothesen keine plastischen Verformungen auftreten.

Hypothese der größten Normalspannung

Nach dieser Hypothese setzt bei mehrachsiger Beanspruchung eine plastische Deformation dann ein, wenn die betragsmäßig größte Hauptnormalspannung $|\sigma_i|_{max}$ gleich der Streckgrenze oder gleich der 0,2%-Dehngrenze aus dem Zugversuch wird. Für die Grenzkurven im σ_1, σ_2-Koordinatensystem gelten für die einsetzende plastische Deformation gemäß Bild 3.20 folgende Beziehungen:

$$\begin{aligned}
\sigma_1 &= R_e && \text{für } \sigma_1 > 0, && \sigma_2 \gtreqless 0 && \text{und } \sigma_2 < \sigma_1;\\
\sigma_1 &= -R_e && \text{für } \sigma_1 < 0, && \sigma_2 \gtreqless 0 && \text{und } \sigma_1 < \sigma_2;\\
\sigma_2 &= R_e && \text{für } \sigma_2 > 0, && \sigma_1 \gtreqless 0 && \text{und } \sigma_1 < \sigma_2;\\
\sigma_2 &= -R_e && \text{für } \sigma_2 < 0, && \sigma_1 \gtreqless 0 && \text{und } \sigma_2 < \sigma_1.
\end{aligned} \tag{3.137}$$

Ist der Betrag für die Quetschgrenze R_{ed} bei Druckbeanspruchung größer als der Betrag der Fließgrenze R_e bei Zugbeanspruchung, so ergibt sich der in Bild 3.20 gestrichelt umrandete Bereich für die zulässige elastische Verformung.

Hypothese der größten Schubspannung

Nach dieser Hypothese setzt bei mehrachsiger Beanspruchung eine plastische Deformation dann ein, wenn die betragsmäßig größte Hauptschubspannung $|\tau_i|_{max}$

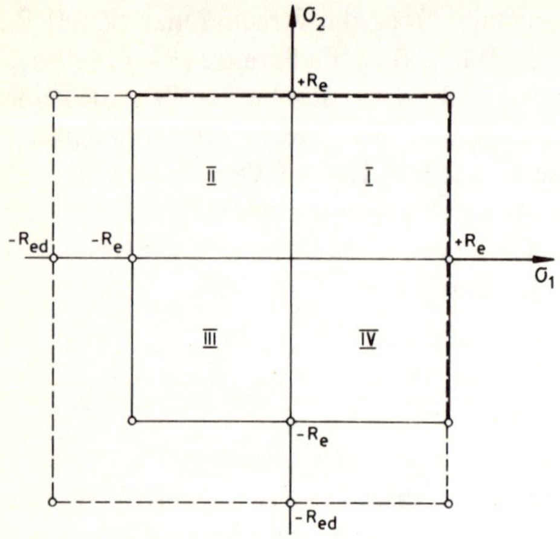

Bild 3.20. Zulässige Vergleichsspannung σ_v in Abhängigkeit von den Hauptspannungen σ_1 und σ_2 nach der Versagenshypothese der größten Normalspannung (I, ..., IV = Nr. des Quadranten).

gleich der Hauptschubspannung im Zugversuch bei Erreichen der Streckgrenze oder der 0,2%-Dehngrenze wird. Die Grenzkurven im σ_1-σ_2-Koordinatensystem für die einsetzende plastische Deformation lauten (Bild 3.21):

$$\begin{aligned}
\sigma_1 &= R_e && \text{für } \sigma_1 > \sigma_2 > 0;\\
\sigma_1 &= -R_e && \text{für } \sigma_1 < \sigma_2 < 0;\\
\sigma_2 &= R_e && \text{für } \sigma_2 > \sigma_1 > 0;\\
\sigma_2 &= -R_e && \text{für } \sigma_2 < \sigma_1 < 0;\\
\sigma_2 &= \sigma_1 + R_e && \text{für } \sigma_2 > \sigma_1, \sigma_1 < 0 \text{ und } \sigma_2 > 0;\\
\sigma_2 &= \sigma_1 - R_e && \text{für } \sigma_2 < \sigma_1, \sigma_1 > 0 \text{ und } \sigma_2 < 0.
\end{aligned} \tag{3.138}$$

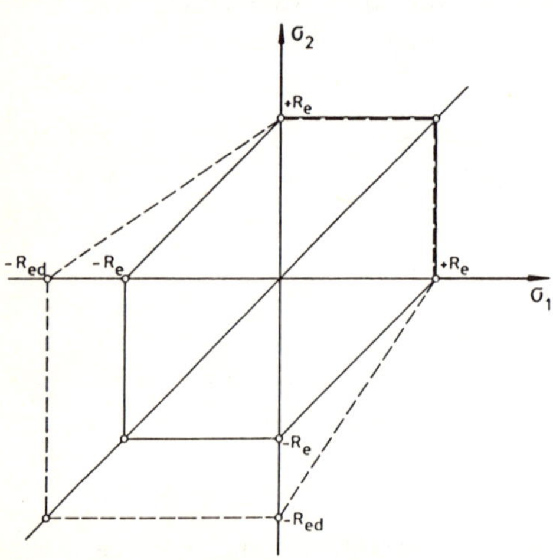

Bild 3.21. Zulässige Vergleichsspannung σ_v in Abhängigkeit von den Hauptspannungen σ_1 und σ_2 nach der Versagenshypothese der größten Schubspannung

Im 1. und 3. Quadranten des σ_1-σ_2-Koordinatensystems bleibt der Bereich der nicht einsetzenden plastischen Verformung im Vergleich zur Hypothese der größten Normalspannung in voller Höhe bestehen, aber im 2. und 4. Quadranten wird er genau halbiert durch die Geraden $\sigma_2 = \sigma_1 \pm R_e$. Ist die Quetschgrenze R_{ed} dem Betrage nach größer als der Betrag der Fließgrenze R_e, so ergibt sich in Bild 3.21 der gestrichelt markierte Bereich für die zulässige elastische Verformung.

Hypothese der größten Dehnung oder Kürzung

Nach dieser Hypothese beginnt die plastische Deformation infolge eines mehrachsigen Spannungszustandes dann, wenn die betragsmäßig größte Hauptnormaldehnung $|\varepsilon_i|_{max}$ gleich der Hauptnormaldehung im Zugversuch bei Erreichen der Streckgrenze oder der 0,2%-Dehngrenze wird. Die Grenzkurven im σ_1-σ_2-Koordinatensystem gemäß Bild 3.22 für die einsetzende plastische Deformation sind:

$$\begin{aligned}
\sigma_2 &= \frac{\sigma_1 - R_e}{\nu} && \text{für } \frac{R_e}{1+\nu} \leqq \sigma_1 \leqq \frac{R_e}{1-\nu}; \sigma_2 \gtreqqless 0 && \text{und } \sigma_1 > \sigma_2;\\
\sigma_2 &= \frac{\sigma_1 + R_e}{\nu} && \text{für } -\frac{R_e}{1-\nu} \leqq \sigma_1 \leqq \frac{R_e}{1+\nu}; \sigma_2 \gtreqqless 0 && \text{und } \sigma_2 > \sigma_1;\\
\sigma_2 &= \nu\cdot\sigma_1 + R_e && \text{für } -\frac{R_e}{1+\nu} \leqq \sigma_1 \leqq \frac{R_e}{1-\nu}; \sigma_2 > 0 && \text{und } \sigma_2 > \sigma_1;\\
\sigma_2 &= \nu\cdot\sigma_1 - R_e && \text{für } -\frac{R_e}{1-\nu} \leqq \sigma_1 \leqq \frac{R_e}{1+\nu}; \sigma_2 < 0 && \text{und } \sigma_1 > \sigma_2.
\end{aligned} \tag{3.139}$$

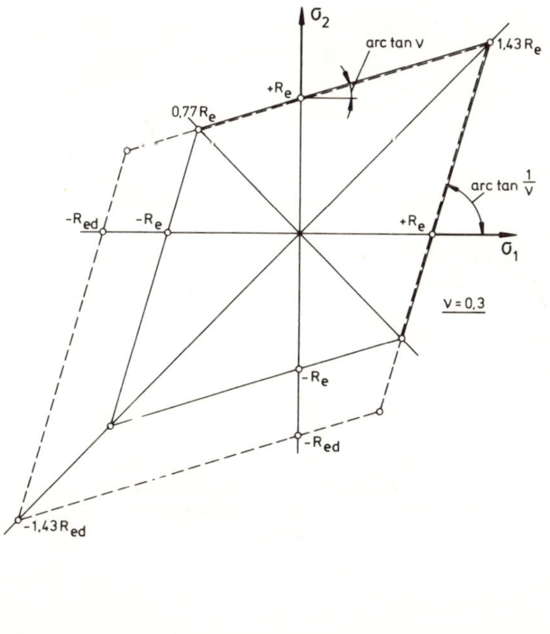

Bild 3.22. Zulässige Vergleichsspannung σ_v in Abhängigkeit von den Hauptspannungen σ_1 und σ_2 nach der Versagenshypothese der größten Dehnung oder Kürzung

Die Hauptspannungen σ_1 und σ_2, die keine plastische Verformung bewirken, liegen also innerhalb von Geraden, die die Abszisse (σ_1-Achse) in den Punkten $\sigma_1 = \pm R_e$ unter einem Winkel arctan(1/ν) und die Ordinate (σ_2-Achse) in den Punkten $\sigma_2 = \pm R_e$ unter einem Winkel arctan(ν) schneiden. Der Bereich der nichtplastischen, d.h. elastischen Verformung, entspricht der Fläche einer gleichseitigen Raute, deren Achsen die Geraden $\sigma_2 = \pm \sigma_1$ sind. Ist die Quetschgrenze R_{ed} dem Betrage nach größer als der Betrag der Streckgrenze R_e, so ergibt sich in Bild 3.22 eine Vergrößerung des Bereiches für die zulässige elastische Verformung gemäß der gestrichelt eingezeichneten Linien.

Hypothese der größten Gestaltänderungsenergie

Nach dieser Hypothese setzt plastische Verformung infolge eines mehrachsigen Spannungszustandes dann ein, wenn die Gestaltänderungsenergie die Größe der einachsigen Gestaltänderungsenergie im Zugversuch bei Erreichen der Streckgrenze R_e oder 0,2%-Dehngrenze $R_{p0,2}$ annimmt. Die Grenze für die beginnende plastische Deformation im σ_1-σ_2-Koordinatensystem wird durch die Beziehung

$$\sigma_2 = \frac{\sigma_1}{2} \pm \sqrt{R_e^2 - \tfrac{3}{4}\cdot\sigma_1^2} \tag{3.140}$$

festgelegt und hat die Form einer Ellipse (Bild 3.23).

Die Hauptspannungen σ_1 und σ_2, die keine plastischen Verformungen bewirken, liegen somit innerhalb einer Ellipse mit den Symmetrieachsen $\sigma_2 = \pm \sigma_1$, der großen Halbachse $\sqrt{2}\cdot R_e$ und der kleinen Halbachse $\sqrt{\tfrac{2}{3}}\cdot R_e$. Bei einem Werkstoff, dessen Quetschgrenze R_{ed} dem Betrage nach größer ist als der Betrag der Streckgrenze R_e, liegt der Bereich der Spannungszustände für die zulässige elastische Verformung innerhalb der gestrichelt eingezeichneten Linien.

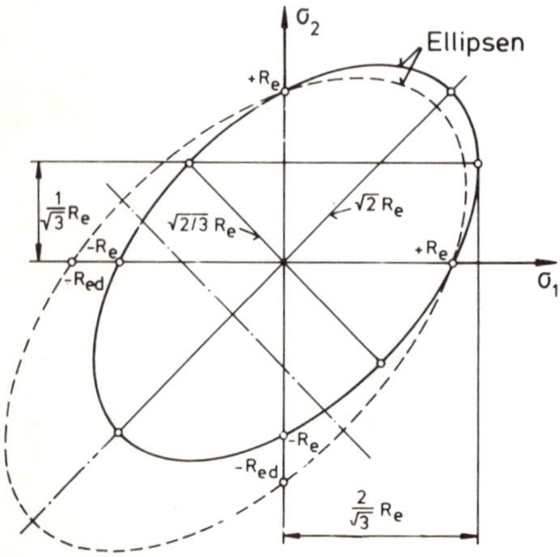

Bild 3.23. Zulässige Vergleichsspannung σ_v in Abhängigkeit von den Hauptspannungen σ_1 und σ_2 nach der Versagenshypothse der größten Gestaltänderungsarbeit

3.2.3 Graphische Darstellung des mehrachsigen Spannungszustandes

Liegt ein allgemeiner Spannungszustand vor, der durch seine drei Hauptspannungen (σ_1, σ_2 und σ_3) bestimmt ist, so können in den drei durch die Hauptspannungen aufgespannten Ebenen (Hauptebenen!) Mohrsche Spannungskreise konstruiert werden. Die Koordinaten der Peripherie dieser in der σ_1-σ_2-Ebene, σ_2-σ_3-Ebene und σ_1-σ_3-Ebene liegenden Spannungskreise geben wie beim eindimensionalen Belastungsfall die Normal- und die Schubspannungen der einzelnen Stellen an.

Der allgemeine Fall des dreiachsigen Spannungszustandes wird somit durch die Kombination von drei Spannungskreisen beschrieben. Die perspektivische Darstellung der drei Spannungskreise ist in Bild 3.24 ersichtlich [30]. Werden diese drei Spannungskreise in eine der drei Hauptebenen (z.B. σ_1-σ_3-Ebene) geklappt, so ergibt sich die im Maschinenbau übliche ebene Darstellung des räumlichen Spannungszustandes (Bild 3.25).

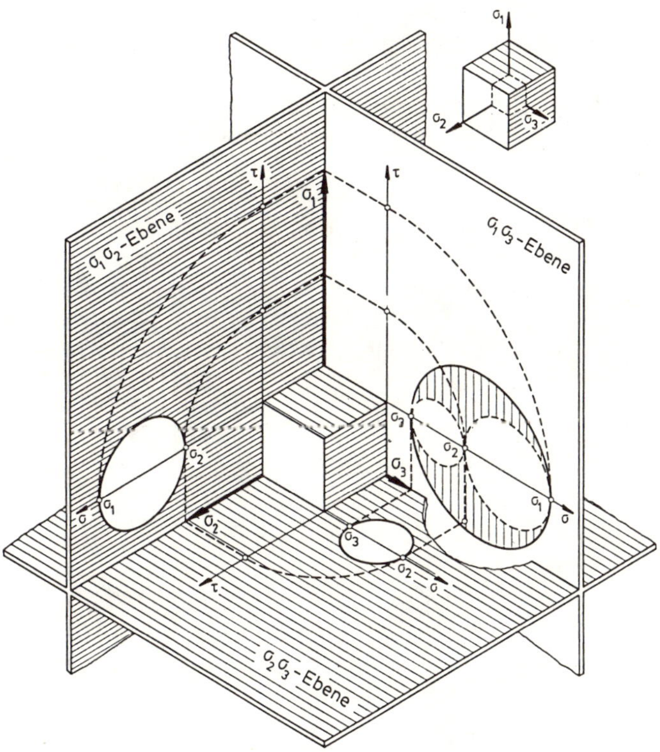

Bild 3.24. Perspektivische Darstellung der Mohrschen Spannungskreise in den drei Hauptspannungsebenen nach [30]

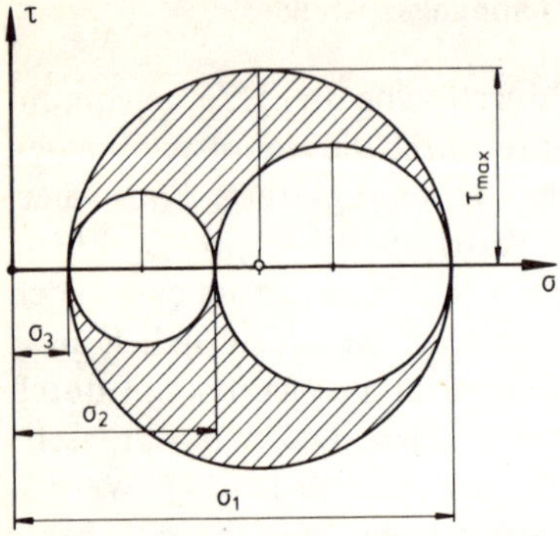

Bild 3.25. Mohrsche Spannungskreise für den räumlichen Spannungszustand, in eine der drei Hauptebenen geklappt

3.2.4 Berechnungsbeispiele

1. Beanspruchung einer Welle auf Zug oder Druck, Biegung und Torsion.

Eine Welle mit kreisrundem Querschnitt vom Durchmesser d werde durch eine Längskraft F, ein Biegemoment M_b und ein Torsionsmoment T beansprucht und darf über eine zulässige Spannung σ_{zul} nicht angestrengt werden.

Gesucht sind die Spannungsverhältnisse nach der GE-Hypothese an einem Element der Wellenoberfläche.

Nach Bild 3.26 liegen die Biegespannung σ_b und die Zugspannung σ in der y-z-Ebene und können dadurch algebraisch überlagert werden. Die größte

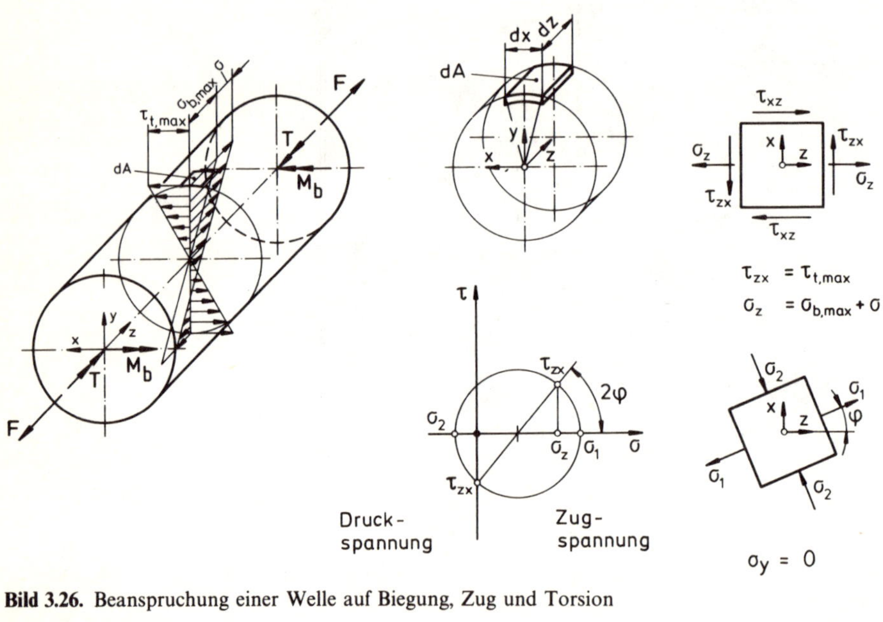

Bild 3.26. Beanspruchung einer Welle auf Biegung, Zug und Torsion

Normalspannung in z-Richtung ist an der Oberfläche y = d/2 (die Biegespannung ist hier eine Zugspannung!) und beträgt $\sigma_z = \sigma_{b,max} + \sigma$.

Die Torsionsspannung an dieser Stelle der Wellenoberfläche liegt in der x-y-Ebene, steht also senkrecht auf der Normalspannung σ_z, und hat ihren Größtwert $\tau_{t,max}$. Die Vergleichsspannung nach der GE-Hypothese an der Wellenoberfläche beträgt somit:

$$\sigma_v = \sqrt{(\sigma_{b,max} + \sigma)^2 + 3\tau_{t,max}^2} \leqq \sigma_{zul} \tag{3.141}$$

mit

$$\sigma = \frac{4 \cdot F}{\pi \cdot d^2} = \text{Zugspannung},$$

$$\sigma_{b,max} = \frac{32 \cdot M_b}{\pi \cdot d^3} = \text{Biegespannung},$$

$$\tau_{t,max} = \frac{16 \cdot T}{\pi \cdot d^3} = \text{Torsionsspannung.}$$

Werden aus dem Mohrschen Spannungskreis die Hauptspannungen σ_1 (= Zugspannung!) und σ_2 (= Druckspannung!) ermittelt, dann kann die Vergleichsspannung gemäß Gl. (3.50) auch nach folgender Beziehung ermittelt werden:

$$\sigma_v = \sqrt{\sigma_1^2 + \sigma_2^2 - \sigma_1 \cdot \sigma_2} \leqq \sigma_{zul} \tag{3.142}$$

2. Beanspruchung eines Bolzens auf Biegung und Schub.

Ein Bolzen mit kreisrundem Querschnitt vom Durchmesser d werde durch eine Querkraft F auf Abscheren und Biegung beansprucht. Die Anstrengung des Werkstoffes darf einen zulässigen Wert σ_{zul} nicht überschreiten.

Nach Bild 3.27 gelten für die Biegespannung, die Schubspannung und die Vergleichsspannung an der Stelle A-A in der x-y-Ebene folgende Beziehungen:

Biegespannung:

$$\sigma_{b,max} = \frac{M_b}{W_{äq}} = \frac{32 \cdot F \cdot l}{\pi \cdot d^3} = \text{maximale Biegespannung an der Stelle } y = \pm d/2$$

$$\sigma_b = 0 = \text{kleinste Biegespannung an der Stelle } y = 0$$

Schubspannung:

$$\tau_{a,m} = \frac{F}{A_S} = \frac{4 \cdot F}{\pi \cdot d^2} = \text{mittlere Schubspannung über den ganzen Querschnitt}$$

$$\tau_{a,max} = \frac{4}{3} \cdot \frac{4 \cdot F}{\pi \cdot d^2} = \text{maximale Schubspannung an der Stelle } y = 0$$

$$\tau_a = 0 = \text{kleinste Schubspannung an der Stelle } y = \pm d/2$$

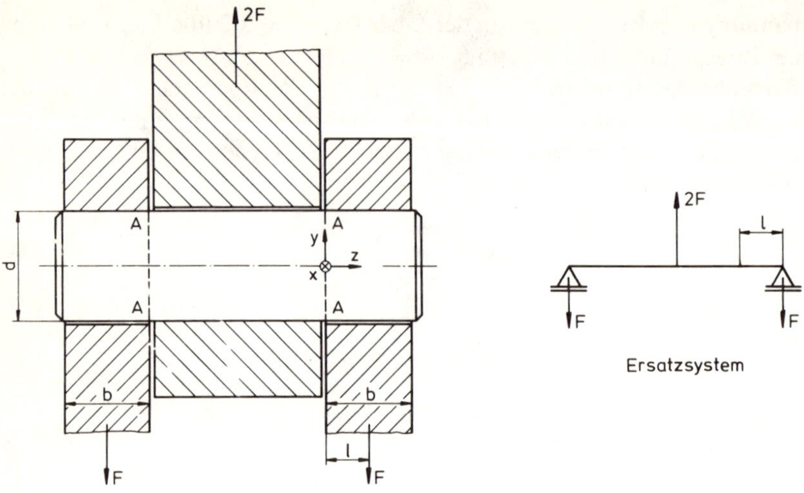

Bild 3.27. Biege- und Scher- oder Schubbeanspruchung eines Bolzens

Vergleichsspannung nach der GE-Hypothese:
1) in der Bolzenmitte (y = 0), d.h. bei reiner Schubbeanspruchung

$$\sigma_v = \sqrt{3} \cdot \tau_{a,max} = \frac{4}{\sqrt{3}} \cdot \frac{4 \cdot F}{\pi \cdot d^2} \tag{3.143}$$

2) an der Zugseite der Bolzenoberfläche (y = d/2), d.h. bei reiner Biegebeanspruchung

$$\sigma_v = \sigma_{b,max} = \frac{32 \cdot F \cdot l}{\pi \cdot d^3} \tag{3.144}$$

Aus den Gleichungen (3.143) und (3.144) ergibt sich, daß an den ausgezeichneten Punkten des Bolzens – Bolzenmitte und Bolzenoberfläche – nur eine Spannung vorliegt, die für die Vergleichsspannung bestimmend ist. Grundsätzlich gilt, daß in den Fällen, bei denen die Biegespannung sehr viel größer als die Schubspannung ist, die maximale Biegespannung an der Außenfaser die Dimensionierung des Bolzens bestimmt. Ist die maximale Schubspannung aber sehr viel größer als die maximale Biegespannung, dann wird der erforderliche Bolzendurchmesser aus der Gleichung für die maximale Schubspannung berechnet.

3.3 Knickung und Knickbeanspruchung

Bei schlanken Stäben, die druck- oder drehbeansprucht werden, ist zusätzlich das Ausknicken zu berücksichtigen. Bei dünnwandigen schalenartig geformten Bauteilen (z.B. Behälter!) ist in analoger Weise unter einer Druck-, Biege- oder Verdrehbeanspruchung die Gefahr des Beulens zu beachten. Ausknicken und Beulen sind

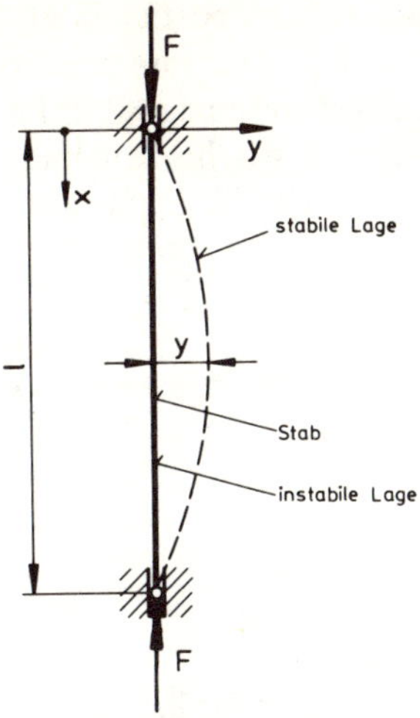

Bild 3.28. Knickung eines Druckstabes (II. Knickfall!)

Stabilitätsprobleme und müssen daher in besonderer Weise behandelt werden [15, 29, 36, 37].

Wird ein axial gedrückter Stab (Bild 3.28) betrachtet, so läßt sich feststellen, daß dieser ab einer bestimmten Last – der kritischen Last – in seiner geradlinigen Lage instabil wird. Instabil bedeutet, daß er bei der kleinsten Störung – z.B. durch eine kleine seitlich gerichtete Kraft oder bei einem kleinen exzentrischen Angriff der Druckkraft – von der geradlinigen instabilen Lage in eine gekrümmte stabile Lage übergeht.

In der stabilen, d.h. ausgeknickten Lage wird der Stab auf Biegung (Normalspannungen!) beansprucht. Schlanke Stäbe, d.h. Stäbe mit Knickneigung oder Knickanfälligkeit werden daher nicht auf Druck, sondern auf Knickung berechnet. Wird die kritische Druckkraft F, bei der der Stab ausknickt, mit F_K (Knicklast) bezeichnet, dann ergibt sich für die Knickspannung σ_K der Wert

$$\sigma_K = \frac{F_K}{A} = \frac{F \cdot S_K}{A} \tag{3.145}$$

Dabei sind:

F_K = Knicklast,
F = Druckkraft,
S_K = Knicksicherheitsfaktor (Knicksicherheit),
A = Stabquerschnittsfläche.

Ist die Druckspannung $\sigma = F/A$, dann läßt sich die Knicksicherheit S_K auch durch folgende Beziehung ausdrücken:

$$S_K = \frac{\sigma_K}{\sigma} \tag{3.146}$$

Liegt die Knickspannung σ_K innerhalb des elastischen Bereiches (Proportionalitätsgrenze σ_P oder Streckgrenze R_e (σ_S) des Spannungs-Dehnungs-Diagramms!), so spricht man von elastischer Knickung. Bei höheren Knickspannungen, d.h. für $\sigma_K > \sigma_P$ oder $\sigma_K > R_e$ (σ_S) liegt unelastische, d.h. elastische/plastische Knickung vor. Für den Fall der elastischen Knickung gilt für die Knick- oder Biegelinie nach der elastischen Biegetheorie [15, 29] die Beziehung

$$\frac{1}{\rho} = \frac{M_b}{E \cdot I} = -y'' \tag{3.147}$$

Dabei bedeuten:

ρ = Krümmungsradius der Biegelinie,
M_b = Biegemoment,
E = Elastizitätsmodul,
$I = I_{äq}$ = äquatoriales Flächenträgheitsmoment gegen Biegung,
y'' = zweite Ableitung der Durchbiegung y in bezug auf die Längskoordinate x des Stabes.

Mit dem Biegemoment $M_b = F \cdot y$ folgt:

$$y'' = -\frac{F \cdot y}{E \cdot I_{äq}} = -c \cdot y \tag{3.148}$$

$$\text{d.h. } y'' + c \cdot y = 0 \tag{3.149}$$

$$\text{mit } c = \frac{F}{E \cdot I_{äq}}$$

Die allgemeine Lösung dieser gewöhnlichen Differentialgleichung 2. Ordnung ist:

$$y = A \cdot \sin(|\sqrt{c}| \cdot x) + B \cdot \cos(|\sqrt{c}| \cdot x) \tag{3.150}$$

A und B = Integrationskonstanten.
Aus den Randbedingungen

1. $y = 0$ für $x = 0$
2. $y = 0$ für $x = l$

lassen sich folgende Beziehungen ermitteln:

1. $B = 0$;
2. Eulersche Knicklast = kritische Knicklast (Last, die ein Stab gerade noch als Drucklast aufnehmen kann ohne auszuknicken!)

$$F_K = \frac{\pi^2 \cdot E \cdot I_{äq}}{l^2} \quad \text{bzw.} \frac{\pi^2 \cdot E \cdot I_{äq}}{s^2}. \tag{3.151}$$

Ergebnis für die Ausknickung des Stabes:

$$y = A \cdot \sin(|\sqrt{c}| \cdot x) = A \cdot \sin\left(\frac{\pi}{l} \cdot x\right). \tag{3.152}$$

Die „freie Knicklänge“ s des Stabes ist abhängig von der Einspannung oder Lagerung und der Gesamtlänge l des Stabes. Man unterscheidet nach Euler [29] hinsichtlich der Einspannung oder Lagerung vier Knickfälle, die in Bild 3.29 übersichtlich dargestellt sind.

Die freie Knicklänge s liegt je nach der Lagerung oder Einspannung des Knickstabes im Bereich $\frac{1}{2}\cdot l \leqq s \leqq 2\cdot l$. Knickfall II (Stab beidseitig gelenkig gelagert!) ist der Normalbelastungsfall. Er wird am häufigsten angewendet (z.B. bei Fachwerksträgern!). Beim Knickfall IV (Stab beidseitig eingespannt!) ist $s=\frac{1}{2}\cdot l$. Die Belastung bis zum Ausknicken kann bei dieser Einspannart viermal größer sein als die beim Knickfall II. Wird in der Gleichung für die Eulersche Knicklast F_K der Schlankheitsgrad

$$\lambda = \frac{s}{i} \tag{3.153}$$

eingeführt, mit s = freie Knicklänge und i = Trägheitsradius oder Trägheitshalbmesser nach der Beziehung

$$i^2 = \frac{I_{äq}}{A}, \tag{3.154}$$

wobei A die Querschnittsfläche des Bauteils ist, so ergibt sich

$$F_K = \frac{\pi^2\cdot E\cdot I_{äq}}{s^2} = \frac{\pi^2\cdot E\cdot A\cdot i^2}{s^2} = \frac{\pi^2\cdot E\cdot A\cdot s^2}{s^2\cdot\lambda^2} \tag{3.155}$$

Die Eulersche Knickspannung σ_K hat somit folgende Größe:

$$\sigma_K = \frac{F_K}{A} = \frac{\pi^2\cdot E}{\lambda^2} \leqq \sigma_P \quad \text{bzw.} \quad R_e\ (\sigma_S) \tag{3.156}$$

Knickfall	I	II	III	IV
	Ein Stabende eingespannt, das andere frei beweglich.	Freie, in der Achse geführte Stabenden. (Grundfall)	Ein Stabende eingespannt, das andere frei in der Achse geführt.	Eingespannte, in der Achse geführte Stabenden.
	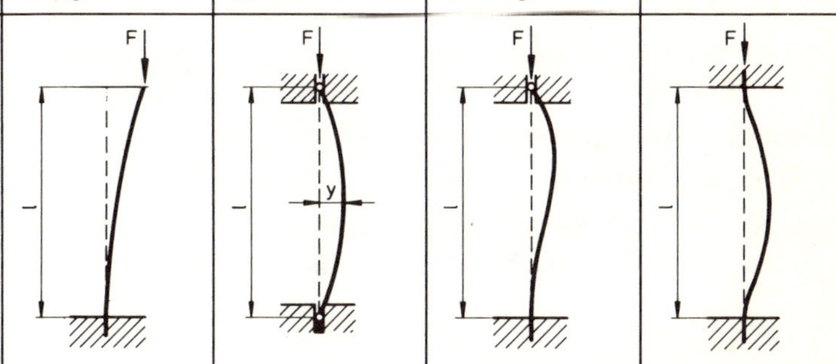			
Freie Knicklänge s	$s=2\cdot l$	$s=l$	$s=\frac{1}{2}\sqrt{2}\cdot l$	$s=\frac{1}{2}\cdot l$

Bild 3.29. Knickfälle nach Euler

Tabelle 3.5. Grenzschlankheitsgrad λ_{Grenz} zwischen elastischer und unelastischer Knickung

Werkstoff	Proportionalitätsgrenze σ_P in N/mm²	Elastizitätsmodul E in N/mm²	λ Grenz	Mindestgröße der freien Knicklänge
St 37	205	$2{,}1 \cdot 10^5$	100	$25 \cdot d$ *)
St 60	240	$2{,}1 \cdot 10^5$	93	$23 \cdot d$
Federstahl	575	$2{,}1 \cdot 10^5$	60	$15 \cdot d$
Grauguß	154	$1 \cdot 10^5$	80	$20 \cdot d$
Duraluminium	200	$0{,}7 \cdot 10^5$	59	$14{,}8 \cdot d$
Nadelholz	9	$0{,}1 \cdot 10^5$	100	$25 \cdot d$

*) d = Durchmesser für Druckstäbe mit Kreisquerschnitt

Es gilt also:

$$\sigma_K \sim \frac{1}{\lambda^2} \quad \text{(hyperbolischer Verlauf!)}$$

Die Eulersche Knickspannung ist proportional dem Elastizitätsmodul E des Werkstoffes, aber unabhängig von der Festigkeit des Werkstoffes. Baustähle und hochfeste Stähle haben also die gleiche Knickspannung!

Sind der Elastizitätsmodul E und die Proportionalitätsgrenze σ_P oder die Streckgrenze R_e eines Werkstoffes bekannt, dann kann aus der vorgegebenen Gleichung der Gültigkeitsbereich von λ berechnet werden. Es gilt folgende Beziehung:

$$\lambda \geqq \lambda_{Grenz} = \pi \cdot \sqrt{\frac{E}{\sigma_P}} \tag{3.157}$$

mit

$\sigma_P \leqq R_e$ bzw. $R_{p0,2}$

$\lambda \geqq \lambda_{Grenz} \rightarrow$ elastische Knickung!

$\lambda < \lambda_{Grenz} \rightarrow$ unelastische Knickung!

In Tabelle 3.5 sind die Grenzschlankheitsgrade λ_{Grenz} (Übergang vom elastischen zum unelastischen Bereich!) für unterschiedliche Werkstoffe zusammengestellt.

3.3.1 Euler-Hyperbel und Tetmajer-Gerade

Ist der Schlankheitsgrad λ kleiner als der Grenzwert λ_{Grenz}, dann ist die auftretende Knickspannung σ_K größer als die Proportionalitätsgrenze σ_P. Für $\lambda < \lambda_{Grenz}$ kann

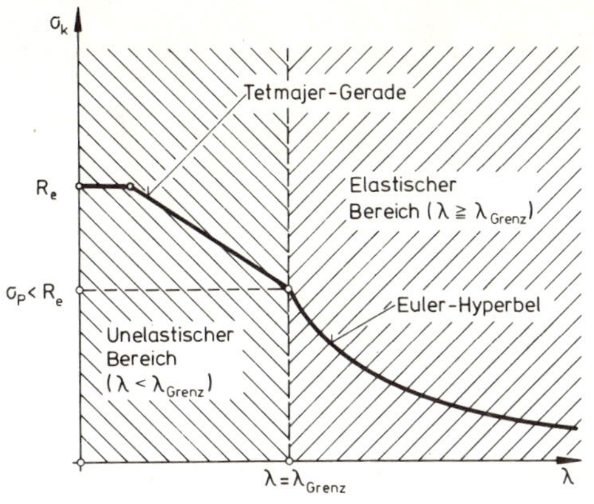

Bild 3.30. Elastischer und unelastischer Knickbereich (Euler-Hyperbel und Tetmajer-Gerade!)

daher die Eulersche Knick-Hyperbel nicht mehr angewendet werden. Tetmajer [15, 29] hat die unelastische Knickung formal auf eine elastische Knickung zurückgeführt und im Bereich $0 \leqq \lambda \leqq \lambda_{Grenz}$ mit abnehmendem Schlankheitsgrad nur eine linear ansteigende Knickspannung σ_K zugelassen. Nach der Eulerschen Theorie würde σ_K mit abnehmendem λ hyperbolisch anwachsen. Die Ergebnisse von Tetmajer sind mit denen von Euler in Bild 3.30 graphisch dargestellt.

Die zulässige Knickspannung im unelastischen Bereich ($\sigma_K \geqq \sigma_P$!) wird somit durch einen linearen Verlauf, die Tetmajer-Gerade, fixiert, die für unterschiedliche Werkstoffe einen unterschiedlichen Verlauf hat und für die wichtigsten Werkstoffe in der folgenden Tabelle 3.6 in Abhängigkeit vom Schlankheitsgrad λ analytisch angegeben ist.

Tabelle 3.6. Gleichungen für die Tetmajer-Gerade bei unterschiedlichen Werkstoffen

Werkstoff	σ_K in N/mm^2 nach Tetmajer
St 37	$310 - 1{,}14 \cdot \lambda$
St 60	"
Federstahl	$335 - 0{,}62 \cdot \lambda$
G auguß	$776 - 12 \cdot \lambda + 0{,}053 \cdot \lambda^2$
Nadelholz	$29{,}3 - 0{,}194 \cdot \lambda$

Knicksicherheit

Für die Knicksicherheit S_K werden im allgemeinen Werte im Bereich $3 \leqq S_K \leqq 5$ eingesetzt, sofern nicht zusätzliche Beanspruchungen, d.h. nicht erfaßbare Bean-

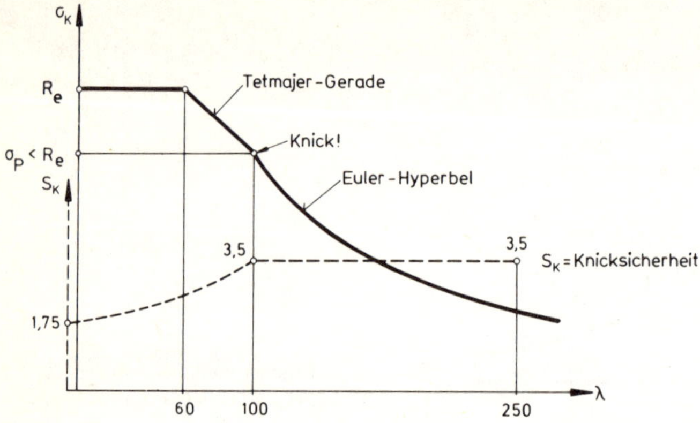

Bild 3.31. Verlauf der Knickspannung in Abhängigkeit vom Schlankheitsgrad für Baustahl St 37

spruchungen durch eine größere Sicherheit S_K abgefangen werden müssen. Es ist anzumerken, daß im unelastischen Bereich die Knicksicherheit kleiner ist als im elastischen Bereich und mit abnehmendem λ-Wert kleiner wird (Bild 3.31).

3.3.2 Das ω-Verfahren nach der früheren DIN 4114

Für Druckstäbe bei Fachwerkkonstruktionen wird die Berechung auf Druck bzw. auf Knickung durch das ω-Verfahren sehr vereinfacht. Im Stahlhochbau ist dieses vereinfachte Rechenverfahren sogar zwingend vorgeschrieben [22, 29]. Die zulässige Druckkraft für eine Druckstrebe wird danach in folgender Weise ermittelt:

$$F = A \cdot \sigma = \frac{A \cdot \sigma_K}{S_K} = \frac{A \cdot \sigma_{zul}}{\omega} \tag{3.158}$$

ω ist eine dimensionslose Größe und ist das Verhältnis der zulässigen Spannung σ_{zul} zur zulässigen Druckspannung $\sigma = \sigma_K/S_K$. Sie wird auch Knickzahl genannt. Der ω-Wert ist abhängig vom Schlankheitsgrad λ und vom Werkstoff.

Beim ω-Verfahren wird im elastischen Bereich eine Sicherheit von $S_K = 3{,}5$ und im unelastischen Bereich eine Sicherheit S_K von 3,5 bis 1,75 berücksichtigt. Die Knicksicherheit nimmt im unelastischen Bereich mit abnehmendem Schlankheitsgrad λ ab (Bild 3.31). Bezeichnet man die zulässige Druckspannung oder Knickspannung mit $\sigma_{K,zul}$, so läßt sich folgende Verknüpfung angeben:

$$\sigma = \frac{F}{A} \leqq \frac{\sigma_K}{S_K} = \sigma_{K,zul} = \frac{\sigma_{zul}}{\omega} \tag{3.159}$$

bzw.

$$\frac{F \cdot \omega}{A} \leqq \sigma_{zul} \tag{3.160}$$

Tabelle 3.7. Knickzahlen ω

Knickzahlen ω für St 37

λ	0	1	2	3	4	5	6	7	8	9	λ
20	1,04	1,04	1,04	1,05	1,05	1,06	1,06	1,07	1,07	1,08	20
30	1,08	1,09	1,09	1,10	1,10	1,11	1,11	1,12	1,13	1,13	30
40	1,14	1,14	1,15	1,16	1,16	1,17	1,18	1,19	1,19	1,20	40
50	1,21	1,22	1,23	1,23	1,24	1,25	1,26	1,27	1,28	1,29	50
60	1,30	1,31	1,32	1,33	1,34	1,35	1,36	1,37	1,39	1,40	60
70	1,41	1,42	1,44	1,45	1,46	1,48	1,49	1,50	1,52	1,53	70
80	1,55	1,56	1,58	1,59	1,61	1,62	1,64	1,66	1,68	1,69	80
90	1,71	1,73	1,74	1,76	1,78	1,80	1,82	1,84	1,86	1,88	90
100	1,90	1,92	1,94	1,96	1,98	2,00	2,02	2,05	2,07	2,09	100
110	2,11	2,14	2,16	2,18	2,21	2,23	2,27	2,31	2,35	2,39	110
120	2,43	2,47	2,51	2,55	2,60	2,64	2,68	2,72	2,77	2,81	120
130	2,85	2,90	2,94	2,99	3,03	3,08	3,12	3,17	3,22	3,26	130
140	3,31	3,36	3,41	3,45	3,50	3,55	3,60	3,65	3,70	3,75	140
150	3,80	3,85	3,90	3,95	4,00	4,06	4,11	4,16	4,22	4,27	150
160	4,32	4,38	4,43	4,49	4,54	4,60	4,65	4,71	4,77	4,82	160
170	4,88	4,94	5,00	5,05	5,11	5,17	5,23	5,29	5,35	5,41	170
180	5,47	5,53	5,59	5,66	5,72	5,78	5,84	5,91	5,97	6,03	180
190	6,10	6,16	6,23	6,29	6,36	6,42	6,49	6,55	6,62	6,69	190
200	6,75	6,82	6,89	6,96	7,03	7,10	7,17	7,24	7,31	7,38	200
210	7,45	7,52	7,59	7,66	7,73	7,81	7,88	7,95	8,03	8,10	210
220	8,17	8,25	8,32	8,40	8,47	8,55	8,63	8,70	8,78	8,86	220
230	8,93	9,01	9,09	9,17	9,25	9,33	9,41	9,49	9,57	9,65	230
240	9,73	9,81	9,89	9,97	10,05	10,14	10,22	10,30	10,39	10,47	240
250	10,55										

Knickzahlen ω für St 52

λ	0	1	2	3	4	5	6	7	8	9	λ
20	1,06	1,06	1,07	1,07	1,08	1,08	1,09	1,09	1,10	1,11	20
30	1,11	1,12	1,12	1,13	1,14	1,15	1,15	1,16	1,17	1,18	30
40	1,19	1,19	1,20	1,21	1,22	1,23	1,24	1,25	1,26	1,27	40
50	1,28	1,30	1,31	1,32	1,33	1,35	1,36	1,37	1,39	1,40	50
60	1,41	1,43	1,44	1,46	1,48	1,49	1,51	1,53	1,54	1,56	60
70	1,58	1,60	1,62	1,64	1,66	1,68	1,70	1,72	1,74	1,77	70
80	1,79	1,81	1,83	1,86	1,88	1,91	1,93	1,95	1,98	2,01	80
90	2,05	2,10	2,14	2,19	2,24	2,29	2,33	2,38	2,43	2,48	90
100	2,53	2,58	2,64	2,69	2,74	2,79	2,85	2,90	2,95	3,01	100
110	3,06	3,12	3,18	3,23	3,29	3,35	3,41	3,47	3,53	3,59	110
120	3,65	3,71	3,77	3,83	3,89	3,96	4,02	4,09	4,15	4,22	120
130	4,28	4,35	4,41	4,48	4,55	4,62	4,69	4,75	4,82	4,89	130
140	4,96	5,04	5,11	5,18	5,25	5,33	5,40	5,47	5,55	5,62	140
150	5,70	5,78	5,85	5,93	6,01	6,09	6,16	6,24	6,32	6,40	150
160	6,48	6,57	6,65	6,73	6,81	6,90	6,98	7,06	7,15	7,23	160
170	7,32	7,41	7,49	7,58	7,67	7,76	7,85	7,94	8,03	8,12	170
180	8,21	8,30	8,39	8,48	8,58	8,67	8,76	8,86	8,95	9,05	180
190	9,14	9,24	9,34	9,44	9,53	9,63	9,73	9,83	9,93	10,03	190
200	10,13	10,23	10,34	10,44	10,54	10,65	10,75	10,85	10,96	11,06	200
210	11,17	11,28	11,38	11,49	11,60	11,71	11,82	11,93	12,04	12,15	210
220	12,26	12,37	12,48	12,60	12,71	12,82	12,94	13,05	13,17	13,28	220
230	13,40	13,52	13,63	13,75	13,87	13,99	14,11	14,23	14,35	14,47	230
240	14,59	14,71	14,83	14,96	15,08	15,20	15,33	15,45	15,58	15,71	240
250	15,83										

Berücksichtigt man bei außermittigem Kraftangriff ein zusätzliches Biegemoment $M_b = F \cdot y$, so läßt sich die obige Beziehung in folgender Weise erweitern:

$$\frac{F \cdot \omega}{A} + \frac{M_b}{W_{äq}} \leqq \sigma_{zul} \tag{3.161}$$

Für Stahl St 37 mit einer Streck- oder Fließgrenze von $R_e\ (\sigma_S) = 240\ \text{N/mm}^2$ gelten für die Knickspannung σ_K folgende Beziehungen (Bild 3.31):

$$100 \leqq \lambda \leqq 250: \rightarrow \sigma_K = 2{,}073 \cdot 10^6/\lambda^2 \quad \text{N/mm}^2 \quad \text{(Euler-Hyperbel)}$$

$$60 \leqq \lambda < 100: \rightarrow \sigma_K = 310 - 1{,}14 \cdot \lambda \quad \text{N/mm}^2 \quad \text{(Tetmajer-Gerade)}$$

$$0 \leqq \lambda \leqq 60: \rightarrow \sigma_K = R_e(\sigma_S) = 240 \quad \text{N/mm}^2$$

Für die im Stahlhochbau wichtigen Baustähle sind die maßgebenden Knickzahlen ω in Abhängigkeit vom Schlankheitsgrad λ in der Tabelle 3.7 tabellarisch zusammengestellt (zurückgezogene DIN 4114, T1 und T2!).

3.4 Hertzsche Pressung und Stribecksche Wälzpressung

Werden zwei Körper mit gekrümmten Oberflächen aufeinandergepreßt, so tritt infolge der Flächenpressung eine Abplattung an den Druckstellen auf (Druckfläche = Kontaktfläche!). Nach der Theorie von Hertz [4, 24] lassen sich die dabei auftretenden Formänderungen und Spannungen berechnen, falls homogene, isotrope und vollkommen elastische Körper (Gültigkeit des Hookeschen Gesetzes!) vorausgesetzt werden können. Ferner muß angenommen werden, daß die Verformungen oder Abplattungen im Vergleich zur Geometrie der beiden Körper klein sind und die Kräfte nur normal zu den Druckflächen auftreten.

3.4.1 **Berührung zweier Kugeln** (Bild 3.32)
(z.B. Reibradgetriebe, Pendelkugellager)

Für den Radius der kreisförmig abgeplatteten Druckfläche gilt die Beziehung

$$a = \sqrt[3]{0{,}75 \cdot \left(\frac{1-\nu_1^2}{E_1} + \frac{1-\nu_2^2}{E_2}\right) \cdot F \cdot r} \quad \text{bzw.} \tag{3.162}$$

$$a = 1{,}11 \cdot \sqrt[3]{F \cdot r/E} \quad \text{für } \nu_1 = \nu_2 = \nu = 0{,}3 \text{ bei Stahl/Stahl}$$

Dabei sind:

a = Radius der kreisförmigen Druckfläche,
ν_1 = Querzahl oder Reziprokwert der Poisson-Zahl des Werkstoffes von Körper 1,
ν_2 = Querzahl oder Reziprokwert der Poisson-Zahl des Werkstoffes von Körper 2,

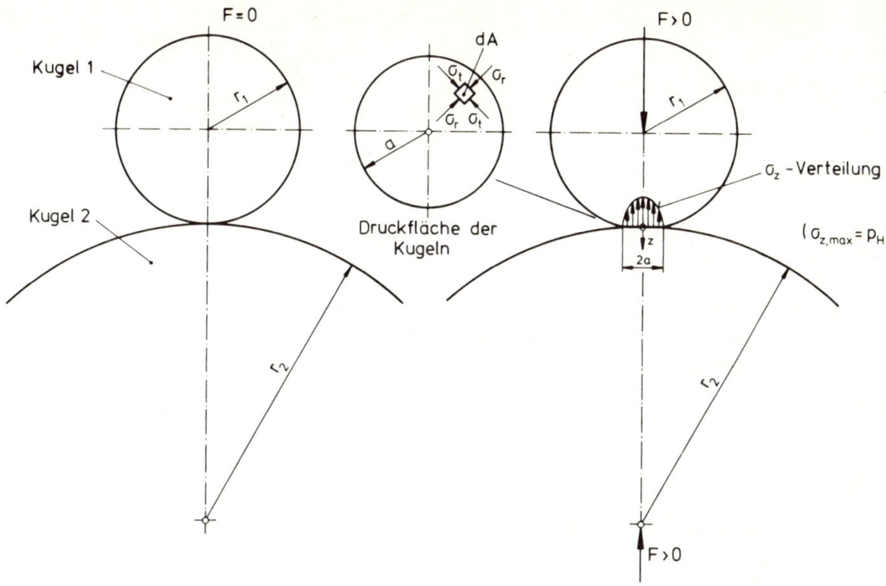

Bild 3.32. Berührung zweier Kugeln

F = Normalkraft = Kraft normal zur Druckfläche,
r = resultierender Krümmungsradius der gepaarten Teile,

$\frac{1}{r}$ = resultierende Krümmung der gepaarten Teile.

$$\frac{1}{r} = \frac{1}{r_1} + \frac{1}{r_2}$$ (Hintereinanderschaltung der Krümmungen!),

$r_{1,2}$ = Kugelradien,
E = resultierender Elastizitätsmodul der Werkstoffe der gepaarten Körper,

$$E = \frac{2E_1 \cdot E_2}{E_1 + E_2} \quad \text{bzw.} \quad \frac{1}{E} = \frac{1}{2} \cdot \left(\frac{1}{E_1} + \frac{1}{E_2}\right),$$

E_1 = Elastizitätsmodul des Werkstoffes von Körper 1,
E_2 = Elastizitätsmodul des Werkstoffes von Körper 2,
σ_r = Radialspannung,
σ_t = Tangential–oder Umfangsspannung,
σ_z = Axialspannung in Richtung der Verbindungslinie der Kugelmittelpunkte,
$p_H = \sigma_{z,max}$ = Hertzsche Pressung (im Mittelpunkt der Kontaktfläche!).

} Hauptspannungen!

Anmerkung:
Die Krümmung ist positiv für einen konvexen Körper (Vollkörper!) bzw. negativ für einen konkaven Körper (Hohlkörper!).

$\frac{1}{r_1} > 0$ für Vollkugel oder < 0 für Hohlkugel,

$\frac{1}{r_2} > 0$ für Vollkugel oder < 0 für Hohlkugel.

Die Druckspannung σ_z in der Kontaktfläche ($z = 0$) ist am Rande der Druckfläche Null und hat in der Mitte den größten Wert $\sigma_{z,max} = p_H$.

Für die maximale Pressung oder Hertzsche Pressung p_H gilt bei $\nu_1 = \nu_2 = \nu$ die Beziehung

$$p_H = -\frac{1}{\pi}\cdot\sqrt[3]{\frac{6\cdot F}{r^2}\cdot\frac{1}{\left(\frac{1-\nu_1^2}{E_1}+\frac{1-\nu_2^2}{E_2}\right)^2}} = -\frac{1}{\pi}\cdot\sqrt[3]{\frac{1{,}5\cdot F\cdot E^2}{r^2\cdot(1-\nu^2)^2}} \tag{3.163}$$

$p_H = -0{,}388\cdot\sqrt[3]{F\cdot E^2/r^2}$ für $\nu = 0{,}3$ bei Stahl/Stahl

Für die Spannungen σ_r (Radialspannung) und σ_t (Tangentialspannung) in der Mitte der Druckfläche ($z = 0$) ergeben sich die Werte

$$\sigma_r = \sigma_t = p_H\cdot(1+2\nu)/2 \quad \text{bzw.} \tag{3.164}$$

$\sigma_r = \sigma_t = 0{,}8\cdot p_H$ für $\nu = 0{,}3$ bei Stahl/Stahl

und am Rand der Druckfläche gilt

$$\sigma_r = \sigma_t = 0{,}133\cdot p_H \quad \text{für } \nu = 0{,}3 \text{ bei Stahl/Stahl} \tag{3.165}$$

3.4.2 Berührung einer Kugel und einer ebenen Platte (Bild 3.33) (z.B. Wälzführungen)

Dieses Problem läßt sich als Sonderfall der Berührung zweier Kugeln behandeln.

Kugel: $r_1 \rightarrow \frac{1}{r_1} > 0$

Ebene Platte: $r_2 = \infty \rightarrow \frac{1}{r_2} = 0$

Resultierende Krümmung: $\frac{1}{r} = \frac{1}{r_1} + \frac{1}{r_2} = \frac{1}{r_1}$

Mittlere Flächenpressung p_m:

$$p_m = F/(\pi\cdot a^2) \tag{3.166}$$

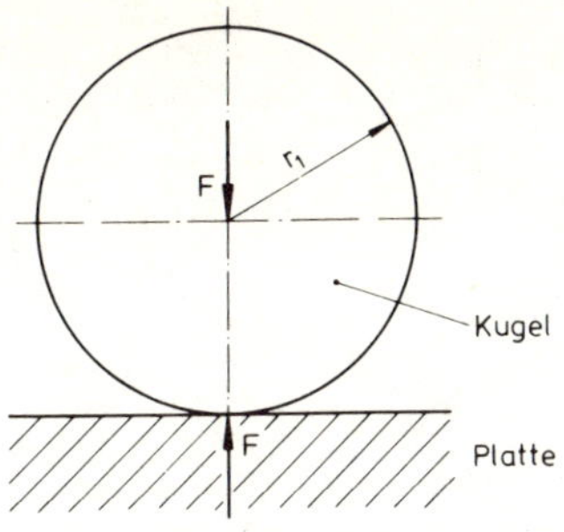

Bild 3.33. Berührung einer Kugel und einer ebenen Platte

mit a = Radius der kreisförmigen Abplattung

Maximale Pressung oder Hertzsche Pressung p_H:

$$p_H = 1{,}5 \cdot F/(\pi \cdot a^2) = 1{,}5 \cdot p_m \qquad (3.167)$$

Radius der kreisförmigen Abplattung der Kugel bei $\nu_1 = \nu_2 = \nu$:

$$a = \sqrt[3]{1{,}5 \cdot (1 - \nu^2) \cdot F \cdot r/E} \qquad (3.168)$$

Für die Hertzsche Pressung p_H ergibt sich somit der Wert

$$p_H = \frac{1}{\pi} \cdot \sqrt[3]{\frac{1{,}5 \cdot F \cdot E^2}{r^2 \cdot (1 - \nu^2)^2}} \qquad (3.169)$$

3.4.3 **Berührung zweier Zylinder** (Bild 3.34)

(z.B. Reibradgetriebe, Rollenlager, Nadellager, Zahneingriff)

Für die rechnerische Behandlung dieses Problems wird angenommen, daß die Länge l der Druckfläche im Vergleich zu deren Breite 2a sehr groß ist. In jeder Ebene senkrecht zu den Zylinderachsen, die nicht zu nahe an den Enden der Zylinder gelegen ist, bildet sich somit ein nahezu ebener (kein räumlicher!) Formänderungszustand aus.

Für die halbe Breite der rechteckförmig abgeplatteten Druckfläche gilt die Beziehung

$$a = \sqrt{4 \cdot \frac{F \cdot r}{\pi \cdot l} \cdot \left(\frac{1 - \nu_1^2}{E_1} + \frac{1 - \nu_2^2}{E_2} \right)} \quad \text{bzw.} \qquad (3.170)$$

$$a = 1{,}52 \cdot \sqrt{\frac{F \cdot r}{E \cdot l}} \quad \text{für } \nu_1 = \nu_2 = \nu = 0{,}3 \text{ bei Stahl/Stahl}$$

mit

$\frac{1}{r} = \frac{1}{r_1} \pm \frac{1}{r_2}$ = resultierende Krümmung
(+ für konvex/konvex, − für konvex/konkav) und

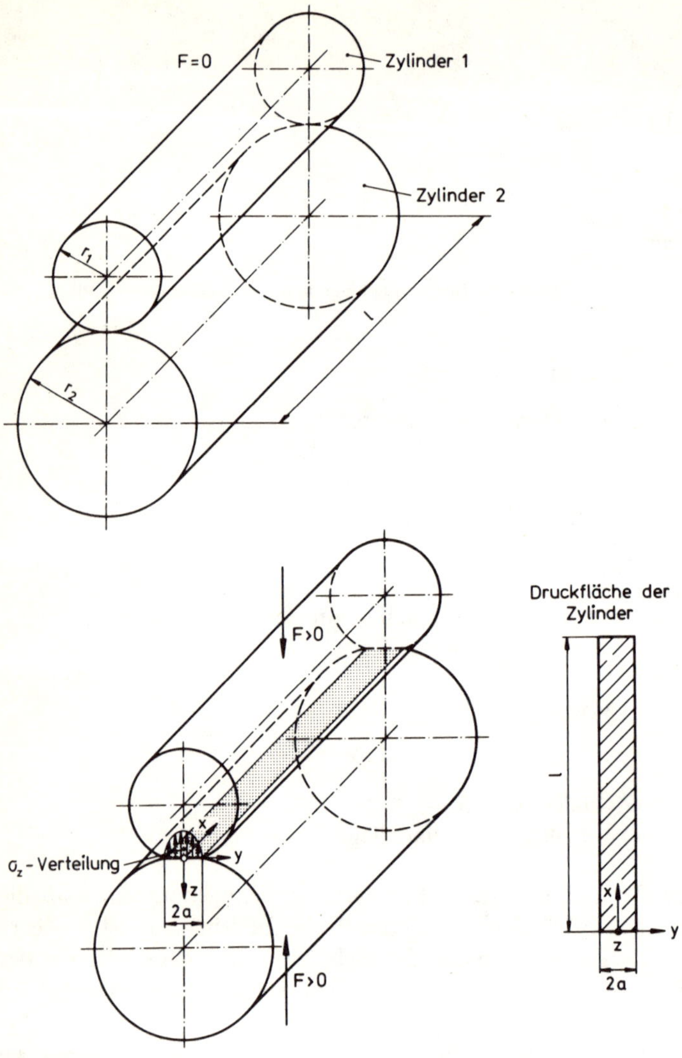

Bild 3.34. Berührung zweier Zylinder

$E = \dfrac{2 \cdot E_1 \cdot E_2}{E_1 + E_2}$ = resultierender E-Modul $= 2{,}1 \cdot 10^5$ N/mm² bei Stahl/Stahl

Die Beanspruchungen in der Kontaktfläche $(z = 0)$ können nach folgenden Gleichungen ermittelt werden:

Druckspannung σ_z in Richtung der Ebene durch die Zylinderachsen:

$$1)\ \text{für}\ y = \pm a\colon\ \sigma_z = 0 \qquad (3.171)$$

2) für y = 0: $$\sigma_z = p_H = -\sqrt{\frac{F}{\pi \cdot l \cdot r} \cdot \left(\frac{1}{\frac{1-\nu_1^2}{E_1} + \frac{1-\nu_2^2}{E_2}} \right)} \qquad (3.172)$$

Maximale Pressung oder Hertzsche Pressung:

$$p_H = -0{,}418 \cdot \sqrt{\frac{F \cdot E}{r \cdot l}} \quad \text{für } \nu_1 = \nu_2 = \nu = 0{,}3 \text{ bei Stahl/Stahl}$$

$$p_H = 1{,}27 \cdot p_m$$

Mittlere Flächenpressung:

$$p_m = \frac{F}{2a \cdot l} \qquad (3.173)$$

mit 2a = Breite der abgeplatteten Druckfläche.

Tangentialspannung in Breitenrichtung:

$$\sigma_y = \sigma_z = p_H \quad \text{für } y = 0 \qquad (3.174)$$

Tangentialspannung in Längsrichtung:

$$\sigma_x = 2 \cdot \nu \cdot \sigma_z \quad \text{für } y = 0 \text{ und alle } x \text{ außer } x = 0 \text{ und } x = l \qquad (3.175)$$

$$\sigma_x = 0{,}6 \cdot p_H \quad \text{für } y = 0 \text{ und alle } x \text{ außer } x = 0 \text{ und } x = l \text{ bei } \nu = 0{,}3 \text{ für Stahl/Stahl} \qquad (3.176)$$

$$\sigma_x = 0 \quad \text{für } x = 0 \text{ und } x = l$$

Der Verlauf der Normalspannungen σ_x, σ_y und σ_z an der Stelle $y = 0$ und $x = 0$ oder $x = l$ ist in Bild 3.35 in dimensionsloser Darstellung (Bezug auf die Hertzsche Pressung $p_H = \sigma_{z,max}$!) in Abhängigkeit von der z-Koordinate angegeben [32]. Die bezogene Spannung σ_x/p_H hat für alle z-Werte den Wert Null und fällt mit der z-Achse zusammen. Die beiden anderen bezogenen Normalspannungen σ_z/p_H und σ_y/p_H haben an der Stelle $z = 0$ (Kontaktfläche!) den Maximalwert 1 und nehmen dann mit größer werdendem z-Wert ab. Der Abfall von σ_y ist dabei viel stärker als der von σ_z. Bei $z = 2a$ ist σ_y fast abgeklungen, während σ_z auf ungefähr den halben Wert bei $z = 0$, d.h. auf $\sigma_z \simeq 0{,}45 \cdot p_H$ abgefallen ist. Für alle Volumenelemente entlang der z-Achse, deren Kanten parallel zu den Koordinatenachsen verlaufen, sind σ_y und σ_z Hauptspannungen. Es liegen also keine Schubspannungen vor. Mit Hilfe des Mohrschen Spannungskreises kann man zeigen, daß die größten Schubspannungen in allen Punkten auf der z-Achse unter 45° gegen diese geneigt sind und die Größe $\tau_{max} = 0{,}5 \cdot (\sigma_y - \sigma_z)$ haben. Die auf diese Weise ermittelte Schubspannung τ_{max} ist ebenfalls in Bild 3.35 als bezogene Größe τ_{max}/p_H eingezeichnet. Sie hat an der Kontakfläche ($z = 0$) den Wert Null, steigt dann auf einen Maximalwert $(\tau_{max}/p_H)_{max} = 0{,}300$ bei $z = 0{,}786 \cdot a$ an und fällt dann wieder langsam ab. Nach der Hypothese der größten Schubspannung ist die durch die

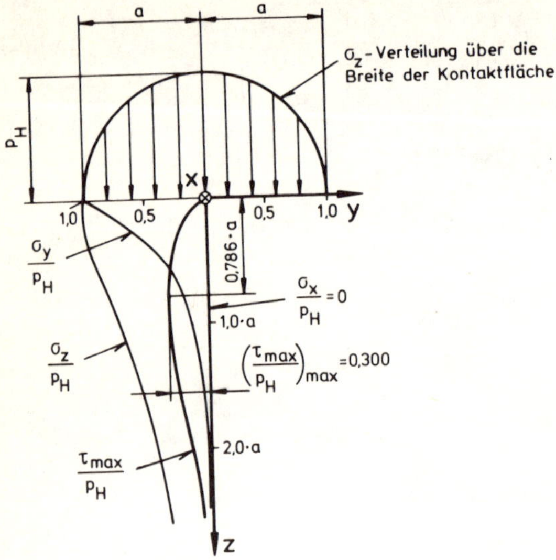

Bild 3.35. Spannungsverteilung in der Mitte der Druckfläche zweier Zylinder längs der Mittenormalen

größte Schubspannung hervorgerufene größte Anstrengung des Werkstoffes somit unterhalb der Kontaktfläche auf der Symmetrieachse (z-Achse) an der Stelle $z = 0{,}786 \cdot a$. Sie beträgt:

$$\sigma_v = 2 \cdot \tau_{max} \qquad (3.177)$$

mit $\tau_{max} = 0{,}300 \cdot p_H$ bei $y = 0$ und $z = 0{,}786 \cdot a$

3.4.4 Berührung eines Zylinders und einer ebenen Platte (Bild 3.36) (z.B. Wälzführungen)

Dieses Problem läßt sich als Sonderfall der Berührung zweier Zylinder behandeln. Bei dieser Paarung bestehen folgende Verknüpfungen:

$$\text{Zylinder:} \quad r_1 \to \frac{1}{r_1} > 0$$

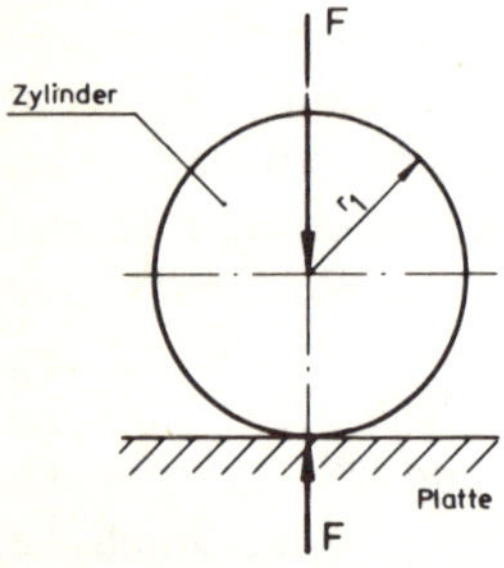

Bild 3.36. Berührung eines Zylinders und einer ebenen Platte

Ebene Platte: $r_2 = \infty \rightarrow \frac{1}{r_2} = 0$

Resultierende Krümmung: $\frac{1}{r} = \frac{1}{r_1} + \frac{1}{r_2} = \frac{1}{r_1}$

Halbe Breite der rechteckförmigen Druckfläche a:

$$a = \sqrt{4 \cdot \frac{F \cdot r_1}{\pi \cdot l} \cdot \left(\frac{1 - \nu_1^2}{E_1} + \frac{1 - \nu_2^2}{E_2} \right)} \quad \text{bzw.} \tag{3.178}$$

$$a = 1{,}52 \cdot \sqrt{\frac{F \cdot r_1}{E \cdot l}} \quad \text{für } \nu_1 = \nu_2 = \nu = 0{,}3 \text{ bei Stahl/Stahl}$$

Maximale Pressung oder Hertzsche Pressung p_H:

$$p_H = -\sqrt{\frac{F}{\pi \cdot l \cdot r_1} \cdot \left(\frac{1}{\frac{1 - \nu_1^2}{E_1} + \frac{1 - \nu_2^2}{E_2}} \right)} \quad \text{bzw.} \tag{3.179}$$

$$p_H = -0{,}418 \cdot \sqrt{\frac{F \cdot E}{r_1 \cdot l}} \quad \text{für } \nu_1 = \nu_2 = \nu = 0{,}3 \text{ bei Stahl/Stahl}$$

3.4.5 Stribecksche Wälzpressung

Während bei der Ermittlung der Hertzschen Pressung die tatsächliche Kontaktfläche, d.h. die Abplattung der beiden gepaarten Körper berücksichtigt wird, und somit die tatsächlichen Beanspruchungen berechnet werden, werden nach Stribeck nur Vergleichsflächen, Vergleichsbeanspruchungen und Vergleichswerkstoffkennwerte betrachtet. Die Vergleichsbeanspruchungen sind somit keine realen, sondern nur fiktive Größen und haben mit der tatsächlichen Beanspruchung nichts gemeinsam. Sie werden daher auch nur mit Vergleichswerkstoffkennwerten, die über Versuche ermittelt werden, verglichen. Für die Stribecksche Wälzpressung K gelten nach [8, 12] bei den unterschiedlichen Wälzkörperpaarungen folgende Beziehungen:

1. *Kugel/Kugel*

$$K = \frac{F}{(2 \cdot r)^2} \tag{3.180}$$

mit

F = Normalkraft,

$\frac{1}{r} = \frac{1}{r_1} \pm \frac{1}{r_2}$ = resultierende Krümmung.

Zwischen der Stribeckschen Wälzpressung K und der Hertzschen Pressung p_H

besteht folgender Zusammenhang:

$$K = 4{,}28 \cdot \frac{p_H^3}{E^2} \quad \text{in N/mm}^2 \tag{3.181}$$

bzw.

$$p_H = 0{,}616 \cdot (K \cdot E^2)^{1/3} \quad \text{in N/mm}^2 \tag{3.182}$$

Bei der Paarung Stahl/Stahl mit $E = 2{,}1 \cdot 10^5$ N/mm² vereinfachen sich diese Beziehungen zu

$$K = 97 \cdot \left(\frac{p_H}{10^4}\right)^3 \quad \text{in N/mm}^2 \qquad \text{mit } p_H \text{ in N/mm}^2 \tag{3.183}$$

bzw.

$$p_H = 2176 \cdot K^{1/3} \quad \text{in N/mm}^2 \qquad \text{mit K in N/mm}^2 \tag{3.184}$$

2. *Kugel/Platte*

$$K = \frac{F}{(2 \cdot r)^2} \tag{3.185}$$

mit $\frac{1}{r} = \frac{1}{r_1}$ = Krümmung der Kugel.

Für die Verknüpfung der Stribeckschen Wälzpressung K und der Hertzschen Pressung p_H gelten die Beziehungen nach den Gleichungen (3.181) und (3.182).

3. *Zylinder/Zylinder*

$$K = \frac{F}{2 \cdot r \cdot l} \tag{3.186}$$

mit

F = Normalkraft,
l = Zylinderlänge,
$\frac{1}{r} = \frac{1}{r_1} \pm \frac{1}{r_2}$ = resultierende Krümmung.

Zwischen der Stribeckschen Wälzpressung K und der Hertzschen Pressung p_H besteht folgende Verknüpfung:

$$K = \frac{2{,}86 \cdot p_H^2}{E} \quad \text{in N/mm}^2 \tag{3.187}$$

bzw.

$$p_H = 0{,}591 \cdot (K \cdot E)^{1/2} \quad \text{in N/mm}^2 \tag{3.188}$$

Bei der Paarung Stahl/Stahl mit $E = 2{,}1 \cdot 10^5$ N/mm² vereinfachen sich diese

Beziehungen zu

$$K = 13{,}6 \cdot \left(\frac{p_H}{10^3}\right)^2 \quad \text{in N/mm}^2 \quad \text{mit } p_H \text{ in N/mm}^2 \tag{3.189}$$

bzw.

$$p_H = 271 \cdot K^{1/2} \quad \text{in N/mm}^2 \qquad \text{mit K in N/mm}^2 \tag{3.190}$$

4. *Zylinder/Platte*

$$K = \frac{F}{2 \cdot r \cdot l} \tag{3.191}$$

mit $\frac{1}{r} = \frac{1}{r_1}$ = Krümmung des Zylinders

Für die Verknüpfung der Stribeckschen Wälzpressung K und der Hertzschen Pressung p_H gelten die Beziehungen nach den Gleichungen (3.187) und (3.188) bzw. speziell für Stahl die Gleichungen (3.189) und (3.190).

Tabelle 3.8. Erfahrungswerte für die Stribecksche Wälzpressung K

Werkstoff	Verwendung Anordnung	Schmier-zustand	Stribeck-Wälzpressung in N/mm^2
Stahl/Stahl gehärtet und geschliffen	Reibradgetriebe	geölt	30 bis 35
Grauguß/ Grauguß	Reibradgetriebe	trocken	0,3 bis 0,5
Stahl/Stahl	Reibradgetriebe	trocken	0,4 bis 0,9
Leder/Leder	Reibradgetriebe	trocken	0,1 bis 0,2
Grauguß/ Stahl	Laufrad/Schiene bei Kranen	trocken	2 bis 3
Stahlguß/ Stahl	Laufrad/Schiene bei Kranen	trocken	4 bis 6
Stahl/Stahl	Laufrad/Schiene bei Kranen	trocken	5 bis 8
Stahl/Stahl	Rollenpaarung ohne Schlupf	ölgeschmiert	$1{,}25 \cdot (HB/1000)^2$ *
Stahl/Stahl	Zahnflanken	ölgeschmiert	$(HB/1000)^2$ *
Stahl/Stahl gehärtet und geschliffen	Wälzlager	ölgeschmiert	$\geqq 60$
Stahl/Stahl gehärtet	Pfannen- oder Schneidenlagerungen	trocken	> 100

*HB = Brinellhärte nach DIN 50351 in N/mm^2 (z.B. HB = 6500 N/mm^2 für Stahl)

In der Praxis können für die Stribeck-Wälzpressung bei den unterschiedlichen Werkstoffpaarungen, den unterschiedlichen Anwendungsfällen und bei den unterschiedlichen Schmierungszuständen die in der folgenden Tabelle 3.8 angegebenen Werte zugelassen werden.

3.5 Werkstoffkennwerte

Der Werkstoffkennwert K (N/mm^2) wird durch die Grenzspannung vorgegeben, bei deren Überschreitung das Versagen eines Bauteils eingeleitet wird. Er wird in der Hauptsache durch die Belastungsart und das Verhalten des Werkstoffes vor und beim Versagen bestimmt. Hinsichtlich der *Belastungsart* werden folgende Unterscheidungen getroffen:

1. Richtung und Art der äußeren Belastung (Zug-, Druck- und Schub- oder Scherkräfte, ferner Biege- und Torsionsmomente);
2. Ein- oder Mehrachsigkeit des Spannungszustandes (eindimensionaler, ebener oder räumlicher Spannungszustand);
3. Gleich- oder Ungleichförmigkeit des Spannungszustandes (gleich- oder ungleichförmig bzw. zügig oder nicht zügig sich ändernde Belastungen, ruhende, schwellende und wechselnde sowie auch stoßartige Beanspruchungen).

Für das *Werkstoffversagen* können folgende Ursachen in Frage kommen:

1. Große bleibende Verformungen bei zügig belasteten zähelastischen Werkstoffen;
2. Trennbruch (Gewaltbruch!) bei zähelastischen Werkstoffen mit bereits erschöpftem Verformungsvermögen und bei spröden Werkstoffen;
3. verformungsloser Gleitbruch bei zügig auf Druck beanspruchten spröden Werkstoffen;
4. Dauerbruch bei dynamisch (schwellend oder wechselnd!) beanspruchten zähen und spröden Werkstoffen.

Diese Versagensursachen sind für einen Temperaturbereich bestimmend, der nach oben durch die Kristallerholungstemperatur des Werkstoffes begrenzt ist. Bei darüber liegenden Betriebstemperaturen versagen die Werkstoffe durch eine kontinuierliche, d.h. nicht mehr zum Stillstand kommende Verformung (Kriechen des Werkstoffes!), die schließlich zum Bruch führt.

Bei Knickbelastungen kann das Versagen auch durch Knicken und Beulen bewirkt werden. Auch chemischer Abtrag (Korrosion!) oder mechanischer Verschleiß (Erosion!) des Materials kann zum Versagen eines Bauteils führen.

3.5.1 **Zügige Beanspruchung** (stationäre Belastung)

Bei einer zügigen Beanspruchung wird die Belastung langsam in einem Zug, d.h. ohne Unterbrechung aufgebracht. Ein Sonderfall der zügigen Beanspruchung ist die ruhende, d.h. zeitlich gesehen konstant bleibende Belastung (Belastungsfall I).

Bild 3.37. Zügig ansteigende und dann konstant bleibende Beanspruchung

In Bild 3.37 wird eine zuerst zügig ansteigende und dann eine ruhende, konstant bleibende Belastung gezeigt.

Eine zügige Beanspruchung erlaubt hohe zulässige Werkstoffkennwerte, weil keine Werkstoffzerrüttung auftritt. Treten wiederholte Lastwechsel oder Lastspiele auf, so muß die zulässige Spannung kleiner angesetzt werden (Wöhler-Diagramm!) als bei einer einmaligen Belastung.

Die zulässigen Spannungen werden unter einachsiger Beanspruchung ermittelt. Im Regelfall wird ein Zerreiß- oder/und ein Druckversuch durchgeführt und das Spannungs-Dehnungs-Diagramm für den zu untersuchenden Werkstoff aufgenommen. Nach Bild 3.38 werden Werkstoffe mit und Werkstoffe ohne eine ausgeprägte Streckgrenze R_e bei Zugbelastung bzw. Quetschgrenze R_{ed} bei Druckbelastung unterschieden.

Die *Streck- oder Quetschgrenze* R_e oder R_{ed} ist diejenige Grenzspannung, bei deren Überschreitung eine plastische Verformung, d.h. ein Fließen des Werkstoffes beginnt und nach Entlastung eine bleibende Verformung vorliegt.

Die *Zugspannung* (Bruchspannung) R_m ist diejenige Spannung, bei der das Bauteil durch eine Zugbeanspruchung zu Bruch geht.

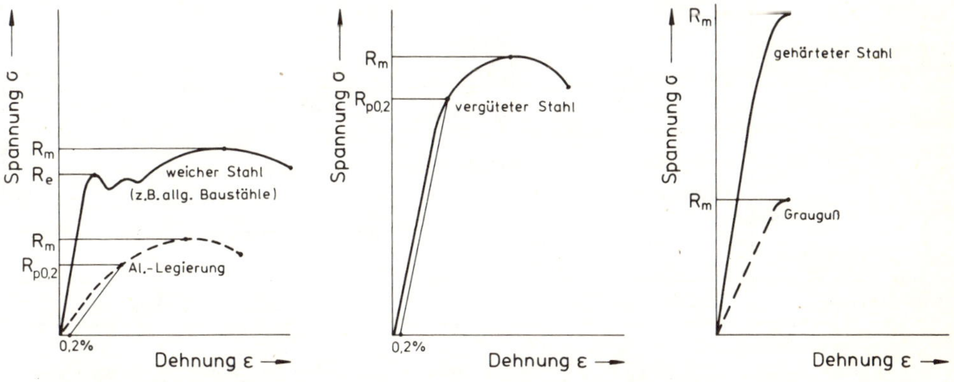

Bild 3.38. Spannungs-Dehnungs-Diagramme unterschiedlicher Werkstoffe

Die *0,2%-Dehn-* bzw. die *0,2%-Stauchgrenze* $R_{p0,2}$ ist die Spannung, durch die nach völliger Entlastung eine bleibende plastische Dehnung oder Stauchung von 0,2% zurückbleibt.

3.5.1.1 Werkstoffkennwerte bei Raumtemperatur:

1. *Zähelastische Werkstoffe*:
z.B. Baustähle, Einsatzstähle, Vergütungsstähle, Cu- und Al-Legierungen.

Bauteile aus diesen Werkstoffen werden im Regelfall gegen Verformen dimensioniert. Als Werkstoffkennwert dient bei ausgeprägter Streckgrenze die Streckgrenze R_e (σ_S) oder die Fließgrenze (σ_F) bzw. die Quetschgrenze R_{ed} (σ_{dF}) und bei stetig ansteigender Fließkurve im Spannungs-Dehnungs-Diagramm die 0,2%-Dehngrenze $R_{p0,2}$ ($\sigma_{0,2}$) bzw. die 0,2%-Stauchgrenze ($\sigma_{d0,2}$).*) Bei Biege- bzw. Torsionsbeanspruchung können die Biegefließgrenze σ_{bF} oder die 0,2%-Biegedehngrenze $\sigma_{b0,2}$ bzw. die Torsionsfließgrenze τ_{tF} oder die 0,4%-Torsionsdehngrenze $\tau_{t0,4}$ zugelassen werden.

Tabelle 3.9. Werkstoffkennwerte bei Raumtemperatur

Art der Kraftwirkung	Bezeichnung	Zeichen	Ersatzwert bei Stahl	bei Berechnung gegen
Zug	Streckgrenze (Fließgrenze)	R_e (σ_S; σ_F)	-	Verformen
	0,2%-Dehngrenze	$R_{p0,2}$ ($\sigma_{0,2}$)	-	Verformen
	Zugfestigkeit	R_m (σ_B)	-	Bruch
Druck	Quetschgrenze (Druckfließgrenze)	R_{ed} (σ_{dF})	R_e	Verformen
	0,2%-Stauchgrenze	$\sigma_{d0,2}$	$R_{p0,2}$	Verformen
	Druckfestigkeit	σ_{dB}	-	Bruch
Biegung	Biegefließgrenze	σ_{bF} (σ_{bS})	R_e	Verformen
	0,2%-Biegedehngrenze	$\sigma_{b0,2}$	$R_{p0,2}$	Verformen
	Biegefestigkeit	σ_{bB}	-	Bruch
Torsion	Torsionsfließgrenze	τ_{tF}; τ_{tS}	$0{,}58 \cdot R_e$	Verformen
	0,4%-Torsionsdehngrenze	$\tau_{t0,4}$	$0{,}58 \cdot R_{p0,2}$	Verformen
	Torsionsfestigkeit	τ_{tB}	R_m	Bruch
Scherung	Scherfestigkeit	τ_{aB}	$(0{,}65-0{,}75) \cdot R_m$	Bruch

*) Die in Klammen stehenden Werte sind die alten Bezeichnungen, die in der Praxis aber noch sehr häufig verwendet werden.

2. *Spröde Werktoffe*:
z.B. Gußeisen (GG) und gehärtete Stähle.
Bauteile aus diesen Werkstoffen müssen gegen Bruch dimensioniert werden. Als Werkstoffkennwerte dienen die Zugfestigkeit R_m (σ_B) bzw. die Druckfestigkeit σ_{dB}. Bei Biege- bzw. Torsionsbeanspruchung können die Biegefestigkeit σ_{bB} bzw. die Torsionsfestigkeit τ_{tB} als Werkstoffkennwerte herangezogen werden.

Eine Zusammenstellung der bei stationärer Belastung und bei den einzelnen Belastungsarten zulässigen Werkstoffkennwerte ist in Tabelle 3.9 gegeben [29, 30].

3.5.1.2 Werkstoffkennwerte bei hoher Temperatur

Mit zunehmenden Betriebstemperaturen (z.B. im Gas- und Dampfturbinenbau, Rohrleitungsbau, Anlagenbau) nehmen die Festigkeitswerte bei den metallischen Werkstoffen ab. Eine charakteristische Temperatur bei den metallischen Werkstoffen ist die Kristallerholungstemperatur T_e, die bei unlegierten und niedriglegierten Stählen bei ca. 350 °C, bei hochlegierten warmfesten Stählen bei ca. 400 °C und bei Al-Legierungen bei ca. 100 °C liegt. Liegt die Betriebstemperatur oberhalb der Kristallerholungstemperatur, dann tritt im verformten Gefüge eine Kristallerholung (Rekristallisation!) ein, was zur Folge hat, daß bei gleichbleibender Belastung eine Vergrößerung der Dehung auftritt, d.h., der Werkstoff fließt bzw. kriecht. Die zulässigen Werkstoffkennwerte werden in Langzeitversuchen ermittelt (10^4 oder 10^5 h = Betriebsstunden), wobei eine bestimmte Dehnung (im Regelfall $\varepsilon = 0{,}01 = 1\,\%$!) nicht überschritten werden darf. Die Werkstoffkennwerte sind für den

Tabelle 3.10. Werkstoffkennwerte bei höherer Betriebstemperatur

Dimensionierung gegen	Werkstoffkennwert K	Bemerkungen
Verformung	Warmstreckgrenze $R_{p\,0,2/\theta}$	Dehnung: $\varepsilon = 0{,}002$ (=0,2%)
Bruch	Warmfestigkeit $R_{m/\theta}$	
Verformung und vorzeitigen Ausfall	Zeitdehngrenze $R_{p\,1/10^4/\theta}$	1%-Zeitdehngrenze Dehnung: $\varepsilon = 0{,}01$ (= 1%) Lebensdauer: 10 000 h
	$R_{p\,1/10^5/\theta}$	Dehnung: $\varepsilon = 0{,}01$ (= 1%) Lebensdauer: 100 000 h
Bruch und vorzeitigen Ausfall	Warmbruchfestigkeit $R_{m/10^4/\theta}$	Lebensdauer: 10 000 h
	$R_{m/10^5/\theta}$	Lebensdauer: 100 000 h

zutreffenden Einsatzfall in Abhängigkeit von der Betriebstemperatur θ in Tabelle 3.10 zusammengestellt [29, 30].

3.5.1.3 Näherungswerte für die zulässigen Spannungen bei stationärer Belastung

Liegen die Druck-, Abscher- und Verdrehfestigkeitskennwerte nicht vor, dann können in erster Näherung die in Tabelle 3.11 angegebenen und aus der bei Zugbeanspruchung zulässigen Spannung $\sigma_{z,zul}$ zu ermittelnden Werte zugelassen werden.

3.5.2 Zeitlich veränderliche Beanspruchung (dynamische Belastung)

Bei dynamischer Beanspruchung liegen zeitlich veränderliche äußere Belastungen vor. Jede dynamische Beanspruchung läßt sich zeitlich gesehen durch eine Fourier-Analyse in einen konstanten Anteil und in harmonische, d.h. sinus- oder kosinusförmige Anteile zerlegen. Man unterscheidet gemäß Bild 3.39 im wesentlichen die drei Belastungsfälle I, II und III.

1. *Beanspruchung im reinen Zug- oder Druckbereich* (Belastungsfälle I und III in Kombination)
   σ_o (Oberspannung) und σ_u (Unterspannung) haben das gleiche Vorzeichen (beide positiv oder beide negativ!).

$$\sigma_m = \frac{\sigma_o + \sigma_u}{2}; \quad \sigma_a = \frac{\sigma_o - \sigma_u}{2}; \quad \sigma_0 = \sigma_m + \sigma_a; \quad \sigma_u = \sigma_m - \sigma_a \tag{3.192}$$

σ_m = Mittelspannung,
σ_a = Spannungsausschlag,
σ_o = Oberspannung,
σ_u = Unterspannung.

Tabelle 3.11. Näherungswerte für die zulässigen Spannungen unterschiedlicher Werkstoffe bei stationärer Belastung

Beanspruchungsart	Stahl Stahlguß Cu-Leg.	Al Al-Leg.	Gußeisen	Temperguß weiß	Temperguß schwarz
Druck $\sigma_{d,zul}$ =	$\sigma_{z,zul}$	$1{,}2 \cdot \sigma_{z,zul}$	$2{,}5 \cdot \sigma_{z,zul}$	$1{,}5 \cdot \sigma_{z,zul}$	$2{,}5 \cdot \sigma_{z,zul}$
Abscheren $\tau_{a,zul}$ =	$0{,}8 \cdot \sigma_{z,zul}$	$0{,}8 \cdot \sigma_{z,zul}$	$1{,}2 \cdot \sigma_{z,zul}$	$1{,}2 \cdot \sigma_{z,zul}$	$1{,}2 \cdot \sigma_{z,zul}$
Torsion $\tau_{t,zul}$ =	$0{,}65 \cdot \sigma_{z,zul}$	$0{,}7 \cdot \sigma_{z,zul}$			
Biegung $\sigma_{b,zul}$ =	$\sigma_{z,zul}$	$\sigma_{z,zul}$	$\sigma_{z,zul}$	$\sigma_{z,zul}$	$\sigma_{z,zul}$

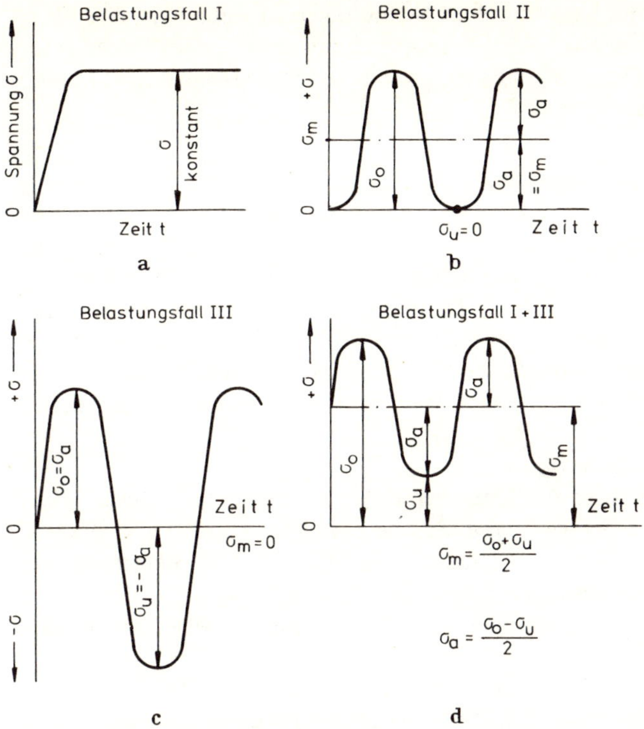

Bild 3.39. Unterschiedliche Belastungsfälle; Belastungsfall I: stationäre Beanspruchung; Belastungsfall II: reine Schwellbeanspruchung; Belastungsfall III: reine Wechselbeanspruchung

2. *Reine Wechselbeanspruchung* (Belastungsfall III)
   σ_o (Oberspannung) und σ_u (Unterspannung) sind entgegengesetzt gleich groß. σ_m (Mittelspannung) hat den Wert Null.

$$\sigma_o = |\sigma_u| = \sigma_a; \quad \sigma_m = 0; \quad \sigma_w = \sigma_a \tag{3.193}$$

   σ_w = Wechselspannung
3. *Reine Schwellbeanspruchung* (Belastungsfall II)
   σ_o (Oberspannung) ist positiv und σ_u (Unterspannung) ist Null bei Zugbeanspruchung bzw. σ_o ist Null und σ_u ist negativ bei Druckbeanspruchung.

Es gelten folgende Beziehungen für
Zugbeanspruchung:

$$\sigma_m = \sigma_a; \quad \sigma_u = 0; \quad \sigma_o = \sigma_{sch} = 2 \cdot \sigma_a \tag{3.194}$$

Druckbeanspruchung:

$$\sigma_m = -\sigma_a; \quad \sigma_u = \sigma_{sch} = -2 \cdot \sigma_a; \quad \sigma_o = 0 \tag{3.195}$$

$|\sigma_{sch}|$ = Schwellspannung = $2 \cdot \sigma_a$ = Schwingbreite der Spannung.

Bezüglich der Indizierung der einzelnen Spannungen ist vereinbart, daß kleine Buchstaben (Indizes) die am Bauteil bei Beanspruchung auftretenden Spannungen und große Buchstaben (Indizes) die ertragbaren oder zulässigen Spannungen (Festigkeitswerte!) kennzeichnen.

3.5.2.1 Dauerfestigkeit und Zeitfestigkeit

Bei dynamischer Belastung ist zu beachten, daß die bei statischer Belastung wichtigen Festigkeitskennwerte R_m (σ_B) (Zug- oder Bruchfestigkeit!) und R_e (σ_S) (Streckgrenze!) bzw. $R_{p0,2}$ ($\sigma_{0,2}$) (0,2%-Dehngrenze!) zur Dimensionierung der Bauteile keine Rolle spielen. Bei diesem Belastungsfall sind nur die Dauerschwingfestigkeit (Dauerfestigkeit) σ_D und die Zeitfestigkeit zu beachten. Bei der Dimensionierung von dynamisch beanspruchten Bauteilen werden zwei Möglichkeiten unterschieden [12, 28, 30]:

1. *Dimensionierung auf Dauerfestigkeit*
   Als Werkstoffkennwert wird die Dauerschwingfestigkeit oder Dauerfestigkeit σ_D zugelassen. Sie ist diejenige Spannung, die ein glatter, polierter und kreiszylindrischer Stab von 10 mm Durchmesser bei dynamischer Belastung und einer konstanten Mittelspannung $\sigma_m \neq 0$ gerade noch beliebig lange ohne Bruch bzw. ohne schädigende Verformung aushält (Schwingspiel- oder Lastspielzahl $N \geqq 10^7$ für Stahl).
   Neben der Dauerfestigkeit σ_D ist der Spannungsausschlag σ_A von Bedeutung. σ_A ist der Spannungsausschlag, den ein glatter, polierter und kreiszylindrischer Stab von 10 mm Durchmesser bei dynamischer Belastung um eine ruhend gedachte (= konstante) Mittelspannung σ_m in Zug- und in Druckrichtung gerade noch beliebig lange ohne Bruch bzw. ohne schädigende Verformung ertragen kann (Schwingspielzahl $N \geqq 10^7$ für Stahl). Für die einzelnen Belastungsfälle gelten nach Bild 3.40 folgende Dauerfestigkeiten [16]:
   a) reine Schwellbeanspruchung:

$$\sigma_{Sch} = 2 \cdot \sigma_A \qquad \sigma_{Sch} = \text{Schwellfestigkeit}, \tag{3.196}$$
$$\sigma_A = \text{Spannungsausschlag},$$
$$\sigma_M = \sigma_A \qquad \sigma_M = \text{Mittelspannung},$$
$$2 \cdot \sigma_A = \text{Schwingbreite der Dauerfestigkeit}.$$

   b) reine Wechselbeanspruchung:

$$\sigma_W = \pm \sigma_A \qquad \sigma_W = \text{Wechselfestigkeit}, \tag{3.197}$$
$$\sigma_M = 0$$

   c) Zug- oder Druckschwellbeanspruchung:

$$\sigma_D = \sigma_M + \sigma_A \qquad \sigma_D = \text{Dauerschwingfestigkeit oder Dauerfestigkeit} \tag{3.198}$$

   Die Dauerfestigkeiten σ_D und τ_D sind als übergeordnete Festigkeiten der einzelnen Dauerfestigkeitsarten zu verstehen. Im einzelnen gelten die in Bild 3.40 zusammengestellten Größen.

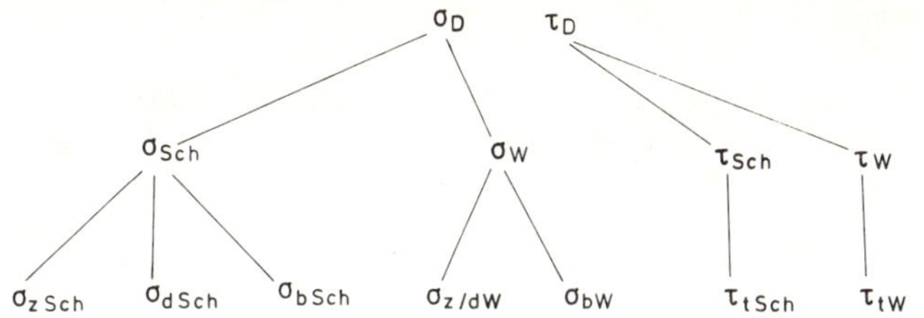

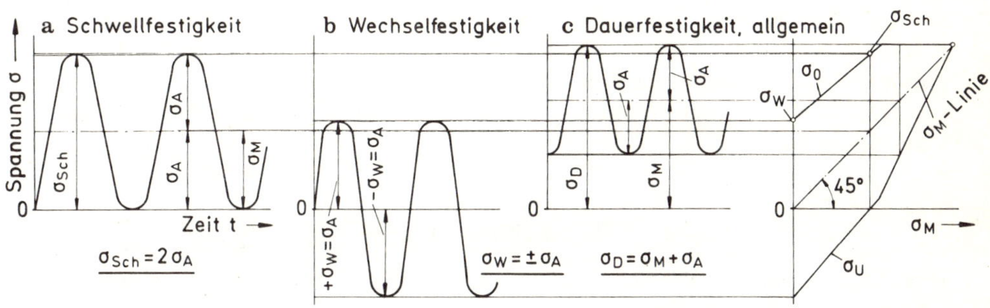

Bild 3.40a–c. Dauerfestigkeit bei verschiedenen Beanspruchungen; **a** Schwellfestigkeit; **b** Wechselfestigkeit; **c** Dauerfestigkeit, allgemein

Schwellfestigkeiten:	Zugschwellfestigkeit:	σ_{zSch}	$= \sigma_{Sch}$ bei Stahl
	Druckschwellfestigkeit:	σ_{dSch}	
	Biegeschwellfestigkeit:	σ_{bSch}	
	Torsionsschwellfestigkeit:	τ_{tSch}	
Wechselfestigkeiten:	Zugwechselfestigkeit:	σ_{zW}	$= \sigma_W$ bei Stahl
	Druckwechselfestigkeit:	σ_{dW}	
	Biegewechselfestigkeit:	σ_{bW}	
	Torsionswechselfestigkeit:	τ_{tW}	

2. *Dimensionierung auf Zeitfestigkeit*

Als Werkstoffkennwert wird die Zeitfestigkeit zugelassen. Man versteht darunter diejenige Spannung, die ein glatter, polierter und kreiszylindrischer Stab von 10 mm Durchmesser bei dynamischer Belastung und einer konstanten Mittelspannung $\sigma_m \neq 0$ eine bestimmte Schwing- oder Lastspielzahl N ohne Bruch bzw. ohne schädigende Verformung gerade noch aushält.

Die Zeitfestigkeit ist größer als die Dauerfestigkeit und ist immer nur in Verbindung mit einer Lastspielzahl N und deshalb mit einer Zeit oder Lebensdauer anzugeben. Im Maschinenbau wird sie vor allem bei der Dimensionierung von Wälzlagern angewendet. Bei Stahl lassen sich Zeitfestigkeitswerte im Bereich der Schwingspielzahlen $10^1 < N < 10^7$ angeben.

3.5.2.2 Wöhler-Diagramm

Die bei den einzelnen Belastungsarten und bei unterschiedlichen Schwingspielzahlen N ertragbaren Spannungsausschläge σ_A können aus einem Wöhler-Diagramm entnommen werden [28]. In diesem Diagramm (Bild 3.41) ist der ertragbare Spannungsausschlag σ_A linear an der Ordinate und die Schwingspielzahl N logarithmisch an der Abszisse angetragen. σ_A nimmt mit zunehmendem N bis zum Grenzwert $N_g = 2 \cdot 10^6$ bis $1 \cdot 10^7$ (bei Stahl!) annähernd linear ab und bleibt dann für $N > N_g$ konstant. Für $N < N_g$ liegt das Gebiet der Zeitfestigkeit und für $N \geqq N_g$ das Gebiet der Dauerfestigkeit vor. Bei Schwingspielzahlen unterhalb $N \leqq 10^1$ können als Werkstoffkennwerte die bei stationärer Belastung gültigen Werte eingesetzt werden.

Grenzwerte N_g der Schwingspielzahlen für den Übergang Zeitfestigkeit – Dauerfestigkeit:

$N_g = 2 \cdot 10^6$ bis $1 \cdot 10^7$ für Stahl

$N_g = 5 \cdot 10^7$ bis $1 \cdot 10^8$ für Leichtmetall

Eine Diskussion des Wöhler-Diagrammes zeigt, daß bei reiner Wechselbeanspruchung, d.h. bei einer Mittelspannung $\sigma_m = 0$, der ertragbare Spannungsausschlag σ_A im Bereich $N \leqq 10^1$ der Zugspannung R_m (σ_B) entspricht (stationäre Belastung!), dann etwa linear auf die Wechselfestigkeit σ_W abfällt bis zur Schwingspielzahl $N = N_g$ und im Bereich $N > N_g$ den Wert $\sigma_D = \sigma_A = \sigma_W$ konstant beibehält. Bei reiner Schwellbeanspruchung hat σ_A im Bereich $N \leqq 10^4$ den ungefähren Wert $\sigma_A \simeq \frac{1}{2} R_m$ ($\frac{1}{2}\sigma_B$) ($\sigma_{Sch} = 2 \cdot \sigma_A \leqq R_m$ (σ_B)), fällt im Bereich $10^4 < N \leqq N_g$ etwa linear auf den Wert $\sigma_A = \sigma_{Sch}/2$ ab und behält diesen Wert für $N > N_g$ bei.

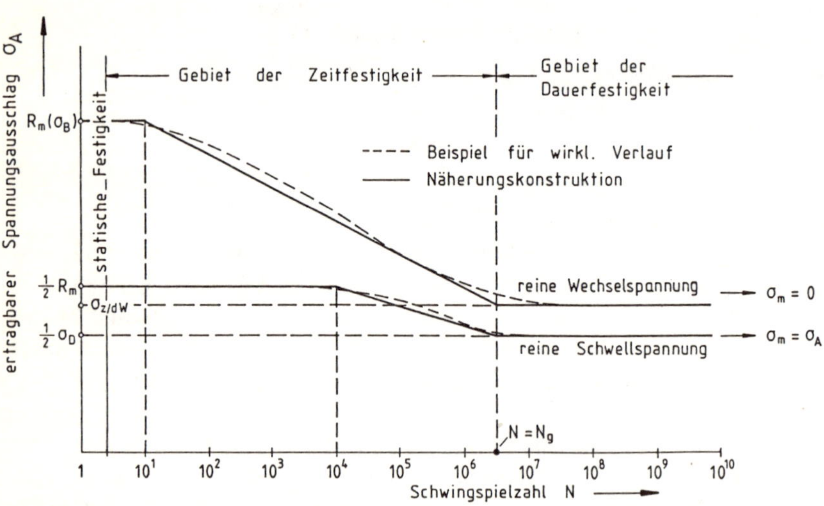

Bild 3.41. Wöhler-Diagramm für reine Wechsel- und reine Schwellbeanspruchung

Zum Wöhler-Diagramm ist anzumerken, daß die Mittelspannung bei der reinen Wechselbeanspruchung den Wert $\sigma_m = 0$ und bei der reinen Schwellbeanspruchung den Wert $\sigma_m = \sigma_A$ hat. Sehr oft findet man Wöhler-Diagramme auch in der Form, daß die Dauerfestigkeit σ_D über der Lastspielzahl N aufgetragen ist. Bei reiner Wechselbeanspruchung ($\sigma_m = 0$) ist $\sigma_D = \sigma_A = \sigma_W$ und bei reiner Schwellbeanspruchung ($\sigma_m = \sigma_A$) ist $\sigma_D = \sigma_{Sch} = 2 \cdot \sigma_A$.

3.5.2.3 Dauerfestigkeitsschaubild (DFS)

Die ertragbaren Spannungsausschläge σ_A hängen außer von der Schwing- oder Lastspielzahl N noch von der Mittelspannung σ_m ab. Diese Abhängigkeit wird im Regelfall im Dauerfestigkeitsschaubild nach Smith [12, 16, 28, 30] (Bild 3.42) dargestellt. In diesem Dauerfestigkeitsschaubild ist an der Ordinate in linearem Maßstab die Dauerfestigkeit σ_D und an der Abszisse ebenfalls im linearen Maßstab die Mittelspannung σ_m angetragen. Charakteristisch ist die Gerade unter einem Winkel von 45°, die die Mittelspannung angibt, von wo aus die Spannungsausschläge σ_A nach oben und nach unten bis zur Ober- und Unterspannung (σ_o und σ_U) abgelesen werden. Oberhalb der σ_m-Geraden unter 45° wird das Dauerfestigkeitsschaubild durch die Oberspannung σ_o und die Streck- oder Fließgrenze R_e (σ_S oder σ_F) bzw. die 0,2%-Dehngrenze $R_{p0,2}$ ($\sigma_{0,2}$) begrenzt. Die untere Begrenzung bildet die Unterspannung σ_U bis ungefähr zu der Stelle, die senkrecht unter dem Schnittpunkt der Oberspannung mit der parallel zur σ_m-Achse verlaufenden R_e (σ_S)- oder $R_{p0,2}$ ($\sigma_{0,2}$)-Linie liegt, und ab hier eine Linie, die linear bis zum Schnittpunkt der R_e (σ_S)- oder $R_{p0,2}$ ($\sigma_{0,2}$)-Linie mit der Geraden unter 45° verläuft.

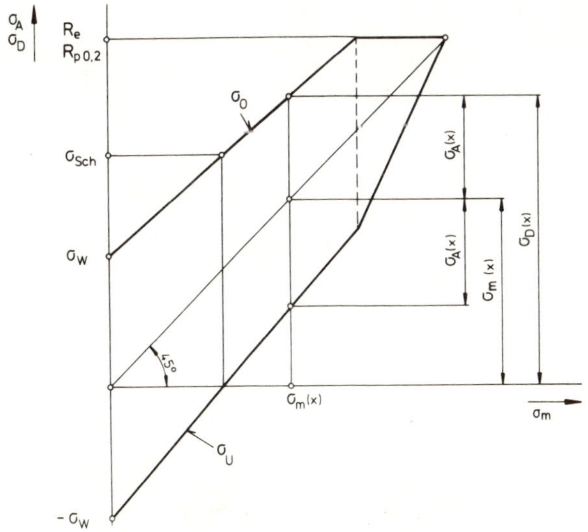

Bild 3.42. Dauerfestigkeitsschaubild (DFS) oder Smith-Diagramm

Die obere und die untere Randkurve des Dauerfestigkeitsschaubildes verlaufen so, daß die senkrecht zur Abszisse gemessenen Abstände der beiden Linienzüge von der Geraden unter 45° gleich groß sind. Diese senkrecht zur Abszisse gemessenen Abstände der Ober- und der Unterspannung von der σ_m-Geraden unter 45° sind die Spannungsausschläge σ_A, die für die einzelnen Werte der Mittelspannung σ_m zugelassen werden können. Man sieht, daß die σ_A-Werte mit zunehmenden Werten von σ_m kleiner werden und bei $\sigma_m = R_e$ (σ_S) oder $\sigma_m = R_{p0,2}$ ($\sigma_{0,2}$) den Wert $\sigma_A = 0$ haben. Bei $\sigma_m = 0$ (reine Wechselbeanspruchung!) hat σ_A den Wert $\sigma_A = \sigma_W$ = Wechselfestigkeit. Bei $\sigma_m = \sigma_A$ (reine Schwellbeanspruchung!) entspricht die Oberspannung σ_o der Schwellfestigkeit σ_{Sch} und die Unterspannung σ_U dem Wert $\sigma_U = 0$.

Näherungskonstruktion des Dauerfestigkeitsschaubildes

Das Dauerfestigkeitsschaubild nach Smith kann gemäß Bild 3.43 in der Weise näherungsweise konstruiert werden, daß an der σ-Achse (Ordinate) die Wechselfestigkeit σ_W und $-\sigma_W$ und an der parallelen zur σ_M-Achse (Abszisse) im Abstand R_m (σ_B) (Zugfestigkeit) von der Geraden unter 45° die Strecke $\sigma_W/2$ nach links, d.h. in Richtung zur Ordinate hin abgetragen wird. Die Oberspannung σ_o im Bereich $\sigma_m \leqq R_e$ (σ_S) oder $R_{p0,2}$ ($\sigma_{0,2}$) ergibt sich als Verbindungslinie des Punktes σ_W auf der Ordinate und des Punktes $\sigma_W/2$ auf der Parallelen zur Abszisse im Abstand R_m (σ_B). Die obere Begrenzung des Dauerfestigkeitsschaubildes wird durch die Oberspannung σ_o und die Parallele zur σ_m-Achse im Abstand R_e (σ_S oder σ_F) bzw. $R_{p0,2}$ ($\sigma_{0,2}$) fixiert. Die Unterspannung σ_U ergibt sich durch Übertragen der parallel zur Ordinate zwischen der 45°-Geraden und der oberen Randkurve liegenden Spannungen von der 45°-Geraden nach unten senkrecht zur Abszisse

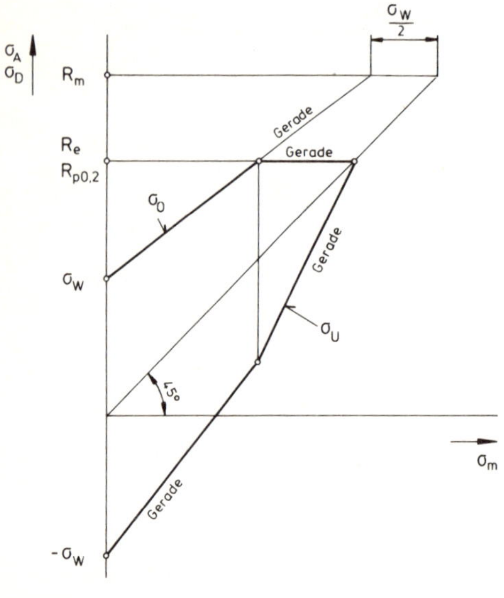

Bild 3.43. Näherungskonstruktion des Dauerfestigkeitsschaubildes (DFS)

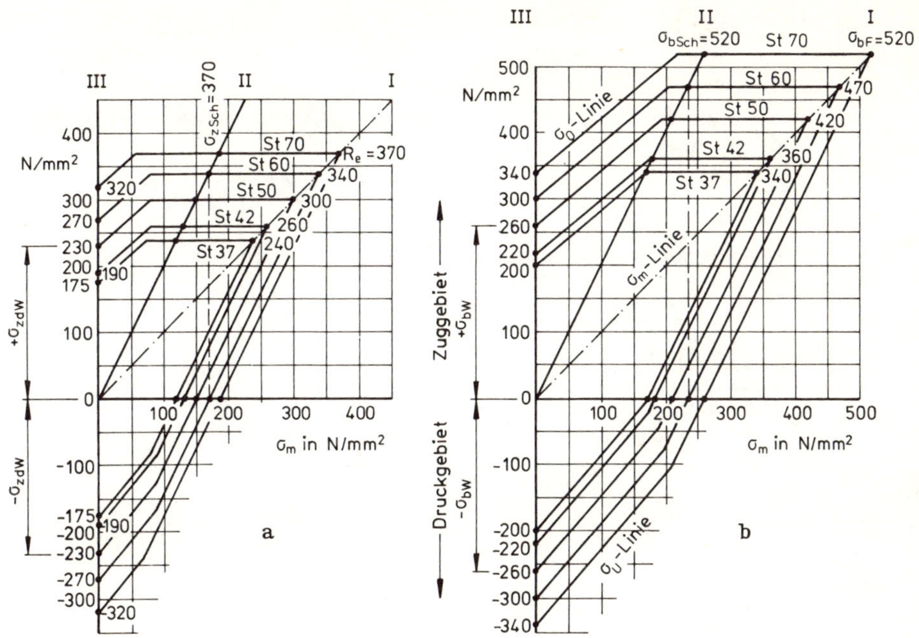

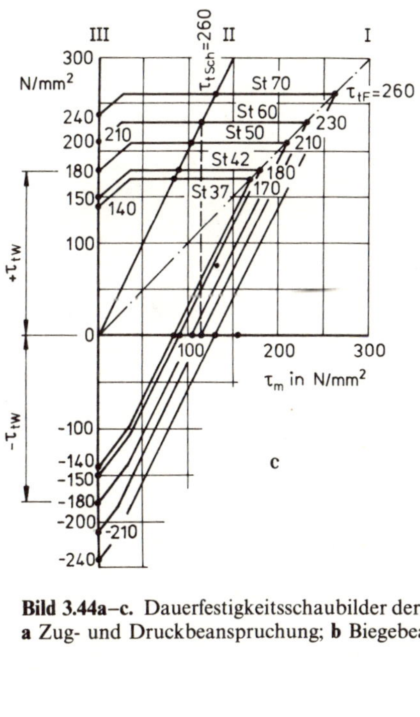

Für kaltgezogenes Material (z. B. St50K) können die Streckgrenzwerte bis zu 50%, die Schwell- und Wechselfestigkeitswerte dagegen nur um ca. 10% höher als die Tabellenwerte angesetzt werden. Durch Kaltumformung geht Dehnungsfähigkeit des Materials zurück, Empfindlichkeit gegen Trennbruch ist größer!

Bild 3.44a–c. Dauerfestigkeitsschaubilder der allgemeinen Baustähle (DIN 17100 bzw. DIN EN 10025); **a** Zug- und Druckbeanspruchung; **b** Biegebeanspruchung; **c** Torsionsbeanspruchung

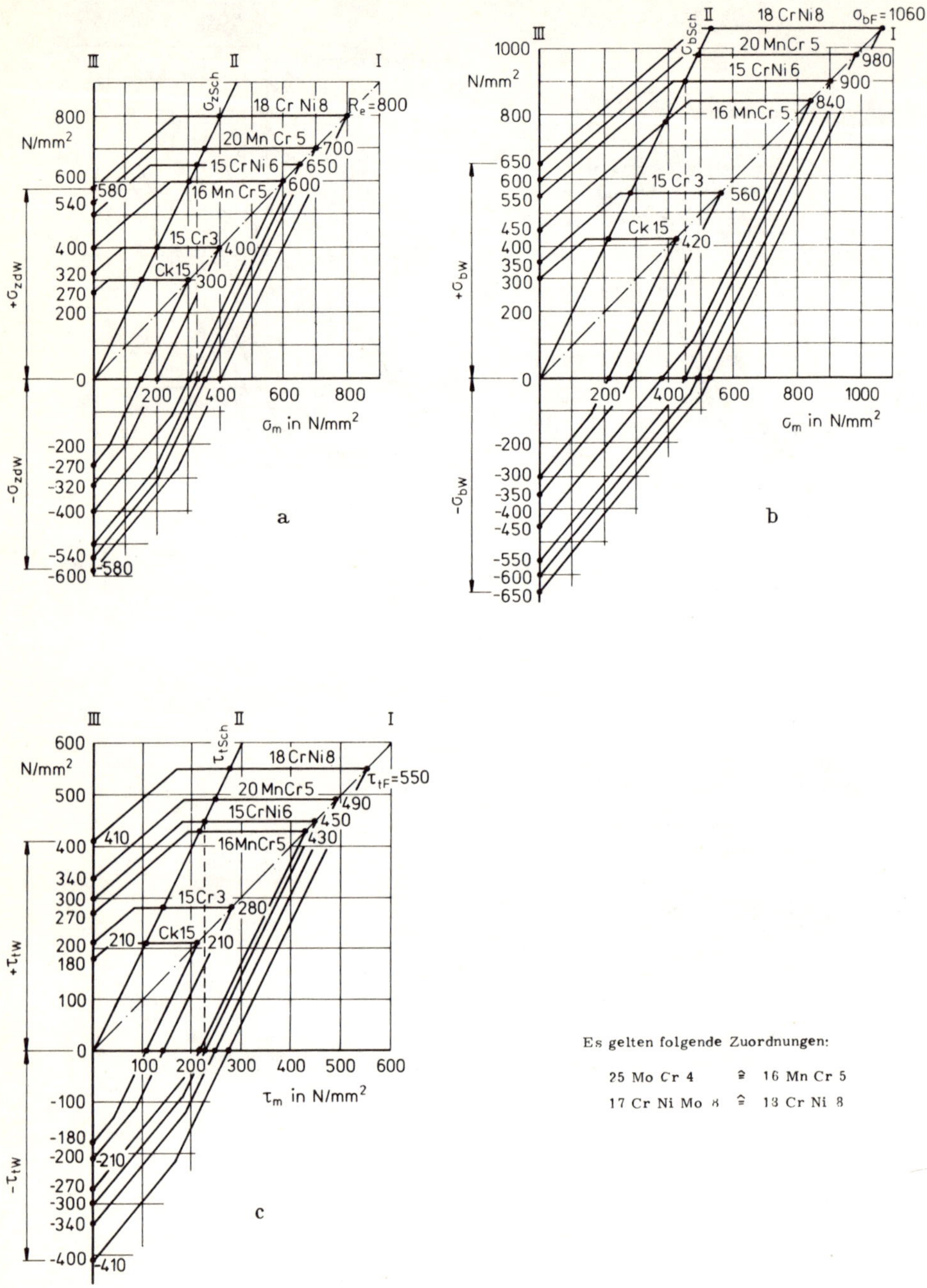

Bild 3.45a–c. Dauerfestigkeitsschaubilder der Einsatzstähle (DIN 17210); **a** Zug- und Druckbeanspruchung; **b** Biegebeanspruchung; **c** Torsionsbeanspruchung

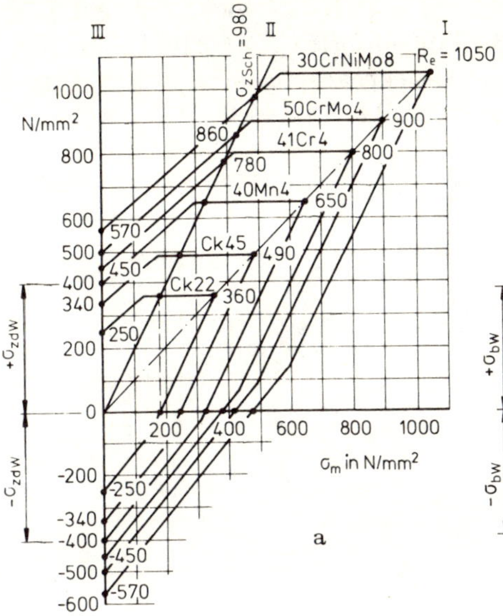

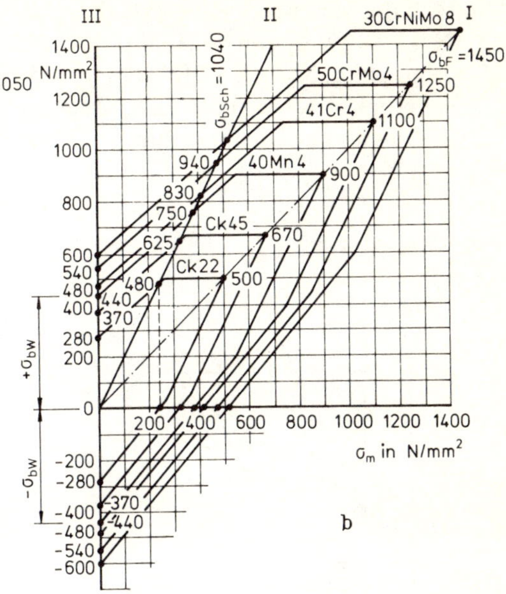

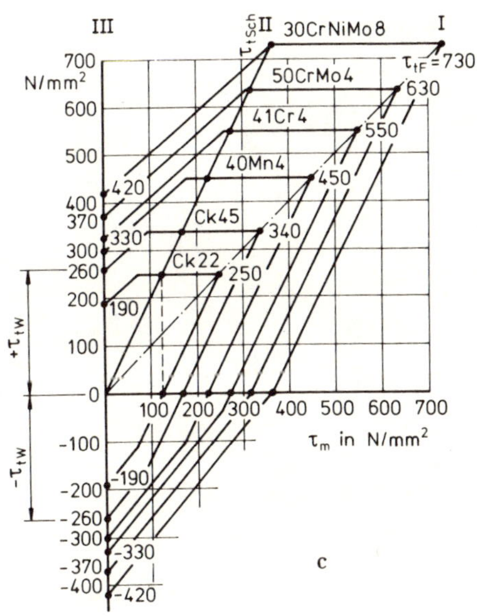

Es gelten folgende Zuordnungen:

30 CrMoV4, 32 CrMo12 ≙ 30CrNiMo8

34 CrNiMo6, 36 CrNiMo4, 42 CrMo4, 50 CrV4 ≙ 50CrMo4

34 CrMo4 ≙ 41Cr4

25 CrMo4, 34 Cr4, 34 CrMo4, 37 Cr4, 46 Cr2 ≙ 40Mn4

C45 wie Ck45

C22 wie Ck22

C60, Ck60 und 28Mn6 liegen zwischen Ck45 und 40 Mn4

C35 und Ck35 liegen zwischen Ck22 und Ck45

Bild 3.46a–c. Dauerfestigkeitsschaubilder der Vergütungsstähle (DIN 17200 bzw. DIN EN 10083, T1 und T2); **a** Zug- und Druckbeanspruchung; **b** Biegebeanspruchung; **c** Torsionsbeanspruchung

hin. Für die wichtigsten Baustähle (DIN 17100 bzw. DIN EN 10025), Einsatzstähle (DIN 17210), Vergütungsstähle (DIN 17200 bzw. DIN EN 10083, T1 und T2), Kugelgraphitgußsorten (DIN 1663) und Stahlgußsorten (DIN 1681) sind die Dauerfestigkeitsschaubilder für a) Zug- und Druckbeanspruchung, b) Biegebeanspruchung und c) Torsionsbeanspruchung in den Bildern 3.44 bis 3.48 dargestellt [16].

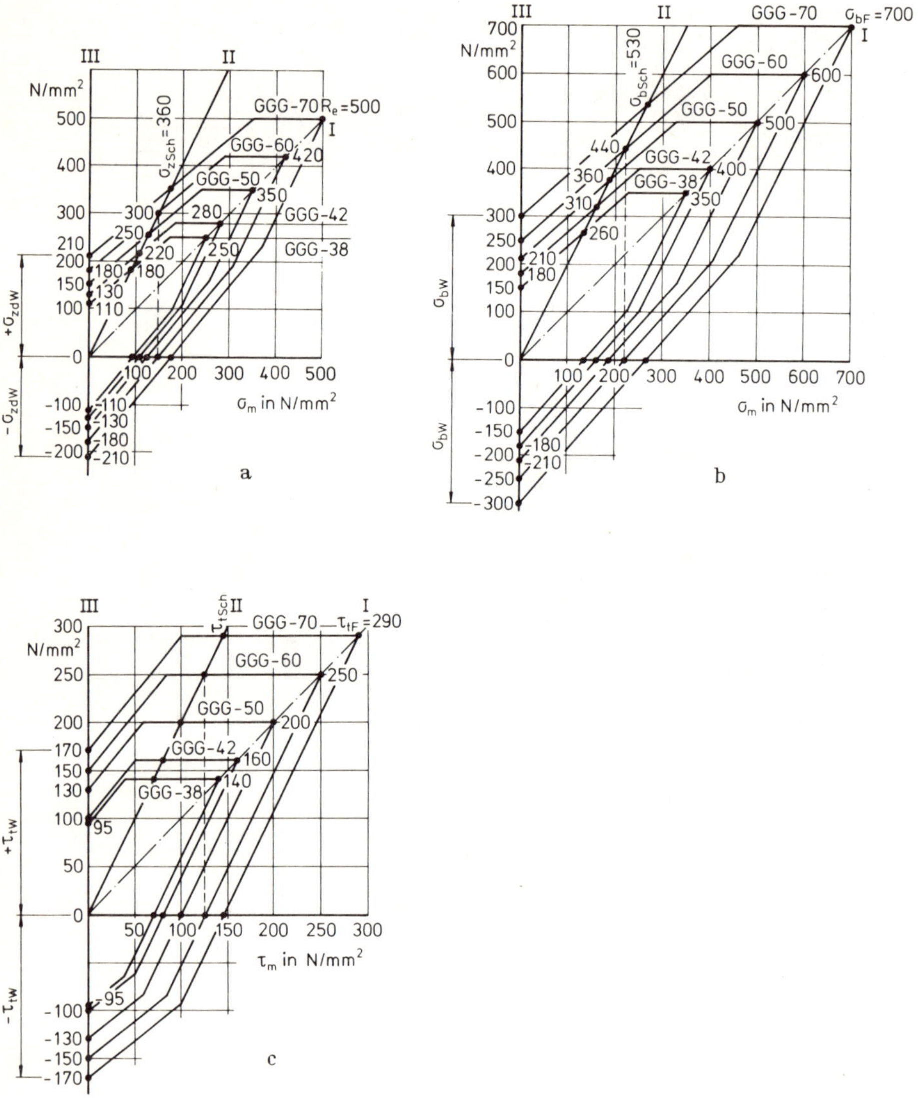

Bild 3.47a–c. Dauerfestigkeitsschaubilder der Kugelgraphitgußsorten (DIN 1693); **a** Zug- und Druckbeansspruchung; **b** Biegebeanspruchung; **c** Torsionsbeanspruchung

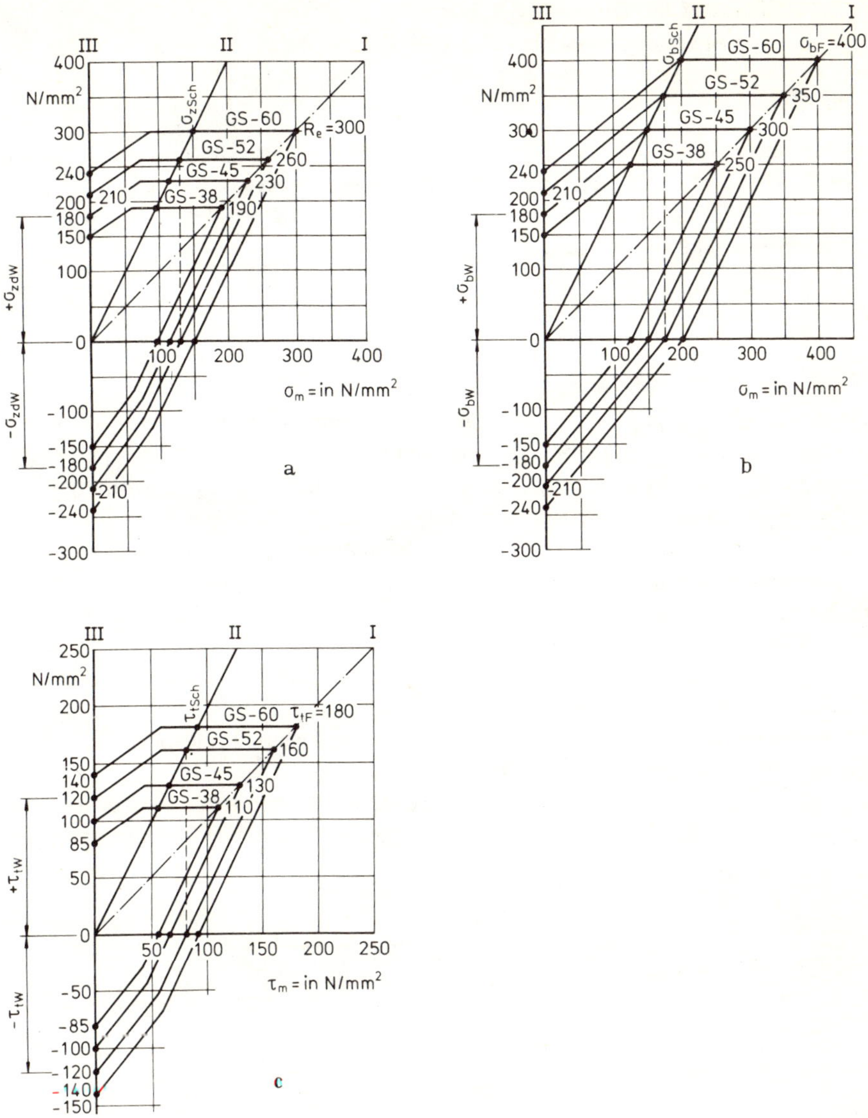

Bild 3.48a–c. Dauerfestigkeitsschaubilder der Stahlgußsorten (DIN 1681); **a** Zug- und Druckbeanspruchung; **b** Biegebeanspruchung; **c** Torsionsbeanspruchung

3.5.2.4 Einflüsse auf die Dauerfestigkeit σ_D und den Spannungsausschlag σ_A; Gestaltfestigkeit

1. Einfluß der Oberflächengüte

Die Spannungen σ_D, σ_W und σ_A werden mit zunehmender Oberflächenrauhigkeit kleiner [16]. Der Abschwächungsfaktor (Oberflächenbeiwert!) wird mit $b_1 \leqq 1$ bezeichnet und ist aus Bild 3.49 für unterschiedliche Zugfestigkeiten R_m (σ_B) und Rauhtiefen R_t abzulesen. Es gilt:

$$b_1 = b_1(R_m, R_t) \qquad (3.199)$$

2. Einfluß der Bauteilgröße

Die Spannungen σ_D, σ_W und σ_A werden mit zunehmender Bauteilgröße kleiner [16]. Der Abschwächungsfaktor (Größenbeiwert!) wird mit b_2 bezeichnet und liegt im Bereich $0{,}7 < b_2 \leqq 1{,}0$. Für kreiszylindrische Bauteile ist b_2 in Abhängigkeit vom Bauteildurchmesser d in Bild 3.50 dargestellt.

Wird der Bauteileinfluß (Größe und Oberflächengüte) auf die Dauer- und die Wechselfestigkeit sowie den Spannungsausschlag berücksichtigt ($\kappa = b_1 \cdot b_2$), dann ergibt sich aus dem Dauerfestigkeitsschaubild das in Bild 3.51 dargestellte Gestaltfestigkeitsschaubild (GFS).

Die Berechnungsmethoden zur Ermittlung der *Gestaltfestigkeit* (Bauteil-Dauerschwingfestigkeit anstatt Werkstoff-Dauerschwingfestigkeit!) beheben weitgehend die Mängel der statischen Bemessung. Die Bemessungsregeln für die Gestaltfestigkeit gelten für Bauteile, deren Betriebsbeanspruchungen mit gleichbleibender oder nahezu gleichbleibender Amplitude N-mal auftreten. Liegen jedoch veränderliche, teils oberhalb, teils unterhalb der Dauerschwingfestigkeit liegende Beanspruchungen

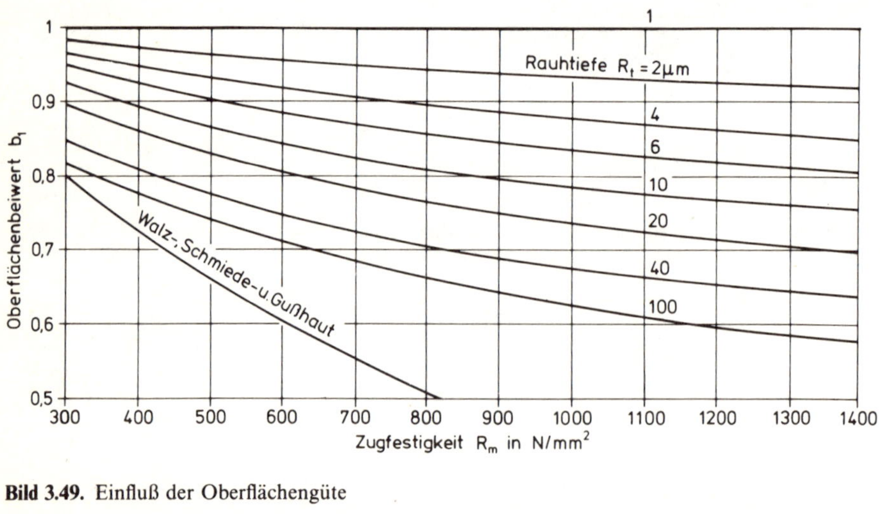

Bild 3.49. Einfluß der Oberflächengüte

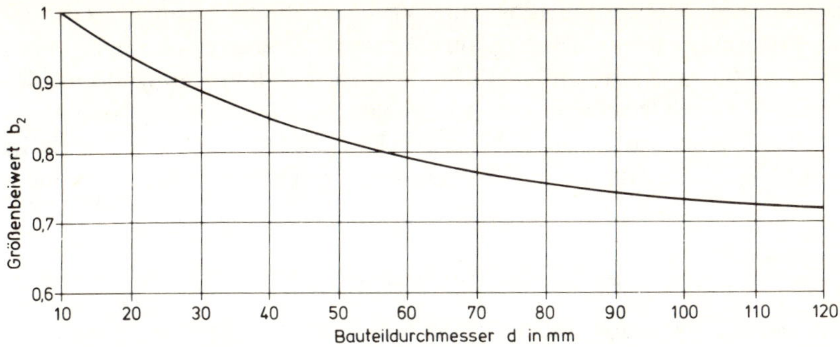

Bild 3.50. Einfluß der Bauteilgröße bei Kreisquerschnitten. Bei anderen Querschnitten gilt näherungsweise bei Biegung: Quadrat: Kantenlänge $\simeq$ d; Rechteck: in Biegeebene liegende Kantenlänge $\simeq$ d; bei Torsion: Quadrat: Diagonale $\simeq$ d; Rechteck: Diagonale $\simeq$ d

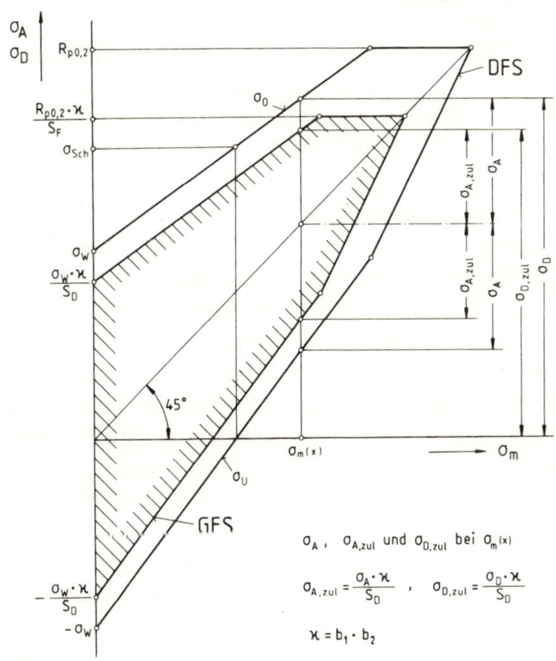

Bild 3.51. Gestaltfestigkeitsschaubild (GFS)

vor, so sind Lastkollektive zu bestimmen. Diese Lastkollektive sind durch Lastannahmen vorzugeben oder durch Messungen am Bauteil im betrieblichen Einsatz zu bestimmen, d.h., die tatsächlichen Betriebsbedingungen und Betriebsverhältnisse und die daraus resultierenden Beanspruchungen sowie Unterlagen über zulässige Bemessungsfestigkeiten sind der Ausgangspunkt für die Berechnungsmethoden der *Betriebsfestigkeit* [1, 5, 6]. Der Begriff Betriebsfestigkeit schließt ferner ein, daß die dabei verwendeten Dimensionierungsverfahren Aussagen über die Nutzungsdauer eines Bauteils, seine Betriebsdauer bis zum Versagen durch Anriß, Bruch oder untragbare Verformung liefern. Als Ergebnis der Betriebsfestigkeitsversuche lassen sich Lebensdauerlinien (Schadenslinien!) für Proben und Bauteile im doppeltlogarithmischen Maßstab zeichnen, die den Wöhler-Kurven ähneln. Neben der experimentellen Bestimmung von Lebensdauerlinien werden auch rechnerische Verfahren, die sog. Schadensakkumulationstheorien verschiedener Art angewendet [1,6].

3. Einfluß der Kerbwirkung und der Kerbspannungen

Der Einfluß der Kerbwirkung auf die Dauerfestigkeit σ_D oder den Spannungsausschlag σ_A ist sehr bedeutsam und wird daher im folgenden Abschnitt separat und ausführlich behandelt.

3.6 Kerbwirkung und Kerbspannungen

Das Spannungsfeld an einer Stelle in einem belasteten Bauteil zeigt nahezu die für die zuvor untersuchten Lastfälle ermittelte Verteilung, wenn das Bauteil die vorausgesetzte einfache Gestalt hat, der Werkstoff genügend homogen ist und die Lasteinleitungsstelle hinreichend weit von der betrachteten Stelle entfernt liegt. Diese reguläre Spannungsverteilung wird jedoch völlig verändert durch Diskontinuitäten oder Unstetigkeiten der Form oder Gestalt (z.B. Nuten, Eindrehungen, Einstiche, Querbohrungen, Wellenabsätze, plötzliche Querschnittsänderungen), der Lastverteilung (z.B. konzentriert, punkt- oder linienförmig) oder im Material (z.B. Lunker, Schlackeneinschlüsse, Seigerungen). Bei scharfen Umlenkungen, Absätzen oder Kerben kann sich eine gleichmäßige Spannungsverteilung nicht mehr einstellen, da Zonen hoher und niedriger Anstrengung einander benachbart sind. Die zu diesen unterschiedlichen Anstrengungen gehörigen Dehnungen können sich nicht in gleicher Stärke einstellen, da durch den Zusammenhang des Werkstoffes eine gegenseitige Abstützung erfolgt (keine Dehnungssprünge!). Durch diese Dehnungsbehinderungen stellt sich ein Spannungsfeld ein, in dem örtlich hohe Spannungsspitzen auftreten, die man auch als Kerbspannungen bezeichnet und eine besondere Beachtung und Behandlung finden müssen. Die Bezeichnung Kerbspannungen rührt daher, daß man die Form- oder Gestaltdiskontinuitäten üblicherweise als „Kerben" bezeichnet. In gleicher Weise sind eine Störung des gleichförmigen Spannungsfeldes und eine Ausbildung von Spannungsspitzen im Bereich der Kraft- und Momenteneinleitungsstellen (Lastdiskontinuitäten!) und in Zonen mit starker Änderung der Werkstoffeigenschaften (Werkstoffdiskontinuitäten z.B. durch Seigerungen oder an Schweißstellen!) möglich.

Eine exakte Berechnung der Kerbspannungen ist wegen der unterschiedlichen Wirkmechanismen nicht möglich. Es muß größtenteils auf Versuchsergebnisse zurückgegriffen werden. Für den Sonderfall der Form- oder Gestaltdiskontinuitäten kann man jedoch auf gut gesicherte Berechnungsmethoden zurückgreifen, wobei für die physikalische Erfassung des Wirkmechanismus die Hilfsvorstellung des

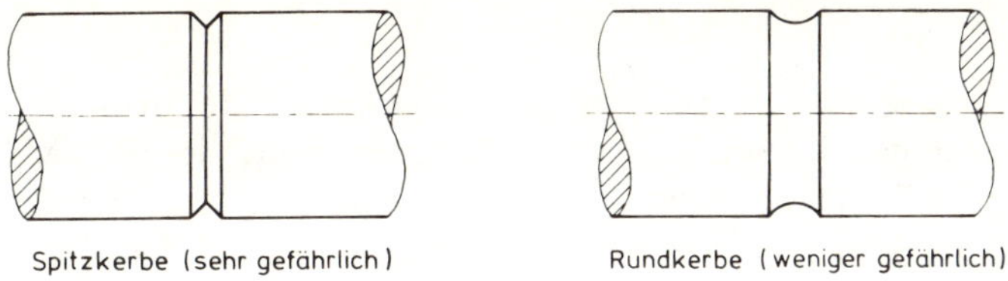

Bild 3.52. Einfluß der Kerbform

Kraftflusses oder der Kraftflußlinien nach Kapitel 1.4.2 sehr nützlich ist [18–20, 25–28, 30]. Im Gegensatz zu dem physikalisch nicht definierten, jedoch sehr anschaulichen Vorstellungsbild des Kraftflusses ist das „Krafttragwerk" ein quantitativ auswertbares Modell und Ersatzsystem. Es stellt eine Entwurfsstrategie zur Ermittlung optimaler Kräftepfade (Mitchellstrukturen!) dar [31].

Die Spannungserhöhung im Kerbgrund kommt durch die Kraftlinienverdichtung zustande und ist damit in hohem Maße von der Kerbform abhängig. Spitzkerben bewirken bei gleicher Kerbtiefe eine größere Spannungsspitze oder Spannungserhöhung als Rundkerben (Bild 3.52).

Der Einfluß der Kerbung auf die maximale Spannung σ_{max} im Kerbgrund wird bei statischer und quasistatischer Beanspruchung (Geschwindigkeit der Spannungszunahme $< 10\,N/(mm^2\,s)$!) ausschließlich durch die Kerbform bzw. die Geometrie der Querschnittsänderung bewirkt. Maßgebend ist dabei die Formzahl α_k. Bei dynamischer, d.h. schwingender Beanspruchung spielt neben der nur durch die Geometrie bedingten Formzahl α_k und deren Einflußgrößen der Werkstoff eine besondere Rolle. Alle bei schwingender oder dynamischer Belastung die Kerbwirkung beeinflussenden Größen werden in der Kerbwirkungszahl β_k zusammengefaßt, die – abgesehen von vollkommen kerbempfindlichen Werkstoffen – kleiner als die Formzahl α_k ist. Die „statische" maximale Kerbspannung wirkt sich somit im Bereich der Dauerfestigkeit nicht voll aus.

3.6.1 Statische Beanspruchung

Bei statischer Zug- und Druckbeanspruchung stellt sich eine konstante Spannungsverteilung und bei statischer Biege- und Torsionsbeanspruchung eine von der neutralen Faser aus linear ansteigende Spannungsverteilung nur dann ein, wenn die glatte Bauteilform nicht durch Kerben gestört ist. Wird der gleichmäßige Kraftfluß durch eine Kerbe gestört, so ist im Restquerschnitt des Bauteils der Spannungsverlauf sehr stark nichtlinear [28, 30]. Die Spannung und das Spannungsgefälle haben ihren Größtwert im Kerbgrund (Bild 3.65).

Einfluß der Kerbform

Die Spannungsspitze oder maximale Kerbspannung σ_{max} (bei Normalspannungen!) oder $\tau_{t,max}$ (bei Torsionsspannungen!) im Kerbgrund wird bei stationärer Beanspruchung aus der größten Nennspannung σ_n bzw. τ_{tn} und einer Formzahl α_k ermittelt.

Nennspannung

Unter der Nennspannung σ_n oder τ_{tn} versteht man diejenige größte Spannung, die bei Vernachlässigung des Kerbeinflusses im Restquerschnitt des Bauteils (Querschnitt im Kerbgrund!) entsprechend der Beanspruchung auftreten würde. Sie ist also keine reale, sondern eine fiktive Spannung im Bauteil mit dem Restquerschnitt.

Kerbspannung

Der tatsächliche Verlauf der Spannungen σ bzw. τ_t über den Restquerschnitt des Bauteiles unterscheidet sich von dem bei stationärer Belastung und ohne Kerben regulär berechenbaren Verlauf der Nennspannungen. In der unmittelbaren Umgebung der Kerbe wird ein Störspannungszustand induziert, der sich dem Spannungszustand überlagert, der im ungekerbten Bauteil unter gleicher Belastung vorliegen würde. Dieser resultierende Spannungszustand (Kerbspannungszustand!) hat gemäß Bild 3.53 seine Spannungsspitzen oder maximalen Spannungen im Kerbgrund. Diese größte Kerbspannung wird mit σ_{max} oder $\tau_{t,max}$ bezeichnet.

Formzahl

Die Formzahl α_k ist die auf die größte Nennspannung im Restquerschnitt (Querschnitt im Kerbgrund!) bezogene maximale Kerbspannung (Bild 3.54). Es gilt also die Beziehung [11, 27, 30]

$$\alpha_k = \frac{\text{max. Kerbspannung}}{\text{Nennspannung}}, \quad \text{d.h.}$$

$$\alpha_k = \frac{\sigma_{max}}{\sigma_n} \quad \text{bzw.} \quad \frac{\tau_{t,max}}{\tau_{tn}} \tag{3.200}$$

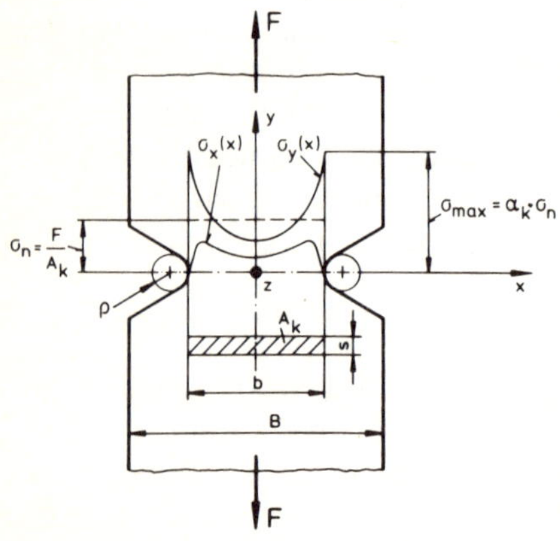

Bild 3.53. Spannungsverteilung in einem gekerbten Flachstab unter Zugbeanspruchung

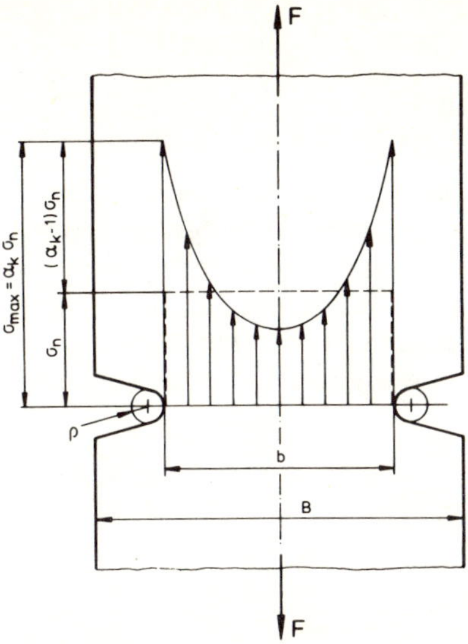

Bild 3.54. Definition der Formzahl α_k (gekerbter Flachstab!)

Bleibt die Anstrengung des Werkstoffes unterhalb der Elastizitätsgrenze, d.h. verhält sich der Werkstoff linear-elastisch, so ist die Formzahl α_k nur von der Geometrie des Bauteils (einschließlich der Geometrie der Kerbe!) und der Beanspruchungsart abhängig. Man unterscheidet somit Formzahlen bei Zug-, Druck-, Biege- und Torsionsbeanspruchung. Bei Schubbeanspruchung infolge von Querkräften tritt im Kerbgrund keine Kerbspannung auf, weshalb keine Formzahl zu berücksichtigen ist (Bild 3.16).

Im linear-elastischen Bereich sind die Formzahlen unabhängig vom Werkstoff und von der absoluten Größe der Nennspannung. Sie können rechnerisch und/oder experimentell bestimmt werden und liegen im Bereich $1 < \alpha_k < 5$. Grundsätzlich läßt sich feststellen, daß die Formzahlen mit abnehmendem Kerbradius, d.h. mit zunehmender Querschnittsunstetigkeit oder „Kerbschärfe" stark zunehmen. Im einzelnen gelten für die Formzahl α_k folgende Definitionsgleichungen:

1. bei Normalspannungen:

$$\alpha_k = \frac{\sigma_{max}}{\sigma_n} \quad \text{bzw.} \quad \sigma_{max} = \alpha_k \cdot \sigma_n \tag{3.201}$$

infolge Zugbeanspruchung/Druckbeanspruchung:

$$\alpha_{kz/d} = \frac{\sigma_{z/d,max}}{\sigma_{z/dn}} \quad \text{bzw.} \quad \sigma_{z/d,max} = \alpha_{kz/d} \cdot \sigma_{z/dn}$$

infolge Biegebeanspruchung:

$$\alpha_{kb} = \frac{\sigma_{b,max}}{\sigma_{bn}} \quad \text{bzw.} \quad \sigma_{b,max} = \alpha_{kb} \cdot \sigma_{bn}$$

2. bei Torsionsspannungen:

$$\alpha_{kt} = \frac{\tau_{t,max}}{\tau_{tn}} \quad \text{bzw.} \quad \tau_{t,max} = \alpha_{kt} \cdot \tau_{tn} \tag{3.202}$$

Für eine auf Zug, Biegung und Torsion beanspruchte Welle mit eingestochener, d.h. umlaufender Ringnut von halbkreisförmiger Kontur im Nutgrund ergeben sich nach [30] für die in Bild 3.55 angegebenen Daten für die relative Nutgeometrie Formzahlen von $\alpha_{kz} = 1{,}9$ (Zugbeanspruchung!), $\alpha_{kb} = 1{,}6$ (Biegebeanspruchung!) und $\alpha_{kt} = 1{,}3$ (Torsionsbeanspruchung!). Diese Formzahlen bedeuten im Kerbgrund ($y = \pm d/2$) eine Überhöhung der Zugspannung um 90% gegenüber der Zugnenn-

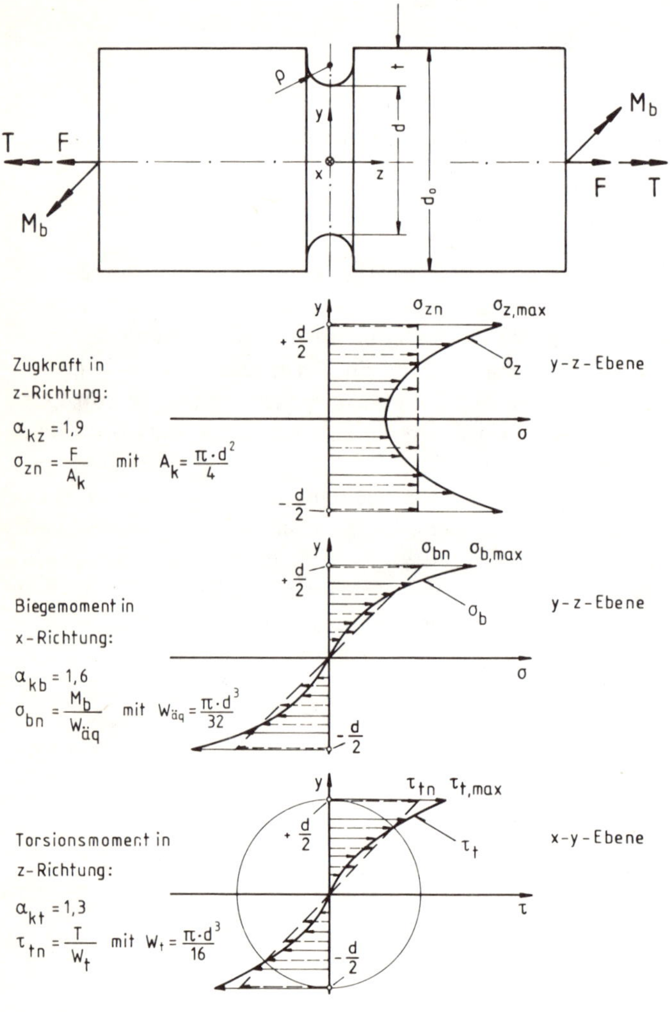

Bild 3.55. Kerbspannungen in einer Welle mit Ringnut

spannung σ_{zn}, eine Überhöhung der Biegespannung um 60% gegenüber der Biegenennspannung σ_{bn} und eine Überhöhung der Torsionsspannung um 30% gegenüber der Torsionsnennspannung τ_{tn}. Der qualitative Verlauf der Kerbspannungen über dem Restquerschnitt der Welle mit dem Durchmesser d ist in Bild 3.55 anhand der ausgezogenen Kurven dargestellt, während der Verlauf der fiktiven Nennspannungen für den Restquerschnitt gestrichelt eingezeichnet ist. Daß die Bereiche mit kleinerer Kerbspannung als die fiktive Nennspannung physikalisch auch vorliegen, kann man durch eine einfache Gleichgewichtsbetrachtung der äußeren und inneren Belastungen nachprüfen.

Für den in Bild 3.56 dargestellten zentrisch gelochten flachen Zugstab läßt sich die fiktive Nennspannung σ_{zn} im Restquerschnitt in folgender Weise berechnen:

$$\sigma_{zn} = \frac{F}{(b-d)\cdot s} = \frac{\sigma_0}{1 - \frac{d}{b}} \tag{3.203}$$

Dabei sind:

F = Zugkraft,
b = Breite des Stabes,
s = Dicke des Stabes,
d = Bohrungsdurchmesser,
σ_0 = Zugspannung im ungelochten und ungestörten Bereich.

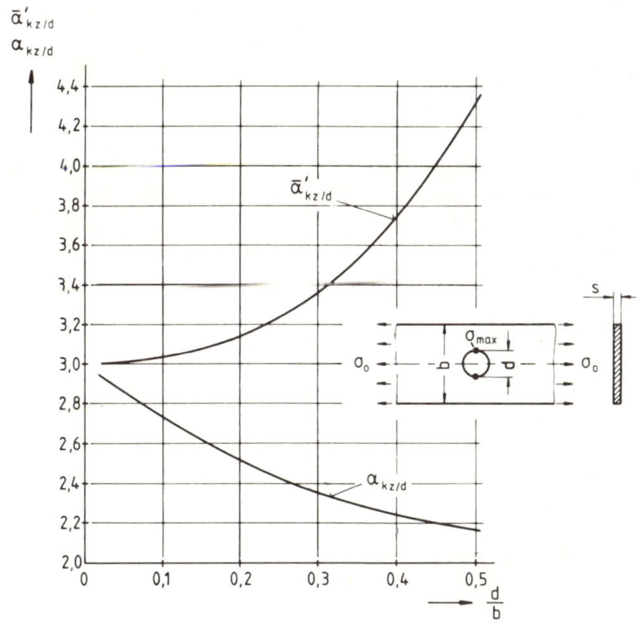

Bild 3.56. Formzahlen $\alpha_{kz/d}$ und $\bar{\alpha}'_{kz/d}$ für einen gelochten Flachstab bei Zug- und Druckbeanspruchung

Für die Formzahl α_{kz} bei Zugbeanspruchung lassen sich in Abhängigkeit vom Verschwächungsverhältnis d/b die in Bild 3.56 graphisch dargestellten Werte ermitteln [14, 21, 30]. Das Abfallen der Formzahl $\alpha_{kz} = \alpha_k$ mit zunehmendem Wert für d/b hängt mit der Vergrößerung der Nennspannung bei Verkleinerung des Restquerschnitts zusammen und bedeutet nicht eine Verkleinerung der maximalen Kerbspannung im Kerbgrund. Die Verstärkung der Kerbwirkung mit stärker werdender Kerbung wird in Bild 3.56 aus dem Verlauf der modifizierten Formzahl $\overline{\alpha}'_{kz} = \overline{\alpha}'_k$ in Abhängigkeit vom Verschwächungsverhältnis d/b ersichtlich. Diese modifizierte Formzahl ist dabei in folgender Weise definiert [30]:

$$\overline{\alpha}'_{kz} = \frac{\sigma_{max}}{\sigma_0} \tag{3.204}$$

mit $\sigma_0 = \dfrac{F}{b \cdot s}$

Zwischen der Formzahl α_{kz} und der modifizierten Formzahl $\overline{\alpha}'_{kz}$ besteht somit folgende Verknüpfung:

$$\overline{\alpha}'_{kz} = \frac{\alpha_{kz}}{1 - \dfrac{d}{b}} \tag{3.205}$$

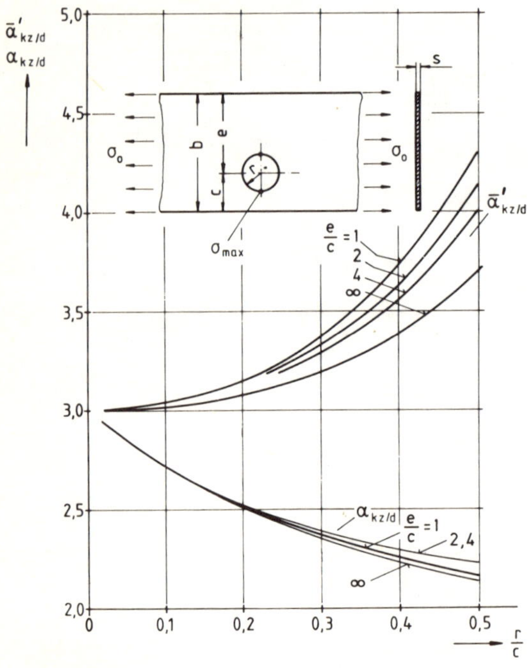

Bild 3.57. Formzahlen $\alpha_{kz/d}$ und $\overline{\alpha}'_{kz/d}$ für einen exzentrisch gelochten Flachstab bei Zug- und Druckbeanspruchung

Bei exzentrisch gelochten Flachstäben und bei Flachstäben mit querliegendem Langloch ergeben sich nach [14, 30] die in den Bildern 3.57 und 3.58 zusammengestellten Werte für die Formzahl α_{kz} und die modifizierte Formzahl $\overline{\alpha'_{kz}}$ bei Zug- und Druckbeanspruchung.

Für gekerbte und abgesetzte Flach- und Rundstäbe sind nach [30, 51] die Formzahlen α_k bei Zug-, Biege- und Torsionsbeanspruchung in Abhängigkeit von der relativen Kerbgeometrie in den Bildern 3.59 bis 3.63 graphisch dargestellt. Die Werte zeigen deutlich, daß die Formzahlen mit zunehmender Kerbschärfe größer werden. Bei der Biege- und der Torsionsbeanspruchung sind neben den bereits genannten Formzahlen α_k noch die Formzahlen $\bar{\alpha}_k$ angegeben, die wie folgt definiert sind bei

Normalspannungen:

$$\overline{\alpha_k} = \frac{\sigma_{max}}{\bar{\sigma}_n} \tag{3.206}$$

Torsionsspannungen:

$$\overline{\alpha_{kt}} = \frac{\tau_{t,max}}{\overline{\tau_{tn}}} \tag{3.207}$$

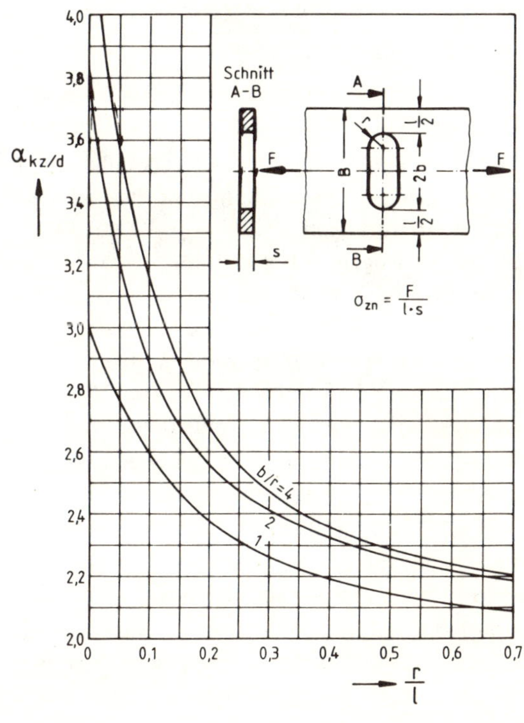

Bild 3.58. Formzahl $\alpha_{kz/d}$ bei einem Flachstab mit quer angeordnetem Langloch unter Zug- und Druckbeanspruchung

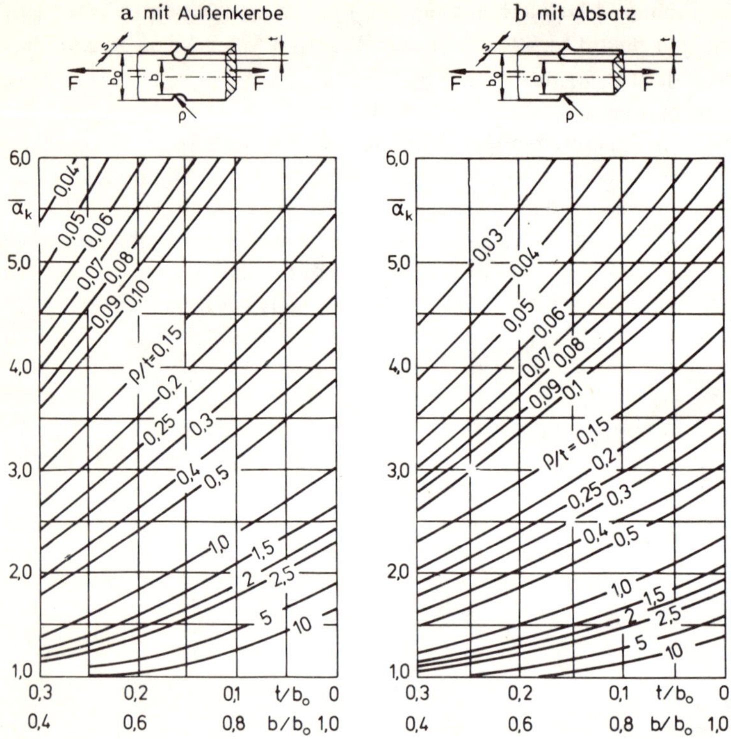

Bild 3.59. Formzahlen gekerbter Flachstäbe bei Längskraft-Beanspruchung

Die Normalnennspannung $\bar{\sigma}_n$ und die Torsionsnennspannung $\bar{\tau}_{tn}$ sind die Mittelwerte der Nennspannungen, die bei Vernachlässigung des Kerbeinflusses im Restquerschnitt des Bauteils unter der gegebenen Beanspruchung auftreten würden. Sie sind also keine realen, sondern fiktive Spannungen.

Bei Zug- und Druckbeanspruchung ist wegen der konstanten Spannungsverteilung über den Restquerschnitt die größte Nennspannung $\sigma_n = \sigma_{z/dn}$ gleich dem Mittelwert der Nennspannung $\bar{\sigma}_n = \bar{\sigma}_{z/dn}$. Die Formzahl $\alpha_k = \alpha_{kz/d}$ und die modifizierte Formzahl $\bar{\alpha}_k = \bar{\alpha}_{kz/d}$ sind aus diesem Grund auch gleich groß.

Bei Biege- und bei Torsionsbeanspruchung ist wegen des linearen Anstiegs der Nennspannungen ein Unterschied zwischen den größten Nennspannungen σ_{bn} und τ_{tn} und den Mittelwerten der Nennspannungen $\bar{\sigma}_{bn}$ und $\bar{\tau}_{tn}$ zu beachten. Aus diesem Grund haben auch die Formzahlen α_{kb} und α_{kt} einen anderen Wert als die entsprechenden modifizierten Formzahlen $\bar{\alpha}_{kb}$ und $\bar{\alpha}_{kt}$.

Zur Berechnung der maximalen Kerbspannungen σ_{max} bzw. $\tau_{t,max}$ gemäß den Gleichungen (3.206) und (3.207) müssen bei bekannten modifizierten Formzahlen $\bar{\alpha}_k$ bzw. $\bar{\alpha}_{kt}$ zusätzlich die Mittelwerte der Nennspannungen $\bar{\sigma}_n$ bzw. $\bar{\tau}_{tn}$ im Restquerschnitt vorliegen. Diese lassen sich aus den größten Nennspannungen in folgender Weise bestimmen:

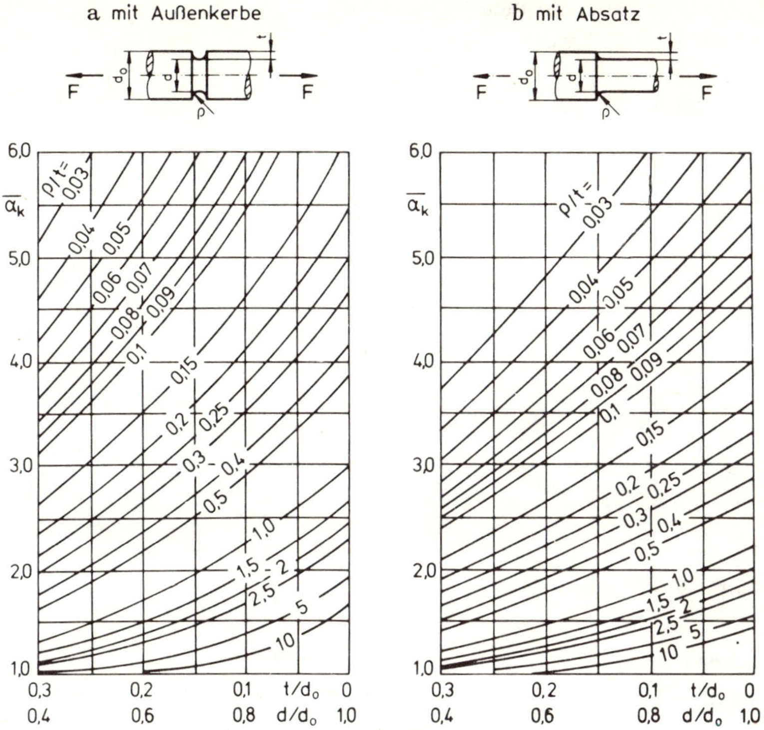

Bild 3.60. Formzahlen gekerbter Rundstäbe bei Längskraft-Beanspruchung

1. Biegebeanspruchung bei rechteckigem Querschnitt
   (Rechteck der Breite t und der Höhe b)

$$M_b = \int_{y=0}^{y=b/2} \sigma_b \cdot 2 \cdot t \cdot y \cdot dy \tag{3.208}$$

mit $\sigma_b = \bar{\sigma}_{bn} \cdot \frac{2y}{h}$

$$M_b = \bar{\sigma}_{bn} \cdot \frac{1}{2} \cdot t \cdot b \cdot 2 \cdot \tfrac{1}{4} \cdot b \tag{3.209}$$

mit $\frac{1}{4}b = y_S$ = Schwerpunktabstand der halben Rechteckfläche

Ergebnis:

$$\bar{\sigma}_{bn} = \frac{2}{3}\sigma_{bn} \tag{3.210}$$

mit $\sigma_{bn} = \frac{6M_b}{tb^2}$

2. Biegebeanspruchung bei kreisrundem Querschnitt (Kreis mit Durchmesser d = 2r)

$$M_b = \int_{y=0}^{y=r} \sigma_b \cdot 4 \cdot \sqrt{r^2 - y^2} \cdot y \cdot dy \tag{3.211}$$

mit $\sigma_b = \sigma_{bn} \cdot \frac{y}{r}$

$$M_b = \bar{\sigma}_{bn} \cdot \frac{1}{2} \cdot \pi \cdot r^2 \cdot 2 \cdot \frac{4r}{3\pi} \tag{3.212}$$

mit $\frac{4r}{3\pi} = y_S$ = Schwerpunktabstand der Halbkreisfläche

Ergebnis:

$$\bar{\sigma}_{bn} = \frac{3\pi}{16} \sigma_{bn} \tag{3.213}$$

mit $\sigma_{bn} = \frac{32 M_b}{\pi d^3}$

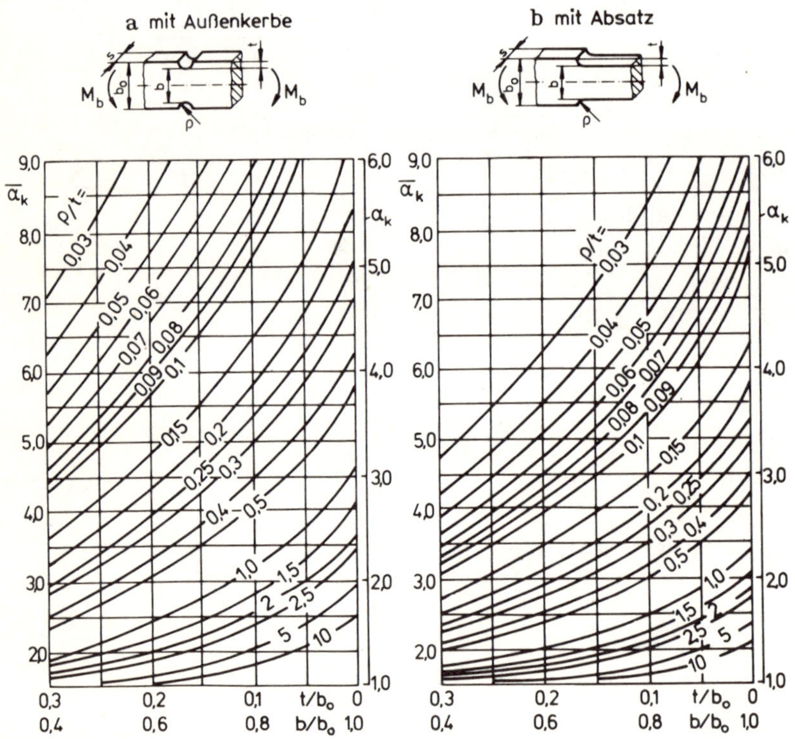

Bild 3.61. Formzahlen gekerbter Flachstäbe bei Biegebeanspruchung

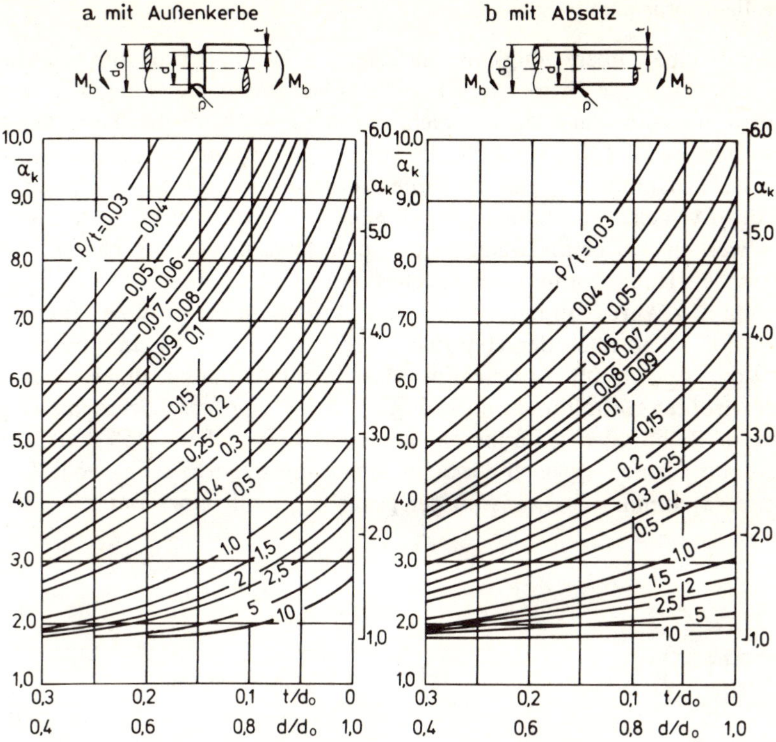

Bild 3.62. Formzahlen gekerbter Rundstäbe bei Biegebeanspruchung

3. Torsionsbeanspruchung bei kreisrundem Querschnitt
(Kreis mit Durchmesser d = 2r)

$$T = \int_{y=0}^{y=r} \tau_t \cdot 2\pi y^2 \cdot dy \tag{3.214}$$

mit $\tau_t = \tau_{tn} \cdot \frac{y}{r}$

$$T = \overline{\tau}_{tn} \cdot \frac{1}{2}\pi r^2 \cdot 2 \cdot \frac{2}{3} r \tag{3.215}$$

mit $\frac{2}{3}r = y_S$ = Schwerpunktabstand des rechtwinkligen Dreiecks mit der Kathete (Höhe!) r und dem rechten Winkel bei y = r

Ergebnis:

$$\overline{\tau}_{tn} = \frac{3}{4}\tau_{tn} \tag{3.216}$$

mit $\tau_{tn} = \frac{16T}{\pi d^3}$

Mehrachsige Beanspruchung

Der – z.B. durch eine äußere Zugkraft induzierte – Spannungszustand an der höchstbeanspruchten Stelle (Kerbgrund!) ist bei Flachstäben nur einachsig und bei Rundstäben nur zweiachsig, da senkrecht zur lastfreien Kerboberfläche keine Spannung vorhanden ist [30]. Im Fall des einachsigen Spannungszustandes ist die maximale Kerbspannung σ_{max} für die Dimensionierung des Bauteils verbindlich und im Fall des zweiachsigen Spannungszustandes muß eine Vergleichsspannung σ_v berechnet werden. Da beim zweiachsigen Spannungszustand die beiden von Null verschiedenen Hauptspannungen gleiches Vorzeichen haben und die dritte Hauptspannung den Wert Null hat, ist nach der Hypothese der größten Normalspannung $\sigma_v = \sigma_{max}$ und nach der Hypothese der größten Schubspannung $\sigma_v = \sigma_{max} - \sigma_{min} = \sigma_{max}$ ($\sigma_{min} = 0$!). Mit der im Maschinenbau häufig angewendeten Hypothese der größten Gestaltänderungsenergie läßt sich eine Vergleichsspannung ermitteln, die in Richtung einer höheren Sicherheit maximal um 15% von der Vergleichsspannung berechnet nach der Schubspannungshypothese abweicht. Für den praktischen Spannungsnachweis an der gekerbten Stelle eines Bauteils wird

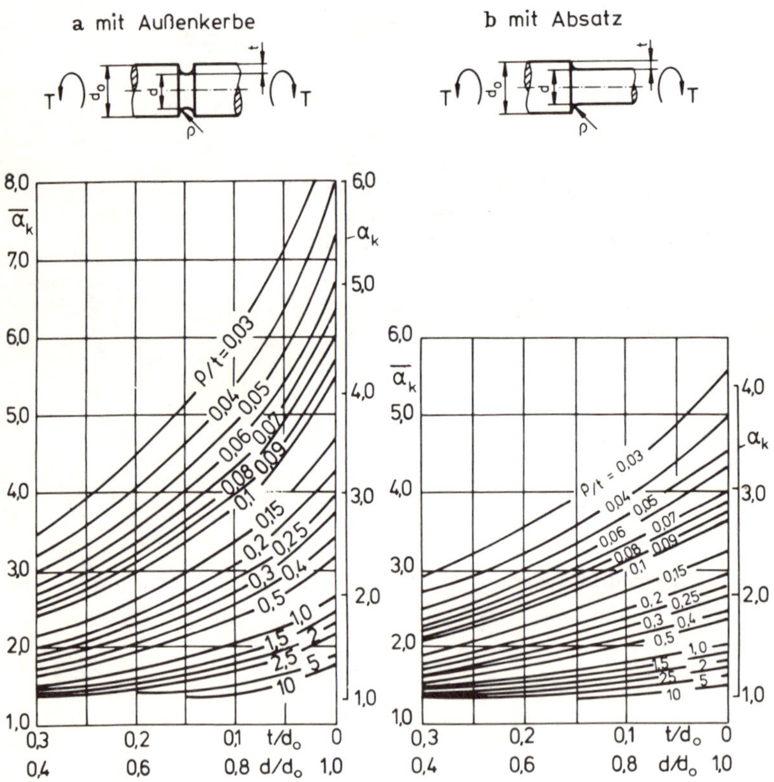

Bild 3.63. Formzahlen gekerbter Rundstäbe bei Torsionsbeanspruchung

daher in den meisten Anwendungsfällen die mit Hilfe der Formzahl ermittelte maximale Hauptspannung σ_{max} als Vergleichsspannung zugrunde gelegt.

Wird durch die äußeren Belastungen des Bauteils im Kerbquerschnitt ein mehrachsiger Spannungszustand induziert, so müssen mit den für die unterschiedlichen Belastungsarten und für die Kerbgeometrie gültigen Formzahlen sowie mit den größten Nennspannungen im Restquerschnitt des gekerbten Bauteils die maximalen Kerbspannungen in den unterschiedlichen Richtungen ermittelt werden. Aus diesen maximalen Kerbspannungen wird dann nach [29, 30, 51] unter Anwendung einer Festigkeitshypothese eine Vergleichsspannung ermittelt, die mit der zulässigen Spannung verglichen werden muß.

3.6.2 Rein schwingende Beanspruchung

Bei der rein schwingenden Beanspruchung eines Bauteils (Belastungsfall III!) wird die Auswirkung einer Kerbe auf die ertragbare Spannung durch die Kerbwirkungszahl β_k ausgedrückt [28, 30]. Analog zu den glatten (ungekerbten!) Probekörpern versagt ein unter rein schwingender Belastung stehender gekerbter Probekörper dann, wenn der auftretende Nennspannungsausschlag σ_{an} (bei Normalspannungen!) bzw. τ_{tan} (bei Torsionsspannungen!) gleich oder größer als der zulässige oder ertragbare Spannungsausschlag σ_{Ak} bzw. τ_{tAk} des gekerbten Probekörpers wird. Bei der rein schwingenden Beanspruchung (vorhandene Mittelspannung $\sigma_m = 0$!) ist der Spannungsausschlag σ_{Ak} bzw. τ_{tAk} gleich der Wechselfestigkeit σ_{Wk} bzw. τ_{tWk} oder gleich der Dauerfestigkeit σ_{Dk} bzw. τ_{tDk} des gekerbten Probekörpers.

Nennspannung

Die Nennspannung ist bei rein schwingender Beanspruchung der größte vorliegende Nennspannungsausschlag σ_{an} bzw. τ_{tan}, der bei Vernachlässigung eines Kerbeinflusses im Restquerschnitt des Bauteils (Querschnitt im Kerbgrund!) entsprechend der Beanspruchungsart auftreten würde. Sie ist wie die Nennspannung σ_n oder τ_{tn} bei statischer Belastung eine fiktive Spannung im Bauteil mit dem Restquerschnitt.

Kerbspannung

Der tatsächliche Verlauf des Spannungsausschlages σ_a (bei Normalspannungen!) bzw. τ_{ta} (bei Torsionsspannungen!) über den Restquerschnitt des Bauteils unterscheidet sich von dem bei schwingender Belastung und ohne Kerben regulär berechenbaren Verlauf des Nennspannungsausschlages. Besonders im Bereich des Kerbgrundes sind die Spannungsausschläge sehr viel größer als die Nennspannungsausschläge σ_{an} bzw. τ_{tan}. Der größte Spannungsausschlag tritt im Kerbgrund auf und wird als größte Kerbspannung (Spannungsausschlag!) $\sigma_{a,max}$ bzw. $\tau_{ta,max}$ bezeichnet.

Kerbwirkungszahl

Die Kerbwirkungszahl β_k bzw. β_{kt} ist bei reiner Schwingbeanspruchung der auf den zulässigen Spannungsausschlag σ_{Ak} bzw. τ_{tAk} des gekerbten Probekörpers bezogene zulässige Spannungsausschlag σ_A bzw. τ_{tA} [28]. Der zulässige Spannungsausschlag ist wegen der nicht vorhandenen Mittelspannung ($\sigma_m = 0!$) gleich der Wechselfestigkeit und gleich der Dauerfestigkeit des Werkstoffes. Es gelten folgende Beziehungen [28, 30]:

$$\beta_k = \frac{\sigma_A}{\sigma_{Ak}} = \frac{\sigma_W}{\sigma_{Wk}} = \left.\frac{\sigma_D}{\sigma_{Dk}}\right|_{\sigma_m = 0} \tag{3.217}$$

bzw.

$$\beta_{kt} = \frac{\tau_{tA}}{\tau_{tAk}} = \frac{\tau_{tW}}{\tau_{tWk}} = \left.\frac{\tau_{tD}}{\tau_{tDk}}\right|_{\tau_{tm} = 0}$$

mit σ_m bzw. τ_{tm} = konstante (statische) vorhandene Mittelspannung bei Normal – bzw. bei Torsionsbeanspruchung.

Da der zulässige Spannungsausschlag σ_{Ak} bzw. τ_{tAk} des gekerbten Probekörpers als vorhandener Nennspannungsausschlag σ_{an} bzw. τ_{tan} bestimmt wird, tritt ein Dauerbruch dann ein, wenn der mit der Kerbwirkungszahl β_k bzw. β_{kt} gewichtete Nennspannungsausschlag σ_{an} bzw. τ_{tan} gleich oder größer als der zulässige Spannungsausschlag σ_A bzw. τ_{tA} des ungekerbten Probekörpers, d.h. des Werkstoffes wird. Aus dieser genannten Verknüpfung

$$\beta_k \cdot \sigma_{an} = \sigma_A \quad \text{bzw.} \quad \beta_{kt} \cdot \tau_{tan} = \tau_{tA} \tag{3.218}$$

läßt sich wie bei statischer Beanspruchung im Kerbgrund der maximale Kerbspannungsausschlag $\sigma_{a,max}$ bzw. $\tau_{ta,max}$ in folgender Weise ermitteln [28, 30]:

$$\sigma_{a,max} = \beta_k \cdot \sigma_{an} \tag{3.219}$$

bzw.

$$\tau_{ta,max} = \beta_{kt} \cdot \tau_{tan}$$

Die Kerbwirkungszahl β_k bzw. β_{kt} kann somit bei rein schwingender Belastung auch als das Verhältnis des im Kerbgrund vorhandenen maximalen Kerbspannungsausschlages und des größten Nennspannungsausschlages im Restquerschnitt des Bauteils aufgefaßt werden.

$$\beta_k = \frac{\sigma_{a,max}}{\sigma_{an}} \quad \text{bzw.} \quad \beta_{kt} = \frac{\tau_{ta,max}}{\tau_{tan}} \tag{3.220}$$

Bezüglich der zulässigen Spannungsausschläge σ_A und σ_{Ak} bzw. τ_{tA} und τ_{tAk} der glatten oder ungekerbten und der gekerbten Probe ist anzumerken, daß sie unter gleichen Bedingungen (z.B. Werkstoffzustand, Oberflächengüte, Frequenz, Temperatur, Umgebungsmedium) ermittelt werden müssen. An der Dauerfestigkeitsgrenze (Schwingspielzahl N = Grenzschwingspielzahl N_g!) ist $\sigma_a = \sigma_A$, $\sigma_{ak} = \sigma_{Ak}$, $\tau_{ta} = \tau_{tA}$ und $\tau_{tak} = \tau_{tAk}$.

Die Kerbwirkungszahl β_k bzw. β_{kt} ist bei einer beliebigen Schwingspielzahl N im allgemeinen kleiner als die Formzahl α_k bzw. α_{kt}, die als obere Grenze angesehen werden kann. Der Grund dafür liegt darin, daß bei der Ermittlung von α_k bzw. α_{kt} der Werkstoff als ideales, strukturloses Kontinuum aufgefaßt wird, und bei der Ermittlung von β_k bzw. β_{kt} die Struktur des Werkstoffes berücksichtigt wird [28, 30]. Jeder metallische Werkstoff hat eine Gefügestruktur, d.h. ist ein Haufwerk von Kristalliten oder Körnern mit Korngrenzen. Die Bindungen sind dabei innerhalb der Kristallite oder Körner stärker als über die Korngrenzen hinweg. Die Verformungen und die Spannungen im Werkstoff verlaufen daher mikroskopisch gesehen nicht mehr kontinuierlich oder stetig, sondern ändern sich blockweise oder strukturlängenbedingt innerhalb des Bauteils. Durch die Abstützung innerhalb der einzelnen mikroskopischen „Strukturblöcke" und durch deren wechselseitige Abstützung kommt es zu einer „Mikrostützwirkung" im Werkstoff. An der höchstbeanspruchten Stelle tritt daher nicht die dort lokale theoretische Maximalspannung auf, sondern eine kleinere, über den dort befindlichen „Strukturblock" gemittelte Spannung.

Der untere Grenzwert der Kerbwirkungszahl ist nach Troost [28] bei der Schwingspielzahl $N = \frac{1}{4}$ (vierter Teil einer vollen Schwingung; Grenze zwischen statischer und dynamischer Belastung!) je nach Werkstoffverhalten

$$\beta_k(\tfrac{1}{4}) > 1 \quad \text{oder} \quad \beta_k(\tfrac{1}{4}) < 1.$$

Für einen duktilen Werkstoff, bei dem die Kerbzugfestigkeit R_{mk} größer als die Zugfestigkeit R_m (ohne Kerbung!) ist, gilt:

$$\beta_k(\tfrac{1}{4}) < 1 \quad (R_{mk} > R_m).$$

Für einen spröden Werkstoff mit einer Kerbzugfestigkeit R_{mk} kleiner als die Zugfestigkeit R_m (ohne Kerbung!) gilt:

$$\beta_k(\tfrac{1}{4}) > 1 \quad (R_{mk} < R_m).$$

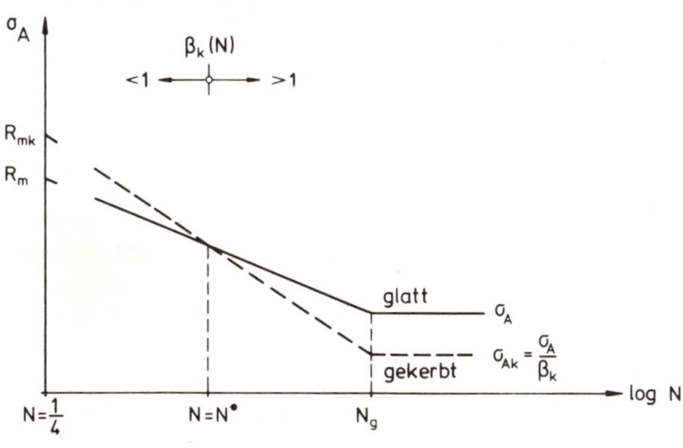

Bild 3.64. Wöhler-Kurven für eine ungekerbte und eine gekerbte Probe aus duktilem Werkstoff für reine Wechselbeanspruchung

Für duktile Werkstoffe gibt es gemäß Bild 3.64 [28] eine Schwingspielzahl $N = N^*$, bei der die Kerbwirkungszahl den Wert $\beta_k(N^*) = 1$ hat, d.h. keine Überhöhung der Kerbspannung gegenüber der größten Nennspannung im Restquerschnitt des Bauteils auftritt. Diese Schwingspielzahl N^* liegt zwischen $N = \frac{1}{4}$ und $N = N_g$ ($N_g \simeq 2 \cdot 10^6$ bis $1 \cdot 10^7$ bei Stahl!).

Einflüsse auf die Kerbwirkungzahl

Die Kerbwirkungszahl β_k ist abhängig von

1) der Form und der Größe der Kerbe (Kerbgeometrie!),
2) der Beanspruchungsart,
3) dem Werkstoff

und muß im allgemeinen experimentell ermittelt werden. Ist $\beta_k = \alpha_k$ bzw. $\beta_{kt} = \alpha_{kt}$, liegt größtmögliche Kerbwirkung oder Kerbempfindlichkeit vor (z.B. sehr spröde Werkstoffe!). Die größte Spannungsspitze bei schwingender Belastung ist gleich der elastizitätstheoretischen Maximalspannung bei statischer Beanspruchung. Ist $\beta_k = 1$, so tritt keine Kerbwirkung auf, d.h., der Werkstoff ist vollkommen kerbunempfindlich (z.B. Gußeisen mit Lamellengraphit!).

Neben der geometrischen Form eines gekerbten Probekörpers beeinflußt auch dessen Größe die Kerbwirkungszahl. Da gemäß Bild 3.50 die Dauerfestigkeit eines Probekörpers mit zunehmender Größe kleiner wird, wird die Kerbwirkungszahl mit zunehmender Probengröße größer. Die Dauerschwingversuche zur Ermittlung der Spannungsausschläge und der Kerbwirkungszahl β_k bzw. β_{kt} sollten deshalb nach Möglichkeit an Probekörpern mit Abmessungen der wirklichen Bauteile durchgeführt werden.

Die Oberflächenbeschaffenheit (z.B. Rauhigkeiten, Verfestigungen und Druckeigenspannungen!) wirken sich ähnlich wie bei ungekerbten Proben auch bei gekerbten Proben auf die Höhe der Dauerfestigkeit und damit auf die Höhe der Kerbwirkungszahl aus.

Die Beanspruchungsart und die Kerbform beeinflussen nach [30] in besonderer Weise das maximale Spannungsgefälle oder den Spannungsgradienten (Bild 3.65)

$$\chi = \left(\frac{d\sigma}{dx}\right)_{max} \quad \text{bzw.} \quad \left(\frac{d\tau_t}{dx}\right)_{max} \tag{3.221}$$

im Kerbgrund. Die Längenkoordinate x wird dabei vom Kerbgrund aus in Richtung des maximalen Spannungsgefälles – also in den Körper hinein – gezählt.

Das auf die Maximalspannung im Kerbgrund bezogene maximale Spannungsgefälle (Bild 3.65)

$$\chi^* = \frac{\chi}{\sigma_{max}} = \frac{1}{\sigma_{max}} \cdot \left(\frac{d\sigma}{dx}\right)_{max}$$

bzw. (3.222)

$$\chi^* = \frac{\chi}{\tau_{t,max}} = \frac{1}{\tau_{t,max}} \cdot \left(\frac{d\tau_t}{dx}\right)_{max}$$

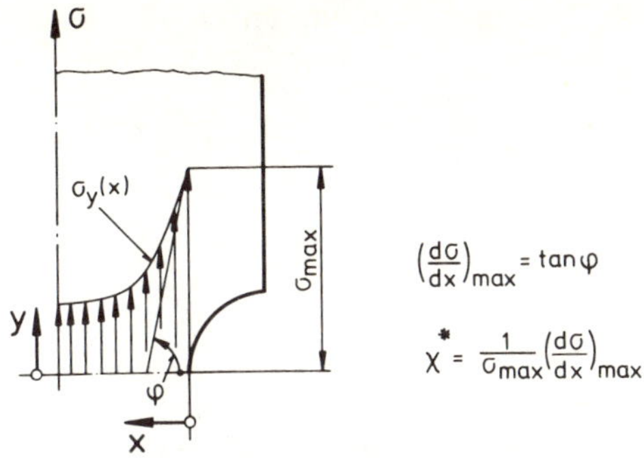

Bild 3.65. Spannungsgefälle und bezogenes Spannungsgefälle am zugbeanspruchten gekerbten Flachstab

beschreibt den Spannungsgradienten an der höchstbeanspruchten Stelle, d.h. im Kerbgrund, und kann qualitativ zur Beschreibung der bereits genannten strukturbedingten Mikrostützwirkung herangezogen werden. Je größer nämlich das bezogene maximale Spannungsgefälle χ^* wird, desto größer wird die Stützwirkung des Werkstoffes und desto kleiner wird die Kerbwirkungszahl β_k bzw. β_{kt}.

Nach Gl. (3.217) wird β_k bzw. β_{kt} aus den ertragbaren oder zulässigen Spannungsausschlägen σ_A und σ_{Ak} bzw. τ_{tA} und τ_{tAk} berechnet, die bei rein schwingender Beanspruchung (konstante Mittelspannung = Null!) unabhängig von der Mittelspannung sind. Bei dynamischer Belastung mit einem konstanten und einem rein schwingenden Anteil sind die zulässigen Spannungsausschläge jedoch von der vorhandenen Mittelspannung σ_m abhängig.

3.6.3 Allgemeine dynamische Beanspruchung

Bei einer allgemeinen dynamischen Belastung mit konstanter Mittelspannung $\sigma_m \neq 0$ infolge konstanter Belastung und einem Spannungsausschlag σ_a infolge einer rein schwingenden Belastung muß bei einem gekerbten Bauteil die maximale Kerbspannung im Kerbgrund aus dem statischen und dem schwingenden Anteil berechnet werden. Nach den in den beiden vorangehenden Abschnitten gewonnenen Erkenntnissen gilt somit bei dynamischer Beanspruchung für die maximale Kerbspannung im Kerbgrund die Beziehung

$$\sigma_{max} = \alpha_k \cdot \sigma_{mn} + \beta_k \cdot \sigma_{an}$$

bzw. (3.223)

$$\tau_{t,max} = \alpha_{kt} \cdot \tau_{tmn} + \beta_{kt} \cdot \tau_{tan}$$

Die Spannungen σ_{mn} und σ_{an} bzw. τ_{tmn} und τ_{tan} sind die größten Nennspannungen im Restquerschnitt des Bauteils unter Vernachlässigung der Kerbung bei der konstanten mittleren Beanspruchung und bei der rein schwingenden Beanspruchung.

Die Formzahl α_k bzw. α_{kt} ist für eine festliegende Beanspruchungsart nur von der Geometrie der Kerbe abhängig und die Kerbwirkungszahl β_k bzw. β_{kt} ist zusätzlich vom Werkstoff und der konstanten Mittelspannung σ_m abhängig.

Für die Kerbwirkungszahl β_k bzw. β_{kt} gilt in Anlehnung an Gl. (3.217) die Beziehung

$$\beta_k = \left.\frac{\sigma_A}{\sigma_{Ak}}\right|_{\sigma_m \neq 0}$$

bzw. (3.224)

$$\beta_{kt} = \left.\frac{\tau_{tA}}{\tau_{tAk}}\right|_{\tau_{tm} \neq 0},$$

die eine Abhängigkeit von der Mittelspannung σ_m bzw. τ_{tm} beinhaltet, weil die Ausschlagsspannungen nach dem Dauerfestigkeitsschaubild von Smith (Bild 3.42) von der Mittelspannung abhängig sind.

Wird vorausgesetzt, daß die Oberspannung $\sigma_O = \sigma_m + \sigma_A$ bzw. $\tau_{tO} = \tau_{tm} + \tau_{tA}$ unterhalb der Streckgrenze R_e bzw. τ_{tF} oder der 0,2%-Dehngrenze $R_{p0,2}$ bzw. $\tau_{t0,2}$ bleibt, so können in guter Näherung für die zulässigen Spannungsausschläge σ_A und σ_{Ak} bzw. τ_{tA} und τ_{tAk} die Wechselfestigkeiten σ_W und σ_{Wk} bzw. τ_{tW} und τ_{tWk} eingesetzt werden. Die Kerbwirkungszahl β_k bzw. β_{kt} in Gl. (3.224) kann in diesem Bereich dann in erster Näherung als von der Mittelspannung σ_m bzw. τ_{tm} unabhängig angesehen werden. Wird der Einfluß der Mittelspannung auf die Kerbwirkungszahl vernachlässigt, so kann die maximale Kerbspannung im Kerbgrund näherungsweise wie folgt ermittelt werden:

$$\sigma_{max} \simeq \alpha_k \cdot \sigma_{mn} + \frac{\sigma_W}{\sigma_{Wk}} \cdot \sigma_{an}$$

bzw. (3.225)

$$\tau_{t,max} \simeq \alpha_{kt} \cdot \tau_{tmn} + \frac{\tau_{tW}}{\tau_{tWk}} \cdot \tau_{tan}$$

Gültigkeitsbereich:

$$\sigma_O = \sigma_m + \sigma_A < R_e \quad \text{oder} \quad R_{p0,2}$$

$$\tau_{tO} = \tau_{tm} + \tau_{tA} < \tau_{tF} \quad \text{oder} \quad \tau_{t0,2}$$

3.6.4 Rechnerische Ermittlung der Kerbwirkungszahl

Die rechnerische Ermittlung der Kerbwirkungszahl β_k bzw. β_{kt} ist nicht exakt vorzunehmen, weil neben den bereits genannten Einflußgrößen auch die Bauteileigenschaften und die Betriebsbedingungen eine besondere Rolle spielen. In der Literatur [10, 14, 18, 19, 27, 28, 30] gibt es einige einfache Berechnungsformeln, die die wichtigsten empirisch gefundenen Einflußgrößen quantitativ erfassen. Einige dieser Formeln werden im folgenden zusammengestellt:

Berechnung nach Thum [25, 26]

Thum berücksichtigt nur zwei Einflüsse auf die Kerbwirkung. Es sind dies der Einfluß der Bauteil – und der Kerbform sowie der Werkstoffeinfluß. Der Formein-

Tabelle 3.12. Richtwerte für die Kerbempfindlichkeitsziffer η_k

Werkstoff	η_k
C-Stähle (St 37...St 70)	0,4 ...0,8
Vergütungsstähle	0,6 ...0,9
Federstähle	0,9 ...1
Leichtmetalle	0,3 ...0,6

fluß wird durch die bei statischer Belastung bekannte und von der Art der Beanspruchung abhängige Formzahl α_k und der Werkstoffeinfluß durch eine experimentell zu bestimmende Materialkonstante, die sogenannte Kerbempfindlichkeitsziffer η_k, ausgedrückt. Die Kerbwirkungszahl wird in folgender Weise ermittelt:

$$\beta_k = 1 + \eta_k \cdot (\alpha_k - 1) \tag{3.226}$$

Zu dieser Methode ist kritisch anzumerken, daß die Kerbempfindlichkeitsziffer η_k nicht für jeden Werkstoff konstant ist. Gl. (3.226) liefert nur dann wirklichkeitsgetreue Kerbwirkungszahlen, wenn die Kerbempfindlichkeitsziffer unter ähnlichen Bedingungen ermittelt wurde, wie sie beim festigkeitstechnisch nachzuprüfenden Bauteil im späteren Betrieb auftreten.

Für die wichtigsten im Maschinenbau vorkommenden Werkstoffe gelten für die Kerbempfindlichkeitsziffer η_k die in Tab. 3.12 zusammengestellten Richtwerte. Sie liegen im Bereich $0 \leqq \eta_k \leqq 1$. Der untere Grenzwert $\eta_k = 0$ gilt für vollkommen kerbunempfindliche Werkstoffe (z.B. Gußeisen mit Lamellengraphit!), und der obere Grenzwert $\eta_k = 1$ gilt für voll kerbempfindliche Werkstoffe (z.B. sehr spröde Werkstoffe!).

Berechnung nach Neuber [11]

Nach Neuber ist die Kerbwirkungszahl β_k von der Formzahl α_k, dem Kerbradius ρ und einer werkstoffspezifischen Strukturlänge A abhängig. Letztere ist eine Funktion der Werkstoffeigenschaften (z.B. Streckgrenze, Zugfestigkeit!), des Werkstoffzustandes (z.B. durch Vorbehandlung und Fertigungsverfahren bedingt!) und des zeitlichen Beanspruchungsverlaufs. Sie ist nur experimentell zu bestimmen. Die Berechnung der Kerbwirkungszahl β_k erfolgt nach der Gleichung

$$\beta_k = 1 + \frac{\alpha_{k-1}}{\sqrt{1 + \frac{A}{\rho}}} \tag{3.227}$$

Zu dieser Methode ist kritisch anzumerken, daß im allgemeinen für die numerische Auswertung der Zahlenwert der Strukturlänge A nicht genau vorliegt und geschätzt werden muß.

Berechnung nach Siebel [9, 18, 19, 20]

Siebel führt den Begriff der dynamischen Stützwirkung ein und drückt diese durch eine Stützziffer n_χ aus. Diese Stützziffer ist als das Verhältnis der größten theoretischen Spannungsspitze (nur Formeinfluß!) beim Eintreten des Dauerbruches und der Dauerfestigkeit definiert. Sie hat also folgende Größe:

$$n_\chi = \frac{\alpha_k \cdot \sigma_n}{\sigma_D} \quad \text{bzw.} \quad \frac{\alpha_{kt} \cdot \tau_{tn}}{\tau_{tD}} \tag{3.228}$$

Mit $\sigma_D = \beta_k \cdot \sigma_n$ und $\tau_{tD} = \beta_{kt} \cdot \tau_{tn}$ ergibt sich dann für die Stützziffer die Beziehung

$$n_\chi = \frac{\alpha_k}{\beta_k} \quad \text{bzw.} \quad \frac{\alpha_{kt}}{\beta_{kt}} \tag{3.229}$$

Diese dynamische Stützziffer hängt vom Werkstoff, d.h. einer werkstoffspezifischen Gleitschichtbreite s_g, vom bezogenen Spannungsgefälle χ_0^* aus der Beanspruchungsart (ohne Kerbung!) und vom bezogenen Spannungsgefälle χ^* im Kerbgrund aus der Beanspruchungsart und der Kerbform ab. Es gilt folgende Beziehung:

$$n_\chi = \frac{1 + \sqrt{s_g \cdot \chi^*}}{1 + \sqrt{s_g \cdot \chi_0^*}} \tag{3.230}$$

Die werkstoffspezifische Gleitschichtbreite s_g wird in der Praxis meistens näherungsweise durch den mittleren Korndurchmesser im Werkstoffgefüge ersetzt. Die Kerbwirkungszahl β_k läßt sich mit den angegebenen Beziehungen dann in folgender Weise ermitteln:

$$\beta_k = \frac{\alpha_k}{n_\chi} = \frac{1 + \sqrt{s_g \cdot \chi_0^*}}{1 + \sqrt{s_g \cdot \chi^*}} \cdot \alpha_k \tag{3.231}$$

Mit den nach [30] in Bild 3.66 für unterschiedliche Bauteil- und Kerbformen sowie unterschiedliche Beanspruchungsarten zusammengestellten Werten für die bezogenen Spannungsgefälle χ_0^* und χ^* lassen sich bei bekanntem mittlerem Korndurchmesser die Kerbwirkungszahlen β_k einfach berechnen. Noch einfacher wird die Ermittlung der Kerbwirkungszahl β_k, wenn auf die für unterschiedliche Werkstoffe mit unterschiedlicher 0,2%-Dehngrenze $R_{p0,2}$ oder Zugfestigkeit R_m in Abhängigkeit vom bezogenen Spannungsgefälle χ^* (mit Berücksichtigung der Kerbe!) versuchstechnisch ermittelte dynamische Stützziffer n_χ zurückgegriffen werden kann. In Bild 3.67 sind nach [30] für die wichtigsten Konstruktionswerkstoffe die Werte dieser dynamischen Stützziffer n_χ bei unterschiedlichen Werten des bezogenen Spannungsgefälles χ^* (abhängig von Beanspruchungsart und Kerbform!) graphisch dargestellt.

Zu dieser Methode ist kritisch anzumerken, daß sie nur dann anwendbar ist, wenn das bezogene Spannungsgefälle χ^* bei Kerbung ermittelt werden kann. Da dies für die meisten technischen Answendungsfälle bereits erfolgt ist, wird in den letzten Jahren diese Methode gegenüber der zuerst genannten Methode von Thum

Kerbform	Beanspr.-Art	χ_0^* mm^{-1}	χ^* mm^{-1}
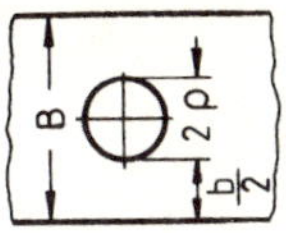	Zug - Druck	0	$\frac{2}{\rho}$
	Biegung	$\frac{4}{b}$	$\frac{4}{b} + \frac{2}{\rho}$
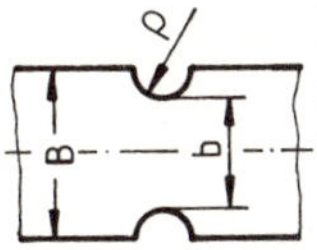	Zug - Druck	0	$\frac{2}{\rho}$
	Biegung	$\frac{2}{b}$	$\frac{2}{b} + \frac{2}{\rho}$
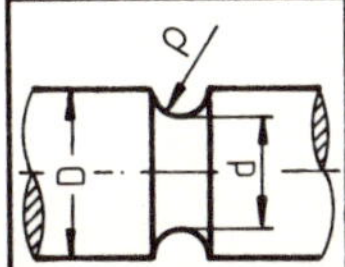	Zug - Druck	0	$\frac{2}{\rho}$
	Biegung	$\frac{2}{d}$	$\frac{2}{d} + \frac{2}{\rho}$
	Torsion	$\frac{2}{d}$	$\frac{2}{d} + \frac{1}{\rho}$
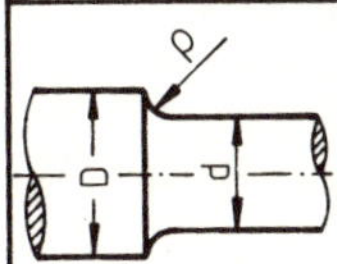	Zug - Druck	0	$\frac{2}{\rho}$
	Biegung	$\frac{4}{D+d}$	$\frac{4}{D+d} + \frac{2}{\rho}$
	Torsion	$\frac{4}{D+d}$	$\frac{4}{D+d} + \frac{1}{\rho}$
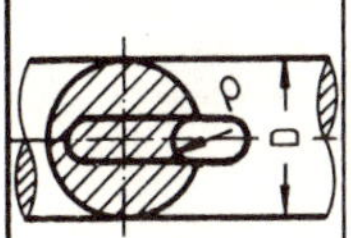	Torsion	$\frac{2}{D}$	$\frac{2}{D} + \frac{1}{\rho}$
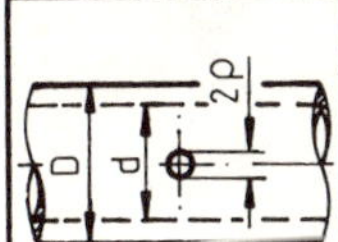	Biegung	$\frac{2}{D}$	$\frac{2}{D} + \frac{4}{\rho}$
	Torsion	$\frac{2}{D}$	$\frac{2}{D} + \frac{3}{\rho}$

Bild 3.66. Bezogenes Spannungsgefälle für verschiedene Kerbformen und Beanspruchungsarten nach [30]; χ_0^* = bezogenes Spannungsgefälle eines ungekerbten Bauteils abhängig von der Beanspruchungsart; χ^* = bezogenes Spannungsgefälle eines gekerbten Bauteils abhängig von der Beanspruchungsart

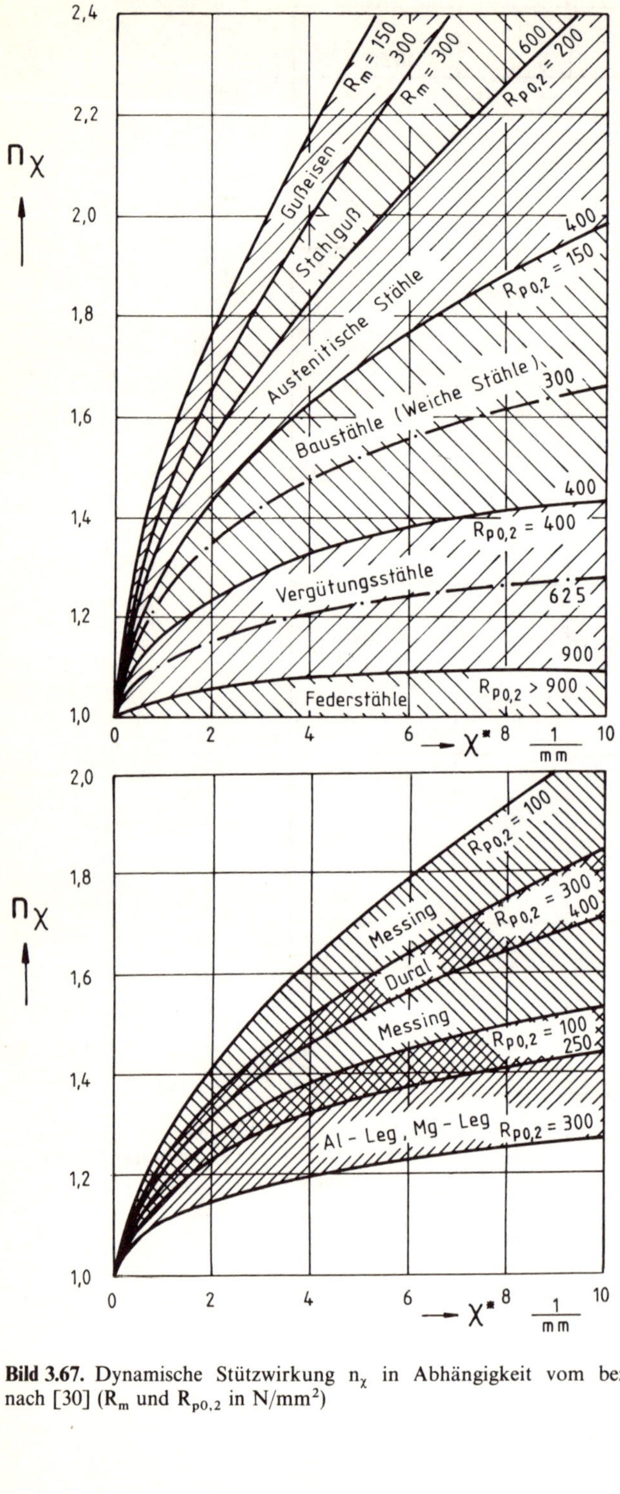

Bild 3.67. Dynamische Stützwirkung n_χ in Abhängigkeit vom bezogenen Spannungsgefälle χ^* nach [30] (R_m und $R_{p0,2}$ in N/mm^2)

bevorzugt angewendet. Es ist ferner zu erwähnen, daß die Siebel-Methode auch für Gußwerkstoffe und Nichteisenmetalle am besten versuchstechnisch abgesichert ist, während die anderen Berechnungsmethoden im allgemeinen nur für Stähle aufgestellt und im größeren Rahmen überprüft wurden.

Berechnung nach Petersen [13, 27]

Nach Petersen werden durch mikroskopische Fehlstellen („innere Kerbwirkung“!) und makroskopische äußere Kerben („äußere Kerbwirkung“!) sich überlagernde Spannungsspitzen induziert. Dabei wird angenommen, daß die Spannungsspitzen infolge der inneren Kerbwirkung durch eine werkstoffspezifische Ersatzkerbe, der eine Formzahl zugeordnet wird, verursacht werden. Die Kerbwirkungszahl β_k ist wie bei Siebel außer vom Werkstoff vom „bezogenen“ Spannungsgefälle abhängig und wird in Anlehnung an Gleichung (3.231) ermittelt. Anstelle der Gleitschichtbreite s_g wird der Radius ρ^* einer Bohrung eingesetzt, die als Ersatzkerbe die gleiche Kerbwirkung hervorruft.

Dieser Bohrungsradius wird aus der Vickershärte $H_0 = HV10 = 40\,daN/mm^2$ (Prüfkraft $10\,daN = 100\,N$!) und der Vickershärte H in daN/mm^2 des betreffenden Werkstoffes bei Betriebstemperatur in folgender Weise ermittelt:

$$\rho^* = \left(\frac{H_0}{H}\right)^2 \tag{3.232}$$

Für die Kerbwirkungszahl β_k gilt mit diesem Radius ρ^* und den bereits definierten bezogenen Spannungsgefällen χ_0^* (ohne Kerbung!) und χ^* (mit Kerbung!) folgende Beziehung:

$$\beta_k = \frac{1 + \sqrt{\rho^* \chi_0^*}}{1 + \sqrt{\rho^* \chi^*}} \cdot \alpha_k \tag{3.233}$$

Berechnung nach Bollenrath und Troost [2]

Bei dieser Methode wird davon ausgegangen, daß die bei reiner Wechselbeanspruchung induzierte Spannungsspitze durch kleine, im atomaren Bereich auftretende plastische Verformungen etwas abgebaut wird. Dadurch steigt die Dauerfestigkeit an. Ihre Erhöhung ist abhängig vom Verformungsgefälle im Kerbgrund.

Die Kerbwirkungszahl β_k wird aus der Zugfestigkeit R_m des Werkstoffes und dem Kerbradius ρ nach folgender Zahlenwertgleichung ermittelt:

$$\beta_k = \left[1 - \frac{\dfrac{1540}{R_m}}{\dfrac{1}{1 + \dfrac{R_m}{13700}} + \rho}\right] \cdot \alpha_k \tag{3.234}$$

Die in dieser Gleichung vorkommenden Größen sind in folgenden Einheiten einzustetzen:

R_m = Zugfestigkeit des Werkstoffes in N/mm^2,
ρ = Kerbadius in cm.

3.6.5 Einfluß der Bauteilgestaltung

Die Größe der Kerbspannung im Kerbgrund, d.h. die Spannungsüberhöhung gegenüber der größten Nennspannung kann durch eine kraftflußgerechte Gestaltung des Bauteils verringert werden. Durch Entlastungskerben (Kerben mit geringerer Kerbtiefe als die Hauptkerbe!), durch mehrstufiges Absetzen bei der Vergrößerung oder Verkleinerung eines Bauteils und durch elastische Gestaltung eines kerbgefährdeten Bauteils kann ein besserer Kraftfluß, d.h. eine weichere Umlenkung der Kraftlinien und damit eine Verkleinerung der maximalen Spannung erreicht werden. Bild 1.14 zeigt drei Beispiele aus der Praxis, bei denen durch einfache konstruktive Maßnahmen eine Verkleinerung der Kerbspannung erreicht wurde.

3.7 Sicherheitsbeiwerte und Festlegung der zulässigen Spannung

Ein Bauteil darf aus Sicherheitsgründen nicht so stark beansprucht werden, daß die Grenzspannung des Versagens überschritten wird. Die zu erwartende bzw. vorhandene Spannung σ_{vorh} (= vorhandene Vergleichsspannung $\sigma_{v,vorh}$) muß um einen Sicherheitsfaktor S unterhalb der Grenzspannung des Versagens bleiben. Es muß gelten:

$$\sigma_{vorh} \equiv \sigma_{v,vorh} \leqq \sigma_{zul} = \frac{K}{S} \qquad (3.235)$$

3.7.1 Sicherheitsfaktoren

Der Sicherheitsfaktor S richtet sich nach dem Belastungsfall (Fälle I bis III!) und danach, ob gegen Bruch, Instabilität oder gegen unzulässig hohe Verformung dimensioniert wird. Folgende Fälle werden unterschieden [30]:

1. *Stationäre oder statische Belastung*:
   a) Sicherheit gegen Bruch

      $S_B = 2$ bis 4 bei Betriebstemperaturen < Kristallerholungstemperatur

      $S_B = 1{,}5$ bis 2 bei Betriebstemperaturen > Kristallerholungstemperatur

   b) Sicherheit gegen Instabilität (Knicken, Beulen!)

      $S_K = 3$ bis 5 bei allen Betriebstemperaturen

c) Sicherheit gegen zu hohe Verformung

$S_F = 1{,}2$ bis 2 bei Betriebstemperaturen < Kristallerholungstemperatur

$S_F = 1{,}0$ bis 1,5 bei Betriebstemperaturen > Kristallerholungstemperatur

2. *Dynamische Belastung*:
(statischer und rein schwingender Lastanteil!)

a) Sicherheit gegen Bruch

$S_B = 2$ bis 4 bei Betriebstemperaturen < Kristallerholungstemperatur

$S_B = 1{,}5$ bis 2 bei Betriebstemperaturen > Kristallerholungstemperatur

b) Sicherheit gegen Instabilität (Knicken, Beulen!)

$S_K = 3$ bis 5 bei allen Betriebstemperaturen

c) Sicherheit gegen zu hohe Verformung

$S_F = 1{,}2$ bis 2 bei Betriebstemperaturen < Kristallerholungstemperatur
$S_F = 1{,}0$ bis 1,5 bei Betriebstemperaturen > Kristallerholungstemperatur

d) Sicherheit gegen Dauerbruch

$S_D = 2$ bis 3 bei allen Betriebstemperaturen.

Bei Langzeit-Festigkeitskennwerten, z.B. bei der 1 %–100 000 h–Dehngrenze kann der Sicherheitsbeiwert bis auf $S_F = 1$ abgesenkt werden.

Anmerkung: Diese sogenannten Sicherheitsbeiwerte sind im Prinzip Faktoren, die die „Unsicherheiten“ beim gesamten Berechnungsgang einschließlich des Erfassens der äußeren Belastung charakterisieren.

3.7.2 Zulässige Spannungen

Die zulässigen Spannungen berücksichtigen die einzelnen Belastungsfälle. Es wird besonders zwischen stationärer und dynamischer Belastung unterschieden.

Stationäre Belastung:

Bei stationärer Belastung kann die zulässige Spannung aus den für die Art der Kraftwirkung maßgeblichen Werkstoffkennwerten K und den Sicherheitsbeiwerten S_B, S_K und S_F ermittelt werden. Wird z.B. gegen Bruch dimensioniert, dann ist der Sicherheitsbeiwert S_B zu wählen, und erfolgt die Berechnung gegen eine zu hohe Verformung, dann ist der Sicherheitsbeiwert S_F einzusetzen. Allgemein gilt die Beziehung

$$\left.\begin{matrix}\sigma_{zul}\\ \tau_{zul}\end{matrix}\right\} \leq \frac{K}{S} \tag{3.236}$$

$$\text{mit } S = \begin{cases} S_B & \text{Sicherheit gegen Bruch,} \\ S_K & \text{Sicherheit gegen Instabilität,} \\ S_F & \text{Sicherheit gegen zu hohe Verformung.} \end{cases}$$

Dynamische Belastung:

1. *Kerbfreie Bauteile*:

Bei kerbfreien Bauteilen oder bei vernachlässigbar kleiner Kerbwirkung läßt sich die zulässige Spannung aus der Dauerfestigkeit σ_D, der Sicherheit gegen Dauerbruch S_D und den Abschwächungsfaktoren für die Oberflächengüte b_1 (Bild 3.49) und die Bauteilgröße b_2 (Bild 3.50) berechnen. Es gilt:

$$\sigma_{zul} = \sigma_{D,zul} = \frac{\sigma_D \cdot b_1 \cdot b_2}{S_D} \tag{3.237}$$

$$\tau_{zul} = \tau_{D,zul} = \frac{\tau_D \cdot b_1 \cdot b_2}{S_D} \tag{3.238}$$

2. *Gekerbte Bauteile*:

Bei gekerbten Bauteilen ist die Gestaltfestigkeit σ_G bzw. τ_G und die Sicherheit gegen Dauerbruch S_D zur Berechnung der zulässigen Spannung erforderlich. Sie berechnet sich in folgender Weise:

$$\sigma_{zul} = \frac{\sigma_G}{S_D} \tag{3.239}$$

$$\tau_{zul} = \frac{\tau_G}{S_D} \tag{3.240}$$

Die Gestaltfestigkeit ist ihrerseits abhängig von der Kerbwirkungszahl β_k bzw. β_{kt} und den Abschwächungsfaktoren für die Oberflächengüte (b_1) und die Bauteilgröße (b_2). Die zulässige Spannung läßt sich somit nach folgender Beziehung ermitteln:

$$\sigma_{zul} = \frac{\sigma_D \cdot b_1 \cdot b_2}{\beta_k \cdot S_D} \tag{3.241}$$

$$\tau_{zul} = \frac{\tau_{tD} \cdot b_1 \cdot b_2}{\beta_{kt} \cdot S_D} = \tau_{t,zul} \tag{3.242}$$

Bei den gekerbten Bauteilen ist zu berücksichtigen, daß σ_{zul} und τ_{zul} sich immer auf die durch die Kerbe geschwächte Querschnittsfläche (Restquerschnitt!) beziehen.

3.8 Festigkeitsnachweis

Für alle Bauteile einer Konstruktion muß unter Berücksichtigung der konstruktiv festgelegten Abmessungen ein Festigkeitsnachweis erbracht werden, damit sichergestellt ist, daß die im praktischen Einsatz vorhandenen Spannungen (Vergleichsspannung oder Einzelspannung!) die jeweils zulässige Spannung nicht überschreiten. Wenn

$$\sigma_{v,vorh} \leqq \sigma_{zul} \tag{3.243}$$

bzw.

$$\tau_{vorh} \begin{cases} \tau_{a,vorh} \\ \tau_{t,vorh} \end{cases} \leqq \tau_{zul} \begin{cases} \tau_{a,zul} \\ \tau_{t,zul} \end{cases} \tag{3.244}$$

ist, dann können die Abmessungen der Bauteile verwirklicht werden, wenn nicht, müssen sie geändert werden. $\sigma_{v,vorh}$ bzw. τ_{vorh} soll bei genau bekannten äußeren Belastungen (Kräfte und Momente) nahezu den Wert von σ_{zul} bzw. τ_{zul} haben, damit eine gute Materialausnutzung vorliegt. Dadurch wird auch eine Leichtbaukonstruktion guter Wirtschaftlichkeit gewährleistet.

3.9 Berechnungsbeispiele

1. Beispiel (glatte Welle)
Eine glatte Welle mit dem Durchmesser d = 60 mm und der Länge l = 500 mm besteht aus dem Werkstoff St 37 bzw. Fe 360 B (Streckgrenze $R_e = 240\,N/mm^2$; Schubmodul $G = 83\,000\,N/mm^2$). Sie wird durch ein konstantes Biegemoment $M_b = 1200\,Nm$ und ein konstantes Torsionsmoment T = 600 Nm beansprucht (Bild 3.68). Es sind folgende Größen zu ermitteln: Einzelspannungen, Vergleichsspannung, Sicherheit gegen Fließen und Verdrillung der Welle.

1. *Biegebeanspruchung*
   Biegemoment (Vektor in der x-y-Ebene!):

$$M_b = 1200\,Nm$$

Äquatoriales Widerstandsmoment:

$$W_{äq} = \frac{\pi d^3}{32} = \frac{\pi \cdot 60^3}{32}\,mm^3 = 21205{,}75\,mm^3$$

Größte Biegespannung in der y-z-Ebene:

$$|\sigma_{b,max}| = \frac{M_b}{W_{äq}} = \frac{1200000}{21205{,}75}\,N/mm^2 = 56{,}59\,N/mm^2$$

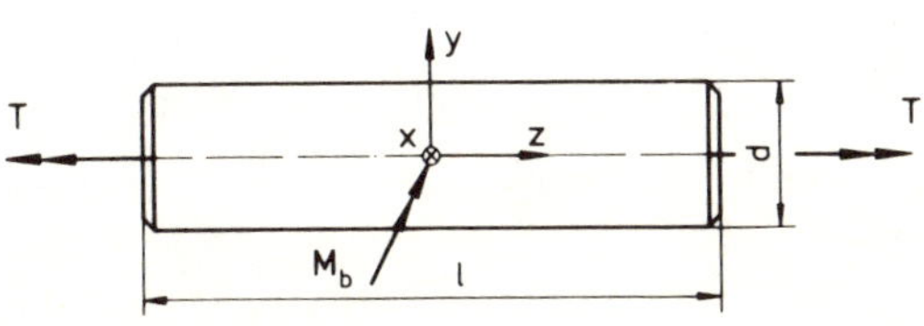

Bild 3.68. Glatte Welle unter Biege- und Torsionsbeanspruchung

$$\sigma_{b,max} = -56{,}59\,\text{N/mm}^2 = \text{Druckspannung an der Stelle } y = +\frac{d}{2}$$

$$\sigma_{b,max} = +56{,}59\,\text{N/mm}^2 = \text{Zugspannung an der Stelle } y = -\frac{d}{2}$$

2. *Torsionsbeanspruchung*
Drehmoment (Vektor in der y-z-Ebene!):

$$T = 600\,\text{Nm}$$

Widerstandsmoment gegen Torsion (= polares Widerstandsmoment für kreisrunden Querschnitt):

$$W_t = W_p = \frac{\pi d^3}{16} = \frac{\pi \cdot 60^3}{16}\,\text{mm}^3 = 42411{,}50\,\text{mm}^3$$

Größte Torsionsspannung in der x-y-Ebene:

$$\tau_{t,max} = \frac{T}{W_t} = \frac{600000}{42411{,}50}\,\text{N/mm}^2 = 14{,}15\,\text{N/mm}^2$$

3. *Vergleichsbeanspruchung*
a) Vergleichsspannung nach der Hypothese der größten Gestaltänderungsenergie:

$$\sigma_v = \sqrt{\sigma_{b,max}^2 + 3\tau_{t,max}^2}$$

$$= \sqrt{56{,}59^2 + 3 \cdot 14{,}15^2}\,\text{N/mm}^2$$

$$\sigma_v = 61{,}67\,\text{N/mm}^2$$

b) Vergleichsspannung nach der Hypothese der größten Schubspannung:

$$\sigma_v = \sqrt{\sigma_{b,max}^2 + 4\tau_{t,max}^2}$$

$$\sigma_v = \sqrt{56{,}59^2 + 4 \cdot 14{,}15^2}\,\text{N/mm}^2$$

$$\sigma_v = 63{,}27\,\text{N/mm}^2$$

Sicherheit gegen Fließen:

$$S_F = \frac{R_e}{\sigma_v}$$

$$S_F = \frac{240}{61{,}67} = 3{,}89 \quad \text{(GE-Hypothese!)}$$

$$S_F = \frac{240}{63{,}27} = 3{,}79 \quad \text{(Schubspannungshypothese!)}$$

Verdrillung der Welle
im Bogenmaß:

$$\widehat{\varphi} = \frac{T \cdot l}{G \cdot I_t} = \frac{600\,000 \cdot 500 \cdot 32}{83\,000 \cdot \pi \cdot 60^4} \text{rad}$$

$$\widehat{\varphi} = 0{,}00284 \text{ rad}$$

in Gradmaß:

$$\varphi^0 = \widehat{\varphi} \frac{180^\circ}{\pi} = 0{,}163^\circ$$

Beurteilung der Dimensionierung

Die Welle ist festigkeits- und steifigkeitsmäßig ausreichend dimensioniert. Die Vergleichsspannung liegt weit unterhalb der Streckgrenze für den Werkstoff, und die im allgemeinen für Wellen zugelassene spezifische Verdrehung von 0,2 bis 0,4° pro 1000 mm Länge wird nicht überschritten.

2. *Beispiel* (gelochte Zuglasche)
Eine gelochte Lasche wird durch eine Zugkraft F beansprucht. Die Lasche besteht aus St 37 bzw. Fe 360 B (Zugfestigkeit $R_m = 360$ N/mm²; Streckgrenze $R_e = 240$ N/mm²; Wechselfestigkeit $\sigma_W = 190$ N/mm²) und hat die in Bild 3.69 angegebenen Abmessungen. Die Kraft F kann alternativ folgende Größe haben:
1. $F = F_m = 150$ kN = konstante (statische) Kraft;
2. $F = F_a = 80$ kN = rein schwingende oder wechselnde Kraft;
3. $F = F_m \pm F_a = 150 \pm 80$ kN = dynamische Kraft.

Für das Bauteil ist ein Spannungsnachweis zu erbringen; ferner sind die Sicherheiten gegen Fließen (S_F) und gegen Dauerbruch (S_D) zu ermitteln.

1. *Beanspruchungsfall (statische Belastung)*:
   Zugkraft:

$$F = F_m = 150\,000 \text{ N}$$

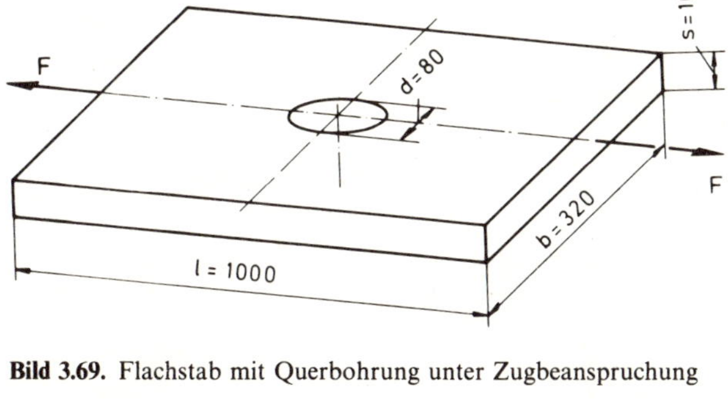

Bild 3.69. Flachstab mit Querbohrung unter Zugbeanspruchung

Restquerschnittsfläche im Kerbgrund:

$$A_k = (b - d) \cdot s = (320 - 80) \cdot 10\,\text{mm}^2 = 2400\,\text{mm}^2$$

Größte Zugnennspannung im Kerbgrund:

$$\sigma_{zn} = \frac{F_m}{A_k} = \frac{150\,000\,\text{N}}{2400\,\text{mm}^2} = 62{,}50\,\text{N/mm}^2$$

Formzahl α_{kz}:

$$\alpha_{kz} = 2{,}43 \quad \text{aus Bild 3.56} \quad \text{für}\ \frac{d}{b} = \frac{80}{320} = 0{,}25$$

Maximale Kerbspannung im Kerbgrund:

$$\sigma_{max} = \alpha_{kz} \cdot \sigma_{zn} = 2{,}43 \cdot 62{,}50\,\text{N/mm}^2 = 151{,}88\,\text{N/mm}^2$$

Sicherheit gegen Fließen:

$$S_F = \frac{R_e}{\sigma_{max}} = \frac{240}{151{,}88} = 1{,}58$$

2. *Beanspruchungsfall (rein schwingende Belastung)*:
Zugkraft:

$$F = F_a = \pm 80\,000\,\text{N}$$

Restquerschnittsfläche im Kerbgrund:

$$A_k = (b - d) \cdot s = (320 - 80) \cdot 10\,\text{mm}^2 = 2400\,\text{mm}^2$$

Größter Nennspannungsausschlag im Kerbgrund:

$$\sigma_{an} = \frac{F_a}{A_k} = \pm \frac{80\,000\,\text{N}}{2400\,\text{mm}^2} = \pm 33{,}33\,\text{N/mm}^2$$

Formzahl $\alpha_{kz/d}$:

$$\alpha_k = \alpha_{kz/d} = 2{,}43 \quad \text{aus Bild 3.56} \quad \text{für} \quad \frac{d}{b} = \frac{80}{320} = 0{,}25$$

Kerbwirkungszahl:

$$\beta_{kz/d} = \frac{1}{n_\chi} \alpha_{kz/d} \quad \text{nach der Siebel-Methode}$$

$$n_\chi = 1{,}05 \quad \text{aus Bild 3.67} \quad \text{für} \quad \chi^* = \frac{2}{\rho} = \frac{4}{d} = \frac{4}{80\,\text{mm}} \frac{1}{} = 0{,}05 \frac{1}{\text{mm}}$$

und Baustähle mit $R_{p0,2} = 250\,\text{N/mm}^2$

$$\beta_{kz/d} = \frac{2{,}43}{1{,}05} = 2{,}31$$

Maximale Kerbspannung im Kerbgrund:

$$\sigma_{max} = \beta_{kz/d} \cdot \sigma_{an} = 2{,}31 \cdot 33{,}33\ \text{N/mm}^2$$
$$= 76{,}99\ \text{N/mm}^2$$

Sicherheit gegen Dauerbruch:

$$S_D = \frac{\sigma_D \cdot b_1 \cdot b_2}{\sigma_{max}} \quad \text{mit } b_1 = 0{,}73 \quad \text{für Walzhaut (Bild 3.49)}$$
$$b_2 = 0{,}7 \quad \text{für } d = b = 320\ \text{mm (Bild 3.50)}$$
$$\text{und } \sigma_D = \sigma_W \quad \text{für } \sigma_m = 0$$

$$S_D = \frac{190 \cdot 0{,}73 \cdot 0{,}7}{76{,}99} = 1{,}26$$

3. *Beanspruchungsfall (dynamische Belastung)*:
Zugkraft:

$$F = F_m \pm F_a = 150\,000 \pm 80\,000\ \text{N}$$

Restquerschnittsfläche im Kerbgrund:

$$A_k = (b - d) \cdot s = (320 - 80) \cdot 10\ \text{mm}^2 = 2400\ \text{mm}^2$$

Größte konstante Nennspannung im Kerbgrund infolge der Kraft F_m:

$$\sigma_{mn} = \frac{F_m}{A_k} = \frac{150\,000\ \text{N}}{2400\ \text{mm}^2} = 62{,}50\ \text{N/mm}^2$$

Größter Nennspannungsausschlag im Kerbgrund infolge der Kraft F_a:

$$\sigma_{an} = \frac{F_a}{A_k} = \pm \frac{80\,000\ \text{N}}{2400\ \text{mm}^2} = \pm 33{,}33\ \text{N/mm}^2$$

Formzahl α_{kz}:

$$\alpha_{kz} = 2{,}43 \quad \text{(1. Beanspruchungsfall!)}$$

Kerbwirkungszahl $\beta_{kz/d}$:

$$\beta_{kz/d} = 2{,}31 \quad \text{(2. Beanspruchungsfall!)}$$

Maximale Spannung im Kerbgrund:

$$\sigma_{max} = \alpha_{kz} \cdot \sigma_{mn} + \beta_{kz/d} \cdot \sigma_{an}$$
$$\sigma_{max} = 2{,}43 \cdot 62{,}50 + 2{,}31 \cdot 33{,}33\ \text{N/mm}^2$$
$$\sigma_{max} = 151{,}88 + 76{,}99\ \text{N/mm}^2 = 228{,}87\ \text{N/mm}^2$$

Dauerfestigkeit σ_D:

$$\sigma_D = 240\ \text{N/mm}^2 \quad \text{für } \sigma_m = 151{,}88\ \text{N/mm}^2$$
und den Werkstoff St 37 (DIN 17100; Bild 3.44)

Zulässige Dauerfestigkeit $\sigma_{D,zul}$:

$$\sigma_{D,zul} = \sigma_D \cdot b_1 \cdot b_2$$

$$\sigma_{D,zul} = 240 \cdot 0{,}73 \cdot 0{,}7\ N/mm^2$$

$$\sigma_{D,zul} = 122{,}64\ N/mm^2$$

(Faktoren b_1 und b_2 gemäß 2. Beanspruchungsfall!)
Sicherheit gegen Dauerbruch:

$$S_D = \frac{\sigma_{D,zul}}{\sigma_{max}} = \frac{122{,}64}{228{,}87} = 0{,}54$$

Sicherheit gegen Fließen:

$$S_F = \frac{R_e}{\sigma_{max}} = \frac{240}{228{,}87} = 1{,}05$$

Beurteilung der Dimensionierung

Die Zuglasche ist für die konstante Zugkraft F_m ausreichend dimensioniert. Für den Beanspruchungsfall reine schwingende Zugkraft F_a ist die Bauteildimensionierung gerade noch ausreichend. Die Sicherheit gegen Dauerbruch ist zwar klein, kann aber bei zutreffender Belastungsangabe (keine Streuung für F_a!) noch vertreten werden. Für die dynamische Zugkraft $F_m \pm F_a$ ist das Bauteil zu schwach bemessen, weil gegen Dauerbruch keine Sicherheit mehr vorhanden ist.

3. Beispiel (Welle mit Ringnut)
Gegeben ist die in Bild 3.70 mit ihren wichtigsten Abmessungen dargestellte und durch eine Ringnut gekerbte Welle, die durch eine Zugkraft, ein Biege- und ein Torsionsmoment dynamisch beansprucht wird. Es ist zu prüfen, ob die aus St 60.11 bzw. Fe 590-2 (Streckgrenze $R_e = 340\ N/mm^2$) bestehende Welle festigkeitsgerecht konstruiert ist. Die Belastungen haben folgende Größe:

Zugkraft: $F_z = F_{zm} \pm F_{za} = 20\,000 \pm 10\,000\ N$;

Biegemoment: $M_b = M_{bm} \pm M_{ba} = 300 \pm 250\ Nm$;

Torsionsmoment: $T = T_m \pm T_a = 500 \pm 250\ Nm$.

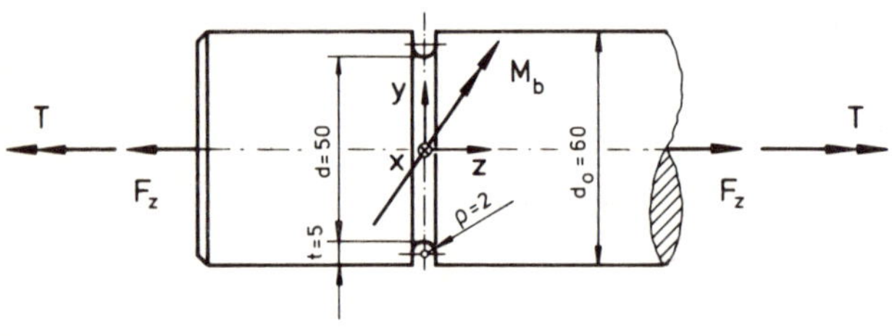

Bild 3.70. Welle mit umlaufender Nut und Längskraft-, Biege- sowie Torsionsbeanspruchung

1. *Zugbeanspruchung:*
   Zugkraft:

$$F_z = F_{zm} \pm F_{za} = 20\,000 \pm 10\,000\ \text{N}$$

Restquerschnittsfläche im Kerbgrund:

$$A_k = \frac{\pi d^2}{4} = \frac{\pi \cdot 50^2}{4}\ \text{mm}^2 = 1963{,}50\ \text{mm}^2$$

Größte Nennzugspannung σ_{zmn} infolge der konstanten mittleren Zugkraft F_{zm}:

$$\sigma_{zmn} = \frac{F_{zm}}{A_k} = \frac{20\,000\ \text{N}}{1963{,}50\ \text{mm}^2} = 10{,}19\ \text{N/mm}^2$$

Größter Nennzugspannungsausschlag σ_{zan} infolge der rein schwingenden Zugkraft F_{za}:

$$\sigma_{zan} = \pm\frac{F_{za}}{A_k} = \pm\frac{10\,000\ \text{N}}{1963{,}50\ \text{mm}^2} = \pm 5{,}09\ \text{N/mm}^2$$

Formzahl α_{kz} für die statische Zugbelastung:

$$\alpha_{kz} = 3{,}3 \quad \text{aus Bild 3.60} \quad \text{für} \quad \frac{t}{d_0} = \frac{5}{60} = 0{,}083$$

$$\text{und} \quad \frac{\rho}{t} = \frac{2}{5} = 0{,}4$$

Kerbwirkungszahl β_{kz} für die rein schwingende Zugbelastung:

$$\beta_{kz} = \frac{1}{n_\chi}\alpha_{kz} \quad \text{nach der Siebel-Methode}$$

$$n_\chi = 1{,}23 \qquad \text{aus Bild 3.67} \quad \text{für}\ \chi^* = \frac{2}{\rho} = \frac{2}{2} = 1 \quad \text{und Baustahl}$$

$$\beta_{kz} = \frac{3{,}3}{1{,}23} = 2{,}68$$

Maximale Kerbzugspannung im Kerbgrund in der x-y-Ebene:

$$\sigma_{z,max} = \alpha_{kz} \cdot \sigma_{zmn} + \beta_{kz} \cdot \sigma_{zan}$$

$$\sigma_{z,max} = 3{,}3 \cdot 10{,}19 + 2{,}68 \cdot 5{,}09\ \text{N/mm}^2$$

$$\sigma_{z,max} = 33{,}63 + 13{,}64\ \text{N/mm}^2 = 47{,}27\ \text{N/mm}^2$$

2. *Biegebeanspruchung*
   Biegemoment (Vektor!) in der x-y-Ebene:

$$M_b = M_{bm} \pm M_{ba} = 300 \pm 250\ \text{Nm}$$

Äquatoriales Widerstandsmoment für den Restquerschnitt im Kerbgrund:

$$W_{äq} = \frac{\pi d^3}{32} = \frac{\pi \cdot 50^3}{32}\,\text{mm}^3 = 12\,271{,}85\,\text{mm}^3$$

Größte Nennbiegespannung im Kerbgrund in der y-z-Ebene infolge des konstanten mittleren Biegemomentes:

$$\sigma_{bmn} = \frac{M_{bm}}{W_{äq}} = \frac{300\,000}{12\,271{,}85}\,\text{N/mm}^2 = 24{,}45\,\text{N/mm}^2$$

Größter Nennbiegespannungsausschlag im Kerbgrund in der y-z-Ebene infolge des rein schwingenden Biegemomentes:

$$\sigma_{ban} = \frac{M_{ba}}{W_{äq}} = \frac{250\,000}{12\,271{,}85}\,\text{N/mm}^2 = 20{,}37\,\text{N/mm}^2$$

Formzahl α_{kb} für die konstante Biegebelastung:

$$\alpha_{kb} = 3{,}0 \quad \text{aus Bild 3.62} \quad \text{für} \quad \frac{t}{d_0} = \frac{5}{60} = 0{,}083$$

$$\text{und} \quad \frac{\rho}{t} = \frac{2}{5} = 0{,}4$$

Kerbwirkungszahl β_{kb} für die rein schwingende Biegebelastung:

$$\beta_{kb} = \frac{1}{n_\chi}\alpha_{kb} \quad \text{nach der Siebel-Methode}$$

$$n_\chi = 1{,}23 \qquad \text{aus Bild 3.67} \quad \text{für}\ \chi^* = \frac{2}{d} + \frac{2}{\rho} = \frac{2}{50} + \frac{2}{2} = 1{,}04\ \text{und Baustahl}$$

$$\beta_{kb} = \frac{3{,}0}{1{,}23} = 2{,}44$$

Maximale Kerbbiegespannung im Kerbgrund in der y-z-Ebene:

$$\sigma_{b,max} = \alpha_{kb} \cdot \sigma_{bmn} + \beta_{kb} \cdot \sigma_{ban}$$

$$\sigma_{b,max} = 3{,}0 \cdot 24{,}45 + 2{,}44 \cdot 20{,}37\,\text{N/mm}^2$$

$$\sigma_{b,max} = 73{,}35 + 49{,}70\,\text{N/mm}^2 = 123{,}05\,\text{N/mm}^2$$

3. *Torsionsbeanspruchung*

Drehmoment (Vektor!) in der y-z-Ebene:

$$T = T_m \pm T_a = 500 \pm 250\,\text{Nm}$$

Widerstandsmoment gegen Torsion (= polares Widerstandsmoment für kreisrunden Querschnitt):

$$W_t = W_p = \frac{\pi d^3}{16} = \frac{\pi \cdot 50^3}{16}\,\text{mm}^3 = 24\,543{,}69\,\text{mm}^3$$

Größte Nenntorsionsspannung im Kerbgrund in der x-y-Ebene infolge des konstanten mittleren Torsionsmomentes:

$$\tau_{tmn} = \frac{T_m}{W_t} = \frac{500\,000}{24\,543{,}69} \text{ N/mm}^2 = 20{,}37 \text{ N/mm}^2$$

Größter Nenntorsionsspannungsausschlag im Kerbgrund in der x-y-Ebene infolge des rein schwingenden Torsionsmomentes:

$$\tau_{tan} = \frac{T_a}{W_t} = \frac{250\,000}{24\,543{,}69} \text{ N/mm}^2 = 10{,}19 \text{ N/mm}^2$$

Formzahl α_{kt} für die konstante Torsionsbelastung:

$$\alpha_{kt} = 2{,}0 \quad \text{aus Bild 3.63} \quad \text{für } \frac{t}{d_0} = \frac{5}{60} = 0{,}083$$

$$\text{und } \frac{\rho}{t} = \frac{2}{5} = 0{,}4$$

Kerbwirkungszahl β_{kt} für die rein schwingende Torsionsbelastung:

$$\beta_{kt} = \frac{1}{n_\chi}\alpha_{kt} \quad \text{nach der Siebel-Methode}$$

$$n_\chi = 1{,}2 \qquad \text{aus Bild 3.67} \quad \text{für } \chi^* = \frac{2}{d} + \frac{1}{\rho} = \frac{2}{50} + \frac{1}{2} = 0{,}54 \quad \text{und Baustahl}$$

$$\beta_{kt} = \frac{2{,}0}{1{,}2} = 1{,}67$$

Maximale Kerbtorsionsspannung im Kerbgrund in der x-y-Ebene:

$$\tau_{t,max} = \alpha_{kt} \cdot \tau_{tmn} + \beta_{kt} \cdot \tau_{tan}$$

$$\tau_{t,max} = 2{,}0 \cdot 20{,}37 + 1{,}67 \cdot 10{,}19 \text{ N/mm}^2$$

$$\tau_{t,max} = 40{,}74 + 17{,}02 \text{ N/mm}^2 = 57{,}76 \text{ N/mm}^2$$

4. *Zusammengesetzte Beanspruchung*

Vergleichsspannung nach der Hypothese der größten Gestaltänderungsenergie für die konstanten mittleren Beanspruchungen (Mittelspannungen!):

$$\sigma_{vm} = \sqrt{(\alpha_{kz} \cdot \sigma_{zmn} + \alpha_{kb} \cdot \sigma_{bmn})^2 + 3 \cdot (\alpha_{kt} \cdot \tau_{tmn})^2}$$

$$\sigma_{vm} = \sqrt{(3{,}3 \cdot 10{,}19 + 3{,}0 \cdot 24{,}45)^2 + 3 \cdot (2{,}0 \cdot 20{,}37)^2} \text{ N/mm}^2$$

$$\sigma_{vm} = \sqrt{106{,}98^2 + 3 \cdot 40{,}74^2} \text{ N/mm}^2$$

$$\sigma_{vm} = \sqrt{16\,423{,}96} \text{ N/mm}^2 = 128{,}16 \text{ N/mm}^2$$

Vergleichsspannung nach der Hypothese der größten Gestaltänderungsenergie für die rein schwingenden Beanspruchungen (Spannungsausschläge!):

$$\sigma_{va} = \sqrt{(\beta_{kz} \cdot \sigma_{zan} + \beta_{kb} \cdot \sigma_{ban})^2 + 3 \cdot (\beta_{kt} \cdot \tau_{tan})^2}$$

$$\sigma_{va} = \sqrt{(2{,}68 \cdot 5{,}09 + 2{,}44 \cdot 20{,}37)^2 + 3 \cdot (1{,}67 \cdot 10{,}19)^2}\ \mathrm{N/mm^2}$$

$$\sigma_{va} = \sqrt{63{,}34^2 + 3 \cdot 17{,}02^2}\ \mathrm{N/mm^2}$$

$$\sigma_{va} = \sqrt{4881{,}00}\ \mathrm{N/mm^2} = 69{,}86\ \mathrm{N/mm^2}$$

Obere Vergleichsspannung:

$$\sigma_{vo} = \sigma_{vm} + \sigma_{va}$$

$$\sigma_{vo} = 128{,}16 + 69{,}86\ \mathrm{N/mm^2} = 198{,}02\ \mathrm{N/mm^2}$$

Untere Vergleichsspannung:

$$\sigma_{vu} = \sigma_{vm} - \sigma_{va}$$

$$\sigma_{vu} = 128{,}16 - 69{,}86\ \mathrm{N/mm^2} = 58{,}30\ \mathrm{N/mm^2}$$

Spannungsnachweis:
Die vorhandene obere Vergleichsspannung σ_{vo} darf höchstens gleich der zulässigen Dauerfestigkeit $\sigma_{D,zul}$ sein. Es muß also gelten:

$$\sigma_{vo} \leqq \sigma_{D,zul}$$

$$\text{mit } \sigma_{D,zul} = \sigma_D \cdot b_1 \cdot b_2$$

Bei der Vergleichsspannung $\sigma_{vm} = 128{,}16\ \mathrm{N/mm^2}$ infolge der konstanten mittleren Beanspruchungen ergibt sich für den Werkstoff St 60.11 nach Bild 3.44 (DIN 17100) für die Dauerfestigkeit der Wert $\sigma_D = 340\ \mathrm{N/mm^2}$. Mit dem Oberflächenbeiwert $b_1 = 0{,}85$ (Bild 3.49; $R_t = 10\ \mu m$; $R_m = 600\ \mathrm{N/mm^2}$) und dem Bauteilgrößenbeiwert $b_2 = 0{,}82$ (Bild 3.50; $d = 60\ mm$) folgt für die zulässige Dauerfestigkeit folgender Wert:

$$\sigma_{D,zul} = 0{,}85 \cdot 0{,}82 \cdot 340\ \mathrm{N/mm^2} = 236{,}98\ \mathrm{N/mm^2}$$

Sicherheit gegen Dauerbruch:

$$S_D = \frac{\sigma_{D,zul}}{\sigma_{vo}} = \frac{236{,}98}{198{,}02} = 1{,}20$$

Beurteilung der Dimensionierung

Die Welle ist festigkeitsmäßig gerade noch ausreichend dimensioniert. Die Sicherheit gegen Dauerbruch beträgt nur $S_D = 1{,}2$ (20% Sicherheit!). Bei Überschreitung der angegebenen Belastungen muß ein größerer Durchmesser d gewählt werden, d.h., die Ringnut darf nicht so tief eingestochen werden ($t < 5$ mm!).

4. Beispiel (abgesetzte Kegelradwelle)
Die in Bild 3.71 dargestellte abgesetzte Kegelradwelle eines Verstellgetriebes (n_1 klein und Aussetzbetrieb!) mit den Abmessungen $d = 40$ mm, $d_0 = 45$ mm, $\rho = t = 2{,}5$ mm, $r_{m1} = 35$ mm und $l_1 = 50$ mm wird durch die eingezeichneten konstanten Verzahnungskräfte $F_{u1} = 28\,751$ N, $F_{a1} = 5965$ N und $F_{r1} = 8518$ N (Drehmoment $T \simeq 1000$ Nm) belastet. Es ist zu prüfen, ob die aus Vergütungsstahl 34Cr4 (WNr 1.7035; Zugfestigkeit $R_m = 900$ N/mm²; Streckgrenze $R_e = 550$ N/mm²) hergestellte Welle genügend stark dimensioniert ist, d.h., ob eine genügend große Sicherheit gegen Fließen besteht.

Druckbeanspruchung:
Druckkraft:

$$F_d = F_{a1} = 5\,965\ \text{N}$$

Restquerschnittsfläche im Kerbgrund:

$$A_k = \frac{\pi d^2}{4} = \frac{\pi \cdot 40^2}{4}\ \text{mm}^2 = 1\,256{,}64\ \text{mm}^2$$

Größte Nenndruckspannung im Kerbgrund in der x-y-Ebene:

$$\sigma_{dn} = \frac{F_{a1}}{A_k} = \frac{5965}{1256{,}64}\ \text{N/mm}^2 = 4{,}75\ \text{N/mm}^2$$

Formzahl α_{kd} für die Druckbeanspruchung:

$$\alpha_{kd} = 1{,}98 \text{ aus Bild 3.60}$$

Maximale Druckspannung im Kerbgrund in der x-y-Ebene:

$$\sigma_{d,max} = \alpha_{kd} \cdot \sigma_{dn} = 1{,}98 \cdot 4{,}75\ \text{N/mm}^2 = 9{,}41\ \text{N/mm}^2$$

Biegebeanspruchung
1. Biegemoment um die x-Achse:

$$|\vec{M}_{bx}| = M_{bx} = F_{r1} \cdot l_1 - F_{a1} \cdot r_{m1}$$

$$M_{bx} = 8518 \cdot 50 - 5965 \cdot 35\ \text{Nmm} = 217\,215\ \text{Nmm}$$

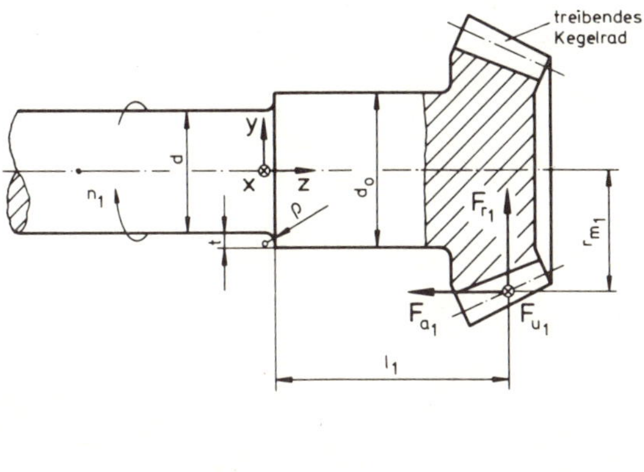

Bild 3.71. Abgesetzte Kegelradwelle unter Beanspruchung durch die Zahnkräfte

2. Biegemoment um die y-Achse:

$$|\vec{M}_{by}| = M_{by} = F_{u1} \cdot l_1$$

$$M_{by} = 28\,751 \cdot 50 \text{ Nmm} = 1\,437\,550 \text{ Nmm}$$

3. Resultierendes Biegemoment:

$$\vec{M}_b = \vec{M}_{bx} + \vec{M}_{by} \quad \text{und} \quad |\vec{M}_b| = M_b = \sqrt{M_{bx}^2 + M_{by}^2}$$

Richtung: Winkel ψ zur y-Achse

$$\tan\psi = \frac{217\,125}{1\,437\,550} = 0{,}151038; \quad \psi = 8{,}59°$$

Größe: $M_b = \sqrt{1\,437\,550^2 + 217\,125^2} \text{ Nmm} = 1\,453\,855 \text{ Nmm}$

Äquatoriales Widerstandsmoment für den Restquerschnitt im Kerbgrund:

$$W_{äq} = \frac{\pi d^3}{32} = \frac{\pi \cdot 40^3}{32} \text{ mm}^3 = 6283{,}19 \text{ mm}^3$$

Größte Nennbiegespannung im Kerbgrund in der x-y-Ebene:

1. an den Stellen $x = 0$ und $y = \pm\frac{d}{2}$

$$|\sigma_{bxn}| = \frac{M_{bx}}{W_{äq}} = \frac{217\,125}{6\,283{,}19} \text{ N/mm}^2 = 34{,}56 \text{ N/mm}^2$$

$$\sigma_{bxn} = -34{,}56 \text{ N/mm}^2 \text{ (Druckspannung!) bei } x = 0 \quad \text{und} \quad y = +\frac{d}{2}$$

$$\sigma_{bxn} = +34{,}56 \text{ N/mm}^2 \text{ (Zugspannung!) bei } x = 0 \quad \text{und} \quad y = -\frac{d}{2}$$

2. an den Stellen $x = \pm\frac{d}{2}$ und $y = 0$

$$|\sigma_{byn}| = \frac{M_{by}}{W_{äq}} = \frac{1\,437\,550}{6\,283{,}19} \text{ N/mm}^2 = 228{,}79 \text{ N/mm}^2$$

$$\sigma_{byn} = -228{,}79 \text{ N/mm}^2 \text{ (Druckspannung!) bei } x = +\frac{d}{2} \quad \text{und} \quad y = 0$$

$$\sigma_{byn} = +228{,}79 \text{ N/mm}^2 \text{ (Zugspannung!) bei } x = -\frac{d}{2} \quad \text{und} \quad y = 0$$

3. an den Stellen 2′ und 4′ (Bild 3.72)

$$|\sigma_{bn}| = \frac{M_b}{W_{äq}} = \frac{1\,453\,855}{6\,283{,}19} \text{ N/mm}^2 = 231{,}39 \text{ N/mm}^2$$

$$\sigma_{bn} = -231{,}39 \text{ N/mm}^2 \text{ (Druckspannung!) bei } 2'$$

$$\sigma_{bn} = +231{,}39 \text{ N/mm}^2 \text{ (Zugspannung!) bei } 4'$$

Formzahl α_{kb} für die Biegebeanspruchung:

$$\alpha_{kb} = 1{,}78 \text{ aus Bild 3.62}$$

Maximale Biegespannung im Kerbgrund in der x-y-Ebene:

1. an den Stellen $x = 0$ und $y = \pm\frac{d}{2}$

$$|\sigma_{bx,max}| = \alpha_{kb} \cdot |\sigma_{bxn}| = 1{,}78 \cdot 34{,}56 \text{ N/mm}^2 = 61{,}52 \text{ N/mm}^2$$

2. an den Stellen $x = \pm\frac{d}{2}$ und $y = 0$

$$|\sigma_{by,max}| = \alpha_{kb} |\cdot \sigma_{byn}| = 1{,}78 \cdot 228{,}79 \text{ N/mm}^2 = 407{,}25 \text{ N/mm}^2$$

3. an den Stellen 2′ und 4′

$$|\sigma_{b,max}| = \alpha_{kb} \cdot |\sigma_{bn}| = 1{,}78 \cdot 231{,}39 \text{ N/mm}^2 = 411{,}87 \text{ N/mm}^2$$

Schubbeanspruchung

1. Quer- oder Scherkraft F_{r1}: $F_{r1} = 8\,518$ N
   Mittlere Schubspannung:

$$\tau_{amr1} = \frac{F_{r1}}{A_k} = \frac{8\,518}{1\,256{,}64} \text{ N/mm}^2 = 6{,}78 \text{ N/mm}^2$$

2. Quer- oder Scherkraft F_{u1}: $F_{u1} = 28\,751$ N
   Mittlere Schubspannung:

$$\tau_{amu1} = \frac{F_{u1}}{A_k} = \frac{28\,751}{1\,256{,}64} \text{ N/mm}^2 = 22{,}88 \text{ N/mm}^2$$

Anmerkung: Bei den mittleren Schubspannungen wird auf den Einfluß der Kerbwirkung verzichtet!

Torsionsbeanspruchung

Torsionsmoment um die z-Achse:

$$|\vec{T}| = T = F_{u1} \cdot r_{m1} = 28\,571 \cdot 35 \text{ Nmm} \simeq 1\,000\,000 \text{ Nmm}$$

Widerstandsmoment gegen Torsion für den Restquerschnitt im Kerbgrund:

$$W_t = \frac{\pi d^3}{16} = \frac{\pi \cdot 40^3}{16} \text{ mm}^3 = 12\,566{,}37 \text{ mm}^3$$

Größte Nenntorsionsspannung im Kerbgrund in der x-y-Ebene:

$$\tau_{tn} = \frac{T}{W_t} = \frac{1\,000\,000}{12\,566{,}37}\,\mathrm{N/mm^2} = 79{,}58\,\mathrm{N/mm^2}$$

Formzahl α_{kt} für die Torsionsbeanspruchung:

$$\alpha_{kt} = 1{,}40 \text{ aus Bild 3.63}$$

Maximale Torsionsspannung im Kerbgrund in der x-y-Ebene:

$$\tau_{t,max} = \alpha_{kt} \cdot \tau_{tn} = 1{,}40 \cdot 79{,}58\,\mathrm{N/mm^2} = 111{,}41\,\mathrm{N/mm^2}$$

Vergleichsspannung

Wie die Größen und die Richtungen der Spannungen an den Stellen 1 bis 4 an der Wellenoberfläche gemäß Bild 3.72 zeigen, ist die Stelle 2′ am stärksten gefährdet. Da sie in unmittelbarer Nachbarschaft von Stelle 2 liegt und bei Stelle 2 die Spannungen paarweise aufeinander senkrecht stehen, was zur Berechnung der Vergleichsspannung einfacher ist, wird die Vergleichsspannung auch nur an dieser Stelle 2 berechnet.

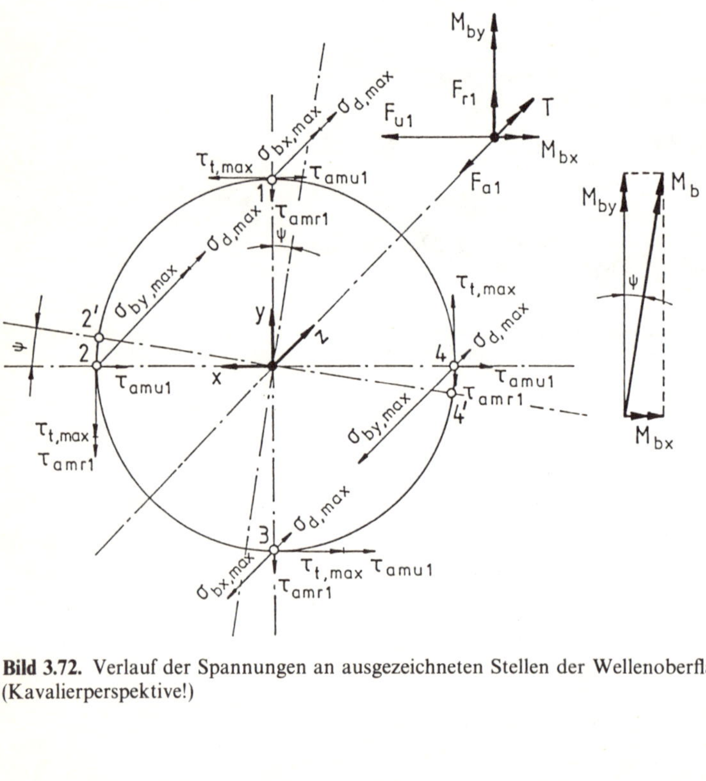

Bild 3.72. Verlauf der Spannungen an ausgezeichneten Stellen der Wellenoberfläche in der x-y-Ebene (Kavalierperspektive!)

Die Vergleichsspannung an der Stelle der annähernd stärksten Beanspruchung beträgt somit nach der Hypothese der größten Gestaltänderungsenergie

$$\sigma_v = \sqrt{(\sigma_{by,max} + \sigma_{d,max})^2 + 3 \cdot [(\tau_{t,max} + \tau_{amr1})^2 + \tau_{amu1}^2]}$$

$$\sigma_v = 465{,}92 \text{ N/mm}^2$$

Beurteilung der Dimensionierung

Die Kegelradwelle ist festigkeitsmäßig ausreichend dimensioniert. Die Sicherheit gegen Fließen ist $S_F = 550/465{,}92 = 1{,}18$ (18% Sicherheit!).

3.10 Schrifttum

1. Böttcher, S.: Dynamische Beanspruchungen und deren Zeitverläufe in ihrer Wirkung auf die Lebensdauer und Verfügbarkeit von Hüttenwerksanlagen. Stahl und Eisen 92 (1972), Nr. 8, S. 347–356
2. Bollenrath, F. und Troost, A.: Wechselbeziehungen zwischen Spannungs- und Verformungsgradient. Teil 1 bis 3. Archiv für Eisenhüttenwesen 21 (1950), S. 431–436; 22 (1951), S. 327–335; 23 (1952), S. 193–201
3. Dubbel, H.; Beitz, W. (Hrsg); Küttner, K.H. (Hrsg.): Dubbel, Taschenbuch für den Maschinenbau. 17. Aufl. Berlin, Heidelberg, New York: Springer 1990
4. Göldner, H.: Lehrbuch Höhere Festigkeitslehre, Bd. 1. 3. Aufl. Leipzig: Fachbuchverlag 1991
5. Günther, W. et al.: Schwingfestigkeit. Leipzig: VEB Deutscher Verlag für Grundstoffindustrie 1973
6. Haibach, E.: Stand und künftige Ziele der Betriebsfestigkeits-Forschung. Laboratorium für Betriebsfestigkeit Darmstadt. Bericht Nr. TB-80 (1968)
7. Hütte: Des Ingenieurs Taschenbuch. Theoretische Grundlagen. 28. Aufl. Berlin: Wilhelm Ernst u. Sohn 1955
8. Kraus, R.: Maschinenelemente. Darmstadt, Hannover, Boppard: H. Schroedel 1951
9. Meuth, H.O.: Über den Einfluß des Spannungsgefälles auf die Stützwirkung bei schwingender Beanspruchung. Diss. TH Stuttgart 1952
10. Neuber, H.: Kerbspannungslehre. 3. Aufl. Berlin, Göttingen, Heidelberg: Springer 1985
11. Neuber, H.: Über die Berücksichtigung der Spannungskonzentration bei Festigkeitsberechnungen. Konstruktion 20 (1968), H. 7, S. 245–251
12. Niemann, G.; Winter, H.; Maschinenelemente. Berlin, Heidelberg, New York: Springer. Band I: Konstruktion und Berechnung von Verbindungen, Lagern und Wellen. 2. Aufl. 1975
13. Petersen, C.: Die Vorgänge im zügig und wechselnd beanspruchten Metallgefüge. Teil III und IV. Z. Metallkunde 42 (1951), S. 161–170; 43 (1952), S. 429–433
14. Peterson, R.E.: Stress Concentration Factors. New York, London, Sydney, Toronto: John Wiley & Sons 1974
15. Pöschl, Th.: Lehrbuch der Technischen Mechanik; Zweiter Band; Elementare Festigkeitslehre. 2. Aufl. Berlin, Göttingen, Heidelberg: Springer 1952
16. Roloff, H.; Matek, W.: Maschinenelemente. 12. Aufl. Braunschweig: Vieweg 1992
17. Schlottmann, D. et al.: Konstruktionslehre. Grundlagen. Berlin: VEB Verlag Technik 1977
18. Siebel, E.; Pfender, M.: Weiterentwicklung der Festigkeitsrechnung bei Wechselbeanspruchung. Stahl und Eisen 66/67 (1947), S. 318–321
19. Siebel, E.; Bussmann, K.H.: Das Kerbproblem bei schwingender Beanspruchung. Die Technik 3 (1948), S. 249–252
20. Siebel, E.; Meuth, H.O.: Die Wirkung von Kerben bei schwingender Beanspruchung. VDI-Z. 91 (1949), S. 319–323
21. Sih, G.C.: Handbook of Stress-Intensity Factors. Institute of Fracture and Solid Mechanics, Lehigh University Bethlehem, Pennsylvania 1973
22. Stahl im Hochbau: Handbuch für die Anwendung von Stahl im Hoch- und Tiefbau. 2 Bde.

Herausgegeben vom Verein Deutscher Eisenhüttenleute. 13. Aufl. Düsseldorf: Verlag Stahleisen 1985
23. Szabó, I.: Einführung in die Technische Mechanik. 8. Aufl. Berlin, Göttingen, Heidelberg: Springer 1975
24. Szabó, I.: Höhere Technische Mechanik. 5. Aufl. Berlin, Heidelberg, New York: Springer 1977
25. Thum, A. und Buchmann, W.: Dauerfestigkeit und Konstruktion. Berlin: VDI-Verlag 1932
26. Thum, A. und Bautz, W.: Die Gestaltfestigkeit. Stahl und Eisen 55 (1935), S. 1025–1029
27. Thum, A.; Petersen, C. und Svenson, O.: Verformung, Spannung und Kerbwirkung; Eine Einführung. Düsseldorf: VDI-Verlag 1960
28. Troost, A.: Einführung in die allgemeine Werkstoffkunde metallischer Werkstoffe. 2. Aufl. Mannheim, Wien, Zürich: B.I.-Wissenschaftsverlag 1984
29. Ulrich, E.: Elementare Festigkeitslehre. Essen: Girardet 1967
30. Wellinger, K.; Dietmann, H.: Festigkeitsberechnung. Grundlagen und technische Anwendung. 3. Aufl. Stuttgart: A. Kröner 1976
31. Wiedemann, J.: Entwurfsstrategie für Leichtstabwerke. VDI-Berichte Nr. 219 (1974), S. 147–150
32. Wyss, Th.: Die Drahtseile der Transport- und Förderanlagen, insbesondere der Standseil- und Schwebebahnen. Zürich: Schweizer Druck- und Verlagshaus 1956
33. DIN 1681, Juni 1985. Stahlguß für allgemeine Verwendungszwecke; Technische Lieferbedingungen
34. DIN 1693, T1, Oktober 1973. Gußeisen mit Kugelgraphit, Werkstoffsorten, unlegiert und niedriglegiert
35. DIN 1693, T2, Oktober 1977. Gußeisen mit Kugelgraphit, unlegiert und niedriglegiert; Eigenschaften im angegossenen Probestück
36. DIN 4114, T1, Juli 1952. Stahlbau; Stabilitätsfälle (Knickung, Kippung, Beulung), Berechnungsgrundlagen, Vorschriften
(Zurückgezogen; in der Übergangsphase noch verwendbar!)
37. DIN 4114, T2, Februar 1953. Stahlbau; Stabilitätsfälle (Knickung, Kippung, Beulung), Berechnungsgrundlagen, Richtlinien
(Zurückgezogen; in der Übergangsphase noch verwendbar!)
38. DIN 17100, Januar 1980. Allgemeine Baustähle; Gütenorm
(Zurückgezogen; in der Übergangsphase noch verwendbar!)
39. DIN 17200, Dezember 1969. Vergütungsstähle; Gütevorschriften
(Zurückgezogen; in der Übergangsphase noch verwendbar!)
40. DIN 17210, September 1986. Einsatzstähle; Technische Lieferbedingungen
41. DIN 18800, T2, November 1990. Stahlbau; Knicken von Stäben und Stabwerken
42. DIN 18800, T3, November 1990. Stahlbau; Plattenbeulen
43. DIN 18800, T4, November 1990. Stahlbau; Schalenbeulen
44. DIN 50100, Februar 1978. Werkstoffprüfung; Dauerschwingversuch, Begriffe, Zeichen, Durchführung, Auswertung
45. DIN 50351, Februar 1985. Prüfung metallischer Werkstoffe; Härteprüfung nach Brinell
46. DIN EN 10025, Januar 1991. Warmgewalzte Erzeugnisse aus unlegierten Baustählen; Technische Lieferbedingungen
47. DIN EN 10027, T1, September 1992. Bezeichnungssysteme für Stähle; Teil 1: Kurznamen, Hauptsymbole
48. DIN EN 10027, T2, September 1992. Bezeichnungssysteme für Stähle; Teil 2: Nummernsystem
49. DIN EN 10083, T1, Oktober 1991. Vergütungsstähle; Technische Lieferbedingungen für Edelstähle
50. DIN EN 10083, T2, Oktober 1991. Vergütungsstähle; Technische Lieferbedingungen für unlegierte Qualitätsstähle
51. VDI-Richtlinie 2226, Juli 1965. Empfehlung für die Festigkeitsberechnung metallischer Bauteile (Zurückgezogen; in der Übergangsphase noch verwendbar!)

4 Gestaltung von Elementen und Systemen

Die Grundprinzipien bei der Gestaltung eines Maschinen- und Konstruktionselementes, die sich aus der Forderung hinsichtlich Funktionalität und Wirtschaftlichkeit ableiten lassen, sind die beanspruchungs-, die gestaltungs- und die werkstoffgerechte Ausführung (vgl. Kap. 1.4). Pahl und Beitz [26] formulieren für die Gestaltung von Bauteilen die drei Grundregeln Eindeutigkeit, Einfachheit und Sicherheit, die als Anweisungen für alle Arbeitsschritte beim konstruktiven Arbeiten gelten und neben der Forderung nach Funktionalität und Wirtschaftlichkeit zusätzlich die der Sicherheit des Menschen und seiner Umgebung erfüllen.

4.1 Eindeutigkeit einer Konstruktion

Die Forderung hinsichtlich der Eindeutigkeit führt zur Erfüllung der technischen Funktion und sichert eine eindeutige Zuordnung der Eingangs- und der Ausgangsgrößen des technischen Systems. Wird z.B. die eindeutige Lagerung einer Welle verlangt, so müssen entsprechend den Gleichgewichtsbedingungen der Mechanik zwei Lagerebenen zur Aufnahme der auftretenden Radialkräfte vorgesehen werden. Die Axialkräfte können in einer dieser Ebenen oder auch in einer anderen Lagerebene aufgenommen werden. Grundsätzlich gibt es in der Praxis für die Lagerung einer Welle vier Möglichkeiten, von denen aber nur eine und zwar die Fest- und Loslager-Anordnung die Forderung der Eindeutigkeit immer exakt erfüllt.

Die in Bild 4.1a gezeigte „Fest- und Loslager-Anordnung" der Welle ist so gestaltet, daß das linke Lager das Festlager ist und Radial- sowie Axialkräfte aufnimmt und das rechte Lager das Loslager ist und nur der Aufnahme von Radialkräften dient. Das Loslager ermöglicht somit eine Axialbewegung der Welle relativ zum Gehäuse, z.B. infolge einer Wärmeausdehnung.

Bei der „angestellten Lagerung" der Welle (Bild 4.1b) ist die eindeutige Zuordnung der Axialkräfte nicht gewährleistet. Hier spielt die Anstellung oder Vorspannung der Lager die ausschlaggebende Rolle. Jedes der Lager überträgt radiale Lagerkräfte und kann Axialkräfte – nur in unterschiedlicher Richtung – aufnehmen.

Bei der „schwimmenden Lagerung" (Bild 4.1c) wird mindestens eines der Lager oder werden auch beide Lager mit axialem Spiel eingebaut, so daß eine axiale

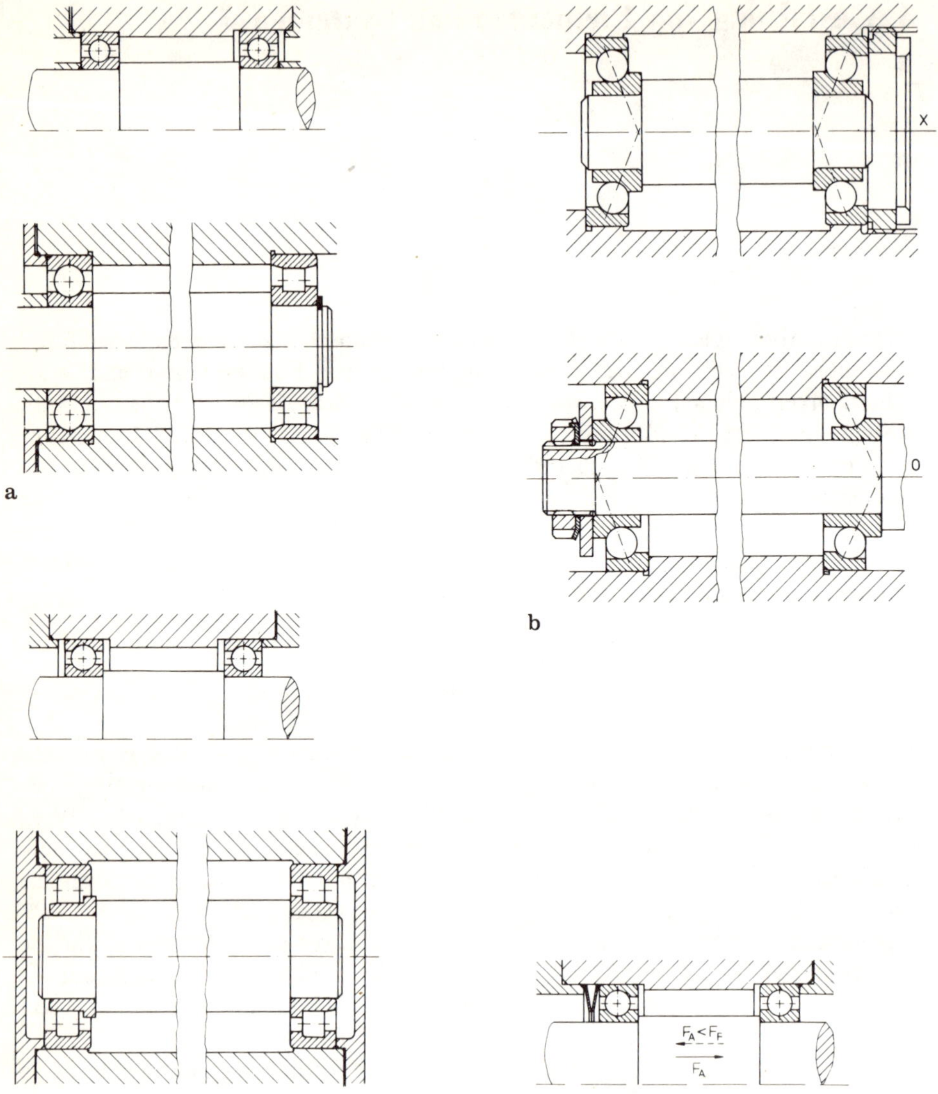

Bild 4.1a–d. Einbau von Lagern. **a** Festlager-Loslager-Anordnung; **b** angestellte Lagerung; X-Anordnung; O-Anordnung; **c** schwimmende Lagerung; **d** schwimmende Lagerung mit elastischer Verspannung der Lager

Verschiebung begrenzt möglich ist. Infolge des axialen Spiels zwischen den Lagern und dem Gehäuse ist keine eindeutige axiale Fixierung der Welle gegeben.

Bei der schwimmenden Lagerung der Welle mit elastischer Verspannung der Lager (Bild 4.1d) ist die axiale Lage der Welle wieder eindeutig, wenn die auf die Welle einwirkende Axialbelastung in beliebiger Größe von links nach rechts wirkt,

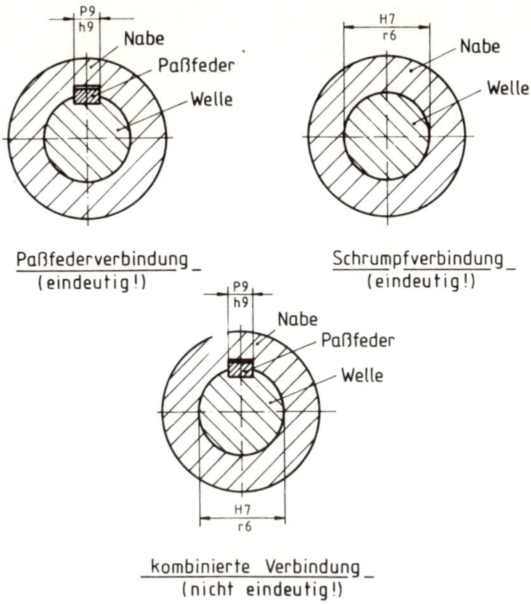

Bild 4.2. Welle-Nabe-Verbindung mit Paßfeder und/oder Schrumpfsitz

d.h. vom rechten Lager aufgenommen wird, oder in einer Größe unterhalb der Vorspannkraft von rechts nach links wirkt, d.h. vom linken Lager aufgenommen wird. Bei der zuletzt genannten Belastung kann über die Federcharakteristik des Vorspannelementes die Wellenlage eindeutig fixiert werden.

Ein weiteres Beispiel für die eindeutige Gestaltung eines Konstruktionselementes ist die drehfeste Welle-Nabe-Verbindung gemäß Bild 4.2, die z.B. richtig als Paßfederverbindung oder alternativ als Schrumpfverbindung ausgeführt ist. Die oben im Bild gezeigte Doppelausführung Paßfeder- *und* Schrumpfverbindung, die irrtümlicherweise manchmal noch heute zur „höheren Sicherheit" verwendet wird, ist geringwertiger als jede der Einzelausführungen, weil keine eindeutige Zuordnung der von den Einzelausführungen übertragenen Torsionsmomente zum Gesamtmoment T möglich ist.

4.2 Einfachheit einer Konstruktion

Die Forderung hinsichtlich der Einfachheit führt im Regelfall zu einer wirtschaftlichen Konstruktion, weil einfache und geometrisch reguläre Gestaltungsformen sich schneller und billiger fertigen lassen als komplizierte Formen.

Im allgemeinen erscheint ein technisches System einfacher als ein anderes, wenn es aus weniger Elementen besteht, also überschaubarer ist. Weniger Elemente bedeuten im Regelfall auch weniger Elementenpaare oder Gelenke und damit auch weniger Verschleiß- und Wartungsstellen. Von großer Bedeutung ist hierbei auch die Art der Elementenpaare. Es können nämlich gemäß den Definitionen aus der Getriebetechnik [7, 10, 16, 37] niedere oder flächenberührende und höhere oder linien- oder gar nur punktberührende Elementenpaare Verwendung finden. Im allgemeinen werden im Maschinenbau wegen der geringeren Beanspruchbarkeit (Hertzsche Pressung oder Stribecksche Wälzpressung!) Konstruktionen mit niederen Elementenpaaren bevorzugt.

Einschränkend ist anzumerken, daß weniger Elemente aber nur dann ein technisches System vereinfachen, wenn diese wenigen Elemente dabei noch eine einfache und geometrisch reguläre Geometrie behalten, die fertigungstechnisch einfach zu realisieren ist.

Bei einem Konstruktionselement ist zur Erfüllung der technischen Funktion immer eine minimale Anzahl von Elementen erforderlich. In vielen Fällen kann zwischen mehreren Lösungsvarianten gewählt werden, die sich meistens darin unterscheiden, daß entweder wenige Elemente mit einer komplizierten geometrischen Form oder mehrere Elemente mit einer einfachen geometrischen Form im System

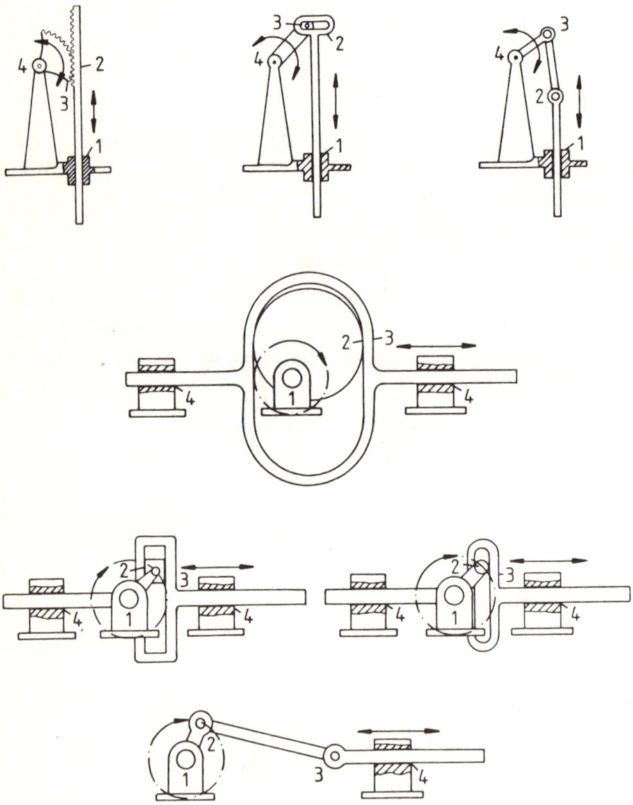

Bild 4.3. Kinematisch gleichwertiger Ersatz von Roll- oder Wälzmechanismen durch Gestängemechanismen

verknüpft sind. Es ist somit beim Konstruieren fast immer ein Kompromiß erforderlich zwischen wirtschaftlicher Fertigung und der Anzahl sowie der Form der Elemente. Die Einfachheit einer Konstruktion ist immer das Ergebnis einer Optimierung zwischen der Form und damit auch der Beanspruchung sowie der Anzahl der Elemente und deren wirtschaftlicher Fertigung unter Rücksichtnahme auf die Erfüllung der technischen Funktion. Hierbei spielt die Wertanalyse [6, 36, 49, 85] eine besondere Rolle, die das Zusammenspiel von Funktionen und Kosten für die einzelnen Elemente eines Systems aufzeigt. Der bis vor wenigen Jahren für ein System noch allgemein gültige Grundsatz „so gut wie möglich" wird heute immer mehr abgelöst durch den Grundsatz „so gut wie nötig".

Zur Verdeutlichung des Zusammenhanges zwischen der Form und der Anzahl der einzelnen Elemente einerseits oder der Einfachheit und der Wirtschaftlichkeit andererseits dienen die in Bild 4.3 gezeigten Beispiele aus der Getriebetechnik [7, 10, 16], bei denen Roll- oder Wälzmechanismen (z.B. Zahnräder, Wälzhebel) durch Gestängemechanismen (z.B. Kurbeln, Koppeln, Führungen) oder umgekehrt kinematisch gleichwertig ersetzt sind.

Auch der Ersatz des in Bild 4.4 gezeigten einfachen zweistufigen Stirnradgetriebes mit vier Zahnrädern (z_1 bis z_4) durch ein rückkehrendes einstufiges Planetengetriebe mit drei Zahnrädern (z_S, z_P, z_H) zeigt, daß das aus weniger Elementen (drei Zahnräder, zwei rotierende Wellen und das feststehende Gehäuse mit dem Hohlrad) bestehende Planetenradgetriebe kinematisch zwar dem aus mehr Elementen (vier Zahnräder und drei rotierende Wellen) bestehenden Stirnradgetriebe gleichwertig, aber wirtschaftlich unterlegen ist. Die geringere Wirtschaftlichkeit ist einmal in der teureren Innenverzahnung des Hohlrades z_H und zum anderen in der geometrisch komplizierteren Form und damit auch teureren Fertigung der Abtriebswelle begründet. Man sieht, daß die Verringerung der Anzahl der Elemente eine teurere Formgestaltung und damit eine Verschlechterung der Wirtschaftlichkeit bedingt. Einschränkend muß zu diesem Beispiel gesagt werden, daß natürlich unter gewissen „Nebenbedingungen" (z.B. Platzverhältnisse!) eine derartige Planetenradkonstruktion nicht nur ihre Berechtigung hat, sondern

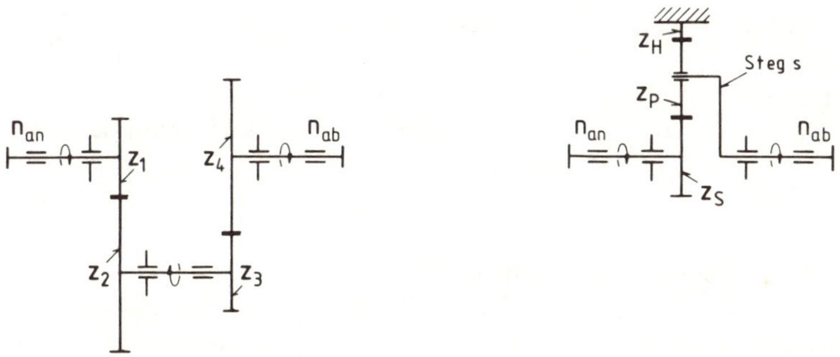

Bild 4.4. Kinematisch gleichwertiger Ersatz eines zweistufigen Stirnradgetriebes durch ein rückkehrendes einstufiges Planetengetriebe

die einzig richtige und brauchbare Lösung ist. Dieses Beispiel zeigt, daß eine Konstruktion im Regelfall nur relativ, d.h. nur unter Beachtung von genau fixierten Neben- oder Randbedingungen (technische Restriktionen!) optimal sein kann.

4.3 Sicherheit einer Konstruktion

Die Forderung hinsichtlich der Sicherheit bezweckt die Gewährleistung der technischen Funktion beim Betreiben des technischen Systems [17, 24, 25, 26] und gleichrangig aber auch die Nichtgefährdung oder Nichtbeeinträchtigung des Menschen und seiner Umgebung über ein vorgegebenes oder zulässiges Maß hinaus.

Die für den Konstrukteur wichtigen Sicherheitsaspekte sind in der DIN 31000 zusammengestellt und gipfeln letzten Endes in einer unmittelbaren, einer mittelbaren und einer hinweisenden Sicherheit. Anzustreben ist grundsätzlich die unmittelbare Sicherheit, bei der systembedingt überhaupt keine Gefährdung auftreten kann. Nur wenn dies nicht möglich ist, muß durch die Anordnung von Schutz- oder Sicherheitseinrichtungen für eine mittelbare Sicherheit im Schadensfall gesorgt werden. Die hinweisende Sicherheit, die sich auf das Warnen vor Gefahren und das Hinweisen auf gefährdete Bereiche oder Stellen beschränkt, ist für den Konstrukteur im Rahmen der Sicherheitstechnik keine Alternative und darf höchstens unterstützend für die zuvor genannten Sicherheiten dienen. Im Rahmen der Sicherheitstechnik können folgende Bereiche unterschieden werden:

1. Bauteilsicherheit
   Sie gewährleistet die Haltbarkeit eines Bauteils unter den äußeren Belastungen, daß z.B. kein Bruch, keine unzulässig hohe Verformung oder kein instabiles Verhalten auftritt.
2. Funktionssicherheit
   Durch sie wird das Zusammenspiel oder -wirken der einzelnen Elemente im technischen System herbeigeführt und die funktionale Zuverlässigkeit garantiert.
3. Arbeitssicherheit
   Sie berücksichtigt die Sicherheit der Menschen, die beim Betreiben des technischen Systems mit diesem direkt in Verbindung kommen.
4. Umweltsicherheit
   Sie garantiert die Sicherheit der Menschen, die beim Betreiben des technischen Systems nicht direkt mit diesem in Verbindung kommen, und verhindert eine unzulässige Schädigung oder Beeinträchtigung der Umwelt und damit auch der Natur.

Der Konstrukteur sollte bei seinen Konstruktionen streng darauf achten, daß eine umfassende Sicherheit garantiert wird und alle Auswirkungen soweit als technisch möglich gleichermaßen beachtet werden. Da die Prinzipien der unmittelbaren und der mittelbaren Sicherheitstechnik schon am Anfang der Projektierung und auch der Dimensionierung von technischen Systemen stehen müssen, sollen im folgenden einige Möglichkeiten erläutert werden zur Bestimmung und Beurteilung des sicheren Erfüllens der Funktion und der Haltbarkeit von Bauteilen (Funktions- und Bauteilsicherheit).

4.3.1 Unmittelbare Sicherheit

Die unmittelbare Sicherheitstechnik geht immer davon aus, daß das System und alle darin vorkommenden Elemente sicherheitstechnisch für alle möglichen Betriebszustände und Belastungsfälle konzipiert und gebaut sind. Dies kann grundsätzlich durch die folgenden drei Tatsachen gewährleistet sein [26]:

1. Sicheres Bestehen (safe-life-Verhalten);
2. Beschränktes Versagen (fail-safe-Verhalten);
3. Redundante Anordnung von Elementen.

Beim *Prinzip des sicheren Bestehens* werden alle Bauteile so dimensioniert und ihre Verknüpfung so vorgenommen, daß während der gesamten Betriebszeit des technischen Systems alle möglichen Belastungen ohne ein Versagen oder ohne eine Störung ertragen werden können.

Das *Prinzip des beschränkten Versagens* oder anders ausgedrückt der eingeschränkten Haltbarkeit läßt für besondere oder extrem gelagerte Belastungen eine Störung von der Art zu, daß keine schwerwiegenden Folgen auftreten können. Eine eingeschränkte, aber einen gefährlichen Zustand vermeidende Funktion muß solange erhalten werden können, bis das System gefahrlos abgeschaltet ist. Die Störung oder das Versagen muß somit wahrgenommen werden können und als Impuls zum Abschalten des Systems dienen. Wenn dieses Prinzip angewendet werden soll, muß der Konstrukteur die möglichen Schäden vorhersehen und die einzelnen Elemente so gestalten, daß ganz klar festliegt, welches Element zerstört werden darf (Sollbruchstelle, Verschleißteil!) und welches Element die eingeschränkte Funktion bei einem Schadensfall eines anderen Elementes übernimmt. Dieses Prinzip ist z.B. bei der Konstruktion einer elastischen Bolzenkupplung gemäß Bild 4.5 oder einer Luftfederkupplung gemäß Bild 4.6 verwirklicht. Gehen bei der elastischen Bolzenkupplung z.B. die über die Bolzen geschobenen elastischen Hülsen zu Bruch, so wird das Drehmoment immer noch durch direkten metallischen Kontakt zwischen den Bolzen und den beiden Kupplungsflanschen übertragen. Fällt bei der Luftfederkupplung z.B. das Druckluftsystem durch einen Defekt der Luftfederbälge aus, so wird das Drehmoment immer noch durch die radialen Zwischenstege drehstarr von der Primär- zur Sekundärseite der Kupplung übertragen.

Bei Rohrleitungssystemen in der chemischen, pharmazeutischen und lebensmittelverarbeitenden Industrie wird vom Prinzip des beschränkten Versagens sehr häufig Gebrauch gemacht [31]. Die hier eingesetzten Stellglieder oder Ventile müssen so konstruiert sein, daß sie eine definierte Ruhestellung beim Ausfall der Schaltenergie (z.B. Druckluft!) haben, und sind so anzuordnen, daß an Einmündungen und Kreuzungen die Vermischung von Produkten untereinander oder von

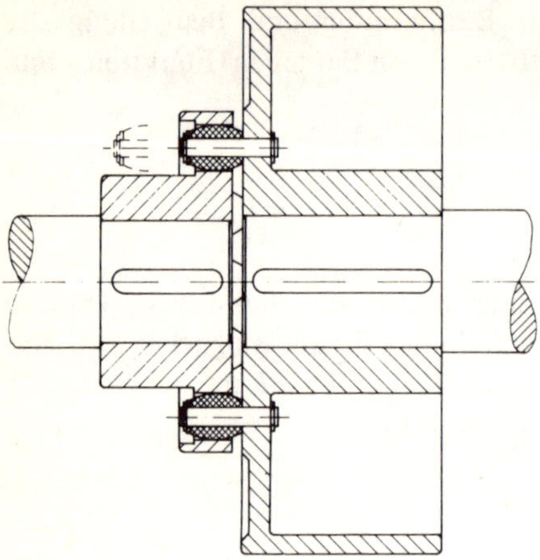

Bild 4.5. Elastische Bolzenkupplung; Aufbau nach dem Prinzip des beschränkten Versagens

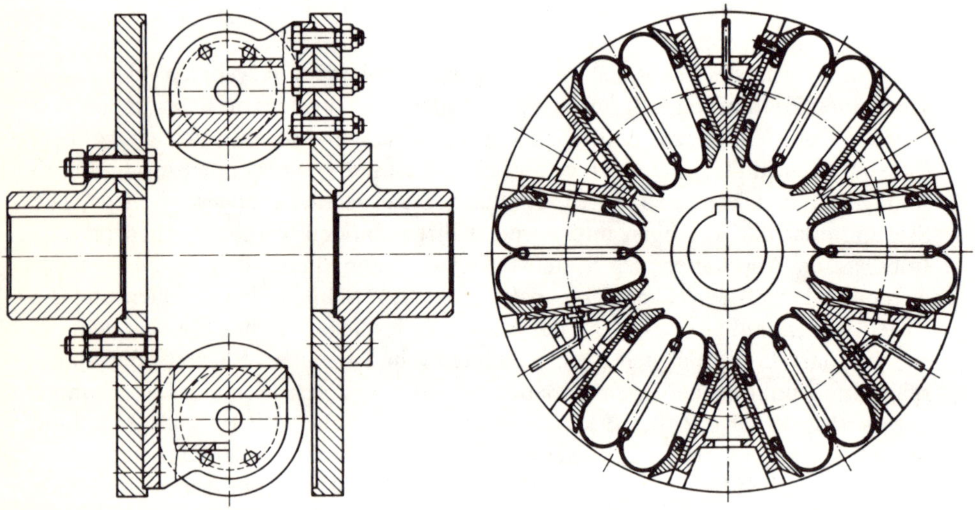

Bild 4.6. Luftfederkupplung; Aufbau nach dem Prinzip des beschränkten Versagens

Produkten und Reinigungsflüssigkeiten ausgeschlossen ist. Das Zusammenschalten einer Produkt- und einer Reinigungsmittelleitung erfolgt daher gemäß Bild 4.7 mit zwei 3-2-Wegeventilen*) und einem 2-2-Wegeventil und nicht nur mit einem 3-2-Wegeventil, mit dem es auch möglich wäre. Im unerregten – d.h. drucklosen – Zustand der Ventile sind die beiden 3-2-Wegeventile auf Durchgang geschaltet

*) Die erste Ziffer vor einem Ventil gibt immer die Zahl der Anschlüsse und die zweite Ziffer die Zahl der möglichen Schaltstellungen an.

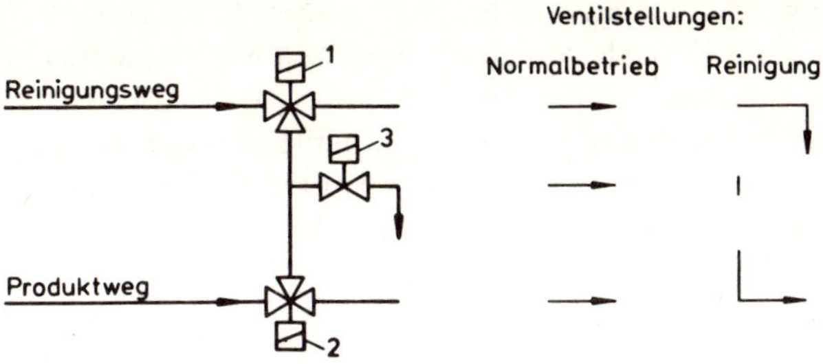

Bild 4.7. Zusammenschaltung einer Produkt- und einer Reinigungsmittelleitung unter Beachtung der Anordnung von Stellgliedern

und das 2-2-Wegeventil, das als Leckageventil dient, ist geöffnet. Diese Stellung der Ventile wird als der „Normalbetrieb" angesehen. Bei der Betriebsstellung „Reinigung" werden alle drei Ventile mit Druckluft angesteuert; die beiden 3-2-Wegeventile werden dann in Stellung „Umlauf" gebracht und das Leckageventil geschlossen. Durch diese Ventilanordnung werden somit die wesentlichen Sicherheitsforderungen erfüllt: Ausströmen der Reinigungslösung aus dem Leckageventil 3 bei Undichtigkeit des nichterregten Ventils 1 in Richtung Ventil 2; Verhinderung der Vermischung von Reinigungslösung und Produkt; Möglichkeit des optischen Erkennens der Leckage; Einnehmen der normalen Betriebsstellung bei allen drei Ventilen im Falle des Ausfalls der Druckluftsteuerung.

Beim *Prinzip der redundanten Anordnung von Elementen* wird das zwei- oder auch mehrfache Vorhandensein der Elemente zur Gewährleistung einer höheren Sicherheit ausgenutzt. Wichtig ist hierbei, daß ein ausfallendes Systemelement keine Beschädigung der anderen Elemente bewirkt und die parallel oder in Reihe liegenden redundanten Elemente die geforderte Funktion voll übernehmen. Dabei ist besonders zu beachten, daß die im System integrierten redundanten Elemente selbst auch nach dem Prinzip des sicheren Bestehens oder des beschränkten Versagens konstruiert sein müssen. Sehr wichtig für die Sicherheit und Zuverlässigkeit [13] eines technischen Systems ist die Anwendung der mathematischen Aussagenlogik (Schaltalgebra!) zur Analyse und Synthese von binären Schaltsystemen [1].

4.3.2 Mittelbare Sicherheit

Die mittelbare Sicherheit wird durch Schutzsysteme und Schutzeinrichtungen gewährleistet. Die Schutzsysteme dienen einmal dazu, ein technisches System bei Gefahr selbsttätig außer Betrieb oder zumindest aus dem Gefahrenzustand zu bringen, und ein andermal die Inbetriebnahme eines technischen Systems bei einem Gefahrenzustand zu verhindern. Von großer Wichtigkeit ist dabei, daß ein Schutzsystem sich selbst überwacht und durch einen an ihm selbst auftretenden Fehler in Aktion tritt. Als Beispiel kann das Lichtschrankenschutzsystem einer Presse genannt werden, das sofort die Presse zum Stillstand bringt, wenn ein Gegenstand in den Strahlengang kommt.

Die Schutzeinrichtungen werden zur Sicherung von Gefahrenstellen eingesetzt und sollen den Menschen und die Umwelt von einem System abschirmen, das in einen Gefahrenzustand kommen kann oder das Elemente aufweist, die bei unsachgemäßer Bedienung oder nicht erlaubtem Eingriff zu Unfällen führen können. Beispiele sind Abdeckungen oder Verkleidungen bei Riementrieben, Umwehrung bei Schleudern oder Zentrifugen und Schutzgitter an Pressen.

4.4 Beanspruchungsgerechte Gestaltung von Bauteilquerschnitten

Bei der Optimierung moderner Maschinenkonstruktionen steht der Konstrukteur immer wieder vor dem Problem, eine gewünschte Tragfähigkeit seines Entwurfs bei gleichzeitig minimalem Aufwand an Werkstoff zu erzielen. Die letztlich erreichbare Gesamttragfähigkeit setzt sich dabei aus der Formtragfähigkeit und der Stofftragfähigkeit zusammen (Bild 4.8). Von besonderem Interesse ist dabei der Einfluß der Bauteilform auf die Gesamttragfähigkeit der Konstruktion. Dabei läßt sich dieser Formeinfluß weiter in Längeneinfluß und Querschnittseinfluß unterteilen (Bild 4.9).

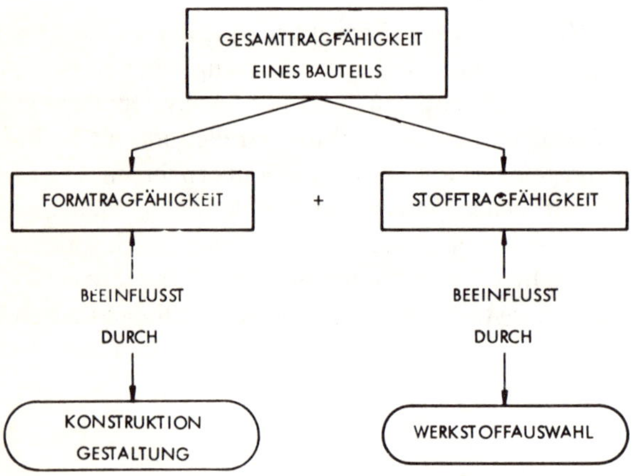

Bild 4.8. Gesamttragfähigkeit eines Bauteils

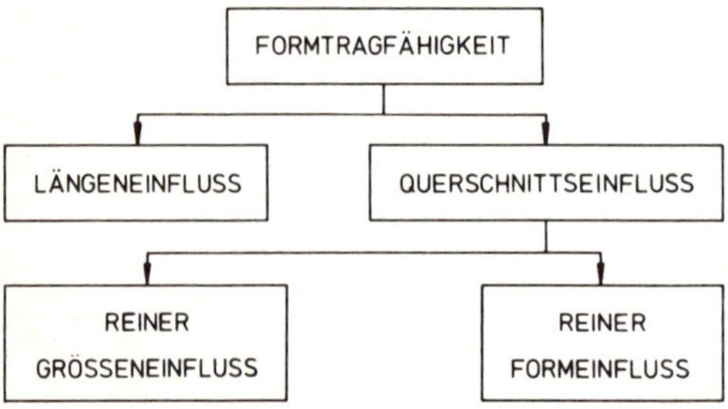

Bild 4.9. Einflußgrößen der Formtragfähigkeit

Es leuchtet somit unmittelbar ein, daß eine nicht beanspruchungsgerechte Wahl der Querschnittsform einen ungünstigen Formeinfluß ausübt, der nur durch entsprechend größere Dimensionierung der Querschnittsfläche (=Größeneinfluß!) kompensiert werden kann. Dies jedoch läuft genau dem eingangs genannten Optimierungsziel entgegen. Im folgenden soll nun die Eignung verschiedener Querschnittsformen für bestimmte Beanspruchungen im einzelnen untersucht werden.

4.4.1 Grundbeanspruchungsarten

Zur Beurteilung des Einflusses der Querschnittsform eines Bauteils auf die Tragfähigkeit werden die jeweils relevanten Geometriegrößen herangezogen, die dann beim entsprechenden Belastungsfall als Formeinfluß auf die Tragfähigkeit zu verstehen sind. Im einzelnen werden die Grundbeanspruchungsarten

Längskraftbeanspruchung,
Biegebeanspruchung,
Schubbeanspruchung,
Torsionsbeanspruchung

untersucht (Bild 4.10).

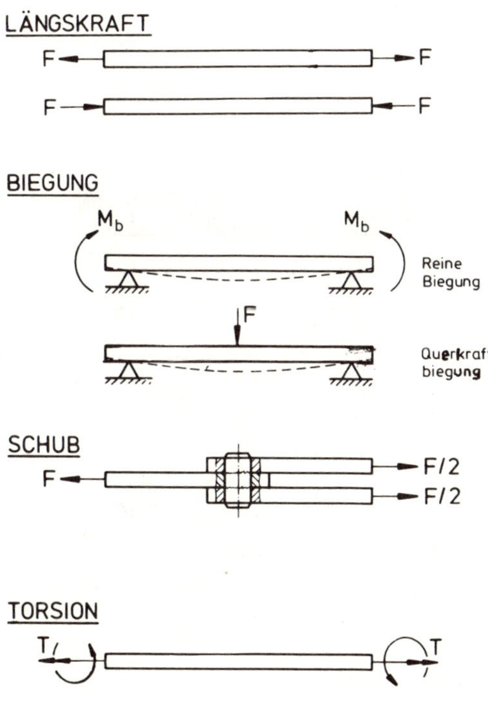

Bild 4.10. Grundbeanspruchungsarten

4.4.2 Auswahl der untersuchten Querschnittsformen

Im folgenden wird die Veränderung der jeweils untersuchten Eigenschaft als Folge einer Variation der Querschnittsform (Profilform) ermittelt. Dabei wird als Bezugsquerschnitt ein Quadrat der Querschnittsfläche $A_{\square} = 625\,mm^2$ zugrunde gelegt. Alle untersuchten Querschnitte sind so bemessen, daß bei gleicher Fläche (also $A/A_{\square} = 1$!) lediglich die Form verändert wird (Bild 4.11). Damit wird also der reine Größeneinfluß ausgeschaltet.

4.4.3 Unterschiedliche Beanspruchungen

Die in der Praxis auftretende Beanspruchung eines Bauteils rührt meistens von mehreren Einzellasten her und kann wegen des linearen Zusammenhangs von Ursache (Belastung) und Wirkung (Spannung) nach dem Superpositionsprinzip ermittelt werden. Aus diesem Grund genügt es, nur die Einzellastfälle – die genannten Grundbeanspruchungsarten – zu untersuchen.

Längskraftbeanspruchung

Bei einer Längskraftbeanspruchung sind Zug- und Druckkräfte zu unterscheiden. Bei schlanken druckbeanspruchten Bauteilen kommt der Knick- oder Beulbeanspruchung eine besondere Bedeutung zu.

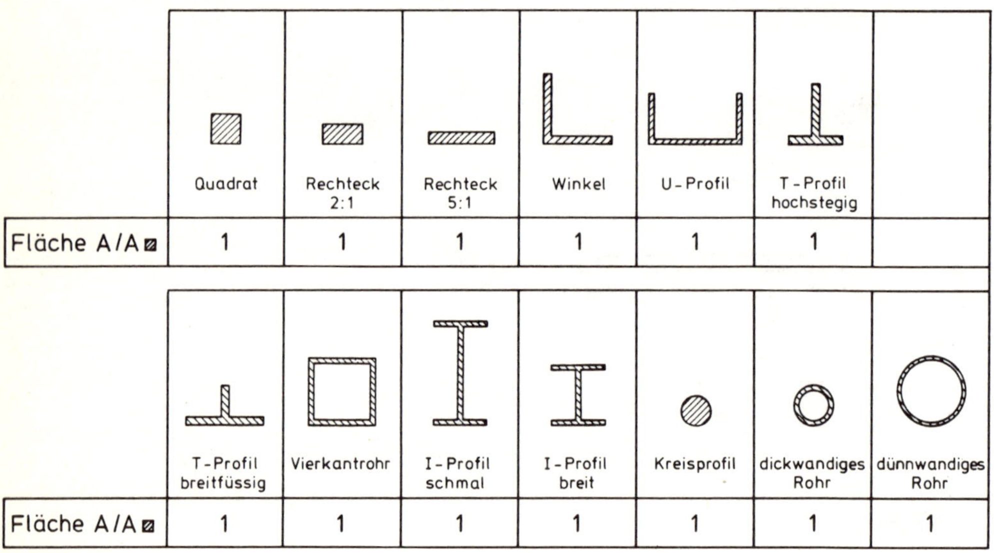

Bild 4.11. Untersuchte Querschnittsformen mit gleicher Fläche

Zugkraftbeanspruchung

Bei Bauteilen, die ausschließlich einer reinen Zugkraftbeanspruchung (Krafteinleitung in der Schwerpunktachse!) unterliegen, werden alle Stellen der Querschnittsfläche gleichmäßig beansprucht, die Wahl der Querschnittsform ist daher ohne Einfluß (Bild 4.12).

Druckkraftbeanspruchung

Im Gegensatz zur reinen Zugbeanspruchung kommt in diesem Fall der Querschnittsform eine wichtige Bedeutung zu. Auf Druck beanspruchte Bauteile können nämlich durch Knicken versagen, dabei gilt im Bereich der elastischen oder Euler-Knickung die Beziehung [19, 27, 35]

$$F_K \sim I \tag{4.1}$$

Dabei sind:

F_K = Knicklast = kleinste Kraft, die zum Ausknicken des Bauteils führt;
$I = I_{\ddot{a}q,min}$ = kleinstes äquatoriales Flächenträgheitsmoment der Querschnittsfläche.

Aus dieser Beziehung folgt, daß eine Vergrößerung des kleinsten äquatorialen Flächenträgheitsmomentes $I_{\ddot{a}q,min}$ eines druckkraftbeanspruchten Querschnitts in gleichem Maße eine Erhöhung der zulässigen Knickkraft mit sich bringt. Es gilt

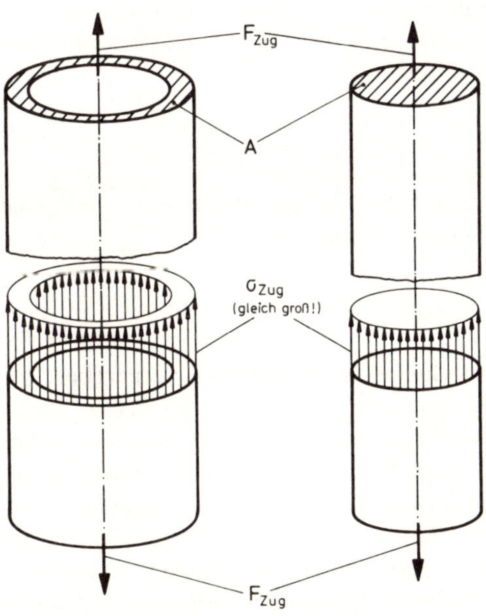

Bild 4.12. Reine Zugbeanspruchung

also:

$$\frac{I_1}{I_{\square}} = \frac{F_{K1}}{F_{K\square}} \tag{4.2}$$

mit

$I_1 = I_{äq,min}$ des untersuchten Querschnitts;
$I_{\square} = I_{äq}$ der Bezugsfläche Quadrat.

Für die Gültigkeit dieser Beziehung dürfen andere Parameter, wie z.B. die Knicklänge oder die Art der Einspannung, nicht geändert werden!

Daraus läßt sich nun eine erste Gestaltungsregel für druckkraftbeanspruchte Querschnitte formulieren: Das Optimierungsziel einer möglichst hohen Knickkraft F_K bei möglichst geringem Materialaufwand erfordert eine Querschnittsform mit möglichst hohem minimalem äquatorialem Flächenträgheitsmoment.

Die untersuchten Querschnittsformen weisen somit gemäß ihrer äquatorialen Flächenträgheitsmomente eine unterschiedliche Eignung bezüglich ihrer Knickeigenschaften auf. Ein Maß für die Tragfähigkeit ist dabei das kleinste äquatoriale Flächenträgheitsmoment $I_{äq,min}$. Bei konstant gehaltener Querschnittsfläche A hat diese Größe ihr Maximum bei einem dünnwandigen Vierkantrohr. Dieser Wert wird als $I_{äq,opt}$ bezeichnet. Das Verhältnis des jeweiligen kleinsten Trägheitsmomentes eines Querschnittes zu diesem Wert $I_{äq,opt}$ wird in Bild 4.13 gezeigt.

Die oben formulierte erste Gestaltungsregel reicht allein noch nicht aus, um eine endgültige Rangfolge der Eignung verschiedener Profilformen zu erstellen. Ein knickgefährdetes Bauteil knickt immer senkrecht zur Achse des kleinsten äquatorialen Flächenträgheitsmomentes aus. Es hat also gemäß Bild 4.14 in der zur Ausknickrichtung senkrechten Richtung nicht ausnutzbare – folglich unnötige! – Tragfähigkeitsreserven. Die Höhe dieser Reserven kann durch einen Überhöhungsfaktor ü ausgedrückt werden, der in folgender Weise definiert ist:

$$ü = \frac{I_{äq,max}}{I_{äq,min}} \tag{4.3}$$

Auch der Reziprokwert dieser Größe – der Ausgeglichenheitsfaktor a – stellt eine aussagekräftige Kennzahl dar. Für ihn gilt die Beziehung:

$$a = \frac{1}{ü} = \frac{I_{äq,min}}{I_{äq,max}} \tag{4.4}$$

Eine obere Grenze für a ist durch ausgeglichene Bauteilformen vorgegeben, bei denen $I_{äq,max} = I_{äq,min}$ gilt; daher ist $a_{max} = 1$. Dies bedeutet gleichzeitig keine unnötige Überhöhung. Im Sinne der Definition nach Gleichung (4.3) wird dabei der Überhöhungsfaktor $ü = 1$. Dieser Idealfall der ausgeglichenen Bauteilquerschnittsform ist somit beim Konstruieren druckkraftbeanspruchter Bauteile anzustreben. Die bei den verschiedenen Querschnittsformen vorliegenden Werte für den Ausgeglichenheitsfaktor a und den Überhöhungsfaktor ü sind in Bild 4.15 zusammengestellt. Insgesamt erscheinen die fünf Querschnittsformen mit $a = 1$ geeignet für druckkraftbeanspruchte, knickgefährdete Bauteile.

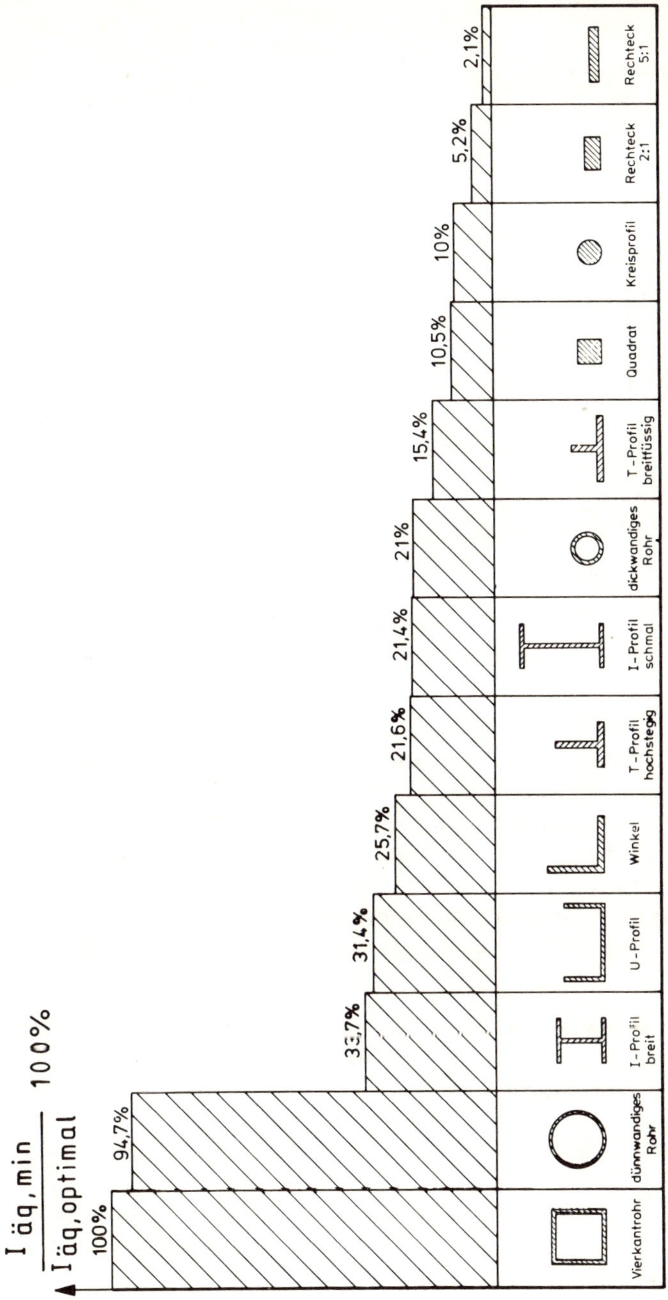

Bild 4.13. Relative Flächenträgheitsmomente gegen Biegung („relative Biegesteife") für unterschiedliche Querschnittsformen mit gleicher Fläche

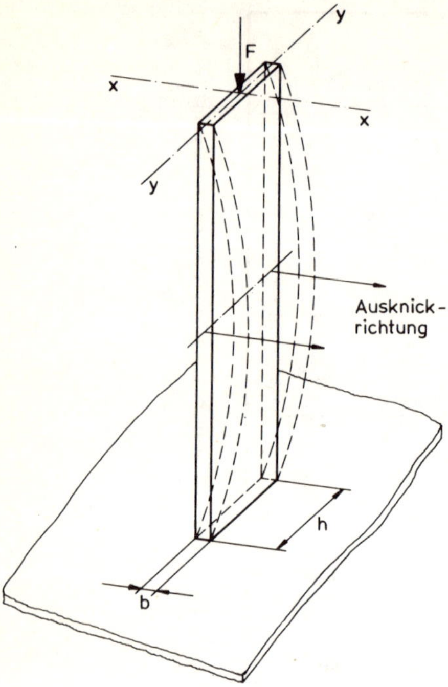

Bild 4.14. Knickrichtung eines druckbeanspruchten schlanken Bauteils

Um nun innerhalb dieser Gruppe von grundsätzlich geeigneten Querschnittsformen nochmals genauer differenzieren zu können, wird in Bild 4.16 das bei jeweils gleicher Querschnittsfläche A erreichte äquatoriale Flächenträgheitsmoment $I_{äq}$ auf den Wert beim dünnwandigen Vierkantrohr normiert. Es zeigt sich ein signifikantes Ergebnis: Die dünnwandigen Hohlquerschnitte weisen gegenüber den dickwandigen oder gar massiven Querschnittsformen eine deutliche Überlegenheit auf. Damit kann zusammenfassend folgende Gestaltungsregel formuliert werden:

Regel 1
Druckbeanspruchte, knickgefährdete Bauteile sind möglichst als dünnwandige symmetrische Hohlquerschnitte (rund oder quadratisch) auszuführen und nicht über die Beulgrenze zu beanspruchen!

Biegebeanspruchung

Bei der Formulierung von Beurteilungskriterien zur Untersuchung der Eignung einer Querschnittsform für die Aufnahme einer Biegebeanspruchung muß zunächst der Begriff „Biegung" mechanisch exakter gefaßt werden:

Zu unterscheiden sind zunächst, nach der Art der Belastung, die reine Biegung und die Querkraftbiegung. Während ein Bauteil im ersten Fall einzig und allein durch ein Biegemoment beansprucht wird, treten im anderen Fall der Querkraft-

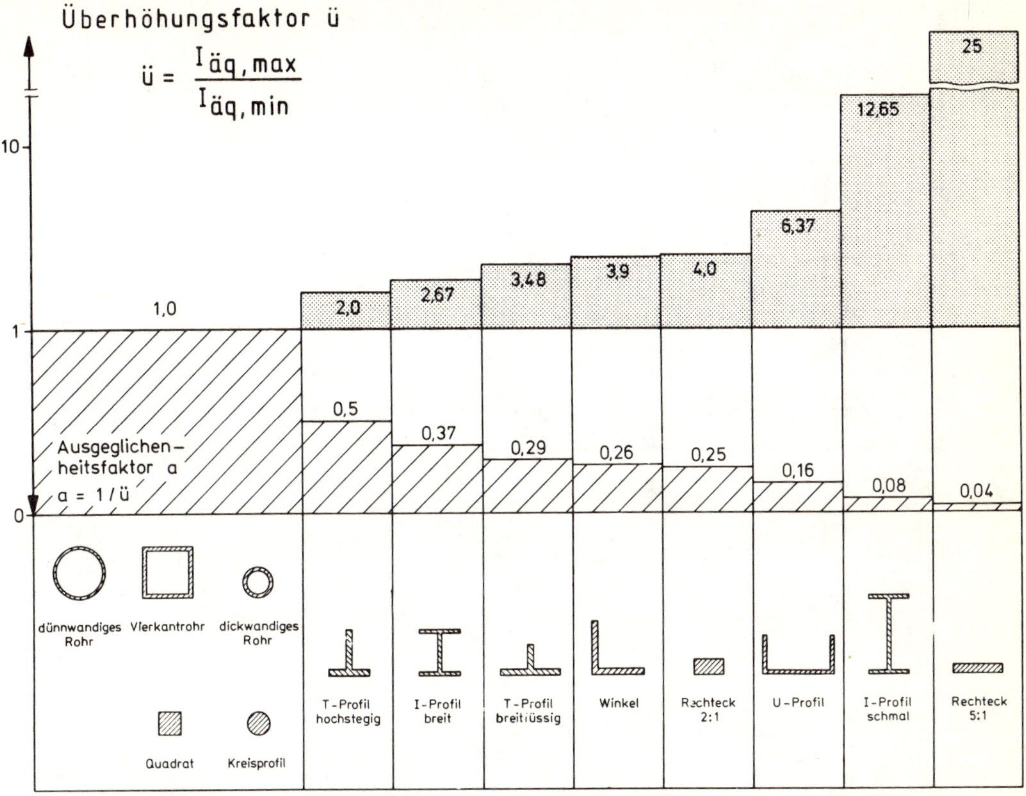

Bild 4.15. Ausgeglichenheitsfaktoren (a) und Überhöhungsfaktoren (ü) für unterschiedliche Querschnittsformen gleicher Fläche

biegung noch Querkräfte auf. Diese rufen im Bauteil Schubspannungen hervor, die aber bei langen und schlanken Trägern im Vergleich zu den Biegespannungen klein sind und daher vernachlässigt werden dürfen. Die im folgenden dargelegten Berechnungsverfahren berücksichtigen derartige Schubkomponenten nicht. Es wird somit auch nicht mehr zwischen reiner Biegung und Querkraftbiegung unterschieden.

Ein zweiter wichtiger Gesichtspunkt bei der Behandlung von Biegefällen darf dagegen nicht unberücksichtigt bleiben. Es ist der der schiefen Biegung. Fällt nämlich eine der Hauptachsenrichtungen des Querschnittes nicht mit der Lastebene zusammen, dann liegt keine gerade, sondern schiefe Biegung vor (Bild 4.17) [27, 35].

Die Spannungsberechnung eines biegebeanspruchten Trägers verknüpft das belastende Biegemoment M_b und kennzeichnende geometrische Größen des Bauteils (Bild 4.18). Die Biegespannung $\sigma_b(y)$ an einer beliebigen Stelle y innerhalb des gefährdeten Querschnitts (durch max. Biegemoment beanspruchter Querschnitt!)

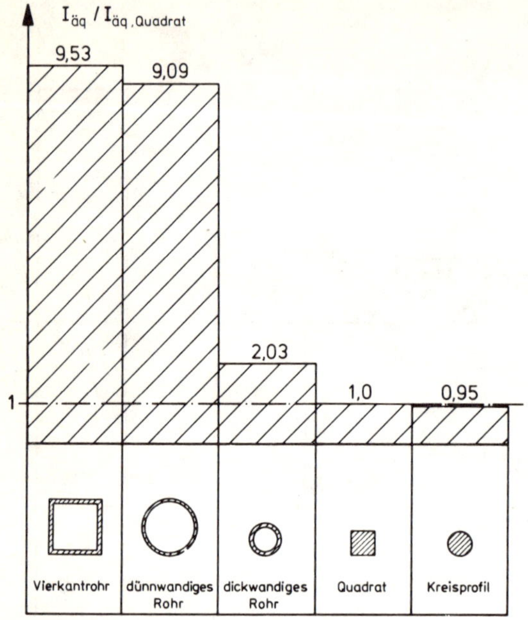

Bild 4.16. Optimale Querschnittsform knickgefährdeter Bauteile

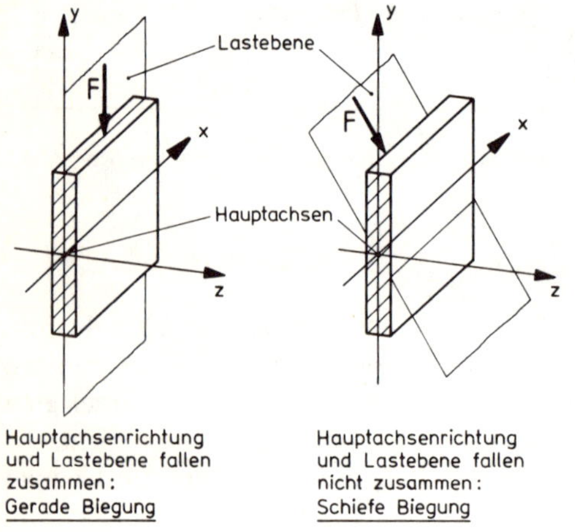

Bild 4.17. Gerade und schiefe Biegung

lautet [27, 35]:

$$\sigma_b(y) = \frac{M_{b\,max}}{\frac{I_{äq,x}}{y}} = \frac{M_{b\,max} \cdot y}{I_{äq,x}} \tag{4.5}$$

Dabei ist $I_{äq,x}$ das äquatoriale Flächenträgheitsmoment bezüglich der x-Achse (Bild 4.18). Von besonderem praktischem Interesse ist bei Festigkeitsberechnungen

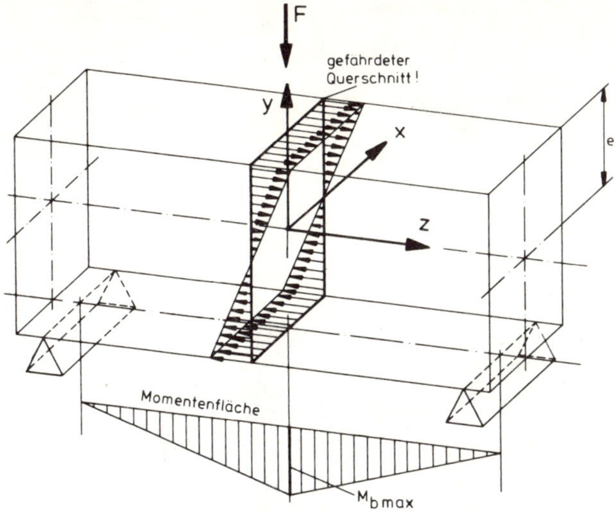

Bild 4.18. Spannungsverteilung im Biegebalken

der Maximalwert dieser Biegespannungen in den Randfasern an den Stellen $|y_{max}| = e$ [27, 35],

$$\sigma_{b\,max} = \frac{M_{b\,max}}{I_{\ddot{a}q,x}} \cdot e = \frac{M_{b\,max}}{W_{\ddot{a}q,x}} \tag{4.6}$$

mit e = maximaler Randfaserabstand (von der neutralen Faser);

$W_{\ddot{a}q,x} = \frac{I_{\ddot{a}q,x}}{e}$ = äquatoriales Widerstandsmoment bezüglich der x-Achse (Bild 4.18).

Dieses äquatoriale Widerstandsmoment stellt somit eine geeignete Größe zur Beurteilung des Formeinflusses auf die Biegebeanspruchung dar. Dabei spielt die Einbaulage des Bauteils eine wichtige Rolle.

Im Gegensatz zu den druckkraftbeanspruchten, knickgefährdeten Bauteilen lassen sich bei Biegebeanspruchung die Maximalwerte der Biegesteife (hier charakterisiert durch das maximale äquatoriale Widerstandsmoment $W_{\ddot{a}q,max}$) auch tatsächlich ausnutzen, wenn durch den Einbau des Bauteils die richtige Lage der Biegeachse relativ zur Lastrichtung gewährleistet ist.

Bild 4.19 stellt die Eignung verschiedener Profilquerschnitte gleicher Fläche für die Biegebeanspruchung dar. Dabei zeigt sich das schmale hochstegige I-Profil als bestgeeignet. Sein Wert für das äquatoriale Widerstandsmoment soll daher als $W_{\ddot{a}q,opt}$ bezeichnet und zur Normierung herangezogen werden.

Es zeigen sich deutlich zwei charakteristische Klassen von Querschnittsformen. Sehr gut geeignet sind alle Querschnittsformen, bei denen viel Material weit entfernt

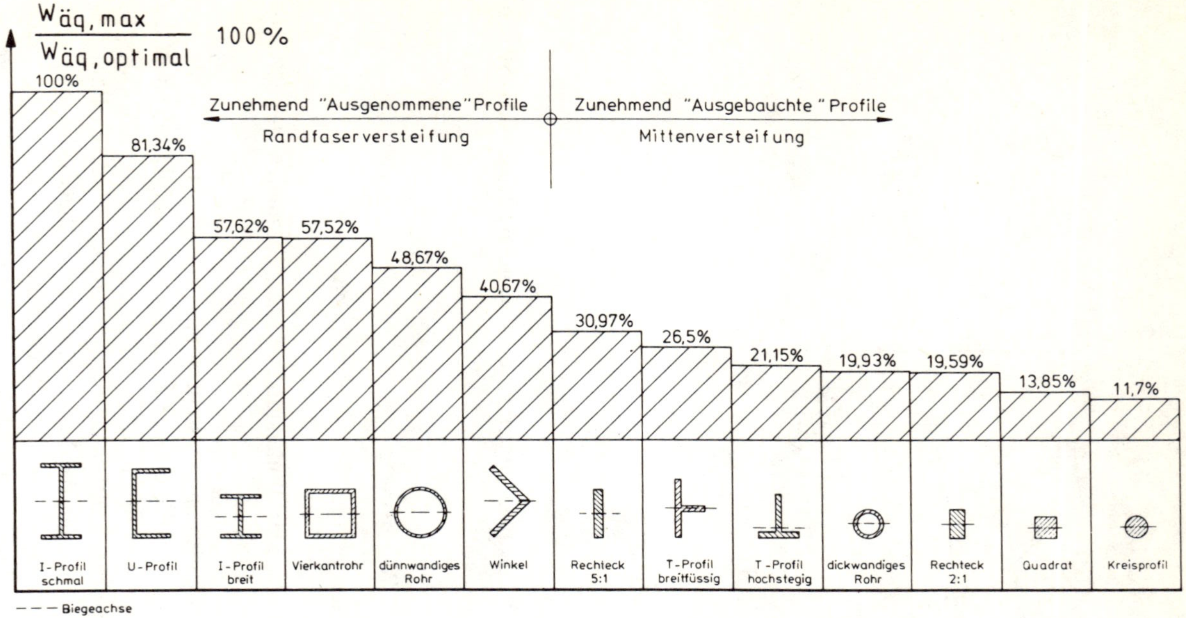

Bild 4.19. Relative Widerstandsmomente gegen Biegung („relative Biegesteife“!) für unterschiedliche Querschnittsformen mit gleicher Fläche

von der Biegeachse angeordnet ist; diese können anschaulich als randfaserversteifte („ausgenommene") Querschnittsformen bezeichnet werden (Bild 4.20). Auch dünnwandige Rohre (Bild 4.19) lassen sich als randfaserversteift bezeichnen, wie man durch Darstellung eines Ersatzquerschnittes für die Biegung veranschaulichen kann (Bild 4.21).

Diese „Ersatzquerschnitte" verhalten sich bei Biegebeanspruchung genau gleich wie die ursprünglichen Querschnitte. Für dünnwandige Hohlprofile sind die Ersatzquerschnitte immer ihrer Natur nach randfaserversteift.

Die zweite charakteristische Klasse von Querschnittsformen in Bild 4.19 sind die Formen, bei denen im Bereich der Biegeachse viel Material angeordnet ist, und die in den weiter von der Achse entfernten Zonen nur noch wenig Material aufweisen. Man kann derartige Formen im Gegensatz zu den randfaserversteiften („ausgenommenen") Querschnitten als mittenversteift („ausgebaucht") bezeichnen (Bild 4.22).

Das Ergebnis der Betrachtungen läßt sich in folgender Gestaltungsregel zusammenfassen:

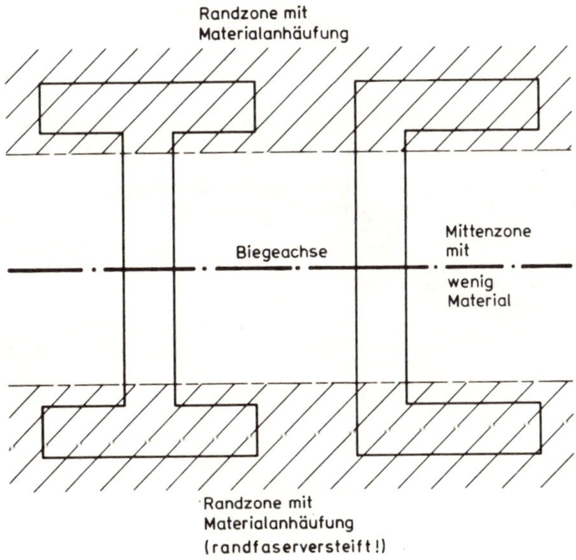

Bild 4.20. Randfaserversteifte („ausgenommene"!) Querschnittsformen

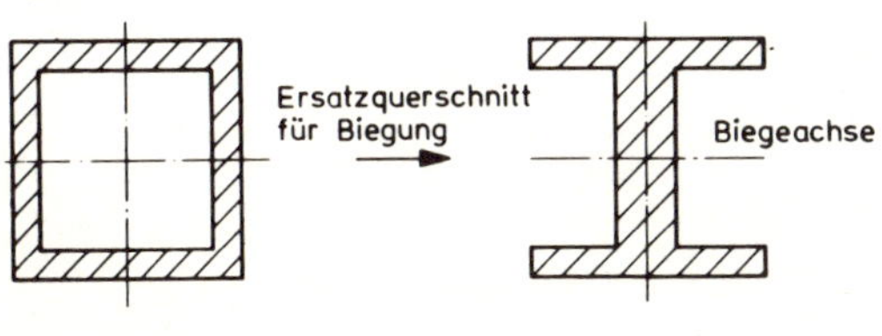

Bild 4.21. Ersatzquerschnitt

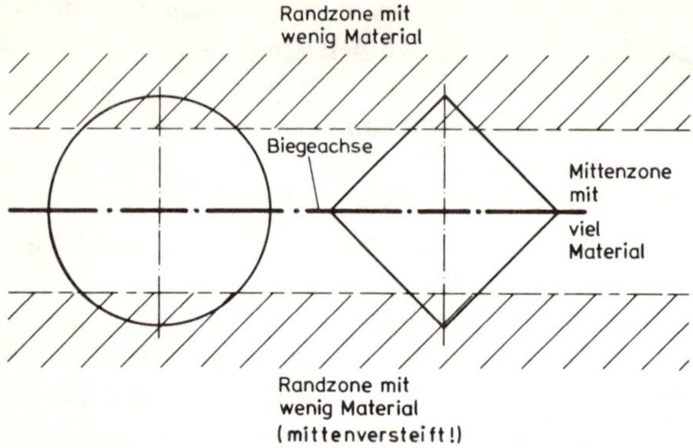

Bild 4.22. Mittenversteifte („ausgebauchte"!) Querschnittsformen

Regel 2
Biegebeanspruchte Bauteile (reine Biegung!) sind nach Möglichkeit als randfaserversteifte Querschnittsformen auszuführen, d.h., die Querschnitte sollen im Bereich der neutralen Faser wenig und in den davon weiter entfernten Bereichen viel Material enthalten!

Schubbeanspruchung

Ist die Länge eines Bauteils klein gegenüber seinen Querschnittsabmessungen, so tritt neben der reinen Biegung Schubbeanspruchung auf (z.B. bei kurzen Wellenzapfen). Berücksichtigt man den tatsächlichen Verlauf der Schubspannungen über dem Querschnitt des Bauteils, so muß die Schubspannung $\tau_a(y)$ an einer beliebigen Stelle y des Querschnitts von der Schwerachse aus gezählt in folgender Weise berechnet werden (Bild 4.23) [27, 35]:

$$\tau_a(y) = \frac{F_Q \cdot S_x(y)}{I_{\ddot{a}q,x} \cdot b(y)} \tag{4.7}$$

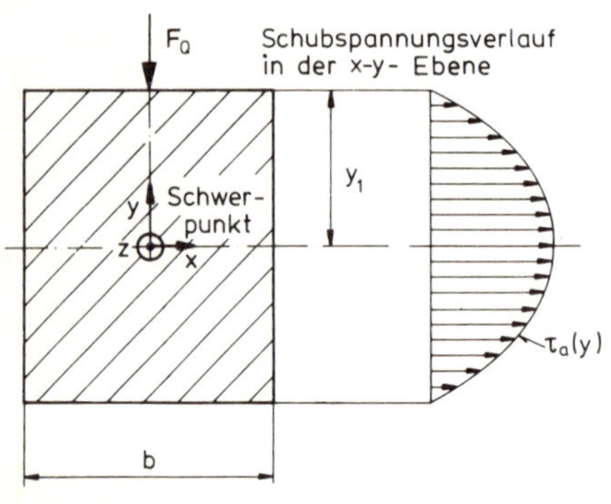

Bild 4.23. Schubbeanspruchung

Dabei sind:

F_Q = Querkraft;
$I_{äq,x}$ = äquatoriales Flächenträgheitsmoment bezogen auf die x-Achse;
$b(y)$ = Breite des Querschnitts (in Abhängigkeit von der Koordinate y);
$S_x(y) = \int_y^{y_1} b(y) \cdot y \cdot dy$ = statisches Moment der auf die x-Achse bezogenen Teilfläche.

Soll die Verdrehung eines aus mehreren Profilen bestehenden Bauteils vermieden werden, so muß die Lastebene die Verbindungsgerade aller Schubmittelpunkte enthalten. Bei doppeltsymmetrischen Querschnitten fallen Schubmittelpunkt und Schwerpunkt zusammen, bei nichtsymmetrischen Querschnittsformen ist dies im allgemeinen nicht der Fall. Es verbleibt also ein Restmoment, welches das Bauteil tordiert und einen dem Querkraftschub zu überlagernden zusätzlichen Schubfluß erzeugt. Eine Querkraft durch den Schwerpunkt ist dann durch eine gleichgroße Querkraft durch den Schubmittelpunkt und ein Drehmoment zu ersetzen, oder es ist dafür zu sorgen, daß die Wirkungslinie der äußeren Kraft durch den Schubmittelpunkt geht. Da sich im Gegensatz zu den schon dargestellten Beanspruchungsarten Biegung und Druckkraft bei der Schubbeanspruchung keine unmittelbar anschauliche geometrische Größe eines Querschnitts zur Beurteilung der Eignung verschiedener Querschnittsformen anbietet, soll die Herleitung einer Gestaltungsregel mit Hilfe folgender Modellüberlegung durchgeführt werden:

Die Schubspannungsverteilung über den rechteckförmigen Querschnitt in Bild 4.23 ist parabolisch. Im Bereich der Schwerachse treten die maximalen Schubspannungen auf, und in den Randzonen fallen diese auf Null ab. Daraus folgt unmittelbar, daß es sinnvoll ist, viel Material in die Zonen hoher Spannungen zu bringen, d.h. im Bereich der Schwerpunktsachse anzuhäufen. Diese für

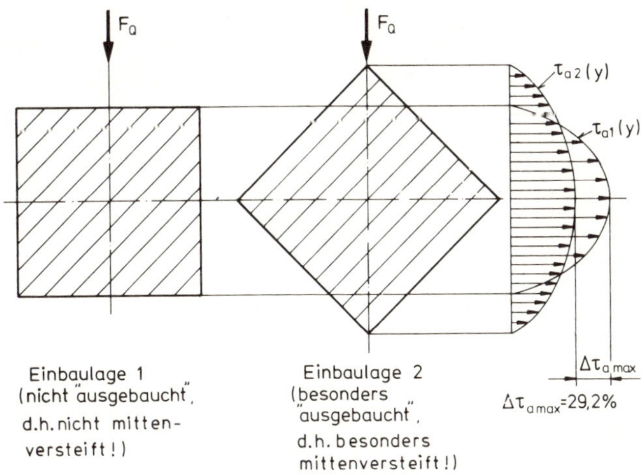

Bild 4.24. Verbesserung der Schubeigenschaften durch Änderung der Einbaulage

schubbeanspruchte Bauteile optimale Querschnittsform kann als mittenversteift bezeichnet werden. Diese Eigenschaft einer Querschnittsform hängt gemäß Bild 4.24 auch von der jeweiligen Einbaulage des Bauteils ab. Die Gestaltungsregel für schubbeanspruchte Bauteile lautet somit:

Regel 3
Schubbeanspruchte Bauteile sollen nach Möglichkeit mittenversteift gestaltet werden, d.h., in der Mittenzone um die Schwerachse soll möglichst viel Material angehäuft werden!

Torsionsbeanspruchung

Wird ein Bauteil durch ein Torsionsmoment T beansprucht, so liegt eine lineare Verteilung der Torsionsspannungen über dem Querschnitt vor, die sich in folgender Weise berechnen läßt [8, 27, 35]:

$$\tau_t(y) = \frac{T}{I_t} \cdot y \tag{4.8}$$

Dabei sind:

$\tau_t(y)$ = Torsionsspannung an der Stelle y;
T = Torsionsmoment;
y = Höhenkoordinate (Bild 4.25);
I_t = Torsionsträgheitsmoment (beim kreisförmigen Querschnitt gilt $I_t = I_{pol}$ = polares Flächenträgheitsmoment).

Im allgemeinen interessiert nur der in den Randfasern auftretende Maximalwert der Torsionsspannungen. Daher ist es üblich, die geometrischen Größen Torsionsträgheitsmoment I_t und maximaler Randfaserabstand y_r zusammenzufassen zum Widerstandsmoment W_t gegen Torsion [8, 27, 35]:

$$W_t = \frac{I_t}{y_r} \tag{4.9}$$

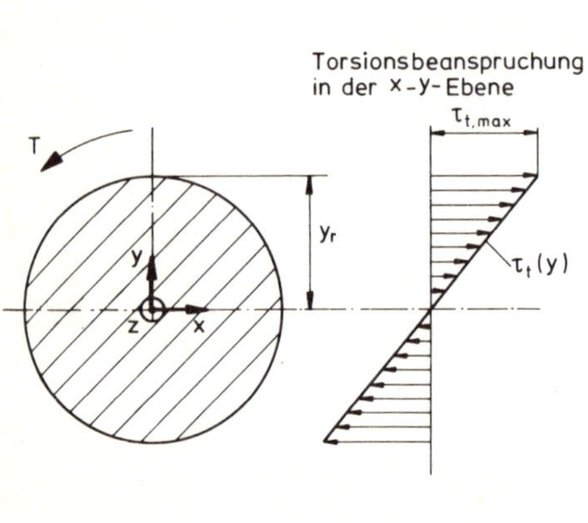

Bild 4.25. Torsionsbeanspruchung

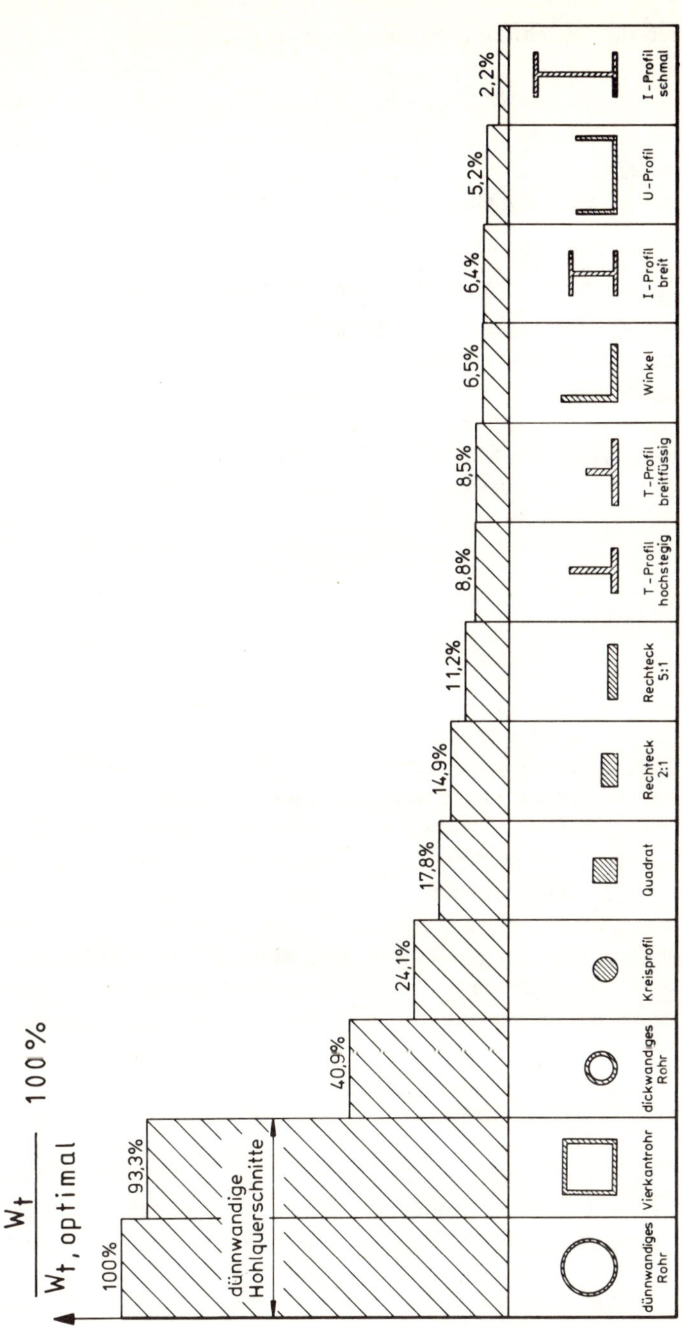

Bild 4.26. Relative Widerstandsmomente gegen Torsion („relative Torsionssteife") für unterschiedliche Querschnittsformen mit gleicher Fläche

Damit vereinfacht sich die Gleichung (4.8) mit $|y| = y_r$ zu

$$\tau_{t\,max} = \frac{T}{W_t} \tag{4.10}$$

Mit dem Torsionswiderstandsmoment ist ein eindeutiges Maß gegeben zur Beurteilung der Eignung der verschiedenen Querschnittsformen für die Torsionsbeanspruchung.

Die Torsionswiderstandsmomente W_t verschiedener Querschnittsformen gleicher Fläche normiert auf den als $W_{t,optimal}$ bezeichneten Maximalwert des Torsionswiderstandsmomentes beim dünnwandigen kreisrunden Rohr sind in Bild 4.26 zusammengestellt. Die Abbildung bestätigt die Überlegenheit hohler und dünnwandiger Profile, die allein schon aus der Darstellung des Spannungsverlaufes in Bild 4.25 plausibel erscheint. Dünnwandige hohle Profile besitzen nämlich im Bereich hoher Spannungen (also am Rand!) die gewünschte Materialkonzentration. Zusammenfassend läßt sich für torsionsbeanspruchte Bauteile folgende Gestaltungsregel formulieren:

Regel 4
Auf Torsion beanspruchte Bauteile sollten nach Möglichkeit als dünnwandige Hohlquerschnitte ausgeführt werden!

4.4.4 Zusammenfassung der Ergebnisse

Eine Zusammenstellung der entwickelten Gestaltungsregeln ist in Bild 4.27 dargestellt. Druck- und torsionsbeanspruchte Bauteile sind möglichst symmetrisch, dünnwandig und hohl auszuführen. Biegebeanspruchte Bauteile sollen in ihrer Querschnittsform möglichst randfaserversteift („ausgenommen"!) und schubbeanspruchte Bauteile möglichst mittenversteift („ausgebaucht"!) ausgewählt werden.

Interessant ist ferner, daß biegebeanspruchte und schubbeanspruchte Bauteile bezüglich ihrer Dimensionierung sich ausschließende Querschnittsformen hinsichtlich einer optimalen Auslegung erfordern, d.h., die Querschnittsform, die bei reiner Biegung optimal ist, ist bei Schubbeanspruchung extrem ungünstig und umgekehrt.

4.5 Fertigungsgerechte Gestaltung

Bei der fertigungsgerechten Gestaltung von Bauteilen werden vornehmlich die für den ausgewählten Werkstoff in Frage kommenden Bearbeitungsverfahren berücksichtigt, weil sie einen wesentlichen Einfluß auf die wirtschaftliche Fertigung haben.

Eine optimale fertigungsgerechte Gestaltung darf immer nur relativ zur Fertigungsstückzahl, zu den Fertigungsmöglichkeiten des jeweiligen Betriebes und zur Auslastung der Fertigungseinrichtungen gesehen werden. Letztere sollten vom Konstrukteur aber nur in zweiter Linie berücksichtigt werden, weil sonst die Gefahr einer Vernachlässigung der Arbeitsproduktivität und damit der Wirtschaftlichkeit eines Produktes besteht.

	Druck	Biegung	Schub	Torsion
Optimale Querschnittsform	dünnwandiges Rohr	I-Profil	Kreisprofil	dünnwandiges Rohr
Schlechteste Querschnittsform	Rechteck-profil	Kreisprofil	I-Profil	I-Profil
Gestaltungsregel	Querschnitt möglichst 1. symmetrisch 2. dünnwandig 3. hohl	Querschnitt möglichst randfaser-versteift, d.h. „ausgenommen"	Querschnitt möglichst mitten-versteift, d.h. „ausgebaucht"	Querschnitt möglichst 1. symmetrisch 2. dünnwandig 3. hohl

Bild 4.27. Gestaltungsregeln bei unterschiedlichen Beanspruchungen

4.5.1 Fertigungsverfahren

Sie umfassen nach DIN 8580 die folgenden sechs Hauptgruppen zur Herstellung geometrisch bestimmter fester Gegenstände oder Werkstücke [53]:

1. *Urformen*
   Es ist das Fertigen eines festen Körpers aus formlosem Stoff durch Schaffen des Zusammenhalts (z.B. Gießen, Sintern!). Hierbei treten die Stoffeigenschaften des Werkstückes bestimmbar in Erscheinung.
2. *Umformen*
   Es ist das Fertigen durch bildsames (plastisches) Ändern der Form eines festen Körpers, wobei sowohl die Masse als auch der Zusammenhalt beibehalten werden (z.B. Schmieden, Ziehen, Stauchen, Biegen, Prägen, Fließpressen!).
3. *Trennen*
   Es ist das Fertigen durch Ändern der Form eines festen Körpers, wobei der Zusammenhalt örtlich aufgehoben, d.h. im ganzen vermindert wird. Dabei ist die Endform in der Ausgangsform enthalten; auch wird das Zerlegen zusammengesetzter Körper dazugerechnet (z.B. Drehen, Bohren, Fräsen, Schleifen, Abtragen, Abschrauben!).
4. *Fügen*
   Es ist das Zusammenbringen von zwei oder mehr Werkstücken geometrisch bestimmter fester Form oder Werkstücken allgemein mit formlosem Stoff, wobei der Zusammenhalt örtlich geschaffen und im ganzen vermehrt wird (z.B. Kleben, Löten, Schweißen!).

5. *Beschichten*
   Es ist das Aufbringen einer fest haftenden Schicht aus formlosem Stoff auf ein Werkstück (z.B. Anstreichen, Lackieren, Phosphatieren, Hartverchromen, Galvanisieren!). Das Aufbringen von Folien, Papieren und Filmen gehört nicht zum Beschichten, sondern zum Fügen, weil diese genannten Stoffe fertigungstechnisch als „Werkstücke“ gelten.
6. *Stoffeigenschaftändern*
   Es ist das Fertigen eines festen Körpers durch Umlagern, Aussondern oder Einbringen von Stoffteilchen, wobei eine etwaige unwillkürliche Formänderung nicht zum Wesen dieser Fertigungsverfahren gehört (z.B. Anlassen, Härten, Magnetisieren, Nitrieren!).

4.5.2 Herstellungskosten

Bei der Konstruktion von Maschinen- und Konstruktionselementen oder technischen Systemen müssen die Stückzahl (Einzel- und Massenfertigung!), der Werkstoff, die Geometrie oder die Gestalt und die Montierbarkeit (fügegerechte Konstruktion!) der einzelnen Bauteile berücksichtigt werden [2, 3, 11, 14, 15, 28, 32, 33, 34, 38, 50]. Die Herstellungskosten unterteilt man in die Werkstoffkosten und die Fertigungskosten. Die *Werkstoffkosten* werden von der Masse eines Bauteils, den funktionalen Anforderungen (z.B. Festigkeits- und Steifigkeitsgerechtigkeit!), der Ausnutzung des Werkstoffes und den Herstellungsverfahren für das Bauteil bestimmt. Die *Fertigungskosten* sind abhängig von der Stückzahl, dem Grad der Mechanisierung bzw. Automatisierung des Produktionsprozesses und der Möglichkeit der zentralen Fertigung.

Die zu produzierende Stückzahl beeinflußt vor allem die Wahl des Werkstoffes und die Formgestaltung der einzelnen Bauteile. Sind nur kleine Stückzahlen herzustellen, so werden vornehmlich Halbzeuge oder Normprofile als Ausgangsprodukte verwendet, die mit Hilfe von Schweißverfahren und/oder spanabhebenden Fertigungsverfahren bearbeitet werden. Auch das Biegen und das Abkanten mit einfachen, universell einsetzbaren Werkzeugen sind bevorzugte Bearbeitungsverfahren. Auf diese Weise können teure Modelle für Sand- oder Kokillenguß bzw. auch für Druckguß, teure und komplizierte Präge-, Stanz-, Zieh-, und Schnittwerkzeuge oder teure Schmiedegesenke vermieden werden. Bei größeren Stückzahlen oder gar einer Massenproduktion werden Fertigungsverfahren vorgezogen, bei denen möglichst wenig Arbeitsgänge benötigt und eine spanabhebende Formung und Bearbeitung der einzelnen Bauteile weitgehend vermieden werden. Wenige Arbeitsgänge bedeuten kurze Rüst- und Fertigungszeiten, die größtenteils, wenn man von einer Vollmechanisierung absieht, als manuell aufzubringende Zeiten anfallen und dadurch lohnintensiv die Kosten eines Produktes beeinflussen. Der Einsatz nichtspanabhebender Fertigungsverfahren bewirkt eine Verkleinerung der Werkstoffverluste sowie eine Einsparen von Fertigungszeiten und ist damit eine sehr gute Möglichkeit zur Senkung der Produktionskosten. Es wäre z.B. sehr unwirtschaftlich, größere Kopfschrauben mit großen Schaftlängen aus vollem

Stangenmaterial durch Drehen zu fertigen. Hier ist die spanlose Kalt- oder Warmstauchung des Kopfes auch bei kleinen Stückzahlen sehr viel werkstoffsparender und wirtschaftlicher.

Hinsichtlich der Montierbarkeit oder fügegerechten Gestaltung einer Konstruktion ist zu überlegen, ob ein Bauteil aus einem Stück hergestellt oder aus mehreren Teilen zusammengesetzt werden kann [32]. Diese Problematik der Einteil- und der Mehrteilgestaltung ist ihrerseits wieder eng mit der Auswahl des Werkstoffes und der Fertigung der Teile verknüpft. Eine Mehrteilgestaltung bietet sehr oft die Möglichkeit der Kostensenkung durch Verwendung ähnlicher oder gleichartig zu fertigender Teile und durch Auflösung der Erzeugnisse in getrennt montierbare und somit auch getrennt prüfbare Baugruppen oder Teilsysteme. Dadurch besteht die Möglichkeit der Mechanisierung und Automatisierung der Montage, der frühzeitigen Erkennung von Fehlern durch Überprüfen der Baugruppen und Verkürzen der Fertigungsdurchlaufzeiten. Sind z.B. Teile zu montieren, die mit einem sehr kleinen Spiel ineinandergreifen und deren Montagestelle nur schwer zugänglich ist, so ist darauf zu achten, daß durch einen kostengünstigen zusätzlichen Fertigungsprozeß – z.B. durch Anfasen oder konisches Anarbeiten der zylindrischen Geometrie des einzufügenden Teils – eine Selbstzentrierung der zu fügenden Teile und damit eine billigere und einfachere Montierbarkeit gewährleistet wird.

4.5.3 Spanabhebend bearbeitete Konstruktionen

Zur richtigen Formgebung von Bauteilen durch spanabhebende Bearbeitung ist eine gute Kenntnis der Fertigungstechnik, der Werkzeugmaschinen, der Vorrichtungen und der Werkstoffeigenschaften erforderlich. Bei der Gestaltung eines Bauteils ist darauf zu achten, daß möglichst wenig Zerspanungsarbeit erforderlich ist, normale Werkzeuge und einfache Spannwerkzeuge oder -vorrichtungen verwendet werden können und das Umspannen des Werkstückes vermieden oder eingeschränkt wird [2, 11, 30, 34]. Zerspanungsarbeit durch Drehen, Fräsen, Hobeln, Bohren, Räumen und Schleifen läßt sich in hohem Maße einsparen, wenn gezogene oder stranggepreßte Halbzeuge vorgesehen werden. Normale Werkzeuge sind Wendel- und Gewindebohrer, Senker, Reibahlen, Finger-, Scheiben-, Walzen- und Form- oder Profilfräser sowie einfach geformte Drehmeißel. Einfache Spannwerkzeuge und -vorrichtungen sind Schraubstock, Bohrtisch, Bohrfutter, Aufnahmekegel, Frästisch, Spannpatrone, Spannfutter, Backenfutter und Planscheibe.

Für die Fertigung eines Bauteils sollen keine engeren Toleranzen und keine besseren Oberflächengüten oder keine kleineren Oberflächenrauheiten vorgeschrieben werden, als unbedingt für die Funktionstüchtigkeit erforderlich sind. Die Auswahl der Werkstoffe ist so zu treffen, daß die spanende Bearbeitung des Bauteils gut und einfach möglich ist und das gefertigte Bauteil seine Funktion einwandfrei erfüllen kann. Bei großen Stückzahlen ist ferner darauf zu achten, daß die Gestaltung der Bauteile so vorgenommen wird, daß halbautomatische oder automatische Fertigungsverfahren (z.B. durch Einsatz von Bohr- und Drehautomaten) eingesetzt werden können.

4.5.3.1 Drehteile

Rotationssymmetrische Körper (z.B. Wellen, Bolzen, Kegel, Kugeln) lassen sich durch Drehen auf Drehmaschinen, Revolverdrehmaschinen, Drehautomaten, Drehmaschinen mit Kopiereinrichtungen, numerisch gesteuerten Drehmaschinen und Karusselldrehmaschinen einfach und mit sehr guter Maßgenauigkeit herstellen. Als Ausgangsform wird vornehmlich gezogenes Halbzeug (Stangenprofil!) verwendet, wobei der Durchmesser des Halbzeugprofils dem größten Durchmesser des Werkstückes entspricht.

Dreharbeit kann eingespart werden, wenn folgende Grundsätze bei der fertigungsgerechten Gestaltung von Drehteilen beachtet werden [11, 30, 34]:

1. Verwenden von blank gezogenem Halbzeug und Vermeiden der Bearbeitung der Oberflächen;
2. Vermeiden des Absetzens oder Verkleinerns des Durchmessers;
3. Anstauchen eines Bundes oder Kopfes, falls eine axiale Anlagefläche erforderlich ist;
4. Einstechen einer Nut oder einer Rille und späteres Einlegen einer Sicherungsscheibe oder eines Sprengringes, falls eine axiale Anlagefläche erforderlich ist;
5. Vermeiden des Umspannens bei unterschiedlichen Drehflächen (z.B. innen und außen!) gleicher Mittigkeit;
6. Vermeiden doppelter Einpaßstellen (doppelte Zentrierungen sind unmöglich; nur eine paßt!);
7. Vermeiden einer balligen Kuppe als axiale Begrenzung eines zylindrischen Teiles und Bevorzugung einer Fase;
8. Vermeiden des Absetzens von Wellen und Zapfen bei verschiedenen Passungen durch Wahl des Passungssystems der Einheitswelle.

4.5.3.2 Frästeile

Fräsen wird zur Herstellung von ebenen Flächen, die auch abgesetzt und rund auslaufen können, angewendet. Zu fräsende Flächen können auf Waagrecht- und/oder Senkrechtfräsmaschinen hergestellt werden. Fräsmaschinen, die senkrecht und waagrecht fräsen können, nennt man Universalfräsmaschinen [30, 34].

Zum Spannen der Werkstücke sollten möglichst Maschinenschraubstöcke verwendet werden. Nur bei großen Stückzahlen sind Spezial-Spanneinrichtungen wirtschaftlich zu vertreten.

Bei der fertigungsgerechten Gestaltung von Frästeilen ist besonders darauf zu achten, daß Fräsverfahren und Fräserformen einen geometrischen und wirtschaftlichen (Fertigungszeit!) Einfluß haben. Bezüglich der Zerspanungsleistung besteht in wirtschaftlicher Hinsicht die Rangfolge Walzen-, Scheiben-, Form- und Fingerfräser. Nuten mit rundem Nutgrund, die von der Stirnseite her über den gesamten Querschnitt eines Werkstückes verlaufen (Bild 4.28), lassen sich nur mit Finger- und Formfräsern herstellen. Stirnseitige Rechtecknuten über den gesamten Querschnitt eines Werkstückes sind mit Scheibenfräsern zu fertigen (Bild 4.29), deren Achse parallel zur Arbeitsebene verschoben werden muß. Nuten mit runden Enden und

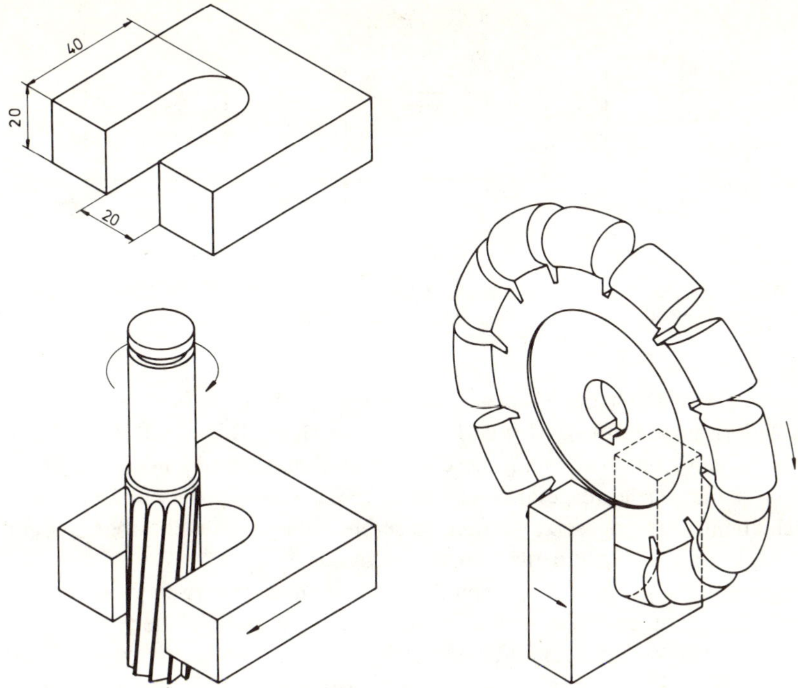

Bild 4.28. Fertigen einer stirnseitigen Nut mit rundem Nutgrund

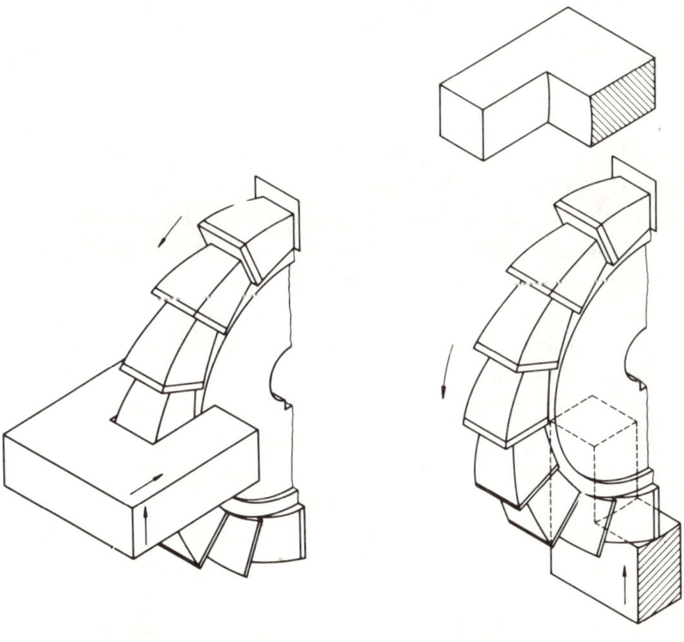

Bild 4.29. Fertigen einer stirnseitigen Rechtecknut

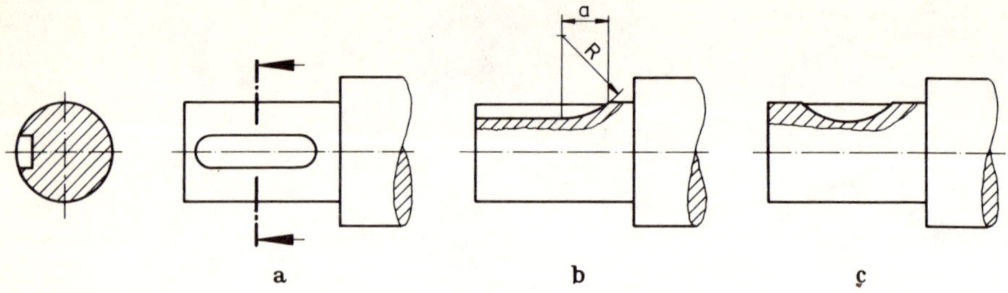

Bild 4.30a–c. Wellennuten **a** Nut für rundstirnige Paßfeder (DIN 6885); **b** Nut für geradstirnige Paßfeder (DIN 6885) oder Keile (DIN 6883, 6884, 6886 und 6887); **c** Nut für Scheibenfeder (DIN 6888)

nur über einen Teilbereich des Querschnittes eingebracht (z.B. Nuten für rundstirnige Paßfedern!), sind nur mit Fingerfräsern zu fertigen (Bild 4.30). Wirtschaftlicher ist das Fräsen einer Nut, wenn diese an ihrem Anfang und Ende nicht rund und nicht mit voller Tiefe ausgeführt sein muß (Bild 4.30). In diesem Fall kann dann ein Scheibenfräser eingesetzt werden; diese Nuten sind für nicht abgerundete Paßfedern, Keile und für Scheibenfedern ausreichend.

Sind abgestufte Fräsflächen zu fertigen, so ist bei deren geometrischer Festlegung zu überlegen, ob nicht ein Fräswerkzeug aus mehreren parallel liegenden und verspannten Scheiben- und/oder Walzenfräsern verwendet werden kann. Dies bedeutet im Regelfall dann auch das Anpassen der Breiten- und Tiefenabstufungen der Fräsflächen an die Breiten und Durchmesser der Fräser. Auf jeden Fall sollte in diesem Zusammenhang auch geprüft werden, ob Hobeln nicht vorteilhafter ist.

4.5.3.3 Bohrteile

Bohrungen lassen sich mit den Bohrwerkzeugen Wendelbohrer, Senker, Bohrmeißel, Drehmeißel, Reibahle, Honwerkzeug, Schleifscheibe und Gewindebohrer auf Tisch-, Säulen-, Auslegerbohrmaschinen, Bohrwerken, Drehmaschinen sowie Hon- und Schleifmaschinen einbringen und bearbeiten. Sie können aus dem Vollen gebohrt oder als vorgearbeitete oder vorgegossene Löcher nachbearbeitet werden. Ein Verbessern der Genauigkeit und Oberflächengüte einer Bohrung erfolgt durch Aufreiben mit Reibahlen, Schleifen mit Schleifscheiben oder Honen mit Honwerkzeugen. Grundsätzlich ist bei Bohrungen zu beachten, daß keine zu großen Genauigkeitsanforderungen an den Bohrungsdurchmesser und den Lochabstand gestellt werden dürfen, da sonst besondere Aufwendungen (Maschinen und Lehren!) erforderlich sind. Eine fertigungsgerechte Gestaltung von Bohrungen sollte vornehmlich folgende Prinzipien beachten [11, 30, 34]:

1. Bohrungs- und Gewindedurchmesser sind wegen der Bruchgefahr der Werkzeuge und damit wegen der hohen Fertigungskosten möglichst groß zu wählen ($d \geqq 6$ mm!);
2. Sacklöcher mit erhöhter Oberflächengenauigkeit oder mit Gewinde sind möglichst zu vermeiden;

3. Sacklöcher sollten möglichst mit einer Kegelfäche entsprechend dem Freiwinkel α (werkstoffabhängig!) des Bohrwerkzeuges abschließen (Bild 4.31);
4. Bei Sacklöchern mit einer senkrecht zur Bohrungsachse stehenden Abschlußfläche ist es günstig, mit einem kleineren Durchmesser vorzubohren und einen Hals- oder Zapfensenker zu verwenden (Bild 4.31);
5. Gewindedurchgangslöcher sind Gewindesacklöchern vorzuziehen;
6. Gewindesacklöcher sind wegen des Gewindeauslaufes am Gewindebohrer immer tiefer vorzubohren (Kernbohrung!) als die Gewindetiefe es vorschreibt;
7. Gewindebohrungen können nie zur Zentrierung von Teilen verwendet werden;
8. Anbringen von senkrecht zur Bohrungsachse liegenden Ansatzflächen für die Bohrer bei schräg zur Oberfläche verlaufenden Bohrungen (z.B. durch Ansenken, Anfräsen oder angegossene Augen gemäß Bild 4.32!); sonst Gefahr des Verlaufens und der einseitigen Beanspruchung des Bohrers;
9. Vermeiden der Überschneidung einer Bohrung mit einem Hohlraum oder mit einer anderen Bohrung; Gefahr des Verlaufens und der einseitigen Beanspruchung des Bohrers (Bild 4.33);
10. Vermeiden des Anbohrens zweier Teile aus Werkstoffen mit unterschiedlichem Zerspanungswiderstand; Gefahr des Verlaufens und der einseitigen Beanspruchung des Bohrers;

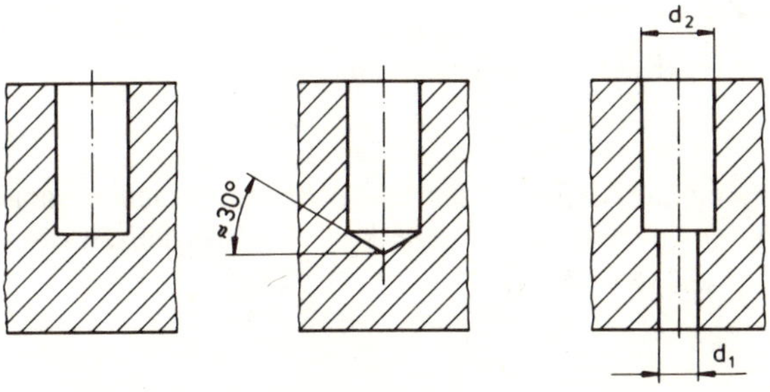

Bild 4.31. Gestaltung eines Bohrlochgrundes

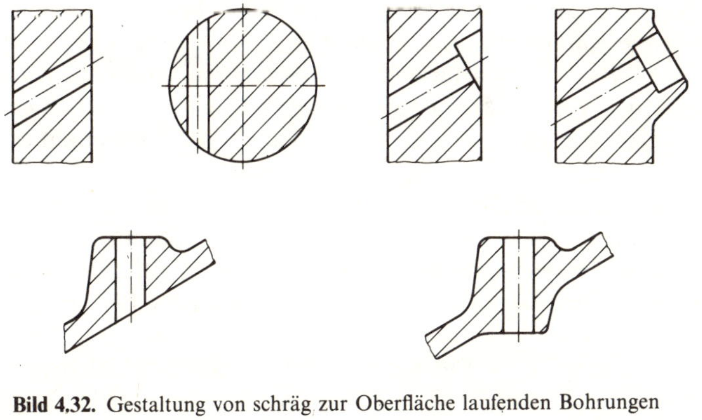

Bild 4.32. Gestaltung von schräg zur Oberfläche laufenden Bohrungen

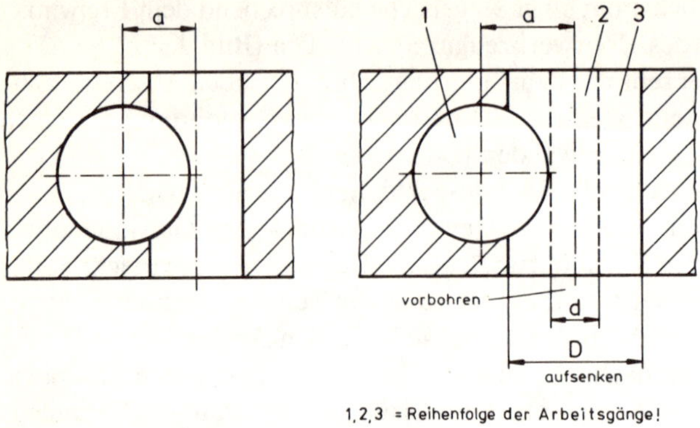

Bild 4.33. Überschneidung von Bohrungen

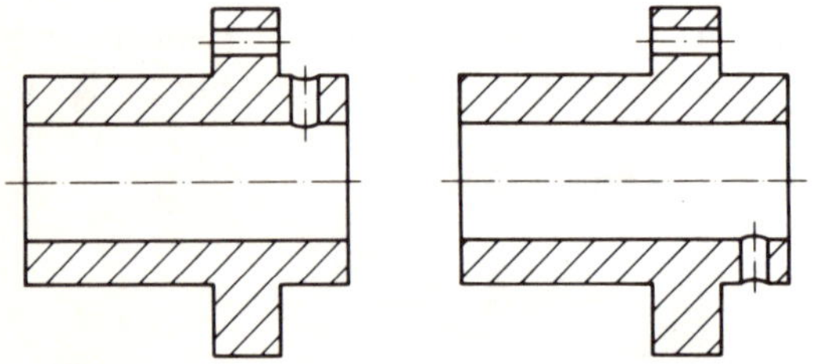

Bild 4.34. Dicht nebeneinander liegende Bohrungen

11. Vermeiden von zu dicht nebeneinander liegenden Bohrungen mit sich schneidenden Bohrungsachsen; keine Anwendungsmöglichkeit von Bohrlehren oder -vorrichtungen mit Bohrbuchsen (Bild 4.34).

4.5.3.4 Räumteile

Räumen kann nur bei großen Stückzahlen als wirtschaftlicher Fertigungsprozeß angesehen werden, weil die Räumwerkzeuge (Räumnadeln!) meistens sehr teure Einzweckwerkzeuge sind. Man unterscheidet das Innen- und das Außenräumen. Beim Innenräumen muß das Werkstück vorgebohrt werden und zwar auf einen Durchmesser, der sich dem Querschnitt des zu räumenden Profils einbeschreiben läßt [11, 30].

Die Oberflächengüte und die Maßhaltigkeit der geräumten Flächen sind im Regelfall so gut, daß ein Nacharbeiten nicht erforderlich ist. Hohe Standzeiten der Werkzeugschneiden, stabile Einspannung und Abstützung der Werkzeuge und kein oder nur ein minimaler Verzug derselben garantieren sehr genaue Fertigungsabmessungen.

Vornehmlich wird Räumen zum Einarbeiten von nichtkreiszylindrischen „Bohrungen" verwendet. Symmetrische Profile sind besser, d.h. genauer und billiger

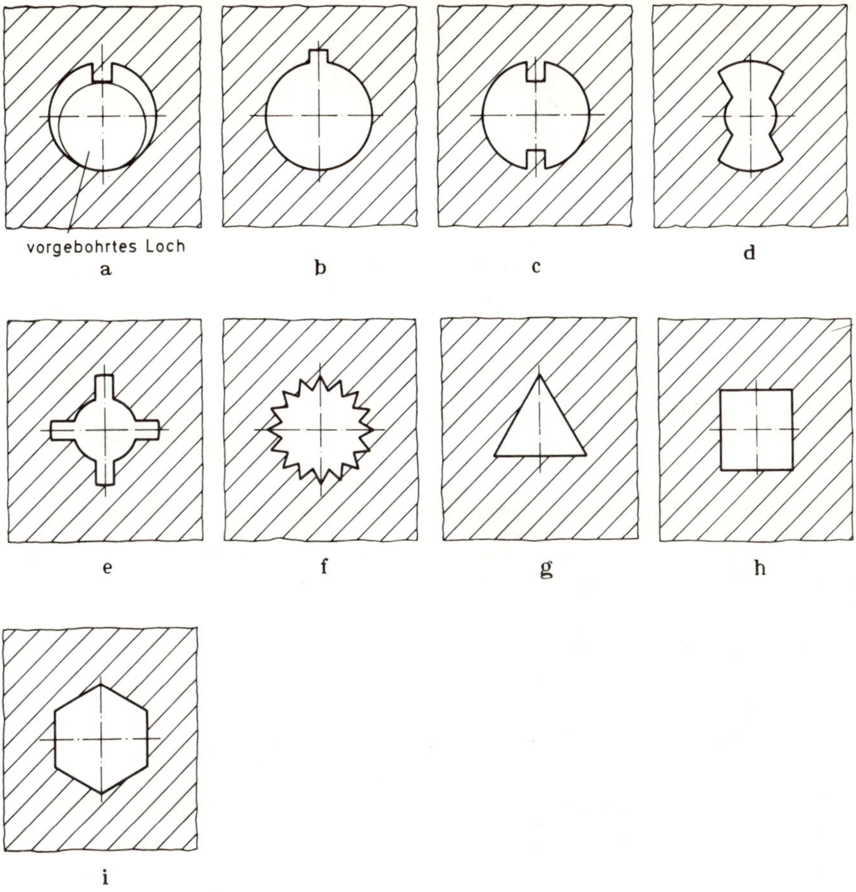

Bild 4.35. Geräumte Innenformen

zu räumen als unsymmetrische Profile. Wegen der wirksameren Kräfteabstützung sind Profile großer Seitenzahl besser zu räumen als Profile kleiner Seitenzahl. Das Stern-, Fünfeck- und Viereckprofil ist also besser zu räumen als das Dreieckprofil. Beispiele für Profilquerschnitte, die im Maschinenbau von Bedeutung sein können und durch Räumen herstellbar sind, sind in Bild 4.35 zusammengestellt. Die Polygonprofile für formschlüssige Welle-Nabe-Verbindungen (Bild 4.36), mit denen Kerbspannungen vermieden werden können, werden im Nabenteil meistens durch Räumen erzeugt.

4.5.3.5 Schleifteile

Schleifen dient meistens zur Feinbearbeitung von Werkstückflächen, die vorher durch Drehen, Bohren, Fräsen usw. gefertigt worden sind. Man unterscheidet

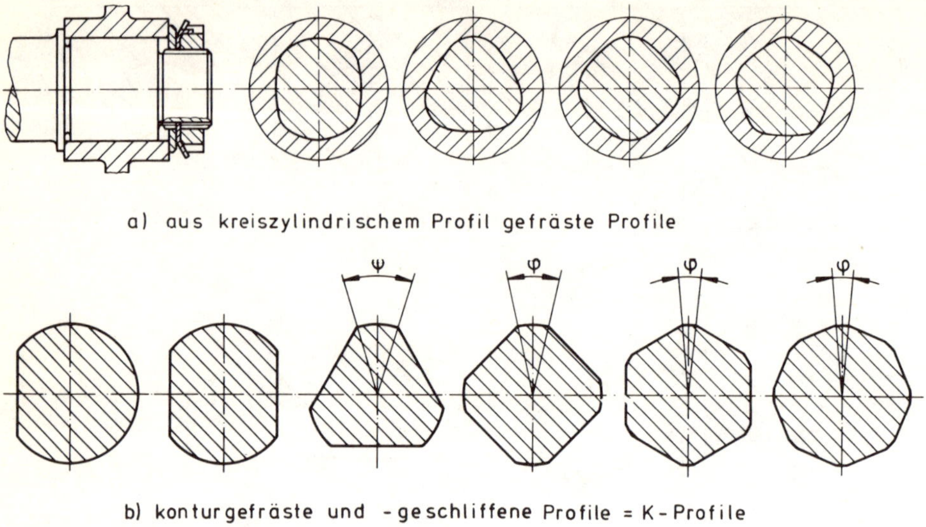

Bild 4.36. Polygonprofile für formschlüssige Welle-Nabe-Verbindungen; obere Reihe: aus Kreiszylinder gefräste Profile; untere Reihe: sogenannte K-Profile

hauptsächlich das Flächen- oder Planschleifen, das Rundschleifen und das Profilschleifen. Als Werkzeuge dienen Schleifmittel aus natürlichen oder synthetisch erzeugten Rohstoffen (z.B. Naturkorund, Diamant, Quarz, Siliziumkarbid, Borkarbid, Schmirgel, Korund!) in gekörnter Form, die mineralisch (nicht von der Bindung her!) härter sind als die zu schleifenden Werkstoffe.

Beim Flächen- oder Planschleifen werden Maschinen mit senkrechter oder waagrechter Schleifspindel mit mechanischer oder magnetischer Aufspannung des Werkstückes verwendet. Für das Außen-Rundschleifen gibt es Schleifmaschinen, die das Werkstück zwischen Spitzen aufnehmen und schleifen oder spitzenlos zwischen zwei mit unterschiedlichen Drehzahlen rotierenden Schleiben (Selbstzentrierung!) schleifen. Bei großen Stückzahlen ist das spitzenlose Schleifen wirtschaftlicher.

Für das Schleifen von Innenbohrungen, Gewinden, Zahnflanken und Werkzeugschneiden sowie das Formschleifen gibt es Sonderschleifmaschinen, die aber nur bei größeren Stückzahlen wirtschaftlich eingesetzt werden können.

Bei der fertigungsgerechten Gestaltung von Schleifteilen sollten folgende Richtlinien beachtet werden [11, 30]:

a) beim Schleifen zwischen Spitzen:
1. Vermeiden des direkten scharfkantigen Übergangs eines zu schleifenden Zapfens an ein Teil mit größerem Durchmesser durch Verwirklichen von Übergangsradien oder von Ein- bzw. Hinterstichen;
2. Verwirklichen gleicher Übergangsradien bei mehreren Absätzen mit Rundungen an einem Werkstück zum Vermeiden des Auswechselns oder des neuen Abrundens der Schleifscheibe;

3. Vermeiden von zurückgezogenen und beim Schleifen hinderlichen Abkröpfungen;
4. Vermeiden von Werkstücken mit geschliffenen Ansätzen an beiden Enden, weil sonst das Ansetzen des Mitnehmers unmöglich ist;

b) beim spitzenlosen Schleifen:
1. Vermeiden von Werkstücken mit Durchmessererweiterungen über die Schleifflächen hinaus, weil sonst nicht mehr das Durchgangsverfahren, sondern nur das ungünstigere und unwirtschaftlichere Einstechverfahren anwendbar ist;
2. Vermeiden von Längsnuten in zylindrischen Flächen vor dem spitzenlosen Schleifen (das Einbringen von Längsnuten nach dem spitzenlosen Schleifen ist möglich!);

c) beim Flächenschleifen:
1. Freilegen und noch günstiger Überhöhen der zu schleifenden Flächen um einige Millimeter;
2. Vermeiden einer Überdeckung von zu schleifenden Flächen;
3. Vermeiden eines zu engen Raumes zwischen der zu schleifenden Fläche und ihren parallelen benachbarten Flächen (Topfscheiben mit senkrechter Drehachse sind hoch und Schleifscheiben mit waagrechter Drehachse und kleinem Durchmesser sind unwirtschaftlich!).

4.5.4 Gußkonstruktionen

Gegossene Werkstücke können nach unterschiedlichen form- und gießtechnischen Fertigungsverfahren [11, 28, 30, 33, 34, 38, 44, 45] hergestellt werden. Man unterscheidet hinsichtlich des Gießens zwei Arten: Das Gießen in verlorenen Formen und das Gießen in Dauerformen. Bei der Herstellung der verlorenen Gießformen kennt man das Arbeiten mit Dauermodellen (z.B. Handformverfahren, Schablonenformverfahren, Maschinenformverfahren, Maskenformverfahren) und mit verlorenen Modellen (z.B. Feingießverfahren, Vollformgießverfahren). Beim Gießen mit Dauerformen unterscheidet man das Kokillen-, Druck-, Schleuder- oder Schleuderform-, Strang- und Verbundgießverfahren mit Gießformen aus Gußeisen, unlegierten und legierten Stählen oder auch Kupfer.

Das *Handformverfahren* ist das älteste Verfahren und wird heute noch für die Einzelfertigung leichter bis schwerer (einige g bis 400000 kg) Gußteile, für die Fertigung von Ersatzteilen und für Versuchsgüsse zur Vorbereitung von Serienprodukten eingesetzt.

Das *Schablonenformverfahren* ist kostengünstiger als das Handformverfahren und eignet sich besonders für leichte bis schwere (10 bis 200000 kg) und komplizierte Teile in Einzelfertigung.

Das *Maschinenformverfahren* ist das gebräuchlichste Verfahren zur Herstellung der Gießformen für leichte bis mittelschwere ($\leqq 5000$ kg) Maschinengußteile großer Stückzahlen.

Das *Maskenformverfahren* erlaubt eine sehr schnelle und genaue Herstellung der Gießformen. Es ist weitgehend automatisierbar und dadurch sehr wirtschaftlich. Es läßt sich bei leichten und mittelschweren Gußteilen (≦150 kg) in mittelgroßen und großen Stückzahlen verwenden.

Das *Feingießverfahren* mit verlorenen Modellen eignet sich sehr gut zur Herstellung genauer und verwickelter Konstruktionsteile kleiner Masse (1 g bis 75 kg) und großen Stückzahlen.

Tabelle 4.1. Zusammenstellung der gießtechnischen Fertigungsverfahren

	MODELLEINRICHTUNG	FORMSTOFF	FORMHERSTELLUNG
HANDFORMVERFAHREN	Modelle, Kernkästen, Dreh- und Ziehschablonen meist aus Holz; wiederholt verwendbar.	Natur-, Synthetiksande, Sand mit Kunstharzbindern, Formmasse, CO_2-Sand, Zementsand.	Verdichten von Hand (Druckluftstampfer - Rütteln oder Slingern).
SCHABLONENFORMVERFAHREN	Dreh- und Ziehschablonen, evtl. zusätzliche Teilmodelle.	Natur-, Synthetiksande, Formmasse, Zementsand.	Von Hand mittels Schabloniereinrichtungen.
MASCHINENFORMVERFAHREN	Kunststoff- oder Metallmodelle auf Modellplatten montiert oder in einem Stück gegossen; Metallkernkasten.	Natur-, Synthetiksande, Sand mit Kunstharzbindern, CO_2-Sande.	Form- und Kernformmaschinen meist an vollautomatischen Fertigungsstraßen; Sandverdichtung (Rütteln und/oder Pressen).
MASKENFORMVERFAHREN	Beheizbare Metallmodelle und Metallkernkästen; wiederholt verwendbar.	Kunstharzgebundene Sande.	Automatisches Aufbringen des Formstoffes auf beheiztes Modell, Aushärten, Abheben als Formmaske, Hinterfüllen und Montieren.
FEINGIESSVERFAHREN	Thermoplast-, Wachs- und Polystyrolmodelle; einmalig verwendbar.	Keramische Formstoffe.	Verbinden der Einzelmodelle mittels Anschnittsystemen zu Gießeinheiten (Modelltraube!); Modellausschmelzen.
VOLLFORMGIESSVERFAHREN	In Formen geschäumte oder aus Blöcken geschnittene Kunststoffschaummodelle; einmalig verwendbar.	Mineralische Formstoffe, vorzugsweise mit kalthärtenden Bindern.	Ungeteilte, verlorene Form, verdichtet und mit Bindemitteln zusammengehalten.
KOKILLENGIESSVERFAHREN	Ohne Modelle.	Form (Kokille) aus Gußeisen und Stahl; Kerne aus Stahl, selten keramischer Formstoff; Dauerform.	Mittels Werkzeugmaschinen und Handarbeit hergestellt und formgerecht zusammengebaut.
DRUCKGIESSVERFAHREN	Ohne Modelle.	Für niedrigschmelzende Schwermetalle: unlegierter Stahl; Leichtmetallegierungen: legierte gehärtete Stähle geschliffen und geläppt; Dauerform.	Mittels Werkzeugmaschinen und Handarbeit hergestellt und formgerecht zusammengebaut.
SCHLEUDER- ODER SCHLEUDERFORMGIESSVERFAHREN	Ohne Modelle.	Gußeisen- oder Stahlkokille mit Wasserkühlung; Dauerform.	Spanend.
STRANGGIESSVERFAHREN	Ohne Modelle.	Stranggießkokille aus Gußeisen, Kupfer, Stahl oder Graphit.	Spanend.
VERBUNDGIESSVERFAHREN	Ohne Modelle.	Gußeisen und Stahl.	Spanend.

Das *Vollformgießverfahren* wird vornehmlich für die Einzelteilfertigung oder Fertigung kleinster Stückzahlen (< 10) eingesetzt. Es ist von der Formherstellung her sehr einfach und billig und gestattet beim genauen Arbeiten die Herstellung gratfreier Gußteile. In vielen Fällen ist sogar die Einsparung von Kernen möglich. Es eignet sich für einen mittleren bis größeren Massebereich, vorzugsweise für Großguß.

Mit dem *Kokillengießverfahren* (ohne Modell!) werden Gußteile kleinerer und mittlerer Masse (< 100 bis 200 kg) sowie größerer Stückzahl (> 1000) in

	GIESSVERFAHREN	GUSSWERKSTOFF	TOLERANZBEREICH
HANDFORMVERFAHREN	Hand- und Gabelpfannen (kl. Teile), Kranpfannen (gr. Teile); Formfüllung unter Ausnutzung der Schwerkraft.	Alle Gußwerkstoffe.	Werkstoff- und nennmaßabhängig, DIN maßgebend; Toleranzgruppe A.
SCHABLONENFORMVERFAHREN	Kranpfannen oder direkt aus Schmelzofen (Glockenguß!).	Stahlguß, Gußeisen, Schwermetallguß.	~3% des Nennmaßbereiches.
MASCHINENFORMVERFAHREN	Kranpfannen, oft mechanisch dosierte Mengen, Formfüllung unter Ausnutzung der Schwerkraft.	Alle Gußwerkstoffe.	Werkstoff- und nennmaßabhängig, DIN maßgebend, Toleranzgruppen B und C; ~1% des Nennmaßbereiches.
MASKENFORMVERFAHREN	Hand- und Kranpfannen, teilautomatisiert; Formfüllung unter Ausnutzung der Schwerkraft.	Alle Gußwerkstoffe.	100mm Nennmaß ~0,5%; Sondervorschriften.
FEINGIESSVERFAHREN	Lichtbogenofen (Unterdruck!); Gießen aus Ofen oder Pfanne auf Absaugtischen (Schleudergieß- oder Vakuumgießverfahren!).	Alle Gußwerkstoffe, vorwiegend Stahlguß, hochlegierte, warmfeste und schwer zerspanbare Werkstoffe, Kupfer- und Aluminiumlegierungen.	Nennmaßabhängig; Sondervorschriften.
VOLLFORMGIESSVERFAHREN	Übliche Gießverfahren bei bestimmter Anschnittechnik; Formfüllung unter Ausnutzung der Schwerkraft; Modell vergast und verbrennt.	Übliche Gußwerkstoffe, besonders Gußwerkstoffe mit hohen Gießtemperaturen.	Durch Fortfall der Formteilung gleichmäßige Toleranzgestaltung, sonst wie bei Sandguß.
KOKILLENGIESSVERFAHREN	Aus Warmhalteöfen oder Tiegeln mit Gießlöffeln oder Pfannen; Formfüllung unter Ausnutzung der Schwerkraft, selten mit geringem Überdruck.	Leichtmetall-, spezielle Schwermetallegierungen, Feinzinklegierungen; selten Stahl und Gußeisen.	Toleranzbereiche nach DIN für NE-Metallsektor; ~0,5% des Nennmaßbereiches.
DRUCKGIESSVERFAHREN	Druckgießmaschinen schießen flüssiges oder teigiges Metall in eingespannte Form.	Spezielle Druckgußlegierungen: Zink-, Aluminium-, Magnesium-, Kupfer-, Zinn-, Blei-Legierungen.	Werkstoffabhängig, nach DIN.
SCHLEUDER- ODER SCHLEUDERFORMGIESSVERFAHREN	Gießmetall durch Rinnen zugeführt, Fliehkraft preßt Gießmetall an Innenwand der rotierenden Kokille, wo es erkaltet.	Vorwiegend Gußeisen, Stahlguß, Schwer- und Leichtmetalle.	~0,5% des Nennmaßbereiches.
STRANGGIESSVERFAHREN	Kontinuierliches Gießen (Schwerkraft!); erstarrtes Ende wird abgesenkt oder horizontal abgezogen.	Gußeisen, Stahlguß und NE-Metalle.	Enge Toleranzen, <0,5% des Nennmaßbereiches.
VERBUNDGIESSVERFAHREN	Verbundkörper beim "Al-Fin-Verfahren" nach Vorbehandlung in Kokille eingesetzt und von Hand oder maschinell gegossen.	Gußeisen, Stahlguß oder Stahlblech mit Leicht- oder Schwermetallen verbunden.	~0,5% des Nennmaßbereiches.

Leichtmetall- und in speziellen Schwermetallegierungen oder auch in Gußeisen hergestellt.

Das *Druckgießverfahren* (ohne Modell!) eignet sich vorzüglich für die Herstellung leichter und mittelschwerer (< 30 kg) Gußteile großer Stückzahl aus speziellen Druckgußlegierungen auf der Basis Aluminium, Magnesium, Zink, Kupfer, Zinn und Blei. Diese gegossenen Konstruktionsteile können bis auf wenige Flächen (z.B. Paßflächen!) unbearbeitet bleiben und sind daher gerade bei großen und größten Stückzahlen sehr wirtschaftlich zu fertigen.

Mit dem *Schleuder- oder Schleuderformgießverfahren* (ohne Modell!) können mittelschwere bis schwere (< 5000 kg) Konstruktionsteile mittlerer und großer Stückzahl (5000 bis 50000) in dichtem Gefüge (zentrifugaler Anpreßdruck!) aus Gußeisen, Stahl, Leicht- und Schwermetall unter Einsparung von Kernen hergestellt werden. Auch Verbundschleudergußteile und Feingußteile sind im Schleudergießverfahren herstellbar.

Das *Stranggießverfahren* (ohne Modell!) wird vornehmlich zur Herstellung von Halbzeugen mit vollem oder hohlem Querschnitt (z.B. Stangen, Profile, Rohre!) aus Gußeisen, Stahl und Schwermetallen verwendet. Die Stückzahl dieser Beuteile ist sehr groß und ihre Masse reicht von einem Kilogramm bis zu mehreren Tonnen.

Beim *Verbundgießverfahren* (ohne Modell!) können Metalle unterschiedlicher Güteeigenschaften in einem Werkstück vergossen werden (z.B. Gußeisen, Stahl oder Stahlguß mit Leicht- oder Schwermetallegierungen oder auch unterschiedliche Stahlgußsorten untereinander). Die Gußteile sind leicht bis mittelschwer (< 100 kg) und sollten in größeren Stückzahlen anfallen.

Eine übersichtliche Zusammenstellung der gießtechnischen Fertigungsverfahren ist in Tabelle 4.1 dargestellt.

4.5.4.1 Gießgerechtes Gestalten

Beim gießgerechten Konstruieren eines Bauteils muß einmal die Gußform (Modellherstellung, Formmethode, Kerne!) und zum anderen die Entstehung des Gußstückes selbst (Erstarren und Erkalten der Schmelze in der Form!) berücksichtigt werden [30, 33, 34, 38, 44, 45].

Das Bauteil soll eine einfache geometrische Gestalt haben, damit die Gußform leicht herzustellen ist. Das zur Herstellung der Gußform erforderliche Gußmodell ist möglichst in einem zweiteiligen Kasten (Teilfuge!) einzuformen. Nach dem Einformen soll ein leichtes Herausheben aus der Gußform durch Abschrägen der Wände in Aushebeberichtung (Aushebeschrägen!) und durch das Vermeiden von Hinterschneidungen ermöglicht werden. Hinterschneidungen sind grundsätzlich möglich, verteuern und komplizieren jedoch die Gußform. Hohlräume sind so zu gestalten, daß sich Kerne vermeiden lassen oder nur Kerne mit leicht herstellbarer Form verwendet werden können. Die Kerne sollten in sich fest und steif sein, eine gute Aufstands- oder Abstützfläche haben und ohne besondere Kernstützen in der Gußform fixiert werden können. Es ist ferner darauf zu achten, daß das Bauteil überall annähernd gleiche Wanddicken hat, damit keine zu großen Materialanhäufungen (Werkstoffanhäufungen!) vorkommen und als Folge davon beim Erstarren der Schmelze Lunkerbildung auftritt. Wände ungleicher Dicke sollten nur durch eine allmähliche Querschnittsänderung – in der Art einer flachen Neigung (z.B. 1:5) oder durch Einzeichnen der Heuversschen Kreise gleichmäßiger Querschnittsminderung für die strömende Metallschmelze – ineinander übergehen. Die einbeschriebenen Kreise müssen somit zum Einguß hin stetig im Durchmesser größer werden. Diese stetige Erweiterung bedeutet eine gelenkte Erstarrung der Schmelze von den Stellen kleiner bis zu den Stellen großer Querschnittsfläche. Es kann somit immer wieder Schmelze von der Eingußstelle her nachfließen, so daß die Lunker- oder Hohlraumbildung vermieden wird. Bild 4.37 zeigt zwei Konstruktionsbeispiele für eine Gußkonstruktion in ungünstiger (linke Bildhälfte!) und in günstiger (rechte Bildhälfte!) Gestaltung.

Lunker dürfen höchstens in Trichtern oder in verlorenen Köpfen entstehen, die vom fertigen Gußstück später abgetrennt werden. Das Zusammentreffen ungleicher Querschnitte mit plötzlichem Querschnittsübergang birgt aber nicht nur die Gefahr der Lunkerbildung in sich, es bedeutet wegen der ungleichen Erstarrung der Schmelze auch das Auftreten von Spannungen, die ein Verziehen oder Verwerfen des Gußstückes bewirken oder im Extremfall sogar zu Rissen und Brüchen führen können. Oft treten diese Spannungen erst bei der spanabhebenden Bearbeitung der Gußstücke auf. Bei Gußteilen ist ferner zu beachten, daß der Teil

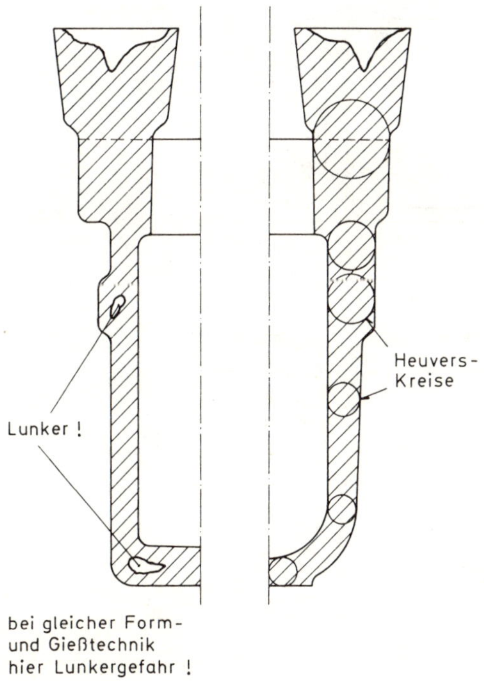

Bild 4.37. Ungünstige und günstige Querschnittsgestaltung eines Gußteiles (Heuverssche Kreismethode!)

des Gußstückes, der beim Gießen oben lag, durch Blasenbildung (Entgasung!) ein undichteres Gefüge hat als der unten gelegene Teil. Beim Einformen der Gußmodelle und Gießen der Gußteile sollte die Seite, die ein besonders dichtes Gefüge haben soll, immer nach unten gelegt werden.

Für die konstruktive Gestaltung von Gußteilen lassen sich in Anlehnung an die Bezugszahlen in Bild 4.38 folgende Richtlinien zusammenstellen [30, 33, 34, 44]:

1. Verwirklichen einfacher Begrenzungslinien;
2. Verwirklichen einfach herstellbarer Flächen;
3. Anstreben ungeteilter Modelle;
4. Anstreben geringer Einformhöhe;
5. Verwirklichen möglichst weniger Teilebenen;
6. Verwenden einfacher und sicher aufliegender Kerne;
7. Vermeiden von Außenkernen;
8. Vermeiden von Materialanhäufung und schroffen Querschnittsübergängen;
9. Verwirklichen großer Rundungen;
10. Verwirklichen von Aushebeschrägungen mit einer Neigung 1:20 bis 1:50;
11. Vermeiden von Hinterschneidungen;
12. Verwirklichen von Versteifungsrippen, die dünner als die Wände sind;

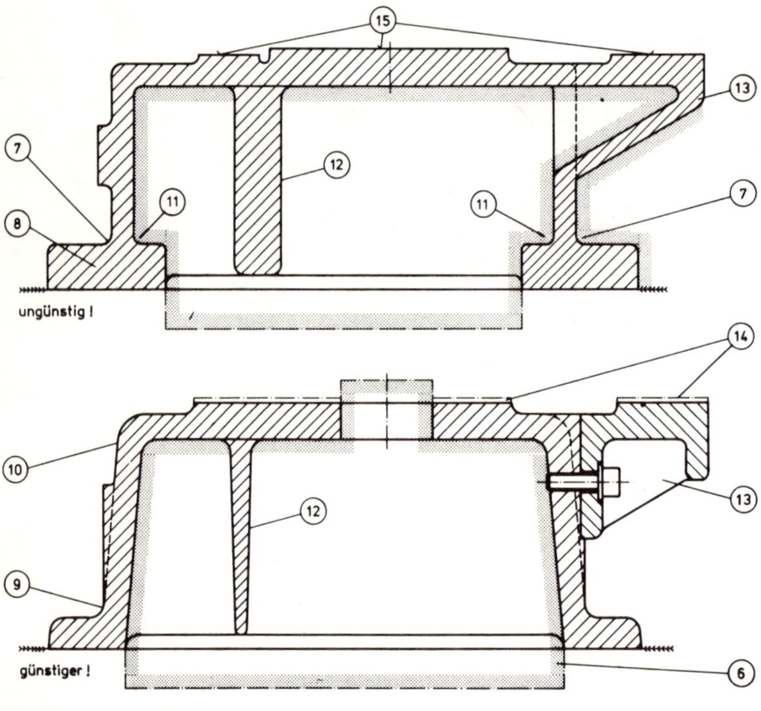

Bild 4.38. Konstruktionsrichtlinien für Gußteile

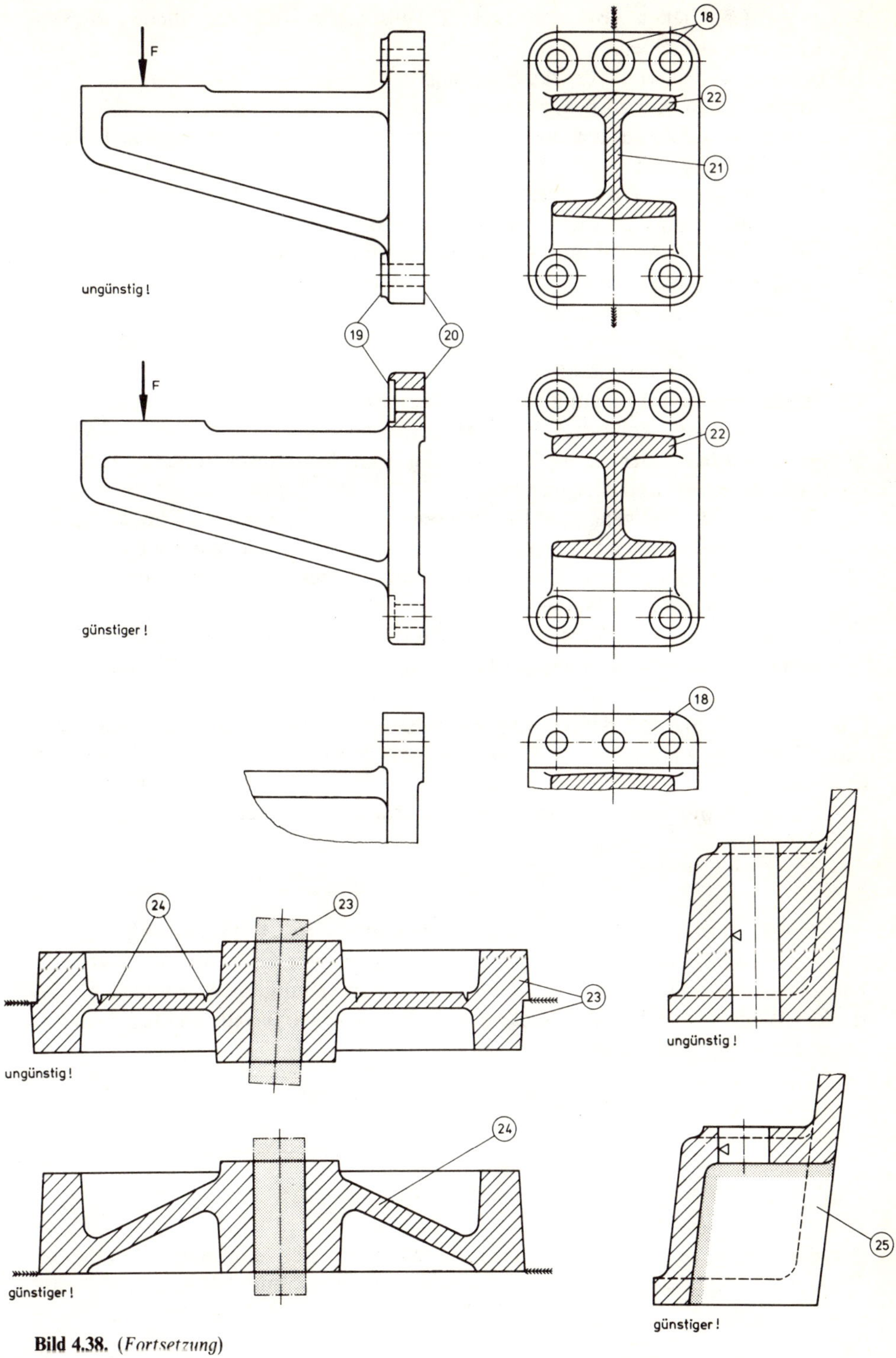

Bild 4.38. (*Fortsetzung*)

13. getrenntes Gießen von verwickelten Teilstücken und Verstiften und Verschrauben derselben;
14. Berücksichtigen einer Bearbeitungszugabe;
15. Verwirklichen von zu bearbeitenden Flächen in einer Ebene;
16. Anordnen von zu bearbeitenden Flächen in parallel oder senkrecht zueinander stehenden Ebenen;
17. ausreichend großes Bemessen von zu bearbeitenden Flächen;
18. Zusammenfassen von dicht nebeneinander liegenden Bearbeitungsflächen;
19. Vermeiden von Augen und Verwirklichen von Ansenkungen;
20. Unterteilen großer Aufstandsflächen durch einzelne kleinere Standleisten zur Verringerung der Zerspanungsarbeit;
21. Verwirklichen genügend breiter Stege zur Schaffung genügend großer Durchflußquerschnitte für die Metallschmelze;
22. Verstärken der auf Biegung beanspruchten Randzonen im Bereich der größten Zugspannungen (Zugfestigkeit von Gußeisen < Druckfestigkeit von Gußeisen!);
23. Berücksichtigen der beim Gießen zulässigen Maßabweichungen (Tab. 4.2) sowie des Guß- und Kernversatzes;
24. Verwirklichen von geneigten Flächen oder Stegen zur besseren Entlüftung der Gießform beim Füllen mit Schmelze und zu einem besseren Spannungsausgleich beim Erstarren der Schmelze zur Schaffung glatter Gußoberflächen und zur Vermeidung von Spannungsrissen;
25. Vermeiden unnötiger Zerspanungsarbeit durch Auskernen von Bereichen, die spanabhebend zu bearbeiten sind (z.B. große Bohrungen oder Durchbrüche!).

Für die Gestaltung von Rippen und Rippenanschlüssen sollten zur Vermeidung von Werkstoffanhäufungen und von Gußspannungen für das Verhältnis der Rippenwandstärke s_r zur Wandstärke s und für das Verhältnis des Ausrundungsradius r zur Wandstärke s folgende Werte berücksichtigt werden:

$$\frac{s_r}{s} = 0{,}6 \text{ bis } 0{,}8; \quad \frac{r}{s} = 0{,}25 \text{ bis } 0{,}35.$$

In Bild 4.39 werden Beispiele für die günstige und ungünstige Gestaltung von Verrippungen, Rippenanschlüssen und Verzweigungen von Gußwänden dargestellt. Die gießgerechte Gestaltung von Übergängen bzw. Rundungen zwischen gleichstarken Wänden mit der Wanddicke s ist in Bild 4.40 dargestellt und läßt sich mit folgenden Werten beschreiben:

$$\frac{r_i}{s} \geqq 0{,}5 \text{ bis } 1{,}0;$$

$$r_a = r_i + s \quad \text{bzw.} \quad \frac{r_a}{s} = \frac{r_i}{s} + 1 \geqq 1{,}5 \text{ bis } 2.$$

Für die Übergänge bzw. Rundungen zwischen Wänden ungleicher Wanddicke (Wanddicken $s_{max} = s_1$ und $s_{min} = s_2$!) lassen sich gemäß Bild 4.41 folgende Richt-

Tabelle 4.2. Grenzwerte für die Maße von Gußteilen bei verschiedenen Werkstoffen und Gießverfahren

	GG GGG GT (GS)	Al-Leg.	Mg-Leg.	Zn-Leg.	Messing
Sandguß:					
Wandstärke (mm) ≥	3 (5)	3,5	3,5	3,5	3,5
Erreichbare Maß-genauigkeit (mm) ±	1	0,8	0,8	0,8	1
Kokillenguß:					
Wandstärke (mm) ≥		3	3	3	3
Erreichbare Maß-genauigkeit (mm) ±		0,2-0,3	0,2-0,3	0,2-0,3	
Mindest-Stückzahl		200	200	200	200
Stückmasse bis (kg)		50	50	50	50
Druckguß:					
Wandstärke (mm) ≥		0,8 - 3	0,8 - 3	0,5 - 3	1 - 3
Erreichbare Maß-genauigkeit (mm) ±		0,03-0,1	0,02-0,1	0,02-0,1	0,15-0,3
Mindest-Stückzahl		500	500	500	500
Stückmasse bis (kg)		10	10	20	25
Für eingegossene Bohrung [1]					
Durchmesser D (mm) ≥		2	2	0,5	4
Tiefe L (durchgehend) ≤		3D	4D	8D	3D
Tiefe L (nicht durchgehend) ≤		2D	3D	4D	2D
Verjüngung in % von L		0,4-0,8	0,3-0,4	0,2-0,4	1,0-2,0

[1] Beim Druckguß (Spritzguß) können Bohrungen mit eingegossen werden, wenn entsprechende Stifte (Durchmesser D und Länge L) in die Gußform eingesetzt werden.

GG = Grauguß GGG = Sphäroguß GT = Temperguß GS = Stahlguß

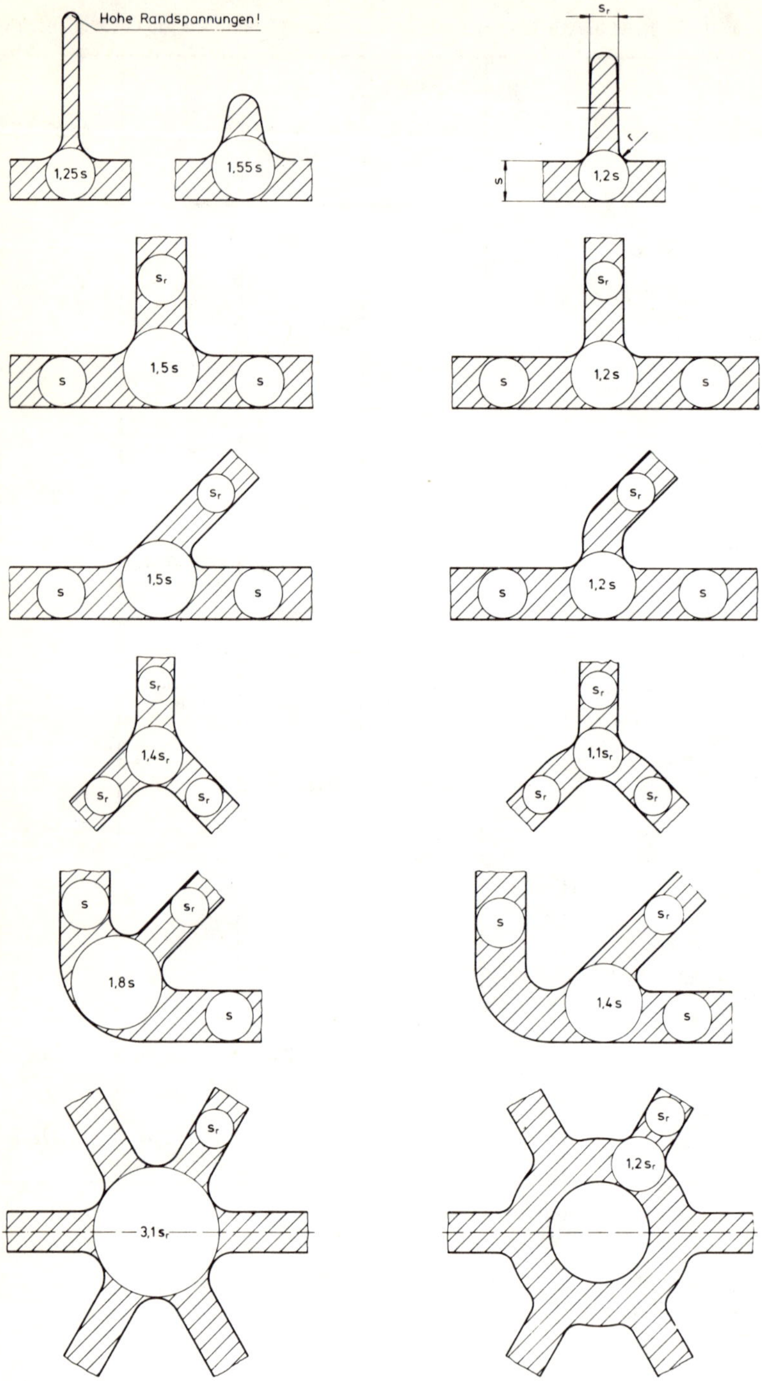

Bild 4.39. Gestaltung von Verrippungen, Rippenanschlüssen und Verzweigungen bei Gußstücken mit annähernd gleicher Wanddicke

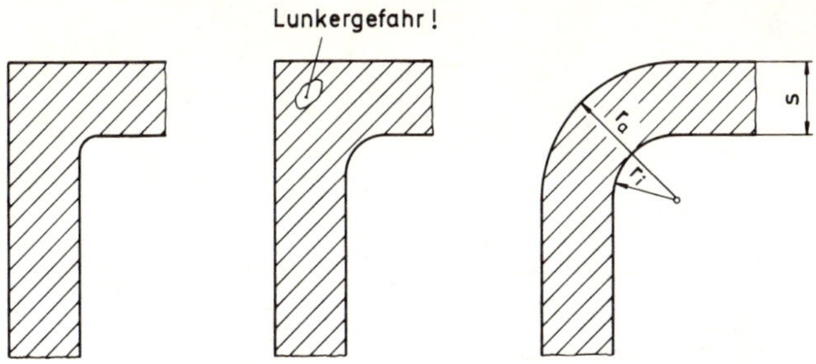

Bild 4.40. Gießgerechte Gestaltung von Übergängen bzw. Rundungen bei gleicher Wanddicke

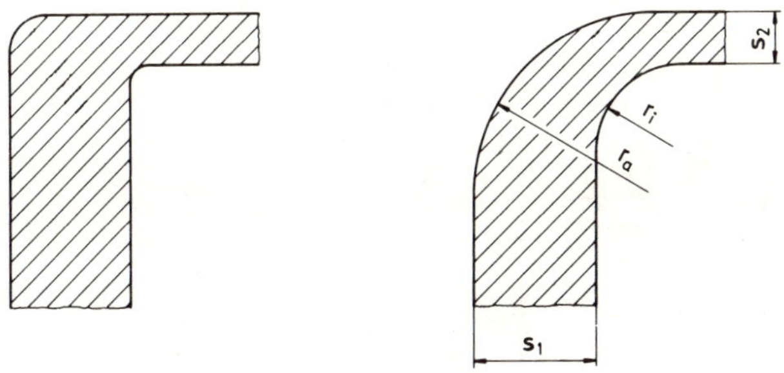

Bild 4.41. Gießgerechte Gestaltung von Übergängen bzw. Rundungen bei ungleichen Wanddicken

werte angeben:

$$r_i = \frac{s_1 + s_2}{2} = s_m \quad \text{bzw.} \quad \frac{r_i}{s_m} = 1;$$

$$r_a = s_1 + s_2 = 2 \cdot s_m \quad \text{bzw.} \quad \frac{r_a}{s_m} = 2;$$

$$\text{mit } s_m = \frac{s_1 + s_2}{2} = \text{mittlere Wandstärke.}$$

Die praktische Gestaltung des Überganges zwischen zwei Wänden unterschiedlicher Dicke (Wanddicken $s_{max} = s_1$ und $s_{min} = s$!) ist in Bild 4.42 an Hand von drei Beispielen als jeweils günstige und ungünstige Lösung dargestellt. Im Übergangsbereich sollte möglichst versucht werden, folgende Abmessungsverhältnisse zu verwirklichen:

$$\frac{s_1}{s} = 1{,}4 \text{ bis } 2{,}5; \quad \frac{s_2}{s} = 1{,}2 \text{ bis } 1{,}7; \quad \frac{r}{s} = 0{,}5 \text{ bis } 0{,}7; \quad \frac{n}{m} = \frac{1}{5}.$$

Die Wandstärke am Übergang ist s_2, der Abrundungsradius ist r und die Neigung für den linearen Anstieg der Wandstärke ist n/m.

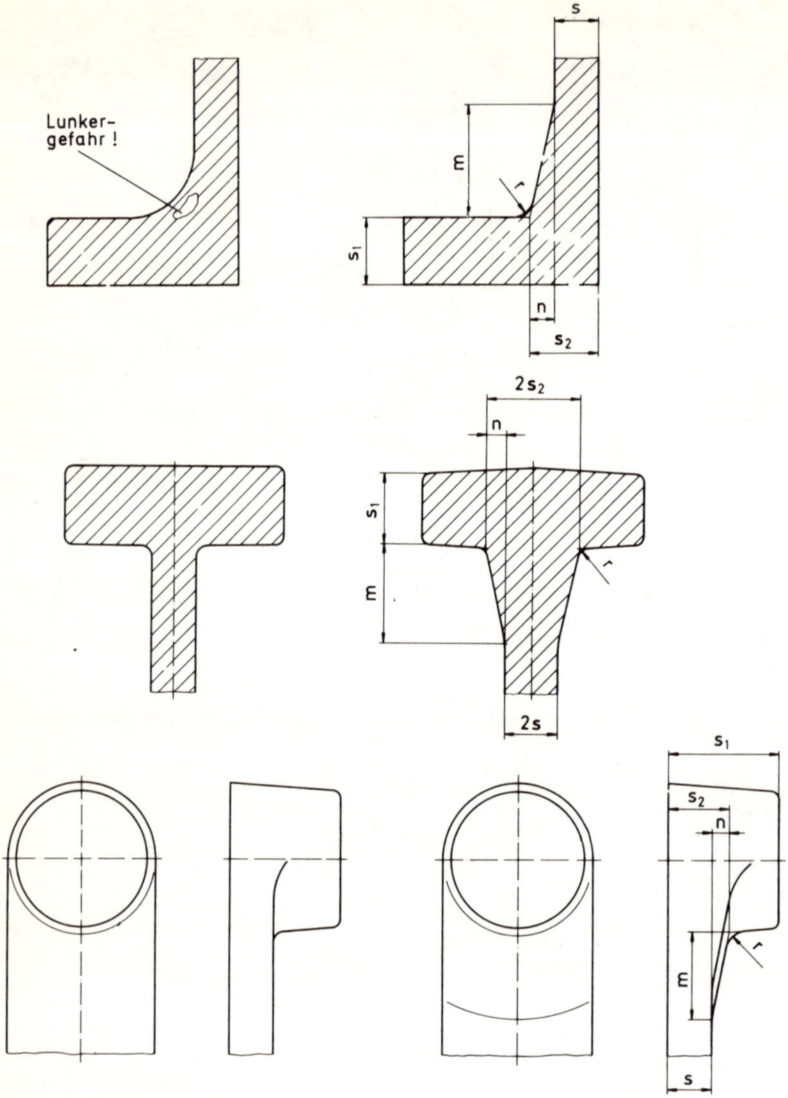

Bild 4.42. Ungünstige und günstige gießtechnische Gestaltung des Überganges zwischen zwei unterschiedlichen Wanddicken

Bei der Gestaltung von Wülsten an Rippenenden und Durchbrüchen müssen zur Verkleinerung der Randspannung für die Wulsthöhe h, den Wulstradius r_w und den Ausrundungsradius r in Abhängigkeit von der Wand- oder der Rippenstärke s folgende Beziehungen (Bild 4.43) berücksichtigt werden:

$$\frac{h}{s} = 0{,}5 \text{ bis } 0{,}6; \quad \frac{r_w}{s} = 0{,}5; \quad \frac{r}{s} = 0{,}25 \text{ bis } 0{,}35.$$

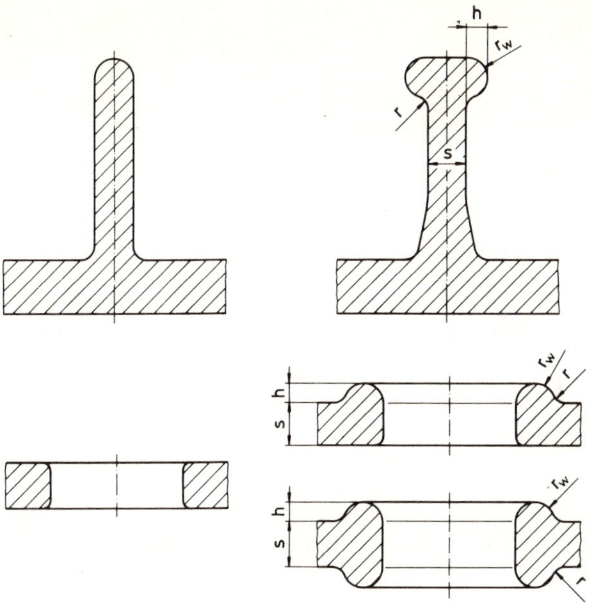

Bild 4.43. Gießtechnische Gestaltung von Wülsten an Rippenenden und Durchbrüchen

Bild 4.44 stellt am Beispiel einer Ventilspindelführung dar, wie durch Verwendung einer getrennten Führungsbüchse eine Werkstoffanhäufung am Wandanschluß der Büchse und damit die Gefahr der Lunkerbildung vermieden werden kann. In Bild 4.45 wird anschaulich erläutert, wie durch Aufteilung eines komplizierten doppelwandigen Gußteiles in zwei zu verschweißende Einzelteile eine einfachere Modellherstellung und eine verbesserte Kernlagerung erreicht werden kann.

4.5.5 Schmiedekonstruktionen

Schmiedestücke sind meistens lunker- und porenfrei, haben ein dichtes und homogenes Gefüge und können mit einem der geometrischen Form folgenden Faserverlauf (gerichtetes Gefüge!) beanspruchungsgerecht gestaltet werden. Sie haben somit sehr gute Festigkeits- und Dehnungseigenschaften, die sich als Bauteilfestigkeit vornehmlich bei dynamischer Beanspruchung positiv auswirken [18, 33, 34, 39, 41, 46]. Werkstoffe für Schmiedestücke sind alle knetbaren Eisen- und Nichteisenmetalle und deren Legierungen, welche einer bleibenden Formänderung ohne Zerstörung ihres molekularen Zusammenhalts standhalten. Zur Erhöhung des Formänderungsvermögens und Verringerung des Formänderungswiderstandes wird der Werkstoff beim Schmieden über die Rekristallisationstemperatur hinaus erwärmt. Die besonders gut schmiedbaren Stähle sind die unlegierten und die legierten Bau- und Werkzeugstähle. Tabelle 4.3 gibt nach Lange [18] die wichtigsten schmiedbaren Werkstoffe und deren Schmiedetemperaturen wieder.

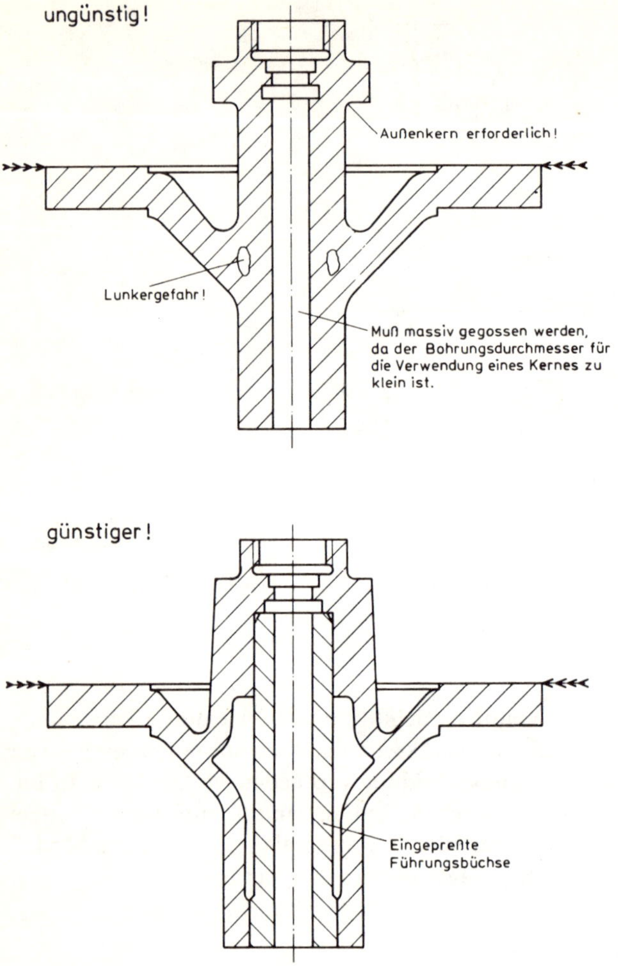

Bild 4.44. Gießtechnische Gestaltung einer Ventilspindelführung zur Vermeidung von Lunkern

Durch das Schmieden lassen sich folgende technische Forderungen erfüllen:
1. Hoher Grad der Materialausnutzung durch weitgehende Annäherung des Schmiedestückes an die Gestalt des Fertigteils;
2. Verbesserung der Werkstoffeigenschaften des Ausgangsmaterials durch die Umformung und die Wärmebehandlung bei der Schmiedetemperatur;
3. starke Reduzierung der Folgekosten durch Reduzierung der spanabhebenden Bearbeitung zur Fertigstellung des Bauteils.

Die Herstellung von Schmiedestücken erfolgt durch das Freiform-, das Gesenk- oder das Pulverschmieden.

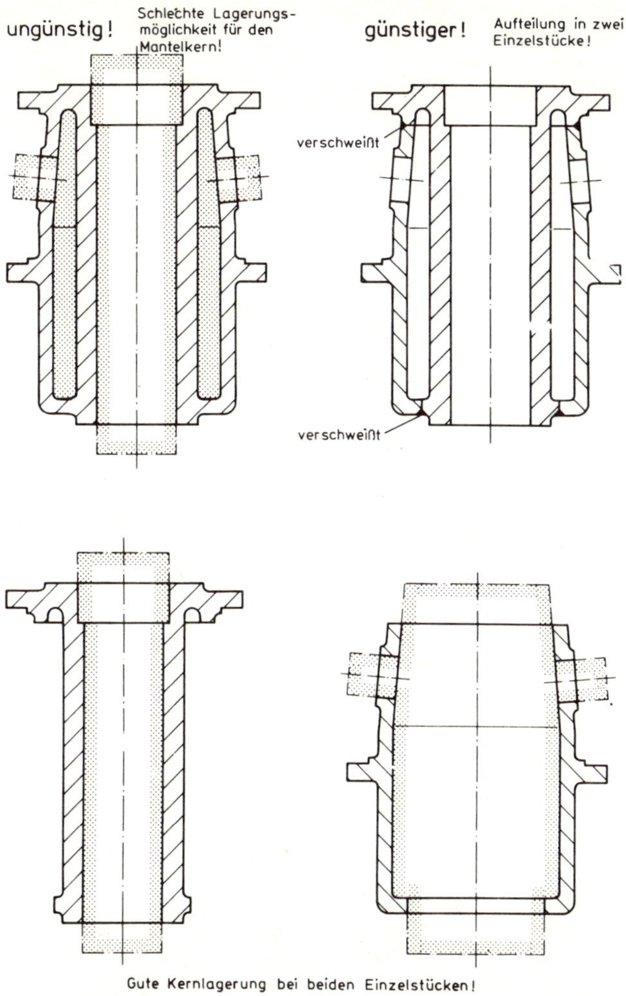

Bild 4.45. Verbesserte Kernlagerung bei einem doppelwandigen Hohlkörper durch Aufteilung in zwei einzelne Gußstücke

Freiformschmieden wird vor allem dann angewendet, wenn Schmiedestücke nur in kleiner Stückzahl oder in sehr großen Abmessungen herzustellen sind. Es ist das plastische Umformen eines Rohlings zwischen zwei aufeinanderzubewegten Werkzeugen mit Arbeitsflächen, die den Werkstoff verdrängen und das Werkstück dabei stufen- oder abschnittsweise in seine Endform durch Schlagen oder Pressen überführen. Das Freiformschmieden wird im Regelfall so durchgeführt, daß die Schmiedefasern der Hauptspannungsrichtung angepaßt sind. Die Seigerungen und nichtmetallischen Einschlüsse sind dann in Richtung der Hauptbeanspruchung ausgerichtet. Kleine Schmiedestücke werden durch Schlagen mit einem Hand- oder Vorschlaghammer auf dem Amboß umgeformt. Bei größeren Schmiedestücken

Tabelle 4.3. Schmiedetemperaturen der wichtigsten schmiedbaren Werkstoffe

Werkstoff	Temperaturbereich in °C
Reinaluminium	340... 480
Aluminiumknetlegierungen	330... 450
Magnesiumlegierungen	240... 400
Titan	750... 950
Kupfer	800...1050
Schmiedemessing	640... 880
Nickel	850...1250
Monelmetall	960...1170
Stahl, niedriger C-Gehalt	900...1250
Stahl, mittlerer C-Gehalt	850...1200
Stahl, höherer C-Gehalt	800...1150
Manganstahl	850...1260
Nickelstahl	850...1150
Chromnickelstahl	870...1150
Chromstahl	870...1150

werden mechanisch, hydraulisch oder pneumatisch betätigte Freiform-Schmiedehämmer, Freiform-Schmiedepressen oder auch Knetmaschinen benutzt. Bei den Freiform-Schmiedehämmern oder -Schmiedepressen wird der Schmiederohling zwischen dem Hammer und dem Schmiedesattel (Schabotte) bearbeitet.

Das *Gesenkschmieden* [39, 41, 46] ist ein wirtschaftliches Fertigungsverfahren für kleinere bis mittelgroße Werkstücke großer Stückzahl. Die Kosten für die Gesenke sind sehr hoch und müssen daher auf eine große Fertigungsstückzahl umgelegt werden können. Dabei wird ein auf Schmiedetemperatur erwärmter Rohling in ein Schmiedewerkzeug, Gesenk oder Matrize genannt, geschlagen oder gepreßt, das die hohle Gegenform des zu schmiedenden Werkstückes hat. Im Regelfall hat man ein Ober- und ein Untergesenk, die beim Schmieden aufeinanderzu bewegt werden. Das Schmieden im Gesenk kann so erfolgen, daß das Schmiedestück bis auf die nachfolgende spanabhebende Restbearbeitung von Bohrungen, Paß- und Sitzflächen in seiner Gestalt und seiner Oberflächenbeschaffenheit dem Fertigteil voll entspricht. Im Gegensatz zum Freiformschmieden wird der Werkstoff beim Gesenkschmieden in eine bestimmte, durch die Form des Gesenkes festgelegte Richtung gedrängt. Durch Gesenkschmieden werden vornehmlich Werkzeuge (z.B. Hämmer, Zangen, Schraubenschlüssel, Hacken, Gabeln) und Konstruktionsteile im Maschinenbau (z.B. Schrauben, Bolzen, Nieten, Muttern), im Kraftfahrzeugbau (z.B. Achsschenkel, Querlenker, Gabelschwingen, Kupplungsglocken, Ventilstößel, Kipphebel) und im Apparatebau (z.B. Ventile, Schieber, Turbinenschaufeln, Gehäuse, Flansche) hergestellt.

Das *Pulverschmieden* ist erst seit einigen Jahren im Einsatz und unterscheidet sich vom Gesenkschmieden nur dadurch, daß ein aus Metallpulver gepreßter und gesinterter Vorformling als Ausgangs- oder Schmiederohling verwendet wird. Das Schmieden erfolgt gratlos im geschlossenen Gesenk und ergibt daher Schmiedestücke hoher Maßgenauigkeit, die nur noch an Bohrungen und Paß- oder Sitzflächen spanabhebend nachbearbeitet werden müssen. Sehr häufig wird dieses Verfahren zur Herstellung von Pleuelstangen verwendet.

Bezüglich der Werkstoffverteilung beim Schmieden lassen sich prinzipiell folgende Möglichkeiten unterscheiden:

1. Werkstoffverdrängung ausgehend vom größten Querschnitt des Schmiederohlings. Diese Fertigungsverfahren werden als Recken, Breiten, Reckwalzen oder Fließpressen bezeichnet.
2. Werkstoffanhäufung ausgehend vom kleinsten Querschnitt des Schmiederohlings. Dieses Fertigungsverfahren nennt man Stauchen.

4.5.5.1 Schmiedegerechtes Gestalten

Beim Gestalten von Schmiedestücken müssen folgende wichtige Grundprinzipien beachtet werden [33, 39, 41, 46]:

1. Beanspruchungsgerechte Formgebung (Schmiedefaserverlauf in Richtung der größten Hauptspannung!);
2. werkstoff- und fließgerechte Formgebung (kleiner Formänderungswiderstand!);
3. Berücksichtigung der Fertigungseinrichtungen (z.B. Gesenke, Schmiedehämmer und -pressen!);
4. Beachtung der dem Schmieden nachfolgenden Fertigungsverfahren (z.B. spanabhebende Bearbeitung von Bohrungen und Flächen!).

Für die fertigungsgerechte Gestaltung von Schmiedestücken sollten folgende Richtlinien beachtet werden [33, 39, 41, 46]:

1. Verwirklichen einfacher geometrischer Formen (möglichst rotationssymmetrische Formen!);
2. Vermeiden von Hinterschnitten;
3. Vermeiden von starken Umformungen (Kantenspannungen, Risse!);
4. Abrunden der Querschnittsübergänge (Verringerung des Formänderungswiderstandes, Vermeidung oder Abschwächung der Kerbwirkung!);
5. Verwirklichen von Aushebeschrägen (Vermeidung des Klemmens im Gesenk!);
6. Verwirklichen einer symmetrischen Trennfugenlage (Vermeidung ungleicher Kräfteverteilung!);
7. Beachten der Begrenztheit für die Querschnittsänderungen;
8. Anpassen des Schmiederohlings an die Endform;

9. Beachten von Spann- und Bezugsflächen für die Endbearbeitung des Werkstückes;
10. Berücksichtigen der Maß- und Formtoleranzen;
11. Beachten der Härte und des Formänderungswiderstandes des zu schmiedenden Werkstoffes (z.B. Werkstoffe mit Versprödungsneigung sind nur schwer schmiedbar; harte Werkstoffe bewirken einen hohen Werkzeugverschleiß!);
12. Beachten der Mindestwandstärken in Abhängigkeit vom Formänderungswiderstand des zu verschmiedenden Werkstoffes.

An den Freiformschmiedestücken gemäß Bild 4.46 sind in Anlehnung an die Bezugszahlen folgende Gestaltungsrichtlinien verwirklicht:
1. Bevorzugen einfacher Formen;
2. Vermeiden schroffer Übergänge;
3. Vermeiden runder Augen;
4. Unterteilen schwieriger Schmiedestücke;
5. Vermeiden von zu steilen Abschrägungen und kegeligen Flächen;
6. Vermeiden von Stauchungen, d.h. Vermeiden von Werkstoffanhäufungen ausgehend vom kleinsten Querschnitt des Rohlings.

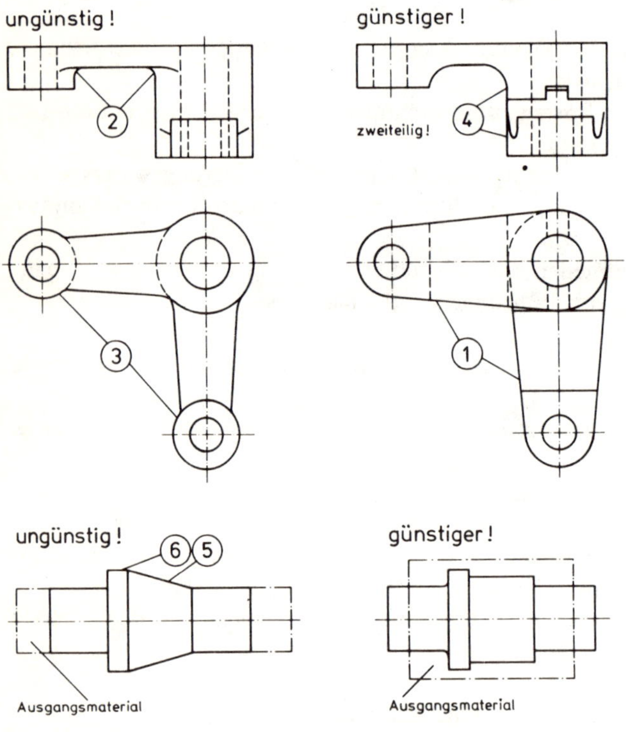

Bild 4.46. Ungünstige und günstige Gestaltung von Freiformschmiedestücken

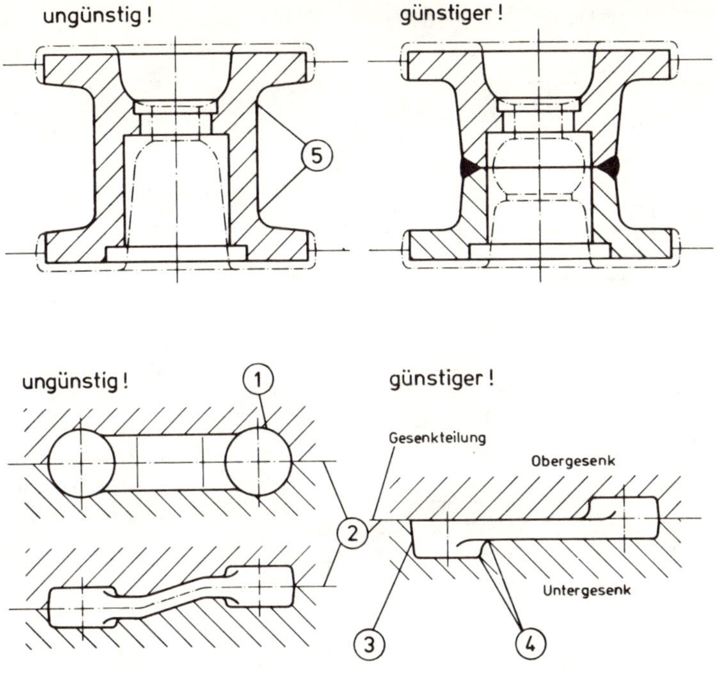

Bild 4.47. Ungünstige und günstige Gestaltung von Gesenkschmiedestücken

An den in Bild 4.47 gezeigten Gesenkschmiedestücken sind gemäß den angegebenen Bezugszahlen folgende Gestaltungsrichtlinien besonders berücksichtigt:

1. Fixieren der Teilebene im Gesenk für eine möglichst flache Lage des Werkstückes;
2. Verwirklichen der Gratnaht in einer Ebene;
3. Verwirklichen von Aushebeschrägen;
4. Abrunden von Querschnittsübergängen und Kanten;
5. Vermeiden von Unter- und Hinterschneidungen (evtl. Anfertigen und Verschweißen von zwei oder mehreren Schmiedestücken);
6. Vermeiden hoher Rippen und tiefer Gesenkeinarbeitungen.

Für die Seitenschrägen von Innen- und Außenflächen gelten nach DIN 7523 die in Tabelle 4.4 für die unterschiedlichen Schmiedemaschinen zusammengestellten Werte. Es ist zu beachten, daß sie unter einem Winkel von 10° liegen und immer in der Umformrichtung gemessen werden. Beim Arbeiten mit einem Auswerfer oder Abstreifer am Schmiedewerkzeug können die Schrägungswinkel klein gehalten werden.

DIN 7523 enthält auch Richtwerte für die Abrundungs- und Ausrundungsradien sowie die Bearbeitungszugabe bei Gesenkschmiedestücken. Ihre Abhängigkeit von charakteristischen Werkstückabmessungen ist in den Bildern 4.48 bis 4.50 dargestellt.

Tabelle 4.4. Seitenschrägen von Innen- und Außenflächen nach DIN 7523

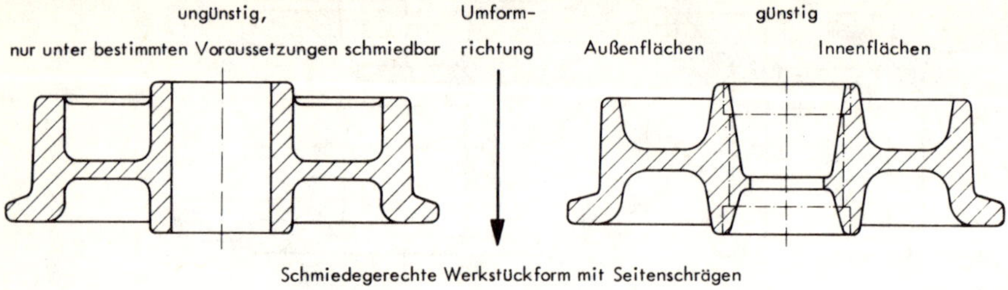

	Innenflächen			Außenflächen		
Schmieden mit	Neigung	Winkel	Anwendung	Neigung	Winkel	Anwendung
Hämmern	-	-	-	1: 6	9°	bei hohen Rippen
	1: 6	9°	Normalfall	1:10	6°	Normalfall
	1:10	6°	bei niedrigem Dorn	1:20	3°	bei flachen Teilen
Pressen	1: 6	9°	bei größerer Vertiefung	1:10	6°	bei flachen Teilen
	1:10	6°	Normalfall	1:20	3°	Normalfall
	1:20	3°	mit Auswerfer	1:50	1°	mit Auswerfer
Waagerecht-Stauchmaschinen	-	-	-	1:20	3°	im Stößelgelenk oder für Flächen quer zur Umformrichtung
	1:20	3°	je nach Tiefe	1:50	1°	Normalfall
	bis 1:50	0-3°	Loch oder Vertiefung	-	0°	an Backenflächen

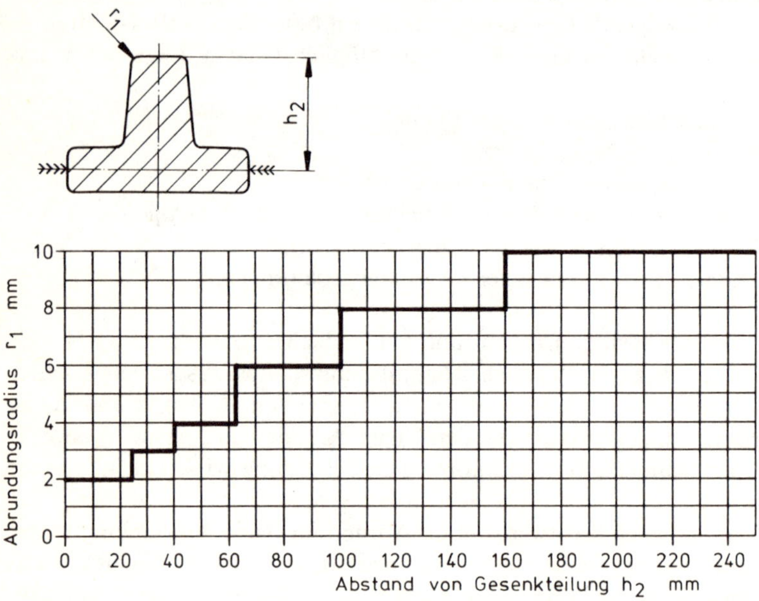

Bild 4.48. Richtwerte für Abrundungsradien bei Gesenkschmiedestücken nach DIN 7523, T2

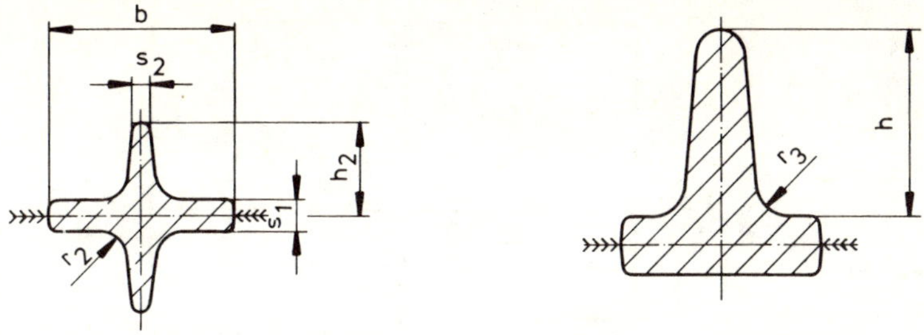

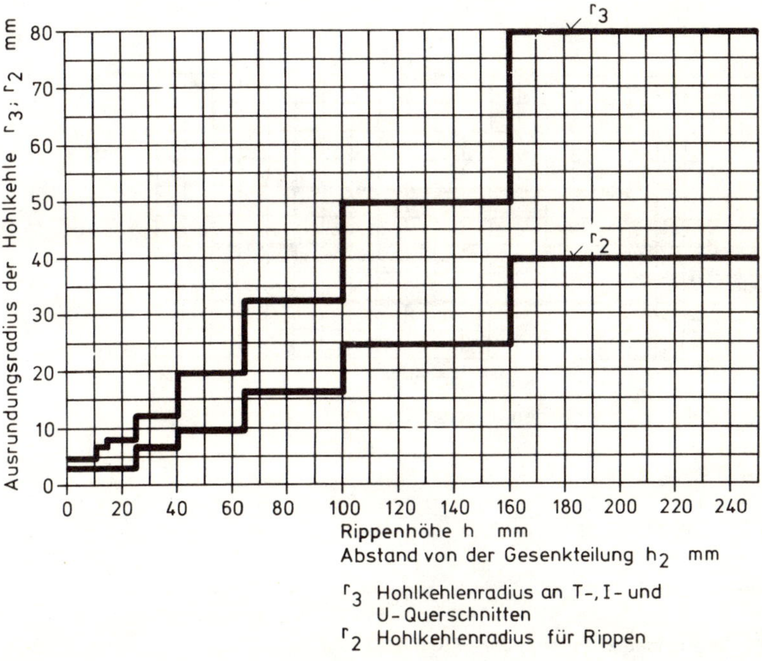

Bild 4.49. Richtwerte für Ausrundungsradien bei Gesenkschmiedestücken nach DIN 7523, T2

Die Verwirklichung einer schmiedegerechten Werkstückform ist nur mit guten Kenntnissen aus der Umformtechnik und Werkzeugfertigung möglich. Es sind besonders die Stückzahl, die Bauteilgröße, der Werkstoff und die Fertigungseinrichtungen für die Herstellung der Werkzeuge, den Schmiedeprozeß sowie die Fertigbearbeitung des Schmiedeteils zu beachten. Bild 4.51 gibt für ein ausgeführtes Schmiedestück schematisch die Abhängigkeit der Kosten bis nach dem Schmieden (Schmiedewerkzeug-, Werkstoff- und Schmiedekosten!) und der sich anschließenden Fertigbearbeitung in Abhängigkeit von der Stückzahl wieder. Mit steigender Stückzahl steigen die Kosten für das reine Schmiedeteil sogar leicht an. Dies bedeutet, daß mit zunehmender Stückzahl das Schmieden eines Bauteils aufwendiger und damit in bezug auf die Abmessungen des Fertigteils genauer sein darf.

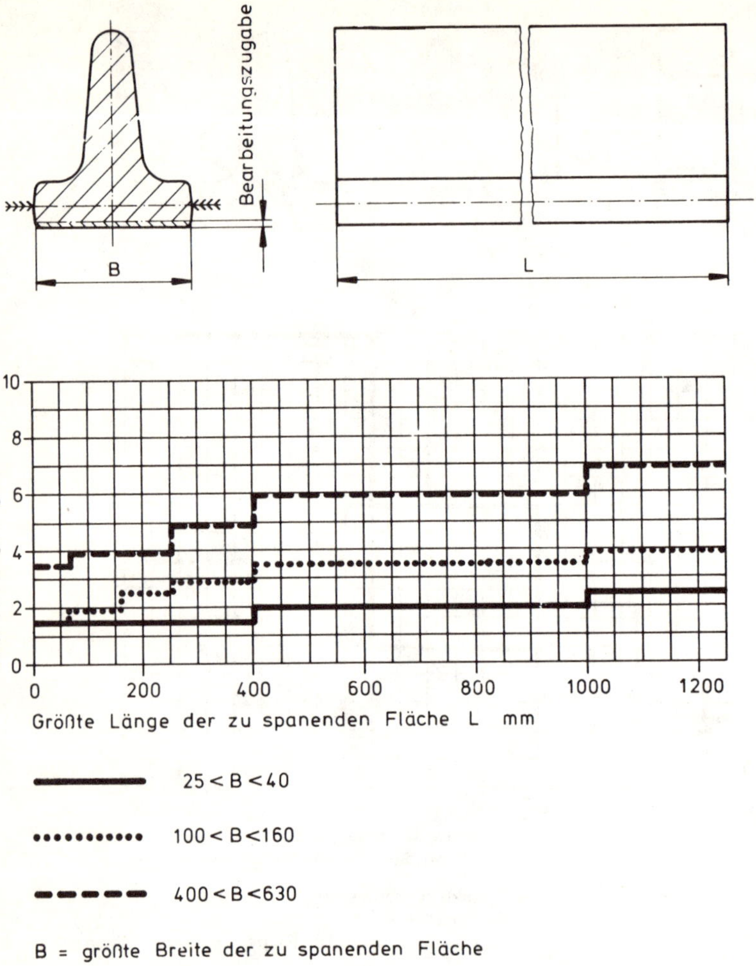

Bild 4.50. Richtwerte für die Bearbeitungszugabe bei Gesenkschmiedestücken nach DIN 7523, T2

Genaueres Schmieden bedingt höhere Kosten für die Schmiedewerkzeuge und den eigentlichen Schmiedevorgang, aber es senkt den Aufwand für die nachfolgende Fertigbearbeitung sehr stark. Deren Kostenanteil geht daher stark zurück, so daß die Gesamtkosten mit steigender Stückzahl sinken [41].

4.5.5.2 Kaltfließpressen

Eine spezielle Art des Pressens ist das Kaltfließpressen [9, 30], bei dem der Werkstoff unter der Einwirkung eines hohen, schnell wirkenden Druckes zum Fließen gebracht wird. Dieses Verfahren wird zur Herstellung von Tuben, Röhrchen, Kapseln, Bechern usw. verwendet. Das Kaltfließpressen ist ein sehr wirtschaftlicher

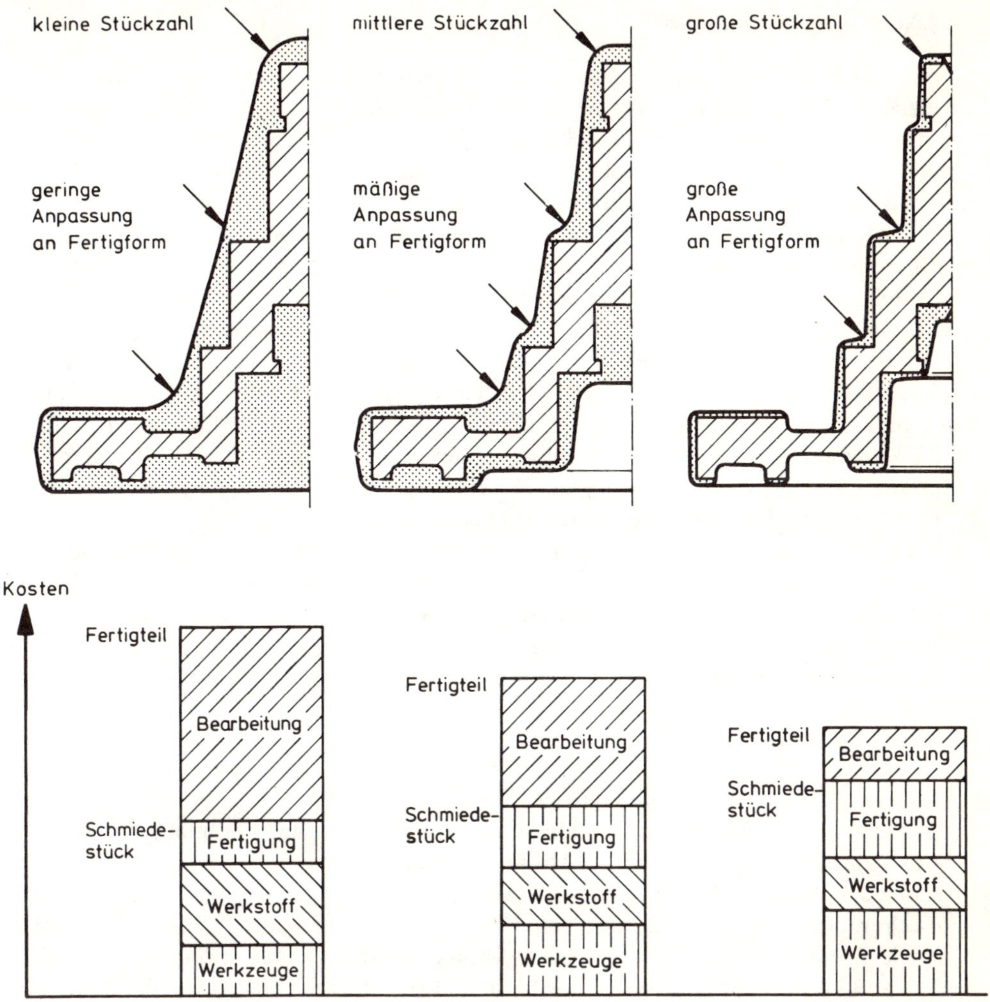

Bild 4.51. Abhängigkeit der Kosten des rohen und des fertig bearbeiteten Schmiedeteiles von der Stückzahl

Fertigungsprozeß, weil geringe Werkzeugkosten, hohe Stückleistungen, geringer Materialverbrauch und niedrige Fertigungskosten anfallen. Die Werkstoffe für das Kaltfließpressen müssen ein gutes Formänderungsvermögen haben (Nichteisenmetalle: Pb, Sn, Zn, Al und deren Legierungen; Kohlenstoffstähle; legierte Stähle; plattierte Werkstoffe). Bezüglich der Formgestaltung ist zu berücksichtigen, daß Wandstärken unter 0,1 mm, Wandickentoleranzen unter 10% und Höhen-Durchmesserverhältnisse über 10 nur sehr schwer zu erreichen sind.

4.5.6 Blechkonstruktionen

Aus Blechen werden ebene und räumlich gestaltete Bauteile in einer großen Formenvielfalt, mit hoher Festigkeit und Steifigkeit (Schalenbauweise!) bei geringem Materialaufwand hergestellt. Blechkonstruktionen werden vornehmlich im Leichtbau angewendet, wo eine hohe Materialeinsparung gegenüber dem Massivbau (Guß- und Schmiedekonstruktionen!) zu kleineren Massen und Gewichten führt, ohne daß eine Einbuße an Festigkeit und Steifigkeit zu verzeichnen ist [11, 20, 23, 30, 34, 40]. Die Anwendung von Blechen erlaubt die Nutzung spezifischer Werkstoffeigenschaften zur Erfüllung besonderer Funktionsanforderungen. So können z.B. im Apparatebau beim Bau von Behältern plattierte Bleche verwendet werden, die mit der dünneren aufplattierten Schicht aus teurem, korrosionsbetändigem Material einen wirksamen und wirtschaftlich vertretbaren Korrosionsschutz gegen aggressive Medien ergeben, und die mit der dickeren Schicht aus billigerem Baustahl die Stützfunktion zur Aufnahme von Drücken übernehmen. Ferner werden Blechkombinationen zur Verbesserung der Korrosionsbeständigkeit und der Wärmeleitfähigkeit beim Bau von Wärmeaustauschern eingesetzt.

Bauteile werden vornehmlich dann als Blechkonstruktionen ausgeführt, wenn sie in sehr großen Stückzahlen (Massenfertigung!) zur Anwendung kommen. Die zur Bearbeitung von Blechen und zur Herstellung von Blechteilen einsetzbaren Fertigungsverfahren sind einfach und produktiv und lassen sich in hohem Maße automatisieren. Man unterscheidet im Prinzip zwei Gruppen vn Blechbearbeitungsverfahren [11, 30]:
1. Werkstofftrennung;
2. Werkstoffumformung.

Die *Werkstofftrennung* umfaßt nach DIN 9870 die Fertigungsverfahren Ausschneiden oder Ausbrennen, Abschneiden, Einschneiden, Beschneiden, Nachschneiden, Lochen, Abgraten und Stechen. Zur *Werkstoffumformung* rechnet man die Verfahren Biegen, Rollen, Sicken, Bördeln, Ziehen, Prägen, Drücken, Pressen sowie Form- und Flachstanzen. Sie bewirken im Bereich der Umformzone eine Verfestigung des Werkstoffes. Eine anschauliche Zusammenstellung der Blechbearbeitungsverfahren ist in Bild 4.52 gegeben.

4.5.6.1 Gestaltung von Blechteilen

Bei der Gestaltung von Blechteilen sind folgende Grundregeln zu beachten [11, 23, 30, 34]:
1. Formgerechtes Gestalten;
2. werkstoffgerechtes Gestalten;
3. werkzeuggerechtes Gestalten;
4. qualitäts-, festigkeits- und steifigkeitsgerechtes Gestalten;
5. fügegerechtes Gestalten.

Aus Gründen der Beschränkung werden im folgenden nur die Punkte 1, 4 und 5 näher erläutert.

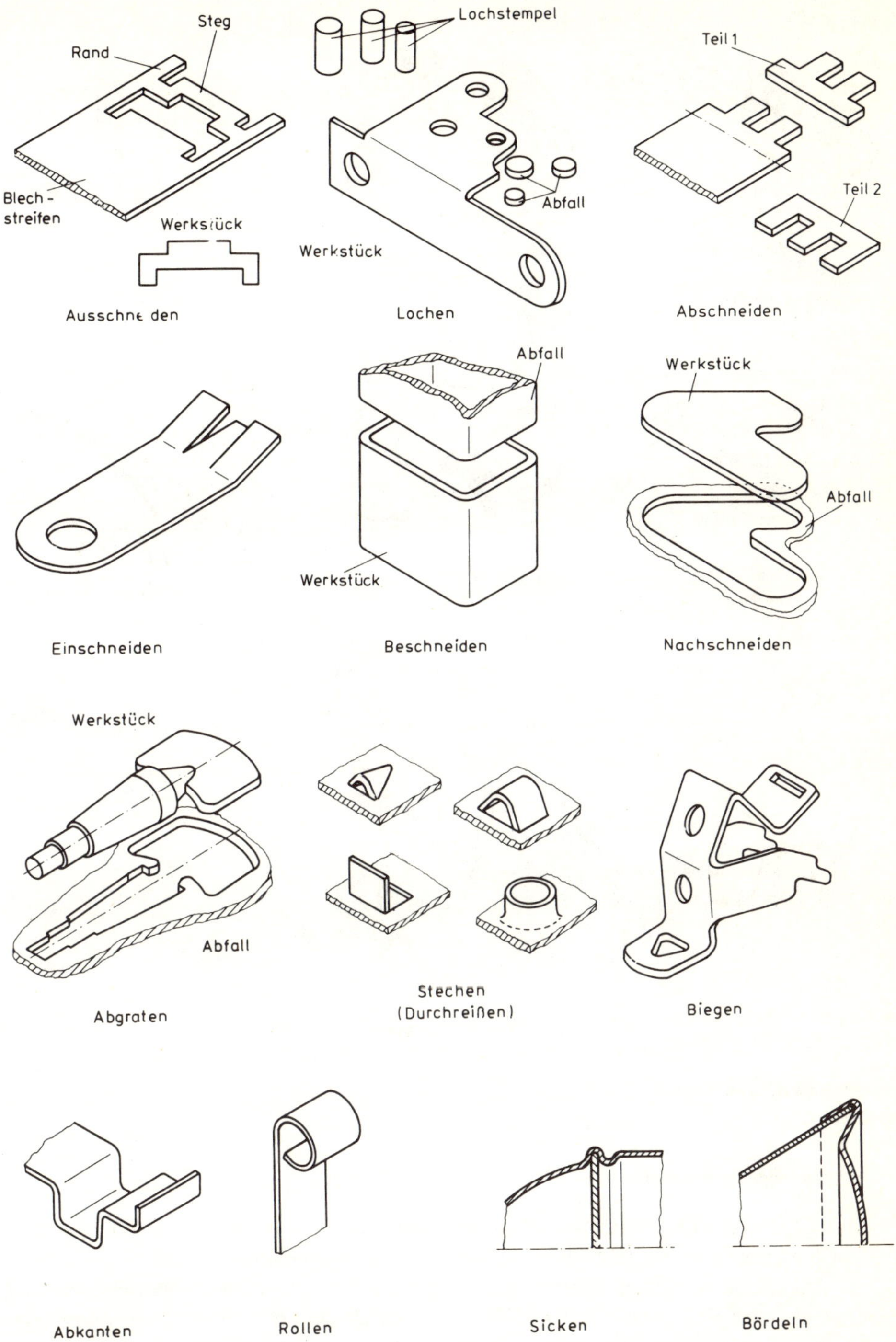

Bild 4.52. Blechbearbeitungsverfahren

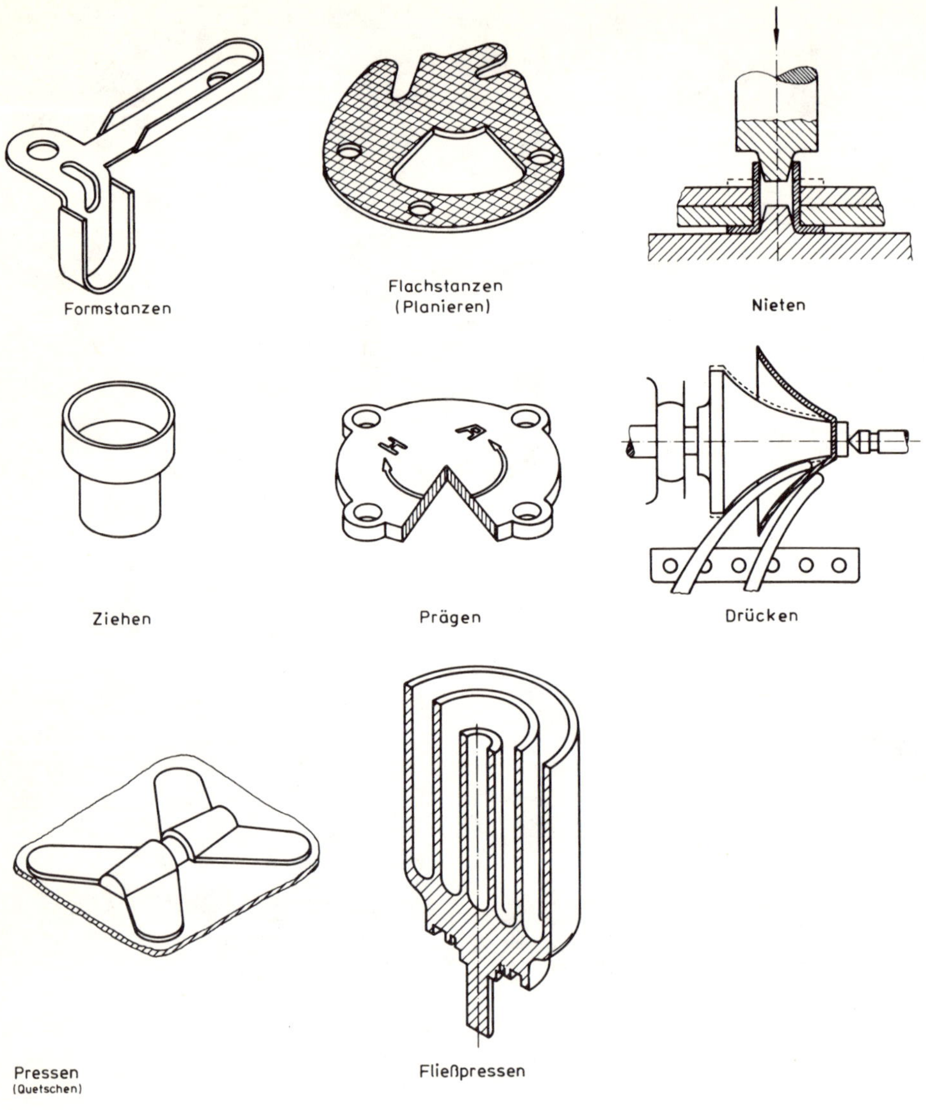

Bild 4.52. (*Fortsetzung*)

Formgerechtes Gestalten

Besonderer Wert wird auf eine Materialeinsparung durch günstige Blechaufteilung sowie Minimierung und Wiederverwendung der Abfallstücke gelegt.

Durchbrüche sind möglichst mit kreisrunden Lochstempeln herzustellen und in einem Mindestabstand $a \geqq r + 2 \cdot s$ von einer Biegekante vorzusehen, wenn s die Blechdicke und r der Biegeradius der Kante sind.

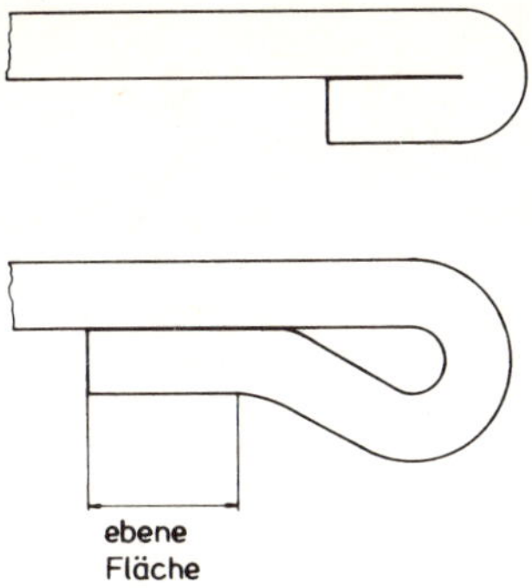

Bild 4.53. Gestaltung eines Blechabbugs um 180°

Biegeteile können einfach und mehrfach gebogen sein, jedoch sind einfache Biegungen mit einfachen Werkzeugen den Mehrfachbiegungen mit einem durch die zusätzliche Werkstückaufnahme komplizierteren Werkzeug vorzuziehen [22, 30]. Beim Biegen ist ferner zu berücksichtigen, daß die äußeren Fasern gedehnt und die inneren Fasern gestaucht werden. Dadurch wird der Werkstoff an den beiden Enden der Biegekante an der Innenseite nach außen gedrückt und an der Außenseite nach innen gezogen. Ein Biegen um einen Winkel von 180° ist – insbesondere bei spröden Werkstoffen – wegen der Gefahr der Rißbildung zu vermeiden. Eine kleine Ausrundung und Öffnung an der Biegekante gemäß Bild 4.53 verhindert das Reißen. Die Gratseite soll beim Biegen möglichst nach innen gelegt werden, weil sonst der Werkstoff leicht einreißt. Zur Minimierung der Werkstoffbeanspruchungen ist es günstig, die Biegekante senkrecht zu den Außenkanten des Werkstückes zu legen (Bild 4.54). Sind an einem Werkstück beidseitig Biegekanten anzubringen, so ist zur Vermeidung eines einseitigen Verzuges darauf zu achten, daß die Biegekanten gleich lang sind oder, wenn dies nicht zu verwirklichen ist, ein Loch für eine zusätzliche Aufnahme des Werkstückes vorgesehen wird (Bild 4.55).

Beim *Rollen* ist darauf zu achten, daß der Innendurchmesser d nicht beliebig klein gewählt werden kann, sondern in Abhängigkeit von der Blechdicke s zu beachten ist. Erfahrungsgemäß gilt $d \geq 1{,}5 \cdot s$. Rollen kann im Prinzip auf zwei

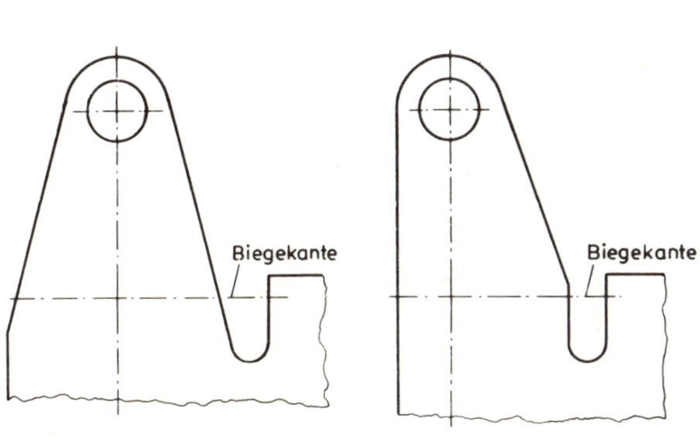

Bild 4.54. Senkrechte Anordnung der Biegekanten in bezug auf die Außenkanten

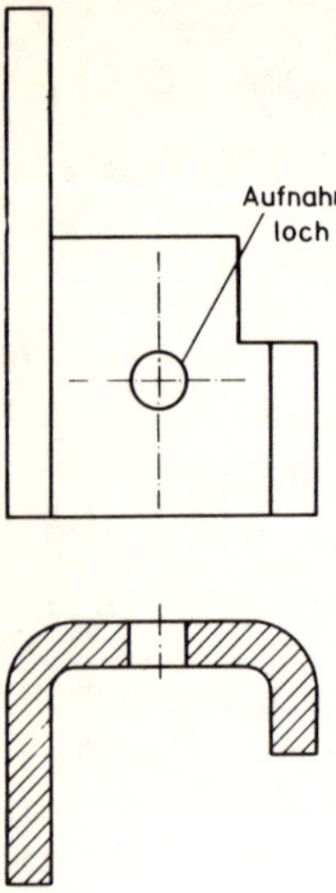

Bild 4.55. Aufnahme des Werkstückes bei ungleichen Biegekanten

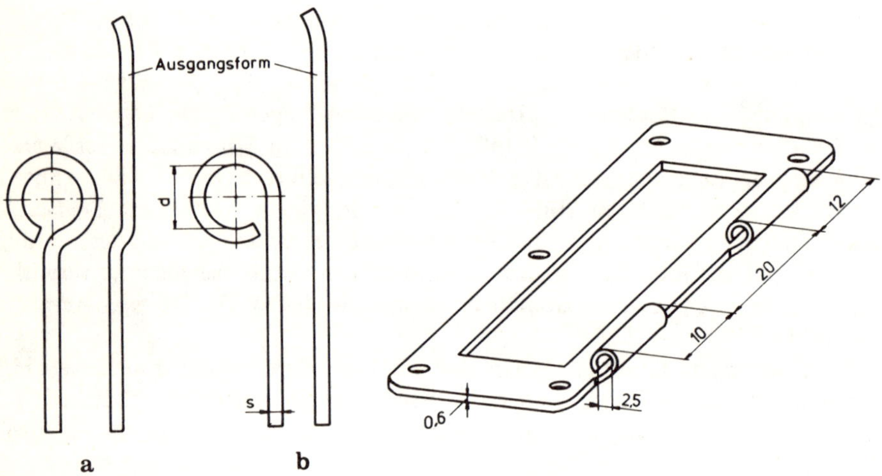

Bild 4.56. Rollen von Blech

Arten erfolgen [30]. Bei der ersten Art wird die Mittellinie der Rolle auf die Blechmitte gelegt (Bild 4.56) und das zu rollende Blech zuerst vorgebogen. Bei der zweiten Art tangiert die Blechebene die Rundung, und ein Vorbiegen des Bleches ist nicht erforderlich. Rollen mit tangentialem Einlauf der Rundung in die Blechebene ist wirtschaftlicher als das Rollen mit einem Vorabbug.

Flachstanzen dient zum Richten oder Planieren und nicht zum Umformen von Werkstücken (Bild 4.57). Die Oberfläche der Stanzwerkzeuge kann dabei glatt

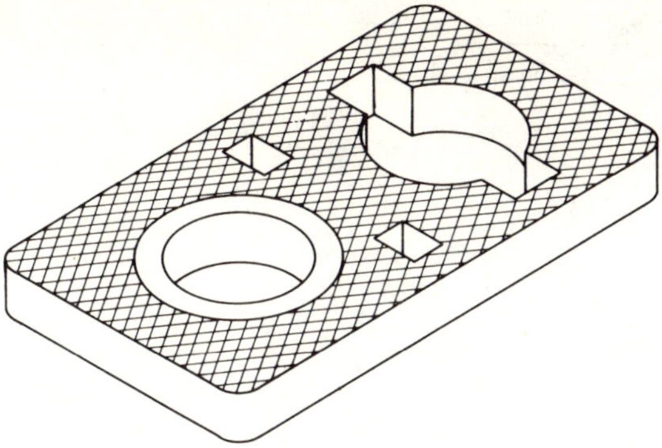

Bild 4.57. Flachstanzen von Blech

oder geriffelt sein. Glatte Oberflächen werden bei weichem und dickem Blech verwendet und geriffelte Oberflächen bei härterem und dünnem Blech [30].

Beim *Formstanzen* wird das Blech nicht längs einer Geraden wie beim Biegen oder Rollen, sondern längs eines offenen oder geschlossenen Linienzuges gebogen [11, 30, 33]. Es ist ein Umformen des Bleches durch Stempel und Gegenstempel. Da die Werkstoffumformung gegenüber dem Biegen stärker ist, können wegen der Gefahr der Faltenbildung bei der Blechverdrängung die abgebogenen Teile des Werkstückes nicht beliebig groß sein. Formstanzen wird zum Formen von Rändern, Augen, Senkungen, Spiegeln, Wölbungen, Sicken und Rippen verwendet. Die Blechteile können dadurch steifer und formstabiler gemacht werden, was zur Verwendung dünnerer Bleche und damit zur Einsparung von Werkstoff ausgenutzt wird. Beispiele für formgestanzte und versteifte Teile sind in Bild 4.58 zusammengestellt.

Tiefziehen dient zur Herstellung von Hohlkörpern aus einer Blechscheibe und ist technologisch gesehen die schwierigste Art der Blechumformung [5, 11, 23, 30]. Es unterscheidet sich vom normalen Formstanzen dadurch, daß Niederhalter – im Regelfall sogar abgefederte Niederhalter – die zugeschnittene Blechscheibe, die mittels eines Ziehstempels durch einen Ziehring gezogen wird, während des gesamten Ziehvorganges führen, an der Faltenbildung hindern und entsprechend der Ziehgeschwindigkeit hervorgleiten lassen. Beim Tiefziehen wird der Werkstoff am oberen Rand des Hohlgefäßes stark gestaucht und im unteren Teil des Gefäßmantels stark gedehnt. Durch diese starke Werkstoffbeanspruchung kommt es zu einer Kaltverfestigung und Erhöhung des Formänderungswiderstandes. Durch Glühen kann das ursprüngliche Formänderungsvermögen des Werkstoffes zurückgewonnen werden. Ist das herzustellende Ziehteil im Vergleich zu seinem Durchmesser oder seiner Breite hoch, so muß ein Blech sehr guter Tiefziehqualität und ein Ziehen in mehreren Stufen vorgesehen werden. Die Anzahl der Ziehstufen bestimmt in sehr hohem Maße die Wirtschaftlichkeit der Herstellung von Ziehteilen, weil sie die Werkstoffqualität, die Anzahl und die Konstruktion der einzelnen Ziehwerkzeuge und auch den Ziehvorgang selbst (Geschwindigkeit!) beeinflußt. Bezüglich der Ziehstufen muß auf die Spezialliteratur [5, 11] verwiesen werden. Die einzelnen Ziehstufen und -formen, die z.B. zur Herstellung eines

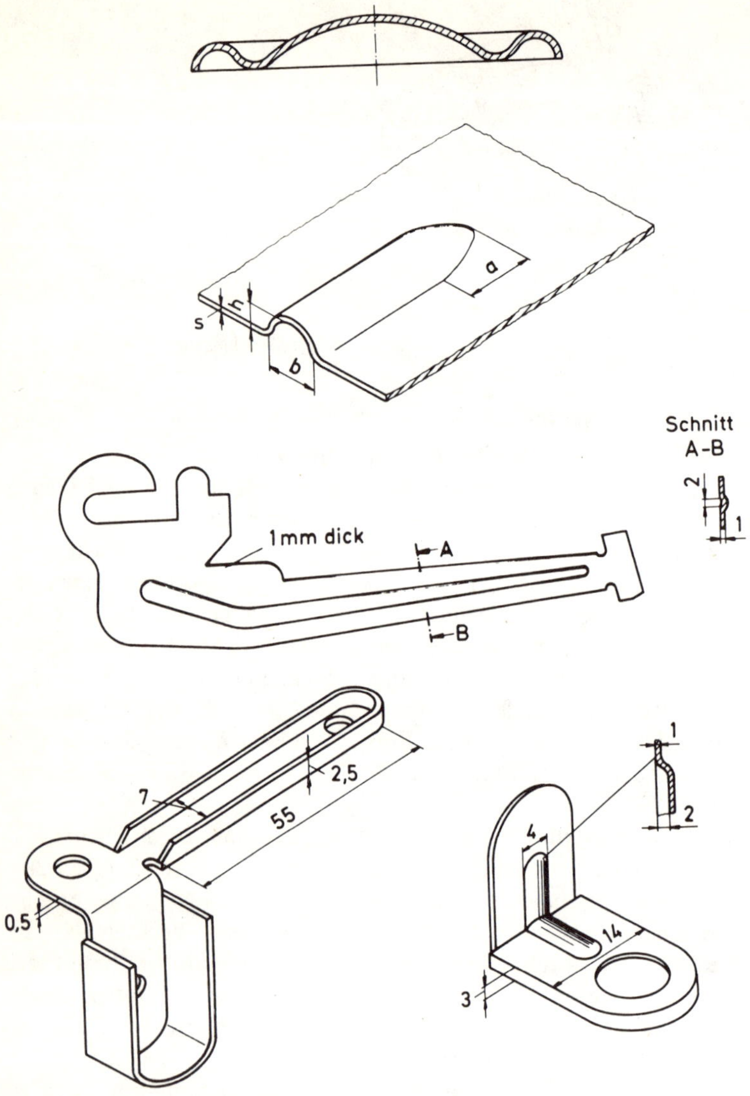

Bild 4.58. Formgestanzte Blechteile

runden, zweimal abgesetzten Tiefziehteils erforderlich sind, sind in Bild 4.59 gezeigt. Beispiele für Tiefziehteile mit ungünstiger und günstiger Formgestaltung sind in Bild 4.60 gegenübergestellt.

Beim *Prägen* werden die Blechrohlinge meist in Form von Platinen zwischen einem Ober- und einem Untergesenk an ihren Oberflächen reliefartig geformt [11, 30, 33]. Zum leichteren Fließen des Werkstoffes und zum vollen Ausfüllen der Gesenkform sind tiefe Formen und schroffe Übergänge zwischen tieferen und erhabeneren Flächen sowie harte Werkstoffe zu vermeiden.

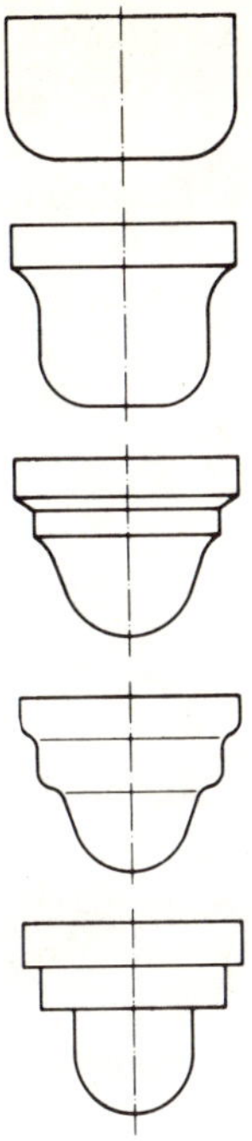

Bild 4.59. Ziehstufen für ein zweimal abgesetztes rotationssymmetrisches Ziehteil

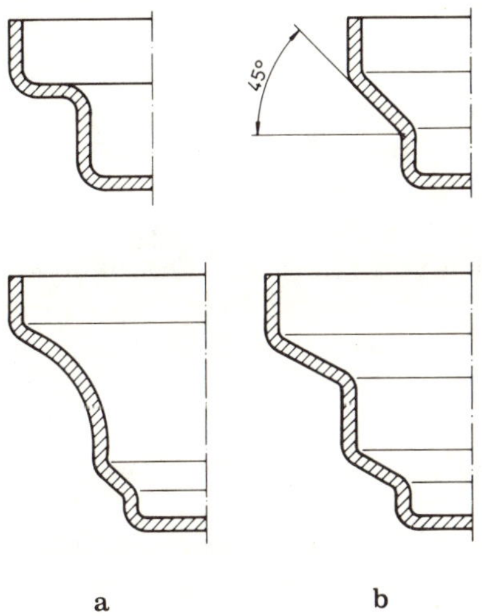

Bild 4.60a, b. Ungünstige (**a**) und günstige (**b**) Formen für Ziehteile

Beim *Pressen* zwischen zwei Gesenkteilen können am Rohling größere Formänderungen als beim Prägen vorgenommen werden. Durch Erwärmen des Rohlings können diese Formänderungen sogar noch gesteigert werden. Durch den aufgebrachten hohen Druck fließt der Werkstoff in den Hohlraum zwischen Gesenkober- und -unterteil und infolge seines Überschusses auch in die Teilfuge des Gesenkes und bildet den Grat. Dieser muß nach dem Pressen abgeschnitten werden. Zu jedem Preßwerkzeug gehört im Regelfall daher auch ein Schnittwerkzeug. Zur richtigen Formgestaltung von Preßteilen sind folgende Richtlinien zu beachten [11, 30, 33]:

1. Plazieren der Gratnaht in eine Ebene, in der sie mit einem Schnittwerkzeug leicht entfernt werden kann;
2. gutes Abrunden von Übergängen und Kanten zum besseren Fließen des Werkstoffes;
3. Vermeiden von plötzlichen Querschnittsänderungen zur Vermeidung von Spannungsrissen;
4. Vermeiden von Unterschneidungen zur einfachen und billigen Herstellung der Werkzeuge;
5. leichtes Schrägstellen der Wände zum einfachen Ausheben des Werkstückes aus dem Gesenk. Bei Stahl soll die Schräge nicht unter 1:6 und bei Nichteisenmetallen nicht unter 1:10 liegen;
6. Berücksichtigen einer Toleranz in der Preßhöhe, die in der Gesamthöhe des Preßteiles 0,2 bis 0,3 mm betragen kann;
7. Berücksichtigen einer Mindestwandstärke zur Vermeidung von Spannungsrissen. Bei Stahl beträgt diese 2 mm, bei Kupfer und Messing 2,5 mm und bei Aluminium 3 mm;
8. Einbringen scharfkantiger Löcher und Schlitze erst nach dem Preßvorgang zur Vermeidung einer Rißbildung und Verteuerung der Werkzeuge.

Qualitäts-, festigkeits- und steifigkeitsgerechtes Gestalten

Bezüglich der Oberflächengüte und der Maßhaltigkeit sind Blechkonstruktionen den Guß- und Schmiedekonstruktionen überlegen.

Festigkeits- und steifigkeitsmäßig sind dünne Blechstreifen sehr biege- und verdrehweich und können nur kleine Beanspruchungen ertragen. Durch eine günstige Formgestaltung, insbesondere unter Berücksichtigung der Art der Beanspruchung und deren Einleitung in das Bauteil, lassen sich steife Konstruktionen bei geringem Arbeits- und Werkstoffaufwand herstellen [22, 23, 30, 33]. Flache Rechteckquerschnitte werden z.B. wesentlich biegesteifer, wenn Wellen, Rippen, Sicken, Spiegel oder andere Profilierungen eingeprägt oder die Ränder umgebördelt oder nur hochgezogen werden. Sehr viele massive, meist spanabhebend bearbeitete Werkstücke lassen sich, falls die Stückzahl sehr groß ist (Massenfertigung!), bei günstiger Blechteilgestaltung durch kostengünstigere Stanzteile ersetzen. Bild 4.61 gibt unterschiedliche Lösungen der Gestaltung von Konsolen oder Blechwinkeln wieder, wie sie im Geräte- und Apparatebau sehr häufig eingesetzt werden.

Fügegerechtes Gestalten

Wird ein Bauteil aus mehreren Werkstücken zusammengebaut und sind diese in großer Stückzahl hergestellte Stanzteile, so ist schon bei deren Gestaltung auf die wirtschaftliche Verbindung oder Fügung zu achten. Im Prinzip unterscheidet man drei Arten des Fügens:

1. Formschlüssiges Fügen;
2. kraftschlüssiges Fügen;
3. stoffschlüssiges Fügen.

Zum *formschlüssigen Fügen* rechnet man alle Verfahren, bei denen ein Verbinden der einzelnen Elemente durch Ineinandergreifen ihrer Form gewährleistet wird. Das sind bei Blechkonstruktionen in der Hauptsache das Lappen, das Nieten, das Schrauben, das Bördeln, das Falzen oder das Schachteln und das Sicken.

Beim *kraftschlüssigen Fügen* von Blechteilen werden die zu verbindenden Teile so gegeneinander gepreßt, daß die in der Fügefläche auftretenden Reibkräfte größer sind als die äußeren Belastungen.

Zum *stoffschlüssigen Fügen* zählt man alle Verfahren, bei denen ein Verbinden der einzelnen Elemente durch Ineinanderschmelzen sowie durch intermolekulare oder chemische Bindungskräfte (mit oder ohne Stoffzusatz!) erfolgt. Es sind dies vornehmlich das Schweißen, das Löten und das Kleben.

Formschlüssiges Fügen

Beim *Lappen* von Blechteilen wird so vorgegangen, daß Lappen oder Blechzungen an dem einen Werkstück durch Durchbrüche oder Schlitze im anderen Werkstück gesteckt und umgebogen oder geschränkt werden. Dieses Verfahren ist sehr wirtschaftlich, weil die Lappen und Durchbrüche schon bei der Herstellung der Blechteile gefertigt und mit einfachen Vorrichtungen geschlossen werden können. Beispiele für Lappenverbindungen sind in Bild 4.62 zusammengestellt [11, 30].

Beim *Nieten* werden Blechteile mit Hohlnieten, die aus Blech gerollt oder gezogen sein können, hohlnietförmigen Zapfen oder Nietlappen miteinander verbunden. Bei Verwendung von Hohlnieten oder hohlnietförmigen Zapfen wird der Nietkopf mit einem Stanzwerkzeug (Presse oder Zange!) geformt. In Bild 4.63 werden Beispiele für derartige Nietverbindungen gezeigt [11, 30].

Nietlappen werden mit einem Hammerwerkzeug oder einer Rändelrolle umgeschlagen, umgelegt oder umgerollt. Beispiele für derartige Blechteilverbindungen sind in Bild 4.64 zusammengestellt.

Das *Verschrauben* von Blechteilen, die mit ihren ebenen Flächen aufeinander liegen, erfolgt mittels Blechschrauben oder Kopfschrauben [11, 30]. Sollen Blechteile aus nicht zu hartem Werkstoff (z.B. Aluminium, Messing, Baustahl) verbunden werden, so eignen sich Blechschrauben aus gehärtetem Stahl (Bild 4.65), die sich beim Eindrehen in Bohrungen (Durchmesser = Gewindekerndurchmesser der Schraube!) ihre Gewinde selbst schneiden. Geeignet sind Blechdicken von 0,3 bis 4 mm, wie sie im Fahrzeugbau, Geräte- und Apparatebau vornehmlich eingesetzt werden. Bei Verwendung von Kopfschrauben erfolgt die Verbindung entweder so, daß beide Bleche durchbohrt werden, eine Kopfschraube durchgesteckt und die Verbindung mit einer Mutter verschraubt wird, oder so, daß in das eine Blech das Durchgangsloch zum Durchstecken der Schraube und in das andere Blech das

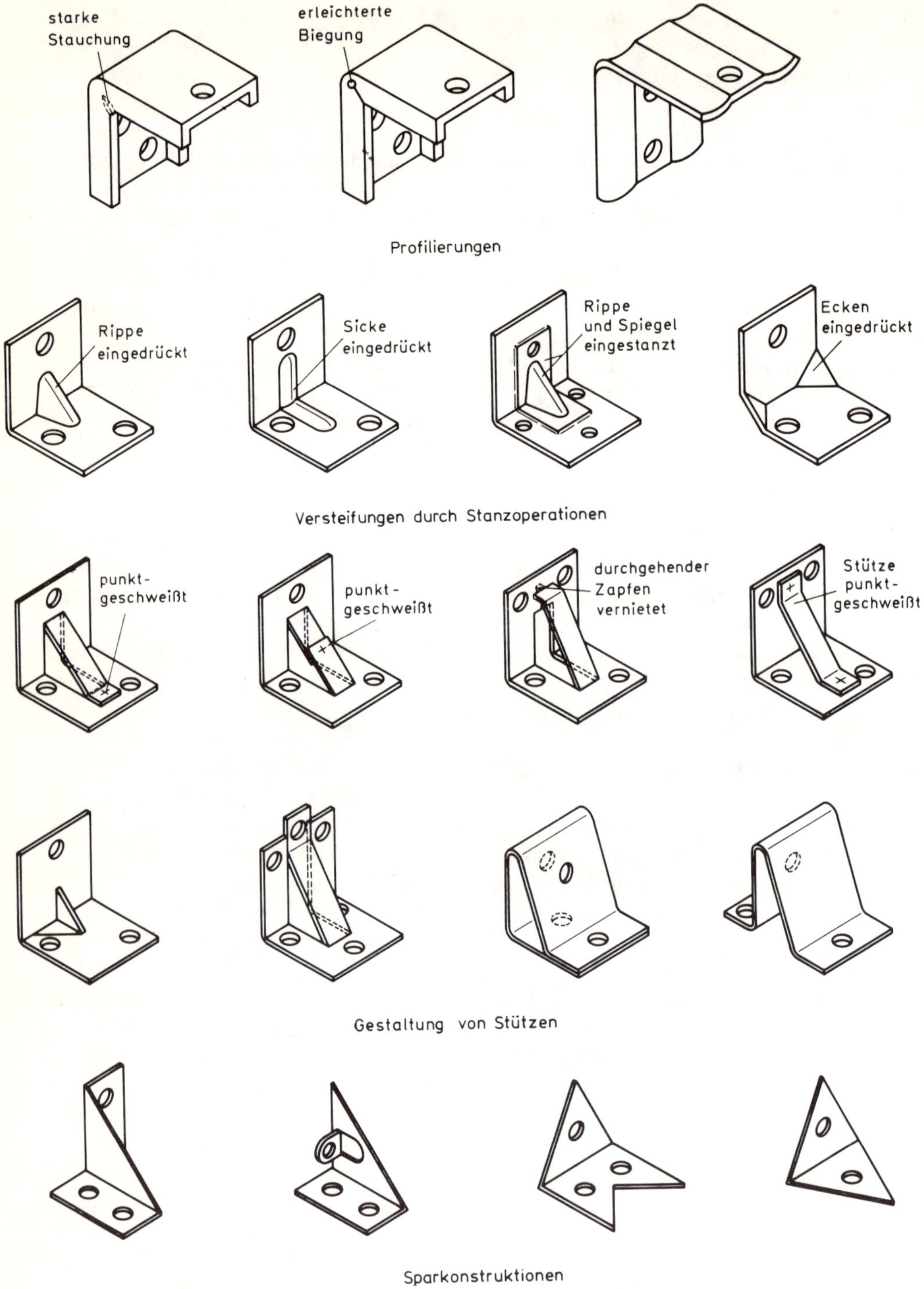

Bild 4.61. Gestaltung einer Konsole oder eines Winkels als Blechkonstruktion

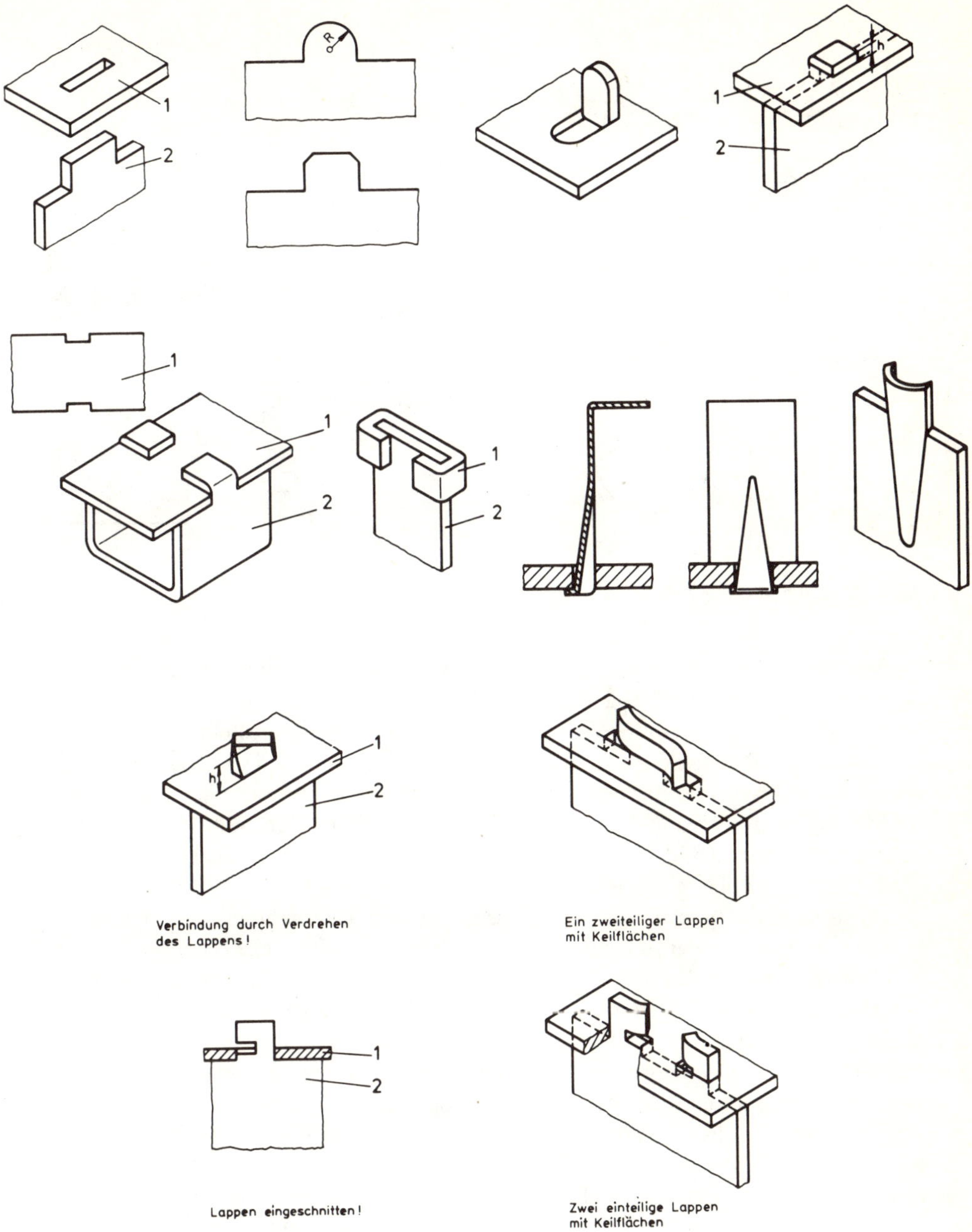

Bild 4.62. Gestaltung von Lappenverbindungen

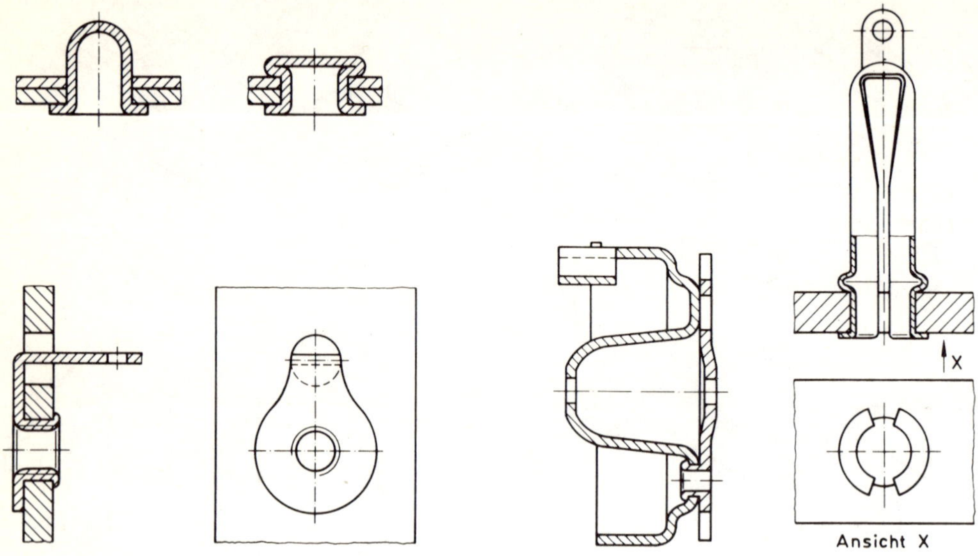

Bild 4.63. Gestaltung von Nietverbindungen

Gewindeloch eingearbeitet und das Ganze mit einer Schraube verschraubt wird. Das dem Schraubenkopf abgewandte Blech übernimmt dabei die Funktion der Mutter. Die zuletzt genannte Verbindung ist in Bild 4.66 dargestellt. Gestaltungsvarianten von Blechteilen mit Muttergewinde sind in Bild 4.67 aufgezeigt. Für große Gewinde wird bei dünnen Blechen die Blechkante selbst als Gewindeführung benutzt, wenn am Gewindeloch das Blech in der Art eines Gewindeganges gestanzt oder gestülpt wird (Bild 4.68). Bei rohrförmigen Blechteilen dünner Wandstärke wird Gewinde auch eingedrückt oder bei größeren Durchmessern eingerollt. Beispiele sind die Sockel und die Fassungen von Glühlampen, bei denen die Gewinde zum Verbinden, d.h. zum Verschrauben der beiden Teile gedrückt werden.

Bördeln, Falzen, Schachteln und Sicken [11, 28, 30, 33, 40] werden vornehmlich dann angewendet, wenn eines der beiden Werkstücke an der Verbindungsstelle eine kreiszylindrische Form hat. Beim *Bördeln* wird gemäß Bild 4.69 das eine Teil, das einen rohrförmigen Rand hat, um das andere Teil gelegt oder gerollt. Der Bördelrand kann alternativ nach innen oder außen gelegt werden. Der Werkstoff des mit dem Bördelrand versehenen Teiles muß genügend weich sein, muß aber auch so widerstandsfähig sein, daß der zum Bördeln erforderliche Anpreßdurck und die an der Fügestelle auftretenden Belastungen ausgehalten werden können. Beim *Falzen* [40] werden die Blechteile an ihren Rändern an der Fügestelle umgebogen, ineinander gesteckt, zusammengedrückt und schließlich umgelegt oder gekröpft. Falzen wird vornehmlich bei der Herstellung von Dosen angewendet. Gemäß Bild 4.70 gibt es stehende oder liegende Falze, die als stehende Falze links- oder rechtsseitig und als liegende Falze ober- bzw. außen- oder unter- bzw. innenseitig ausgeführt sein können. In Bild 4.71 wird eine Außenfalzverbindung

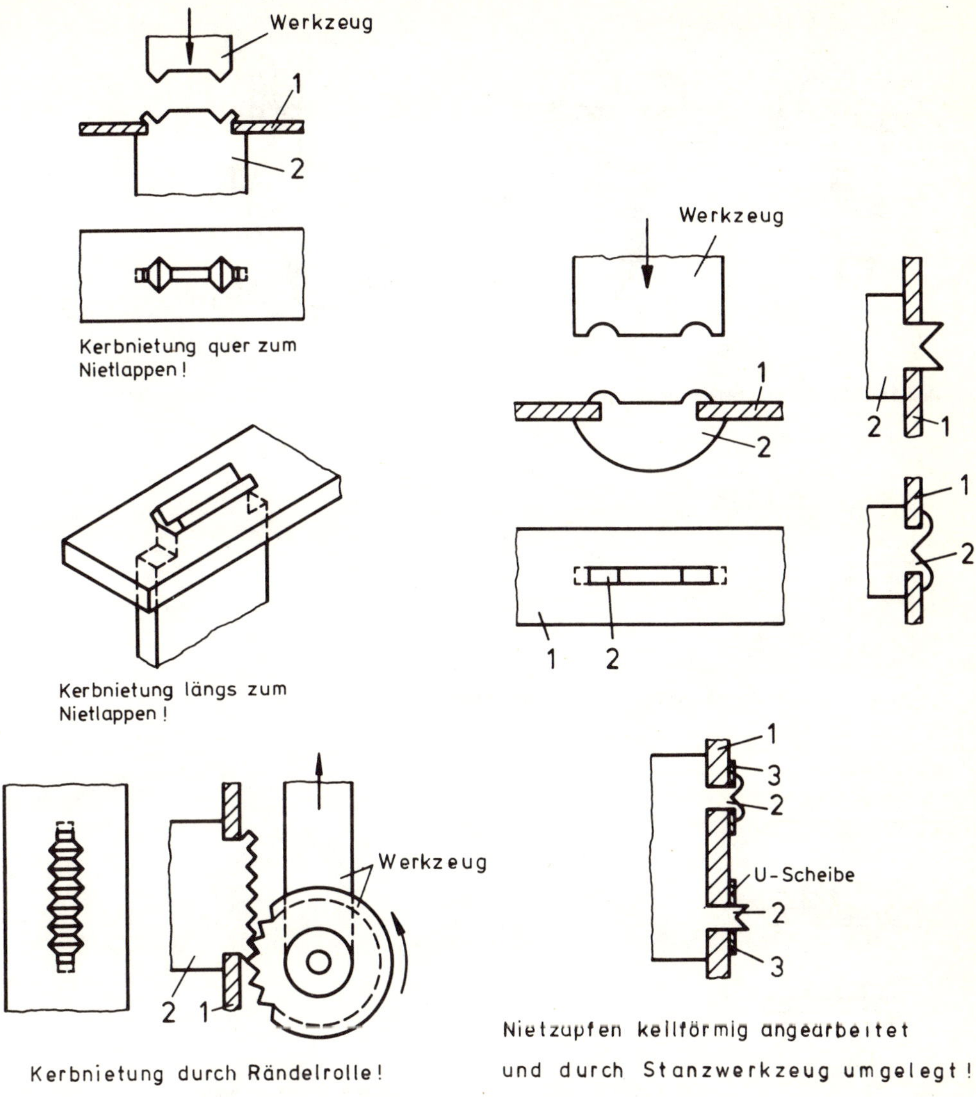

Bild 4.64. Anwendungsbeispiele für Nietungen mit Nietlappen

an einem aus zwei Teilen bestehenden Gefäß (Bodenteil und Kegelschuß) dargestellt. Unter *Schachteln* versteht man das Zusammenstecken und -falzen eines ebenen Bleches zu einem Kastenprofil in der Art der Herstellung von Kartonschachteln; es kann aber auch das Zusammenfügen von mehreren Teilen sein, die durch ein formschlüssig übergreifendes Teil – in der Art eines Deckels – eindeutig fixiert werden. Sehr oft ist das übergreifende „Deckelteil" mit einem Unter- oder Hauptteil noch formschlüssig (Niet, Schraube!) verbunden.

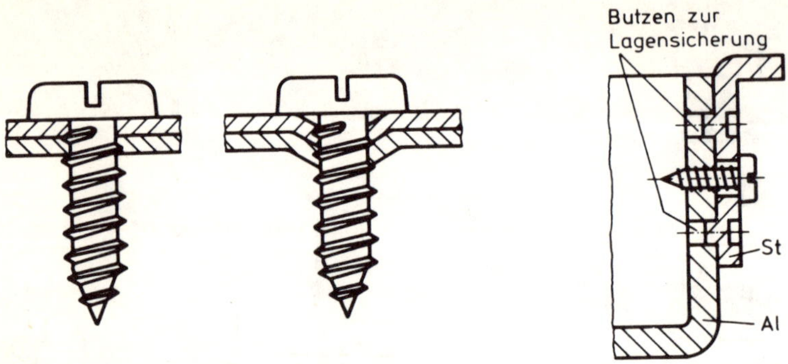

Bild 4.65. Blechschraubenverbindungen

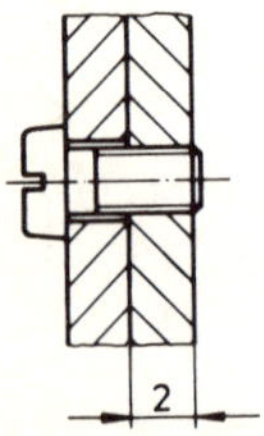

Bild 4.66. Kopfschraubenverbindung

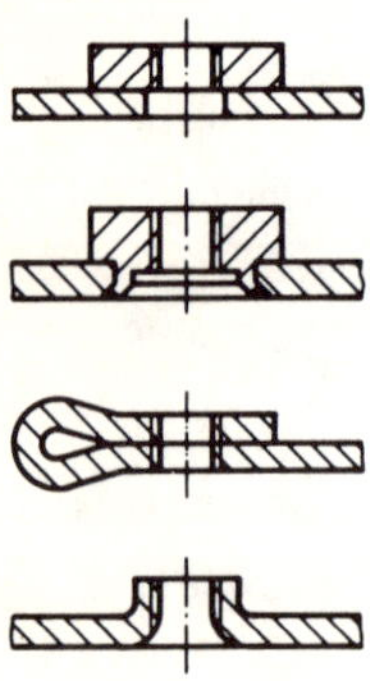

Bild 4.67. Gestaltung von Blechteilen mit Muttergewinde

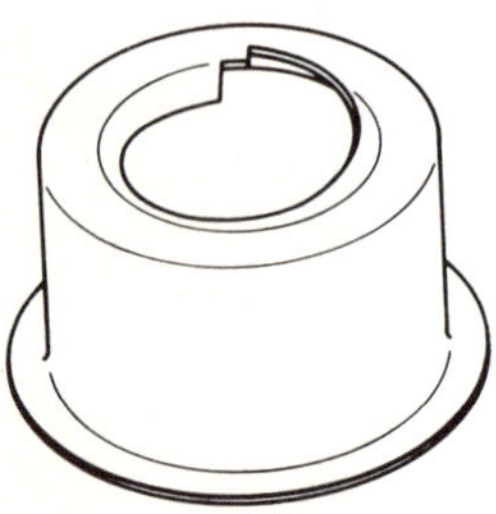

Bild 4.68. Gestanzter Blechrand als Muttergewinde

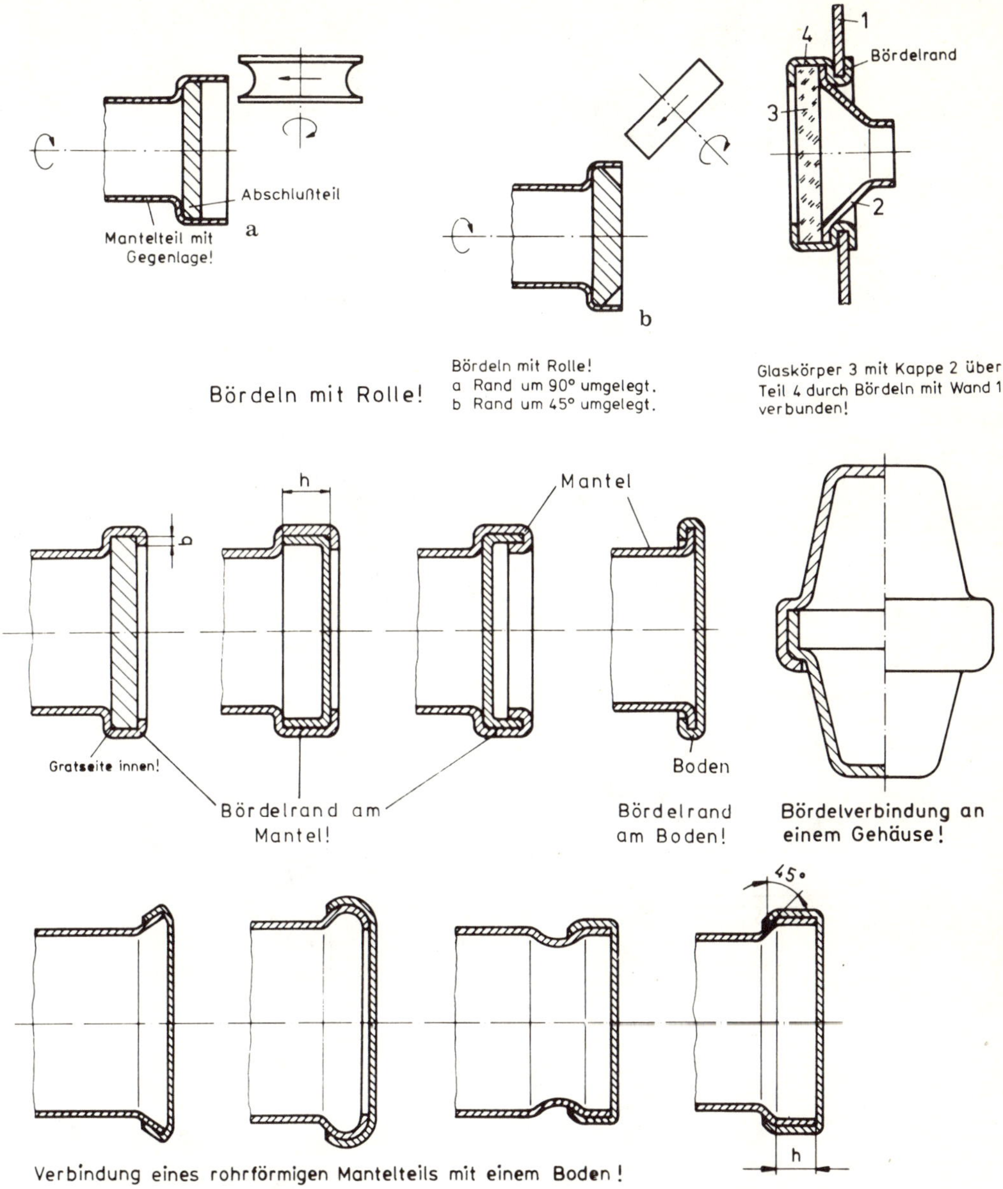

Bild 4.69. Bördeln von Blechteilen

Sicken dient vornehmlich zum Befestigen eines Blechteils mit zylindrischer Kontur in einem anderen rohrförmigen Werkstück. Eine Sicke ist ein nach innen oder außen gerollter Wulst in einem kreiszylindrischen Werkstück (Bild 4.72). Die Befestigung der beiden Blechteile kann durch eine Einfach- oder Doppelsicke erfolgen [11, 30].

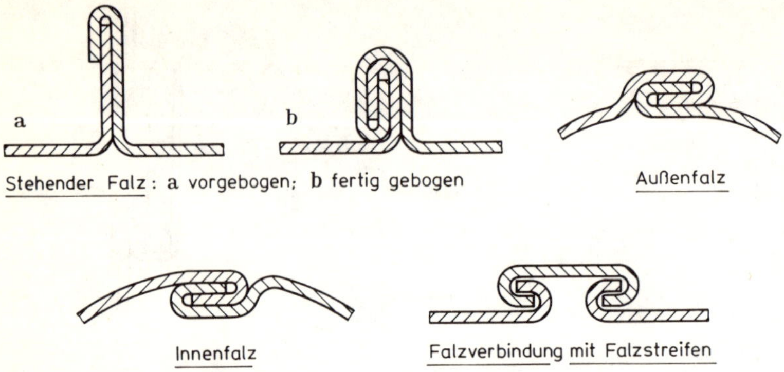

Bild 4.70. Falzen von Blechteilen

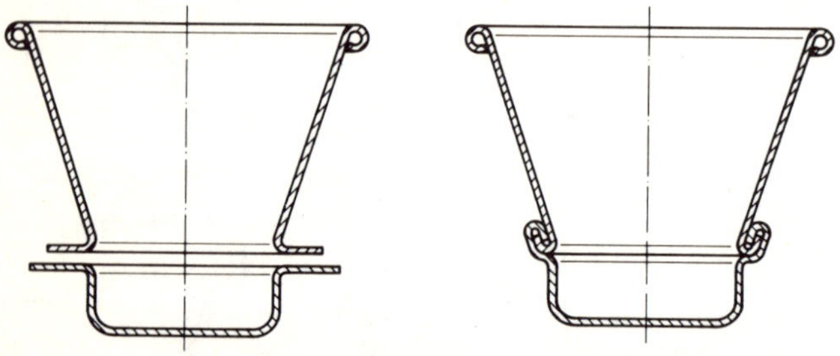

Bild 4.71. Außenfalzverbindung eines Hohlgefäßes

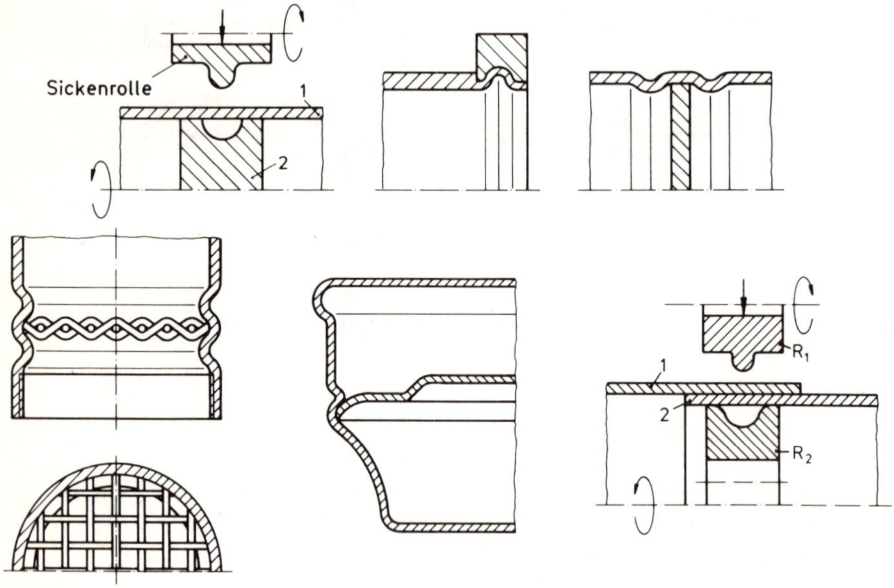

Bild 4.72. Sickenverbindungen (R_1, R_2 = Sickenrollen)

Kraftschlüssiges Fügen

Beim *Verpressen* oder *Pressen* von Blechteilen [30] unterscheidet man im Prinzip zwei Fertigungsverfahren. Beim ersten wird eines der beiden zu fügenden Teile an der Fügefläche mit Untermaß gefertigt und unter Druck über oder in das andere Teil gepreßt (Bild 4.73). Beim zweiten werden die zu fügenden Teile an der Fügefläche mit einer Spielpassung gefertigt, auf- oder ineinandergesteckt und dann miteinander verpreßt (Bild 4.74). In diesem Fall ist es meistens so, daß eines der Teile so gestaltet ist, daß es leicht auf das andere Teil gedrückt werden kann.

Stoffschlüssiges Fügen

Beim *Schweißen* von Blechteilen werden vornehmlich das Preßschweißen und das Schmelzschweißen angewendet [12, 21, 30, 34]. Preßschweißen wird meistens als Punkt-, Buckel- oder Warzen-, Naht- und Stumpfschweißen und Schmelzschweißen als Gasschmelz- (Autogenschweißen) und Lichtbogenschweißen ausgeführt. Preßschweißen ist ein Schweißen unter Druck unterhalb der Schmeltztemperatur der

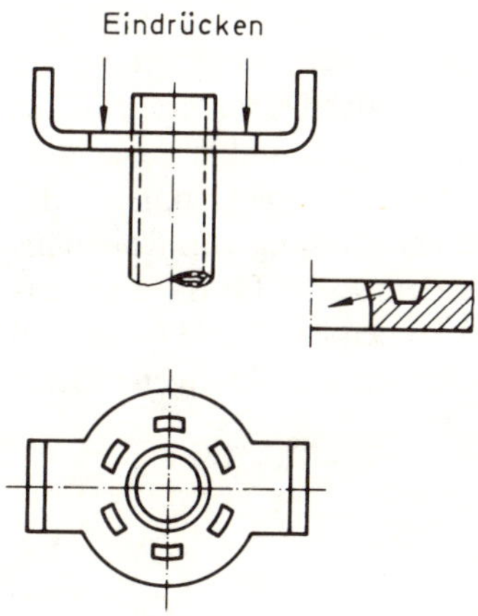

Bild 4.73. Preßverbindung bei einer Blechkonstruktion

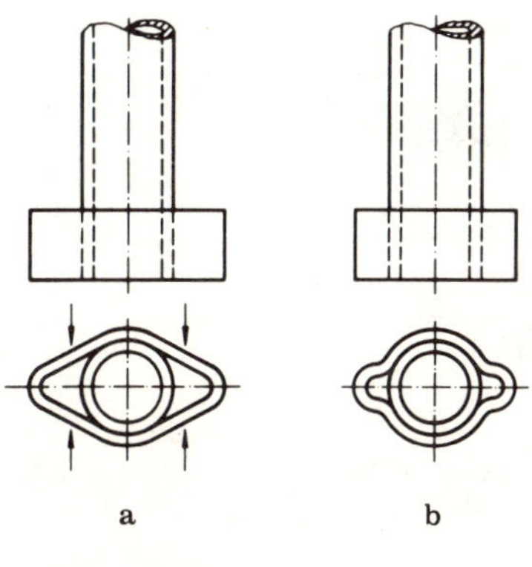

Bild 4.74a, b. Preßverbindung zwischen Schelle und Rohr **a** vor dem Pressen; **b** nach dem Pressen

zu verbindenden Werkstoffe (teigiger Zustand!) und Schmelzschweißen ist ein Schweißen durch örtlich begrenzten Schmelzfluß oberhalb der Schmelztemperatur der zu verbindenden Werkstoffe (flüssiger Zustand!).

Welches Schweißverfahren am zweckmäßigsten anzuwenden ist, ist eine Frage der Gestalt der einzelnen Teile, der Zugänglichkeit der Fügestelle, des Werkstoffes, der Dicke der Bleche, der Festigkeitsanforderungen an die Verbindung und der Stückzahl der zu fertigenden Einheiten [12, 21]. Da auf das Schweißen im Kapitel Verbindungselemente ausführlich eingegangen wird, sollen hier nur einige wenige Hinweise auf spezielle Schweißverbindungen bei dünnen Blechkonstruktionen (Blechdicke $s < 8$ mm) gegeben werden. Das wichtigste stoffschlüssige Fügeverfahren von Blechteilen ist das Punktschweißen [30], bei dem zwei Blechteile zwischen zwei Stabelektroden durch die örtlich entstehende Wärme eines elektrischen Stromflusses, d.h. punktförmig miteinander verschweißt werden. Die Bleche können aus Baustahl, legiertem und nichtrostendem Stahl, sowie aus Leicht- und Schwermetall sein. Die Werkstücke können ferner an der Verbindungsstelle unterschiedlich gestaltet sein (T-, L-, Z- und U-Profilierung!), weil es möglich ist, die Elektroden gerade und in verschiedenen Richtungen gekröpft anzufertigen. Es ist sogar üblich, am Blechteil Aussparungen vorzusehen, um mit den Elektroden an die Fügestelle zu kommen. Beispiele für die Elektrodengestaltung bei unterschiedlich profilierten Blechteilen sind in Bild 4.75 zusammengestellt.

Bei Blechen mit sehr ungleichen Dicken müssen vor dem Punktschweißen beim dünneren Blech an der Fügefläche Buckel, Warzen oder Dellen eingedrückt werden und zwar genau an den Stellen, an denen die Schweißpunkte ausgeführt werden sollen. Dieses Buckel- oder Warzenschweißen [30] und die Geometrie der Buckel oder Warzen sind in Bild 4.76 dargestellt. Bei Verwendung von Rollen als Elektroden können Nahtschweißungen ausgeführt werden, wie es für dicht zu verschweißende Blechteile mit größeren zylindrischen und ebenen Flächen (Dichtnaht!) erforderlich ist. Anwendungsbeispiele für derartige Dichtnahtschweißungen werden in Bild 4.77 gezeigt.

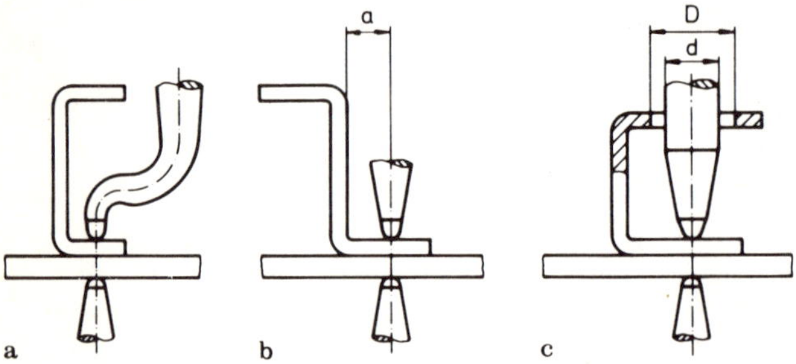

Bild 4.75a–c. Einfluß der Zugänglichkeit der Schweißstelle auf die Elektrodengestaltung; **a** schlecht zugänglich (Elektrode gekröpft!); **b** und **c** gut zugänglich (Elektrode gerade!)

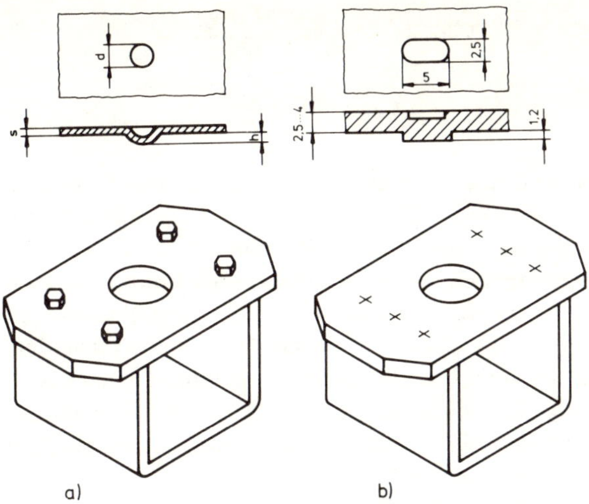

Bild 4.76a, b. Buckel- oder Warzenschweißen; Umstellung einer Schraubenverbindung (**a**) auf eine Schweißverbindung (**b**)

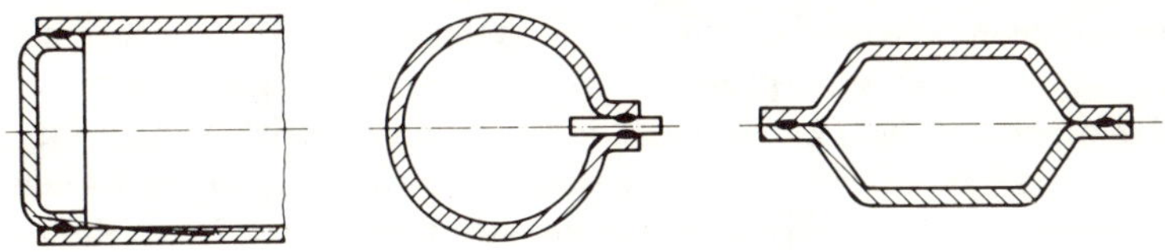

Bild 4.77. Nahtschweißungen mit Rollenelektroden

Sehr häufig werden dünne Bleche (s < 1 mm) durch Widerstandsschmelzschweißen miteinander verbunden. Dabei wird der Werkstoff der zu verbindenden Blechteile an der Nahtstelle durch auf helle Rotglut oder Weißglut erhitzte Kohleelektroden geschmolzen. Bei an der Nahtstelle umgebördelten Blechteilen wird ohne Zusatzwerkstoff und bei nicht umgebördelten Blechen mit Zusatzwerkstoff gearbeitet. Die Ausführung einer Bördel- und einer Stumpfnaht durch Widerstandsschmelzschweißen ist in Bild 4.78 dargestellt.

Beim *Löten* wird je nach der Schmelztemperatur des Lotes (Zusatzmaterial!) zwischen Weich- und Hartlöten unterschieden [30, 42]. Weichlöten kann im Normalfall (ohne zusätzlichen Formschluß!) nicht für stark beanspruchte Ver-

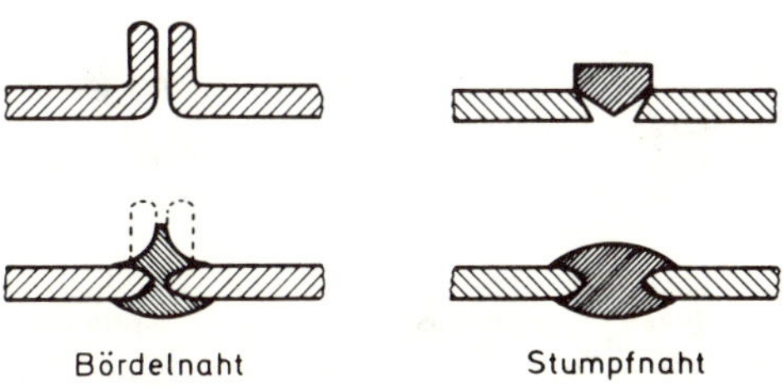

Bild 4.78. Widerstandsschweißung einer Bördel- und einer Stumpfnaht

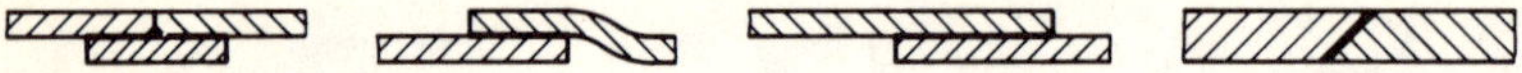

Bild 4.79. Überlappungslötungen

bindungen angewendet werden, weil das Weichlot keine hohe Festigkeit besitzt. Weichlötungen werden daher gemäß Bild 4.79 immer als Überlappungslötungen ausgeführt. Bei einseitiger Überlappung unterliegen Weichlötungen infolge der zusätzlich auftretenden Biegespannungen einer Schälbeanspruchung, die zum Ablösen der Teile führen kann. Nur bei gleichzeitigem Falzen (Formschluß!) lassen sich hochbeanspruchte Blechteile festigkeitsgerecht durch Weichlöten verbinden. Das Weichlot ist dann festigkeitstechnisch entlastet und übernimmt vorwiegend nur die Dichtfunktion (Bild 4.80). Bei weichgelöteten Bauteilen ist ferner darauf zu achten, daß sie keiner zu hohen Betriebstemperatur ausgesetzt werden, weil die Schmelztemperatur der Weichlote sehr niedrig ist.

Das Hartlöten [42] ist ein sehr wichtiges und vor allem auch sehr wirtschaftliches Verfahren zur Verbindung von Blechteilen. Es wird bei Anwendung von Schutzgas-Durchlauföfen in hohem Maße automatisiert und für die Massenfertigung eingesetzt. Hartlötungen haben eine größere Festigkeit und ertragen wegen der höheren Schmelztemperatur des Lotes auch eine höhere Betriebstemperatur. Blech- und Rohrteile werden daher ohne eine besondere Entlastung durch Falzen und ohne eine Überlappung in der Art einer Stumpfnaht hartgelötet. Beispiele für Stumpflötungen sind in Bild 4.81 zusammengestellt. Spezielle Gestaltungsrichtlinien für Lötverbindungen werden im Kapitel Verbindungselemente besprochen.

Durch *Kleben* [4, 43, 48] werden Blechteile aus unterschiedlichen Werkstoffen, auch solche, die nicht miteinander zu verschweißen oder zu verlöten sind, verbunden. Dabei ist keine Gefügeänderung infolge Wärmeeinwirkung, keine Beschädigung oder Veränderung der Oberfläche und damit keine Erhöhung der Korrosionsanfälligkeit zu verzeichnen. Eigentliches Verbindungselement der Teile ist der Kleber, der durch einen Grenzflächenvorgang (Adhäsion und Diffusion!) das Haften und Binden der Teile übernimmt. Die Haftfestigkeit zwischen dem Klebstoff und den Blechteilen wird durch Adhäsionskräfte und die innere Festigkeit

a

b

Bild 4.80a, b. Gefalzte Weichlotverbindungen **a** mit zusätzlicher Biegebeanspruchung; **b** ohne Biegebeanspruchung

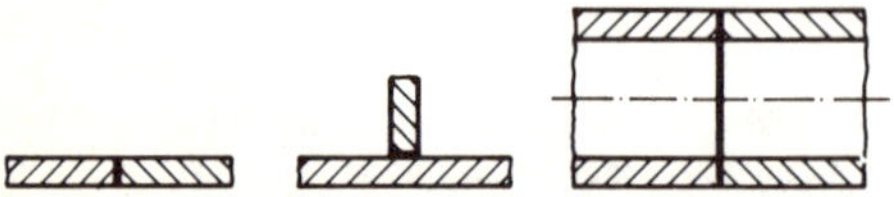

Bild 4.81. Stumpflötungen (Hartlotverbindungen!)

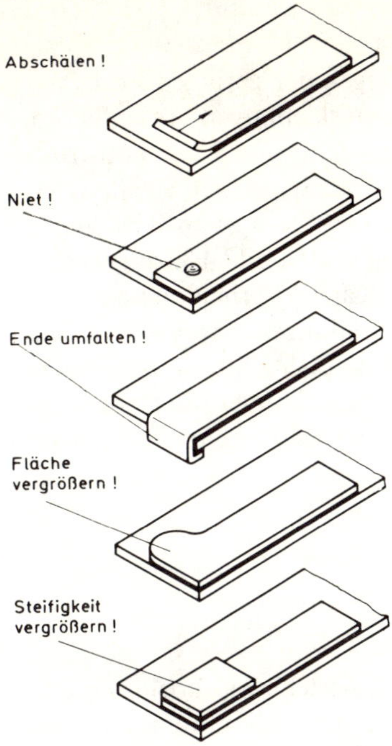

Schälsicherungen für Klebverbindungen.

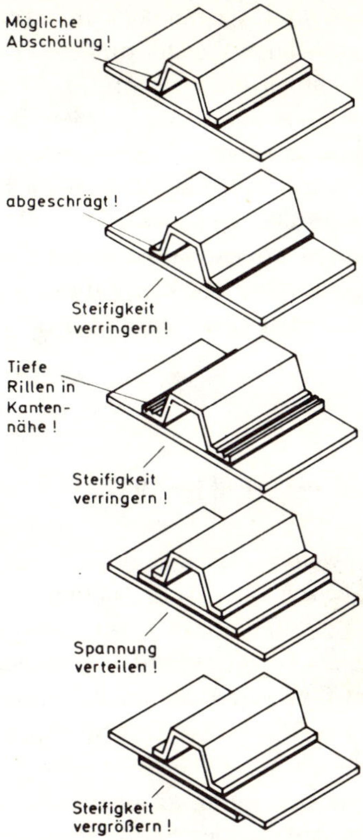

Schälsicherungen für Klebverbindungen

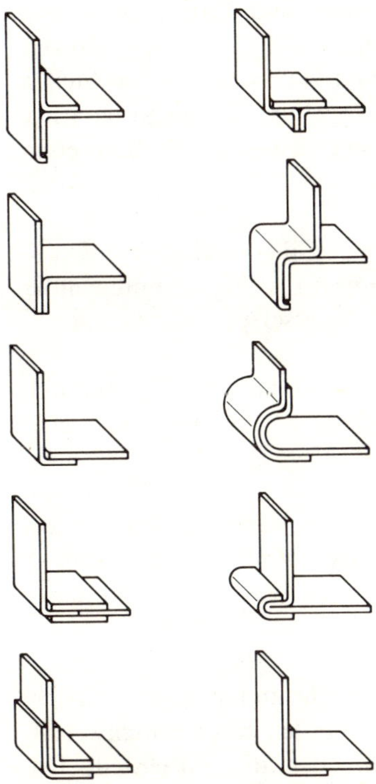

Gestaltung von Eckverbindungen.

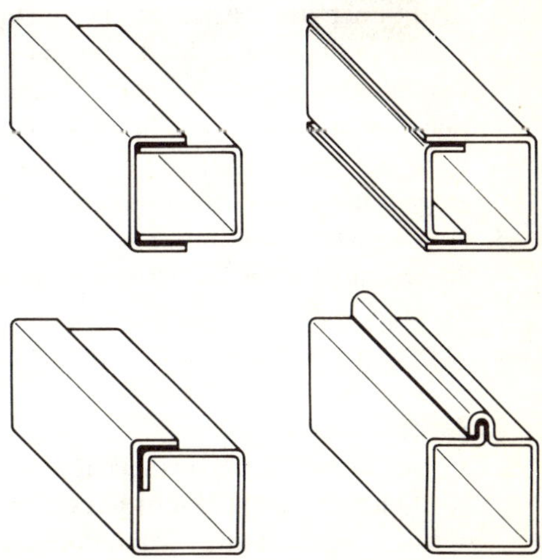

Gestaltung von Kasten- oder Hohlprofilen.

Bild 4.82. Gestaltung von Klebverbindungen

des Klebers durch Kohäsionskräfte gewährleistet. Wegen der geringen Festigkeit der Kleber sind Klebungen immer als Überlappungsklebungen auszuführen. Ähnlich wie bei den Weichlötungen sollte auch bei den Klebungen durch konstruktive Maßnahmen dafür gesorgt werden, daß Beanspruchungen auf Schälung so weit als möglich vermieden werden. Beispiele für die Gestaltung von Klebefugen und insbesondere auch zur Vermeidung der Abschälung sind in Bild 4.82 angegeben. Weitere konstruktive Gestaltungsmöglichkeiten sind im Kapitel Verbindungselemente zusammengestellt. Grundsätzlich sollte bei Klebverbindungen beachtet werden, daß sie durch atmosphärische Einflüsse (Feuchtigkeit, Licht, Strahlung!) einem mehr oder weniger starken Alterungsprozeß unterliegen können, der sogar so weit fortschreiten kann, daß die Festigkeit der Klebung nicht mehr ausreichend ist.

4.5.7 Schweißkonstruktionen

Durch Schweißen lassen sich Teile aus unlegiertem, legiertem und hochlegiertem Stahl, Gußeisen, Stahlguß, Nichteisenmetalle (z.B. Kupfer, Aluminium, Bronze, Messing, Zink, Tombak, Titan, Tantal, Molybdän, Nickel, Silber, Gold!) sowie thermoplastische Kunststoffe verbinden und Konstruktionen verwirklichen, die gegenüber Guß- und Schmiedekonstruktionen leichter sind [20, 21, 29, 34, 47]. Trotz der Leichtbauweise sind Schweißkonstruktionen hinsichtlich ihrer Festigkeit und Steifigkeit im allgemeinen sehr gut, weil das Material genau an die Stellen gebracht werden kann, an denen es von der Beanspruchung her benötigt wird. Nach dem Aufbau der Schweißkonstruktionen lassen sich folgende Bauweisen unterscheiden [53]:

1. Plattenbauweise
   Sie charakterisiert eine Übergangsstufe zwischen Guß- und Schweißkonstruktionen und basiert auf gewalzten oder gegossenen Platten, die miteinander verschweißt werden. Sie bringt eine erhebliche Gewichtsersparnis mit sich.
2. Lamellenbauweise
   Bei ihr werden mehrere Platten parallel zusammengelegt (lamelliert!) und durch V-Nähte miteinander verschweißt, so daß größere Kräfte oder Momente aufgenommen werden können.
3. Hohlbauweise
   Sie wurde aus der im Flugzeug- und Fahrzeugbau angewendeten Schalenbauweise in Nietausführung entwickelt. Durch die Verwendung von Hohlprofilen ist eine große Biege- und Verdrehsteifigkeit bei kleiner Wanddicke und damit geringer Masse erreichbar.
4. Zellenbauweise
   Sie eignet sich für Konstruktionen, die besonders leicht und steif sein müssen. Die Querschnitte sind sehr häufig kastenförmig und werden durch Einschweißen dünner abgekanteter Versteifungsrippen diagonal oder quer ausgesteift. Die Wanddicke kann dadurch sehr klein gehalten werden.

4.5.7.1 Schweißstöße

Die zu verbindenden Teile werden am Schweißstoß durch eine Schweißnaht stoffschlüssig miteinander verbunden. Je nach der Anordnung der Teile unterscheidet man gemäß Bild 4.83 folgende Schweißstöße [12, 29]:

1. Stumpfstoß
   Die Teile liegen in einer Ebene und berühren sich stirnseitig.
2. Überlappstoß
   Die Teile liegen überlappt und flächig aufeinander.
3. Parallelstoß
   Die Teile liegen überlappt und breitflächig aufeinander.
4. T-Stoß
   Die Teile sind so plaziert, daß das eine Teil senkrecht mit seiner Stirnseite auf das andere Teil stößt.
5. Kreuzstoß
   Zwei in einer Ebene liegende Teile stoßen je mit einer Stirnseite rechtwinklig gegen ein dazwischenliegendes drittes Bauteil.
6. Eckstoß
   Zwei Teile stoßen mit ihren Enden unter einem Winkel gegeneinander.
7. Mehrfachstoß
   Mehrere Teile stoßen mit ihrer Stirnseite gegeneinander.
8. Schrägstoß
   Ein Teil stößt mit seinem Ende schräg gegen ein anderes.

4.5.7.2 Schweißverfahren

Die Schweißnaht kann je nach der Gestaltung der Bauteile, der Art des Werkstoffes (Schweißeignung für das Verfahren und den Anwendungszweck!) und den zur Verfügung stehenden schweißtechnischen Fertigungsmethoden nach unterschied-

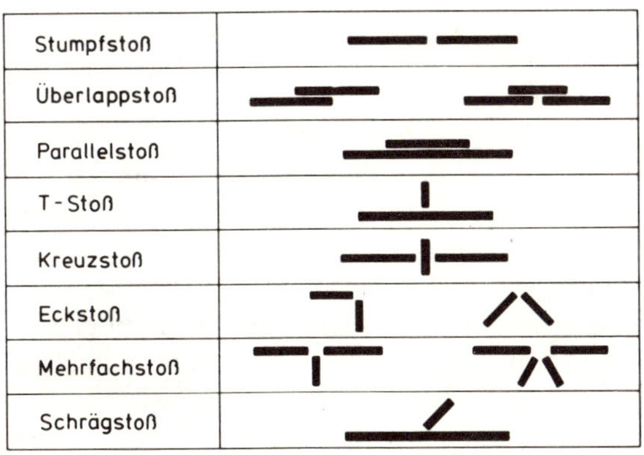

Bild 4.83. Stoßarten bei Schweißverbindungen

lichen Schweißverfahren (DIN 1910) verwirklicht werden. In der Hauptsache werden dabei folgende Schweißverfahren unterschieden [21, 51]:

1. Preßschweißen;
2. Schmelzschweißen.

Beim *Preßschweißen* erfolgt das Verbinden der Teile unter Druck bei örtlich begrenzter Erwärmung unter die Schmelztemperatur (teigiger Zustand!). Man unterscheidet das Widerstandsschweißen und das Ultraschallschweißen. Voraussetzung für das Widerstandsschweißen ist die elektrische Leitfähigkeit, die bei allen metallischen Werkstoffen gewährleistet ist. Die zum Schweißen erforderliche Energie kommt durch das Fließen eines elektrischen Stromes in einem Widerstand zustande. Ultraschallschweißen wird sehr häufig als Mikro-Schweißen angewendet, weil die Wärmebeanspruchung der Bauteile sehr gering ist. Die Schweißenergie wird durch Ultraschallschwingungen aufgebracht.

Beim *Schmelzschweißen* unterscheidet man in der Hauptsache das Gasschmelz- oder Autogenschweißen, das Lichtbogenschweißen, das Plasmaschweißen, das Elektronenstrahlschweißen und das Laserschweißen. Das Verbinden der Teile erfolgt im Schmelzfluß der Werkstoffe durch örtlich begrenzte Erwärmung über die Schmelztemperatur (flüssiger Zustand!). Als Energiequelle dient bei diesen Schweißverfahren eine Gasflamme, der elektrische Lichtbogen, der Plasmastrahl, der Elektronenstrahl und der Laserstrahl (kohärentes Licht!). Speziell beim Kunststoffschweissen, bei dem thermoplastische Kunststoffe nach örtlicher Erweichung durch Erwärmung mit oder ohne Zusatzwerkstoffe unter Druck verbunden werden, unterscheidet man nach der Art der Energiezufuhr das Heißgas-, das Heizelement- und das Hochfrequenzschweißen.

4.5.7.3 Gestaltung von Schweißteilen

Beim Entwerfen einer Schweißkonstruktion sind folgende Gesichtspunkte zu beachten [12, 20, 29, 34, 47]:
1. Wahl der geeigneten Werkstoffe;
2. geeignete Gestaltung der Teile;
3. Zugänglichkeit der Schweißnähte;
4. Vermeiden einer Anhäufung von Schweißnähten.

Bei der Auswahl der Werkstoffe ist neben den üblichen Anforderungen (z.B. Festigkeit, Steifigkeit, chemische Beständigkeit, Verarbeitbarkeit usw.) insbesondere deren Schweißeignung für das eine oder andere Schweißverfahren zu beachten. Unberuhigte Stähle und Thomasstähle sollten bei Verwendung in Schweißkonstruktionen immer nur so eingesetzt werden, daß die bei ihnen möglichen Seigerungszonen mit Phosphor- und Schwefelanreicherungen nicht durch die Schweißhitze angeschnitten werden, weil die Gefahr eines Sprödbruches oder eines Risses gegeben ist.

Die Schweißkonstruktionen sollen aus möglichst wenig Einzelteilen aufgebaut werden, damit Zurichtungsarbeit, Schweißnähte, Verzug und Maßungenauigkeiten klein gehalten werden. Durch Profile und abgekantete Bleche lassen sich Schweißnähte einsparen und damit die Fertigungskosten verringern. Müssen Einzelteile ausgebrannt werden, so sind diese so zu gestalten, daß der Verschnitt oder Abfall möglichst klein ist und die Teile ohne anschließende Nachbearbeitung geschweißt werden können. Schweißnähte sind möglichst nicht an Stellen höchster Beanspruchung vorzusehen, weil hier die Gefahr der Einwirkung von Eigenspannungen (Schweißeigenspannungen!) und der Spannungserhöhung durch Kerben besonders groß ist. Man spricht in diesem Zusammenhang häufig von den sogenannten „technologischen Kerben“. Schweißnähte sollten auf keinen Fall länger als unbedingt nötig ausgeführt werden. Durch Verwirklichung einer günstigen Formgestaltung können an Haupt- und Stützteilen zu große Nahtlängen vermieden werden, Stumpfnähte (Stumpfstoß!) werden im allgemeinen durchgehend und Kehlnähte (T-Stoß!) werden sowohl durchgehend als auch unterbrochen geschweißt. An wenig oder an nicht beanspruchten Stellen können durch Wegnahme von Ecken oder Zwickeln Material- und Gewichtseinsparungen erzielt werden. Bei parallel liegenden Nähten ist auf einen genügend großen Abstand zwischen den Nähten zu achten, da sonst infolge der Schrumpfspannungen ein zu starkes Verziehen des Bauteils eintritt.

Die Einzelteile einer Konstruktion sind so zu gestalten und anzuordnen, daß alle Schweißstellen ungehindert zugänglich sind. Schwer zugängliche Schweißstellen fallen häufig fehlerhaft aus und erfordern höhere Fertigungskosten. Dieser Tatsache ist besonders dann Rechnung zu tragen, wenn die Schweißung nicht im Werk, sondern auf einer Bau- oder Montagestelle unter erschwerten technischen Bedingungen durchzuführen ist. Auch die Lage der Schweißnaht beim Schweißen kann für die Güte ihrer Ausführung von großer Bedeutung sein. Fallende Nähte und Überkopfnähte sind wesentlich schwieriger einwandfrei zu schweißen als steigende und horizontal liegende Nähte. Durch Schweißvorrichtungen kann hier viel zur technologisch richtigen Ausführung der Schweißnähte getan werden.

Schweißnahtanhäufungen sind wegen der Gefahr des Einbrennens sowie des zusätzlichen Auftretens von Schrumpf- und Eigenspannungen unbedingt zu vermeiden. Kreuznähte, z.B. an Konsolen, Stutzen, Pratzen und Behältern, sind daher schon durch konstruktive Gestaltung der einzelnen Teile von vornherein zu umgehen.

Die wichtigsten Richtlinien zur Gestaltung und Konstruktion von Schweißteilen lassen sich in Anlehnung an die Bezugszahlen in Bild 4.84 in folgender Weise zusammenfassen:

1. Beschränken der Anzahl, der Länge und des Querschnitts der Schweßnähte. Wo es ausreichend ist, genügt die Ausführung von Haftschweißungen.
2. Verwirklichen eines geradlinigen Kraftlinienverlaufs. Bevorzugen von Stumpfnähten vor Laschungen und Überlappungen.
3. Gute Zugänglichkeit der Schweißnähte.
4. Bei Biegebeanspruchung Plazieren der Schweißnahtwurzel in der Druckzone.

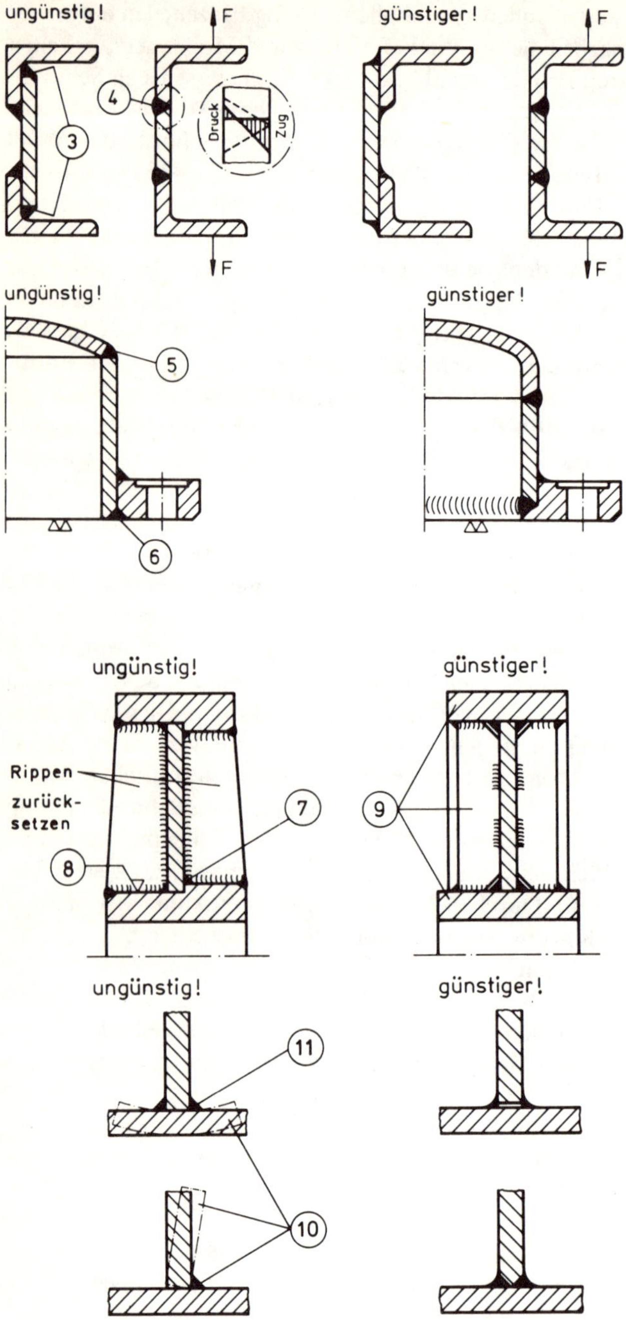

Bild 4.84. Ungünstige und günstige Gestaltung von Schweißkonstruktionen

Liegt die Schweißnahtwurzel in der Zugzone, so besteht die Gefahr eines Einrisses (Kerbwirkung!).

5. Vermeiden von Schweißnähten an Stellen höchster Beanspruchung. Die Nahtfestigkeit ist immer kleiner als die Werkstoffestigkeit.
6. Vermeiden von Schweißnähten an Paß- oder Dichtflächen.
7. Vermeiden von Schweißnahtanhäufungen wegen der Gefahr des Einbrennens und des zusätzlichen Auftretens von Schrumpf- und Eigenspannungen und Grobkornbildung (Rißempfindlichkeit!).
8. Beschränken der Arbeitsgänge vor dem Schweißen. Sie erleichtern zwar die Montage, erhöhen aber die Fertigungskosten.
9. Verwenden von einfachen und handelsüblichen Profilen, Rohren und Blechen zur Konstruktion von Schweißteilen.
10. Beachten von Schrumpfspannungen und Verwerfungen. Möglichst beidseitiges Verwirklichen einer Kehlnaht.
11. Ausbilden von dynamisch belasteten Kehlnähten als Hohlkehlnaht zur Vermeidung zu großer Kerbwirkung.
12. Beachten der schlechteren metallurgischen Eigenschaften und damit der schlechteren Korrosionsbeständigkeit der Schweißnaht und des unmittelbar angrenzenden Bereiches gegenüber dem Grundwerkstoff. Durch eine Pufferschweißung gemäß Bild 4.85 kann bei unterschiedlichen Grundwerkstoffen einer unzulässigen Verschlechterung der metallurgischen Eigenschaften der Schweißnaht begegnet werden.

Bei der Gestaltung von Querschnittsübergängen an Schweißteilen, insbesondere bei dynamischer Beanspruchung, ist entsprechend des Kraftlinienverlaufs ein allmählicher und, wenn möglich, zur Vermeidung einer Zusatzbiegung ein symmetrischer Übergang vorzusehen. Die Schweißnaht ist dabei stets außerhalb des Querschnittsüberganges vorzusehen. In Bild 4.86 werden einige Anwendungsfälle für Querschnittsübergänge in ungünstiger und in günstiger Ausführung gezeigt. Ungünstig sind diejenigen Verbindungen, bei denen ein zu großer und vor allem auch plötzlicher Steifigkeitssprung vorliegt [12, 20, 29].

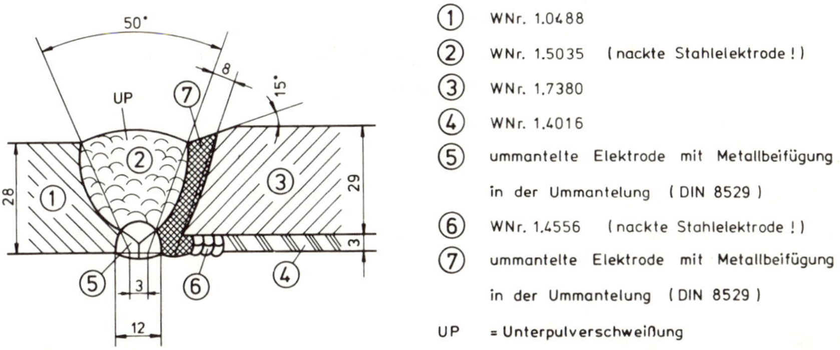

Bild 4.85. Pufferschweißung bei unterschiedlichen Werkstoffen

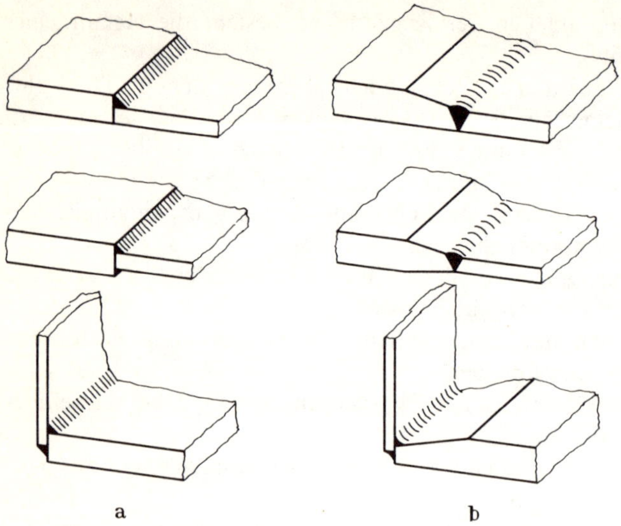

Bild 4.86a, b. Querschnittsübergänge an Schweißteilen **a** ungünstige Gestaltung; **b** günstige Gestaltung

Der Einfluß der Gestaltung einer Schweißverbindung auf den Kraftfluß und die Spannungsverteilung und damit auch auf die gestaltbedingte Kerbwirkung ist für die wichtigsten Nahtformen oder Schweißstöße in Bild 4.87 anschaulich dargestellt [47]. Es wird deutlich, daß Stumpfnähte bei richtiger Ausführung keine Kerbwirkung und Kehlnähte die größte Kerbwirkung und damit die höchsten Spannungsspitzen induzieren. In dieser Tatsache liegt auch der niedrigere Zahlenwert für den Schweißnahtgütefaktor für Kehlnähte begründet.

In Bild 4.88 wird eine falsche, eine ungünstige und eine richtige Möglichkeit zur Gestaltung des Überganges von einem offenen zu einem geschlossenen Profil gezeigt.

Beispiele für Zugstangen, Druckstangen und Doppelhebel in Schweißkonstruktion, wie sie im Maschinenbau sehr häufig verwendet werden, sind in Bild 4.89 zusammengestellt [12, 29].

Das Einschweißen von Aussteifungen und Querwänden ist wegen der Gefahr der Schweißnahtanhäufung gestaltungstechnisch besonders zu beachten. In Bild 4.90 sind drei sehr häufig anzutreffende Lösungen dargestellt, die in folgender Weise beurteilt werden können [12, 20, 29]:

Lösung 1:
Die Kehlnähte sind endlos und die Verbindung ist dynamisch sicher. Es existiert Sprödbruchgefahr durch einen mehrachsigen Zug-Eigenspannungszustand im T-Stoß.

Lösung 2
Die Kehlnähte sind wegen der zusätzlichen Umschweißung der Stirnkanten des Knotenbleches endlos und kreuzen sich nicht. Die Verbindung ist dynamisch nicht

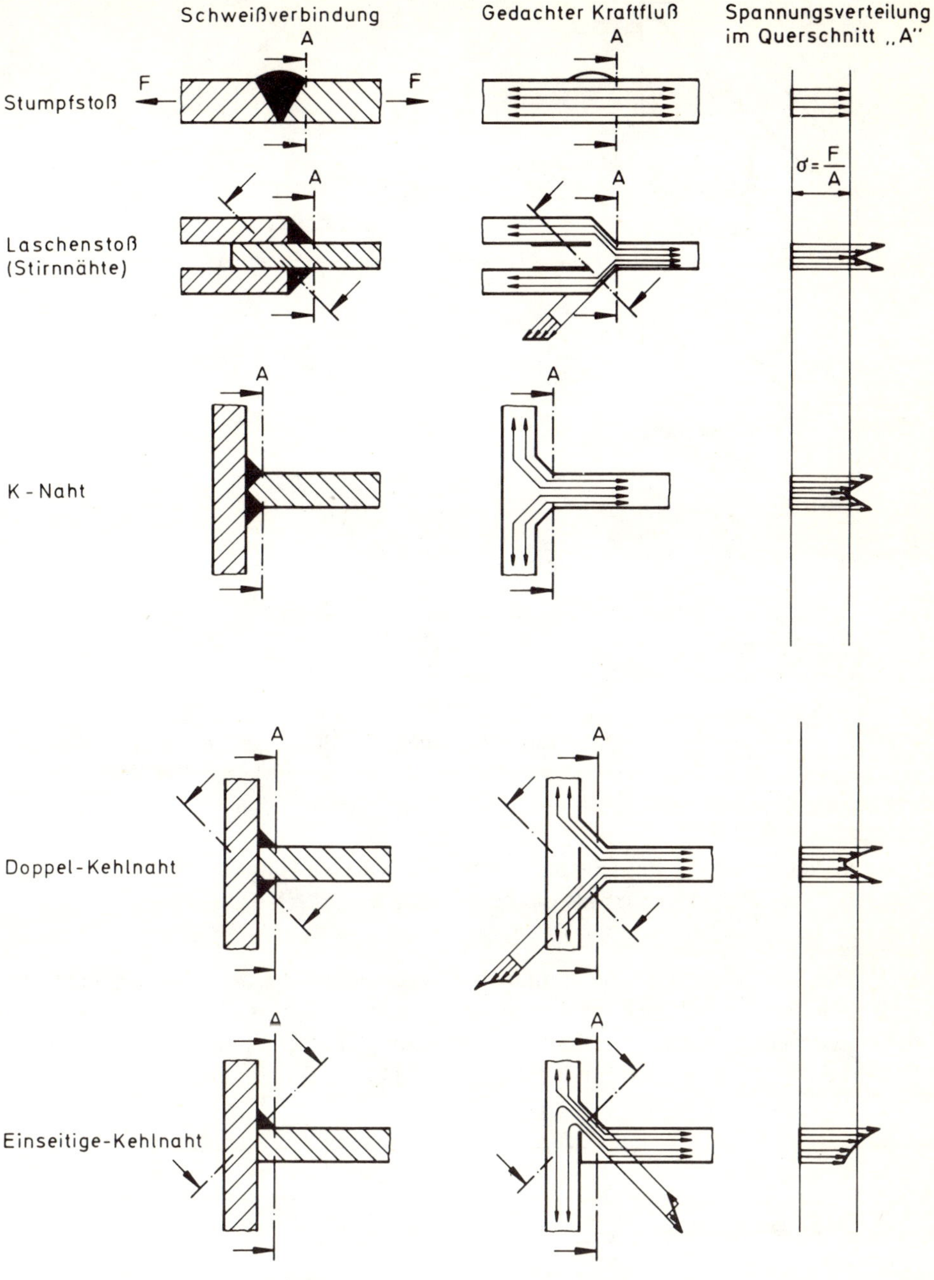

Bild 4.87. Kraftfluß und Spannungsverteilung in Schweißverbindungen unter Berücksichtigung der gestaltbedingten Kerbwirkung

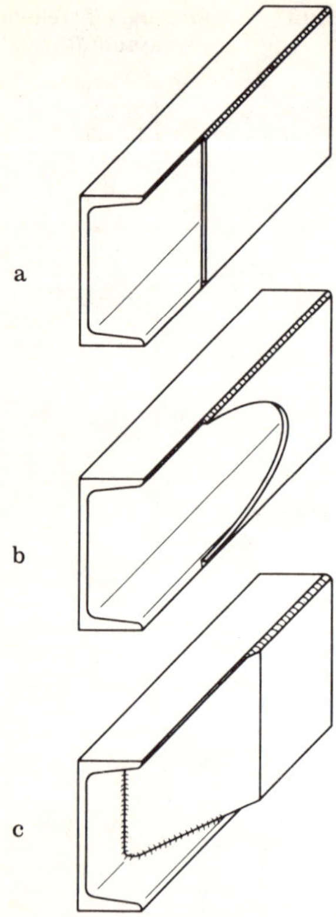

Bild 4.88a–c. Gestaltung des Überganges von einem offenen zu einem geschlossenen Querschnitt **a** schlecht; **b** ungüngstig; **c** gut

ganz so sicher wie die bei Lösung 1, aber die Kerbwirkung an den Stirnkanten der Knotenbleche ist kleiner als die bei Lösung 3.

Lösung 3:
Die Kehlnähte kreuzen sich nicht, sind aber wegen der infolge der Unzugänglichkeit fehlenden Umschweißung der Stirnkanten des Knotenbleches nicht endlos. Infolge der Kerbwirkung an den Anschlußstellen des schräg abgeschnittenen Knotenbleches besteht daher bei dynamischer Belastung eine Dauerbruchgefahr.

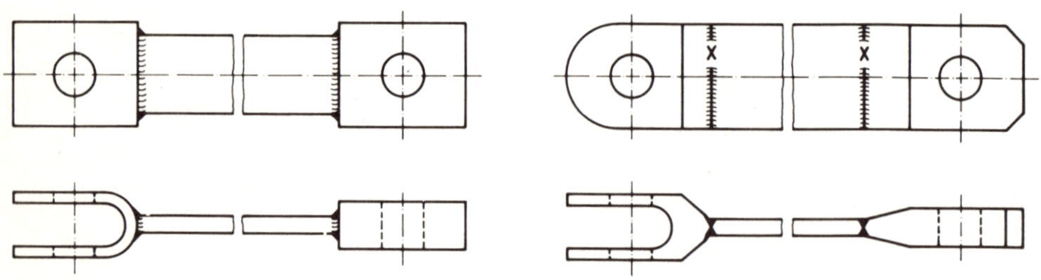

Bild 4.89. Zugstangen, Druckstangen, Doppel- und Winkelhebel als Schweißkonstruktionen

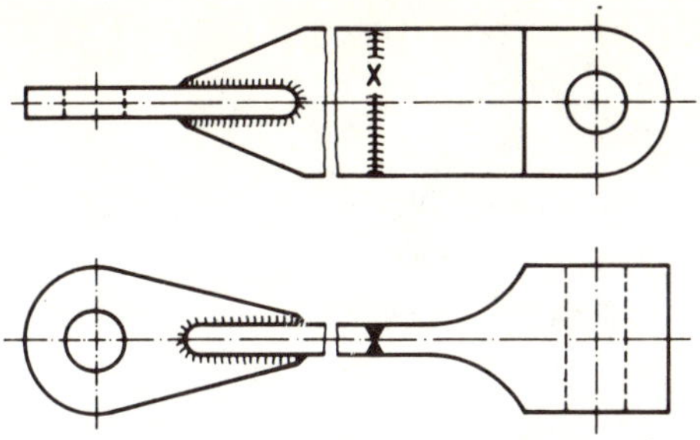

Zugstab mit geschmiedetem und geschweiß-tem Auge!

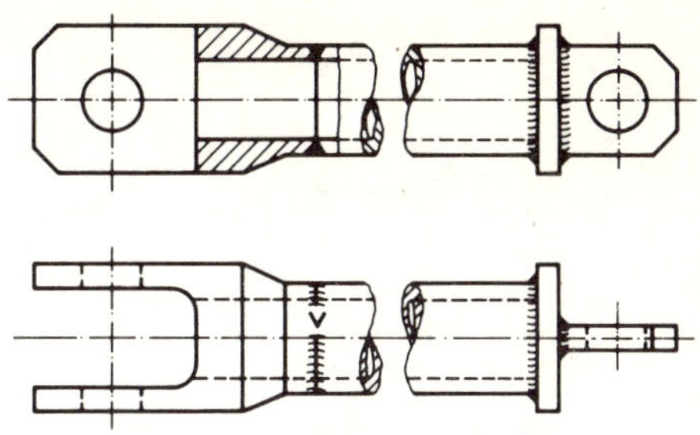

Geschweißte Rohr-Druckstange mit Gabelstück!

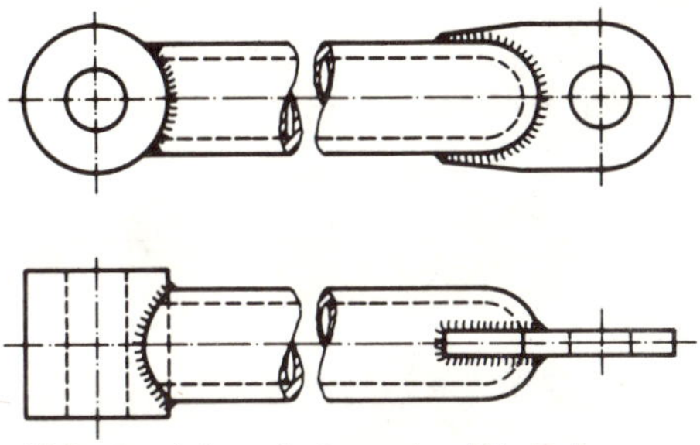

Weitgehend dauerfest geschweißte Rohr-Druckstange!

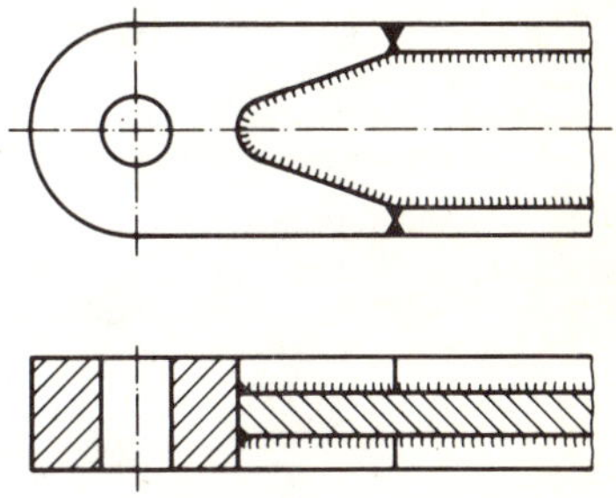

Gelenkanschluß eines Druckstabes!

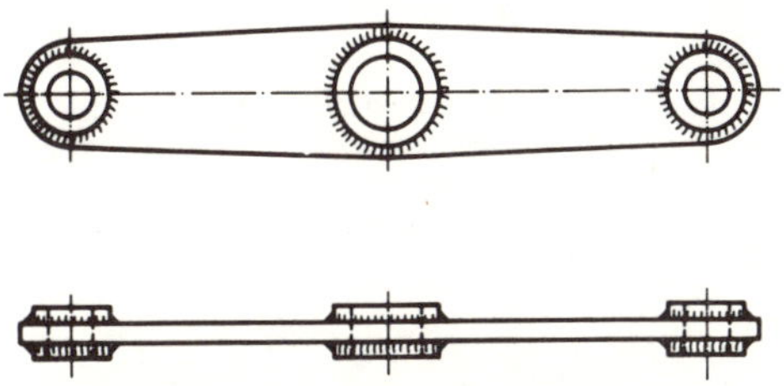

Dauerfester Flachstahldoppelhebel!

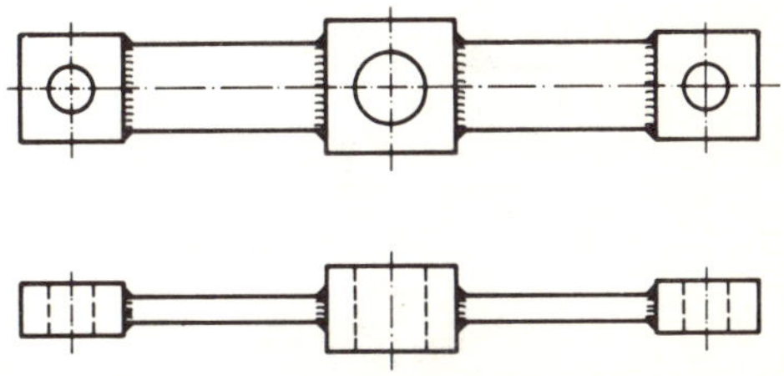

Einfacher Flachstahldoppelhebel!

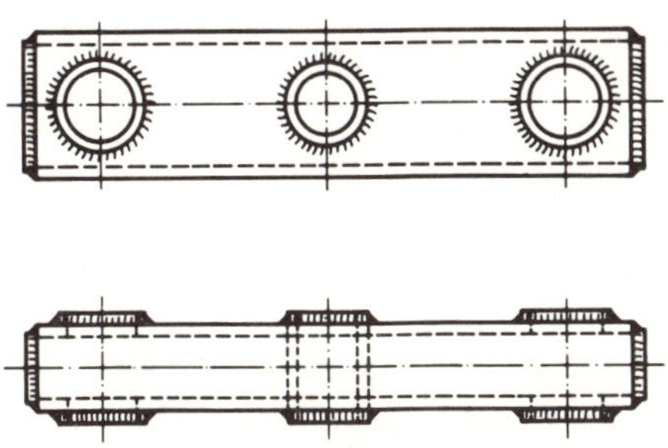

Geschweißter Doppelhebel aus einem Hohlprofil!

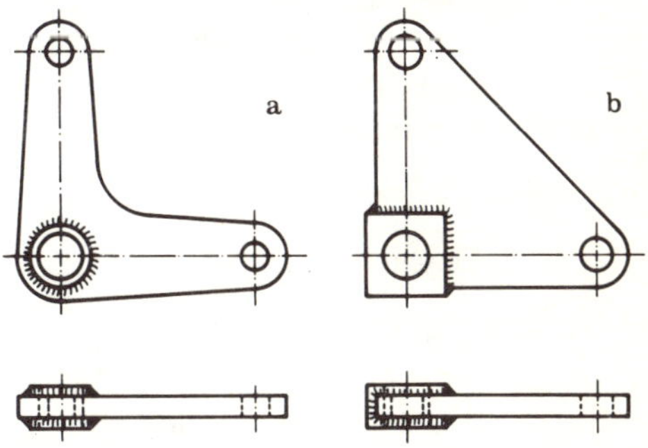

Geschweißte Winkelhebel!

Bild 4.89. (*Fortsetzung*)

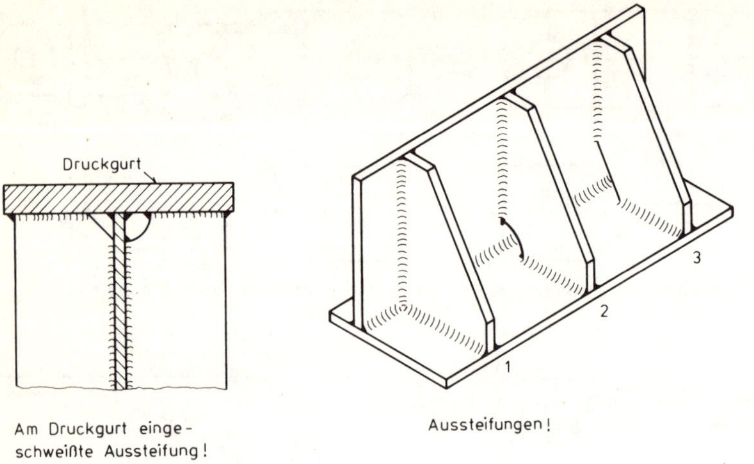

Bild 4.90. Aussteifungen und Querwände an T-Stößen

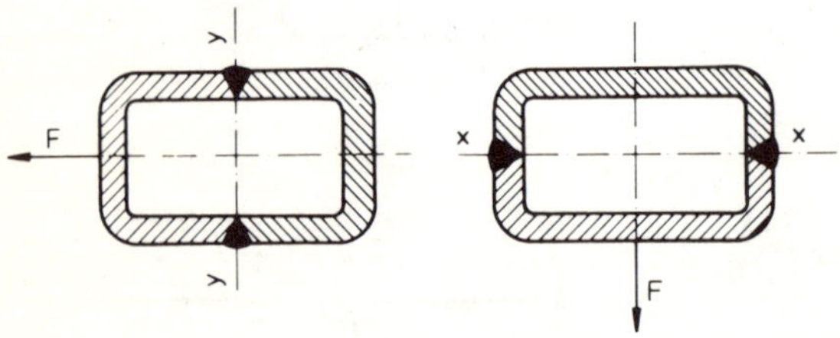

Bild 4.91. Gestaltung eines auf Biegung beanspruchten Kastenträgers

In Bild 4.91 sind zwei Beispiele für die Gestaltung eines auf Biegung beanspruchten Kastenträgers aus zwei U-förmig abgekanteten Blechen und die richtige Plazierung der Schweißnähte dargestellt. Es ist erkennbar, daß bei beiden Konstruktionen die Schweißnähte in der neutralen Achse oder Faser bezüglich der auftretenden Biegspannungen liegen.

4.5.7.4 Fugenvorbereitung

Die zu verschweißenden Teile bilden vor dem Schweißen am Schweißstoß eine Fuge, die besonders bei dickeren Bauteilen vorbereitet werden muß (Anschrägung!). Diese Fugen- oder Nahtvorbereitung ist von der Art des Grundwerkstoffes, der Bauteildicke, der Art des Schweißverfahrens, der Zugänglichkeit der Schweißnaht und der Schweißposition abhängig und für die wichtigsten Schweißverfahren und Schweißstöße genormt (DIN 2559 und DIN 8551).

Bild 4.92 gibt verschiedene Nahtvorbereitungsformen für zwei Bleche von 14 mm Dicke wieder, die nach unterschiedlichen Schweißverfahren stumpf aneinander geschweißt werden sollen [29].

Die speziellen *Stumpfstoß-Nahtformen* für unterschiedlich dicke Stahlbleche sind gemäß DIN 8551 in Bild 4.93 zusammengestellt [12, 21, 29]. Es ist ersichtlich, daß Bleche mit einer Dicke $s \leqq 3$ mm ohne eine Fugenvorbereitung verschweißt werden können und dickere Bleche (12 mm $< s \leqq$ 40 mm) beidseitig vorbereitet, d.h. angeschrägt werden müssen.

Für *T-Stoß-Schweißverbindungen* sind die in der DIN 8551 festgelegten Fugenformen für unterschiedlich dicke Stahlbleche in Bild 4.94 zusammengestellt [19, 29]. Bei dünneren Blechen ($s < 16$ mm) genügt eine einseitige Anschrägung des stirnseitig anstoßenden Bleches, und bei dickeren Blechen ist eine beidseitige Nahtvorbereitung des stirnseitig anstoßenden Bleches, erforderlich. Diese darf durchgehend bis zur Blechmitte sein, sie kann aber auch nur teilweise die Blechdicke erfassen, so daß noch eine kleine parallele Fuge wie bei einer Stumpfnaht stehenbleibt.

Verfahren	Nahtvorbereitung		Bemerkungen	Anzahl der Lagen
Offenes Lichtbogenschweißen von Hand E	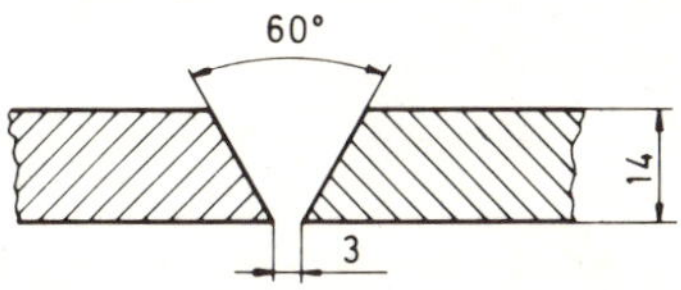 		genaues Anpassen der Kanten bereitet oft Schwierigkeiten	6
Gasschweißen G	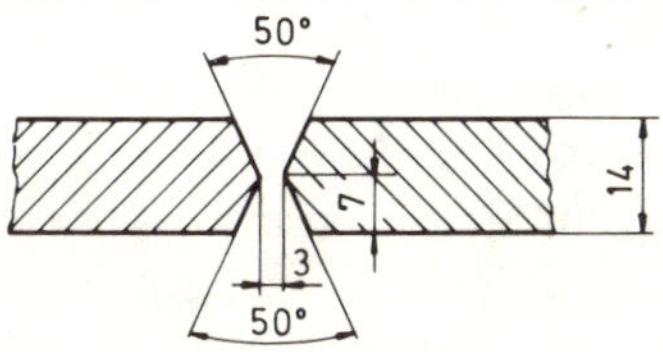 		Werkstück muß gewendet werden	2
Unter-Pulverschweißen UP	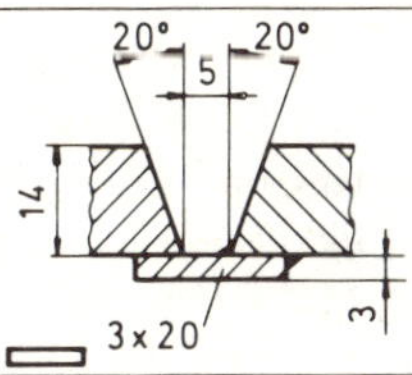 	beidseitig geschweißt 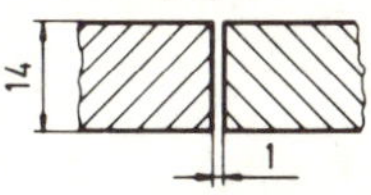 	Unterlage erforderlich	V 6
			einfachste Nahtvorbeitung	‖ 2
Schutzgasschweißen unter CO_2 SG/CO_2	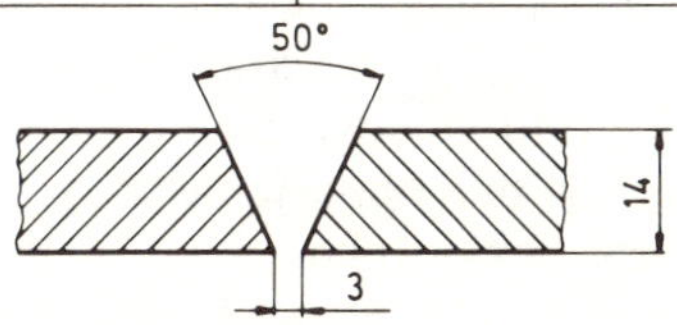 		Werkstücke müssen genau angepaßt werden	4

Bild 4.92. Unterschiedliche Nahtvorbereitungsformen in Abhängigkeit vom Schweißverfahren

Benennung	Sinnbild	Fugenform	s mm	α	b mm	Bemerkungen
I-Naht	||	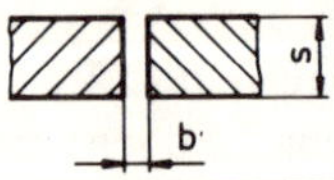	1...3	—	2	Beidseitig geschweißt für statische und dynamische Belastung geeignet.
V-Naht (w)	V	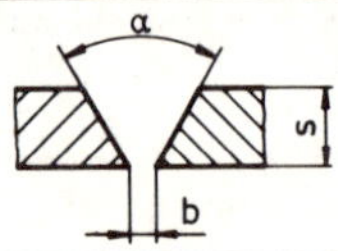	3...20	60°	2...3	Ohne gegengeschweißte Kapplage für dynamische Belastung nur bedingt geeignet.
V-Naht (q)	>	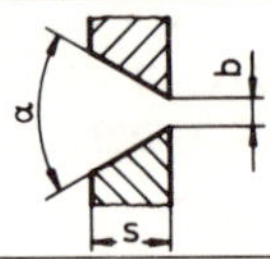	8...20	60°	~2	Ohne gegengeschweißte Kapplage für dynamische Belastung nur bedingt geeignet.
Steilflankennaht	_/	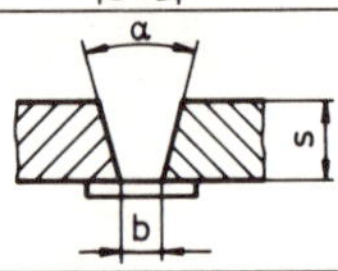	≧ 20	bis 30°	5...10	Unterlage (möglichst dünn) erforderlich, für dynamische Belastung nur bedingt geeignet.
2/3-DV-Naht	X	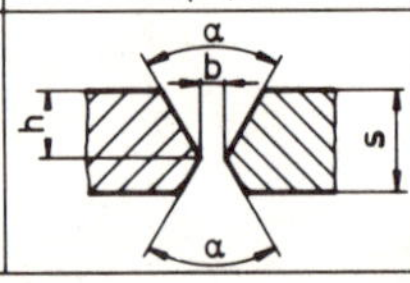	12...40	60°	3	Für statische und dynamische Belastung geeignet, geringer Verzug, wenn h = 2/3 s.

Bild 4.93. Stumpfstoß-Nahtformen

Festigkeitsmäßig hochwertige T-Stöße werden im Regelfall als beidseitige Kehlnahtverbindungen hergestellt. Sie zählen insbesondere beim Einwirken eines Biegemomentes zu den besten Anschlußverbindungen. Beispiele für derartig ausgeführte Kehlnähte sind in Bild 4.95 zusammengestellt [19, 29].

Ecknähte werden als stumpfnahtähnliche Schweißverbindungen oder als Kehlnahtverbindungen aufgefaßt. Ähnlich wie bei den Kehlnähten sollte bei ihnen auf einen guten Kraftfluß (weiche Umlenkung der Kraftflußlinien!) geachtet werden. Anhand der in Bild 4.96 gezeigten Beispiele für Eckstöße ist erkennbar, daß die unten links gezeigte Schweißung (einseitige Kehlnaht!) durch die entstehende Kerbwirkung besonders bei dynamischer Belastung (Dauerbruchgefahr!) sehr ungünstig ist und die ganz rechts gezeigten Schweißungen mit flachem linearem Übergang von einem zum anderen Blech oder mit ausgerundeter Angleichung der unterschiedlichen Blechdicken und mit Entlastungsnut sehr gut sind. Ein nichtgeschweißter Spalt wirkt nämlich wie ein Riß oder eine Kerbe. Einer Nahtvorbereitung und einem größeren Aufwand für die exakte Lagezuordnung der Bleche sollten aus Gründen eines besseren Kraftflusses trotz höherer Fertigungskosten immer der Vorzug gegeben werden.

Benennung	Sinnbild	Fugenform	s mm	α	b mm	Bemerkungen
HV-Naht		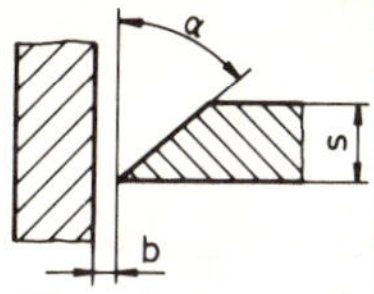	3...16	50°	2...3	Immer mit Hohlkehlnaht ausführen, ohne Gegenschweißen dynamisch nur bedingt belastbar.
HV-Naht		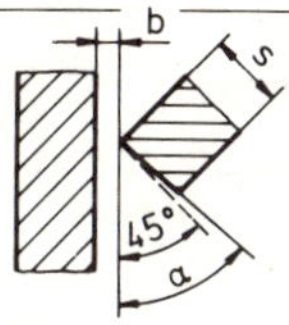	6...16	50°	3	Immer mit Hohlkehlnaht ausführen, ohne Gegenschweißen dynamisch nur bedingt belastbar.
Doppel-HY-Naht		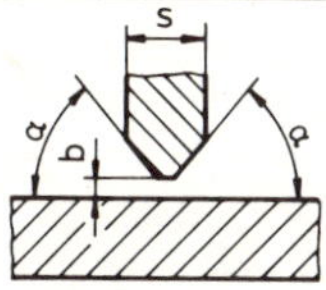	12...40	45°...50°	2...4	Dynamisch nur bedingt belastbar.
Doppel-HV-Naht		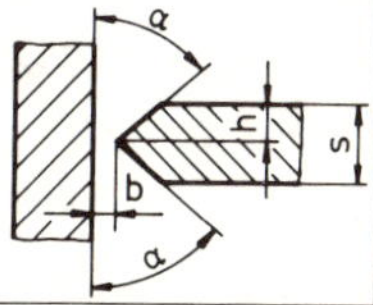	6...30	50°	2	Im allgemeinen $h = \frac{s}{2}$; dynamisch belastbar.

Bild 4.94. T-Stoß-Nahtformen

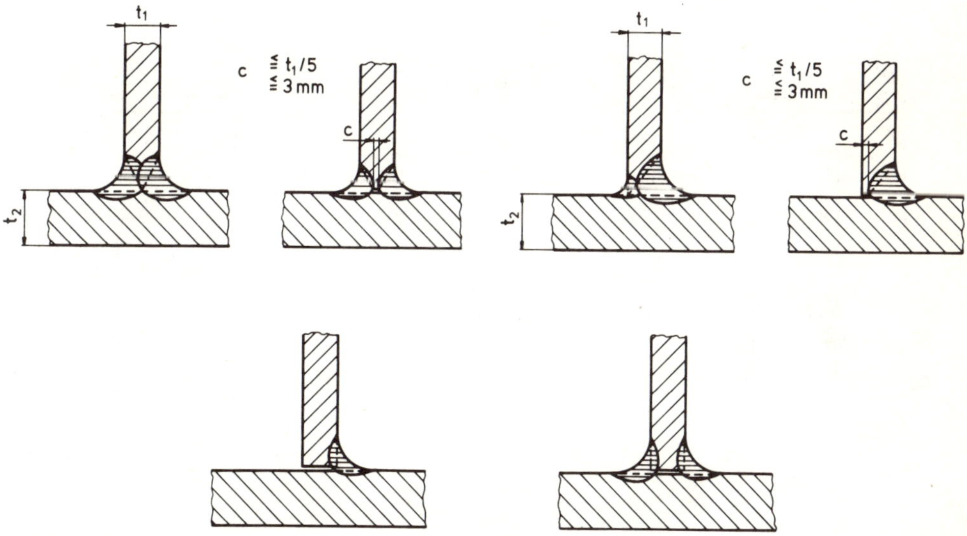

Bild 4.95. T-Stöße als beidseitige Kehlnahtverbindungen

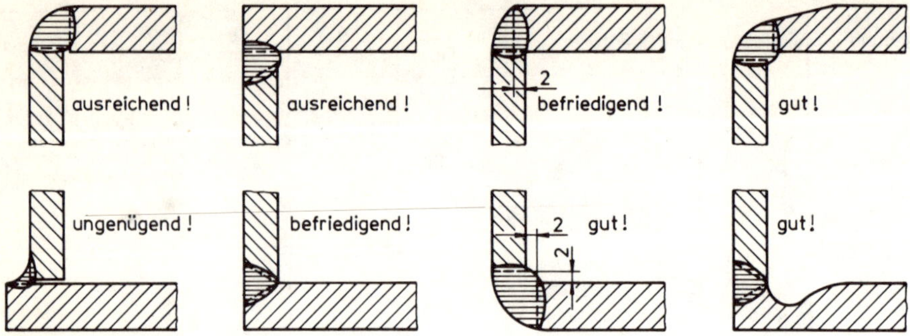

Bild 4.96. Eckstöße

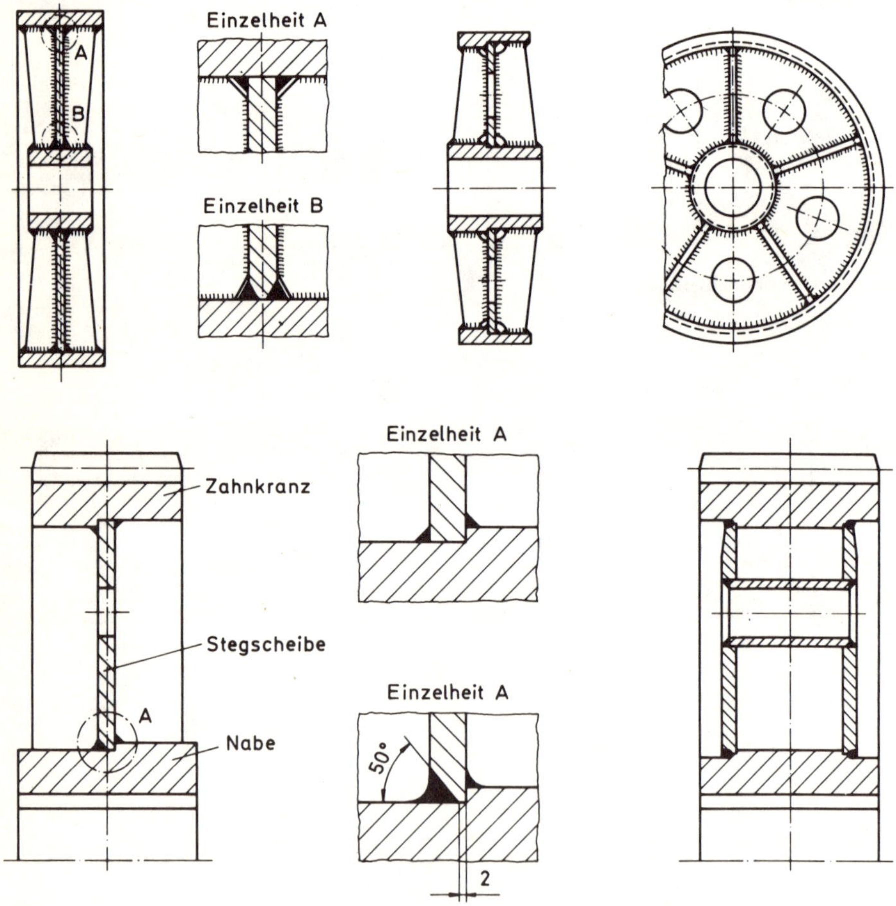

Bild 4.97. Rad-Konstruktionen mit Kehlnahtschweißungen

Beispiele für Räder-Konstruktionen mit Kehlnahtschweißungen, wie sie im Maschinenbau sehr häufig vorkommen, sind in Bild 4.97 gezeigt [12, 29]. Die Stegscheibe und der äußere Radkranz werden meistens durch Kehlnähte (ohne Nahtvorbereitung!) verschweißt, und die Verbindung der Stegscheibe mit der Radnabe erfolgt meistens über Doppel-HV-Nähte oder Doppel-HY-Nähte (mit Nahtvorbereitung!). Zur Erleichterung des Zusammenbaus und der genaueren Lagezuordnung der Teile werden Nabe und Radkranz zweckmäßigerweise mit Zentrierabsätzen versehen. Die einzelnen Teile werden spanabhebend bearbeitet und grob toleriert. Die Verzahnung im Zahnkranz wird erst nach der Verschweißung der einzelnen Teile eingearbeitet.

Bezüglich weiterer Gestaltungs- und Fertigungsmöglichkeiten von Schweißkonstruktionen sei auf das spezielle Schrifttum [12, 20, 21, 29, 47] und die Ausführungen im Kapitel Verbindungselemente hingewiesen.

4.6 Gestaltungsbeispiele

Da in den weiteren Kapiteln des vierbändigen Werkes auf die besondere Gestaltung von Elementen und Baugruppen noch eingegangen wird, sollen hier nur wenige Gestaltungsbeispiele aus dem Bereich des Schmiedens und Gießens zusammengestellt werden.

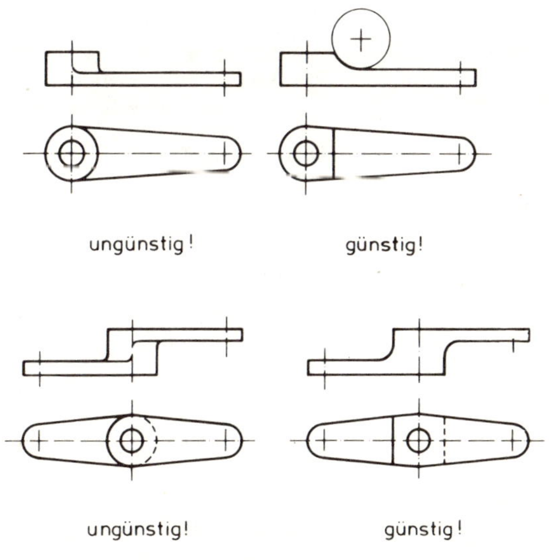

Bild 4.98. Schmiedegerechte Gestaltung von Hebeln mit Bolzenaugen

4.6.1 Schmiedekonstruktionen

Bei den in Bild 4.98 gezeigten einfachen und doppelten Hebeln sind jeweils eine günstige und eine ungünstige Gestaltungsvariante einander gegenübergestellt. Die bei der ungünstigen Variante vorliegenden kreisrunden Augen sind schwieriger zu schmieden und nachträglich auch schwieriger spanabhebend zu bearbeiten als die bei der günstigen Variante entlang einer geraden Kante abgesetzten Augen.

4.6.2 Gußkonstruktionen

Der in Bild 4.99 dargestellte Rippenknoten einer Gußkonstruktion ist in seiner Gestaltung gemäß der linken Bildhälfte schlecht, weil eine zu große Materialanhäufung (Gefahr der Lunkerbildung!) vorliegt, und gemäß der rechten Bildhälfte gut,

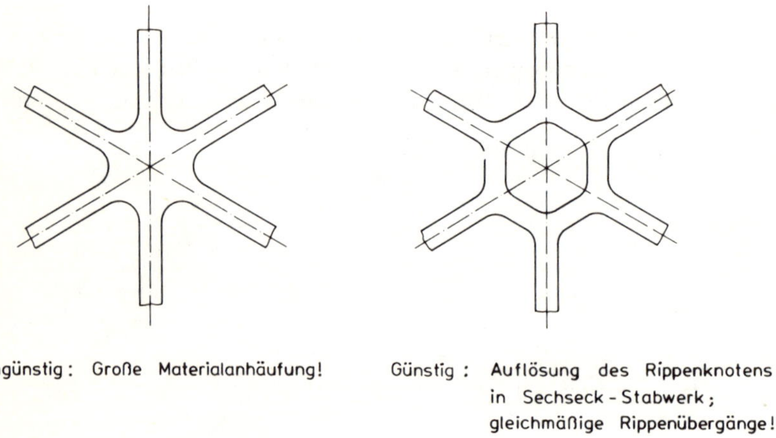

Bild 4.99. Gestaltung eines Rippenknotens bei einer Gußkonstruktion

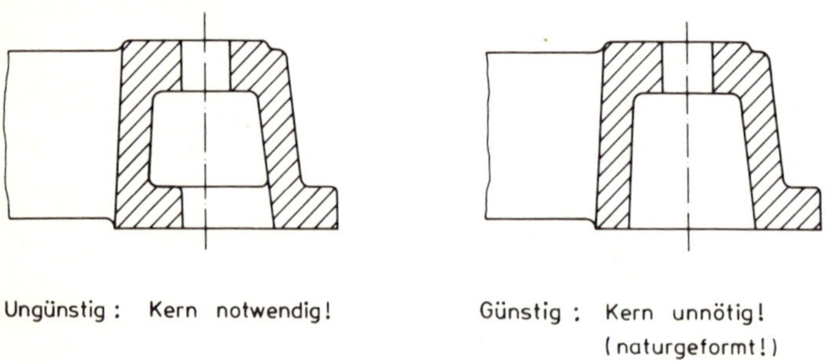

Bild 4.100. Gießgerechte Gestaltung eines Fußes für ein Maschinenfundament

da infolge der Auflösung des Knotens in ein Sechseckstabwerk die Übergänge von Rippe zu Rippe gleichmäßig sind (keine Lunkerbildung!).

Der in Bild 4.100 gezeigte Fuß eines Maschinenfundamentes ist in der Ausführung gemäß der linken Bildhälfte ungünstig, weil wegen des eingezogenen Hohlraumes ein Kern notwendig ist, und in seiner Ausführung gemäß der rechten Bildhälfte günstig, da wegen der allseitigen konischen Öffnung des Hohlraumes kein Kern erforderlich ist.

4.7 Schrifttum

1. Bär, D.: Einführung in die Schaltalgebra. 3. Aufl. Braunschweig: Vieweg 1967
2. Brandenberger, H.: Fertigungsgerechtes Konstruieren. Zürich: Schweizer Druck- und Verlagshaus 1946
3. Brandenberger, H.: Funktionsgerechtes Konstruieren. Zürich. Schweizer Druck- und Verlagshaus 1957
4. Brockmann, W.: Grundlagen und Stand der Metallklebetechnik. Düsseldorf: VDI-Verlag 1971
5. Bürk, E.: Das hydromechanische Ziehverfahren. ZwF 59 (1964), S. 1–6
6. Demmer, K.H.: Aufgaben und Praxis der Wertanalyse. München: Verlag Moderne Industrie 1969
7. Dizioglu, B.: Getriebelehre. Bd. 1: Grundlagen; Bd. 2: Maßbestimmung; Bd. 3: Dynamik. Braunschweig: Vieweg 1965, 1967, 1966
8. Dubbel, H.; Beitz, W. (Hrsg); Küttner, K.H. (Hrsg.): Dubbel, Taschenbuch für den Maschinenbau. 17. Aufl. Berlin, Heidelberg, New York: Springer 1990
9. Feldmann, H.D.: Konstruktionsrichtlinien für Kaltfließpreßteile aus Stahl. Konstruktion 11 (1959), S. 82–89
10. Franke, R.: Vom Aufbau der Getriebe. I. Band: Die Entwicklungslehre der Getriebe. 2. Aufl. 1948. II. Band: Die Baulehre der Getriebe. 1. Aufl. 1951. Düsseldorf: VDI Verlag 1948, 1951
11. Hildebrand, S.; Krause, W.: Fertigungsgerechtes Gestalten in der Feinwerktechnik. Braunschweig: Vieweg 1978
12. Höhne, M.: Praxisnahes Handbuch für schweißgerechtes Konstruieren und Fertigen. Braunschweig: R.C. Schmidt & Co. 1968
13. Hummitzsch, P.: Zuverlässigkeit von Systemen. 2. Aufl. Braunschweig: Vieweg 1965
14. Kloss, G.: Einige übergeordnete Konstruktionshinweise zur Erzielung echter Kostensenkung. VDI-Fortschrittsberichte, Reihe 1, Nr. 1. Düsseldorf: VDI-Verlag 1964
15. Koenig, W.: Wechselwirkungen zwischen Konstruktion und rationeller Fertigung, dargestellt an Beispielen aus dem Schlepperbau. VDI-Z. 95 (1953), S. 896–903
16. Kraemer, O.: Getriebelehre. 9. Aufl. Karlsruhe: G. Braun 1991
17. Kühnpast, R.: Das System der selbsthelfenden Lösungen in der maschinenbaulichen Konstruktion. Diss. TH Darmstadt 1968
18. Lange, K.; Meyer-Nolkemper, H.: Gesenkschmieden. 2. Aufl. Berlin, Heidelberg, New York: Springer 1977
19. Leipholz, H.: Festigkeitslehre für den Konstrukteur. Berlin, Heidelberg, New York: Springer 1969
20. Neumann. A.; Müller, R.; Krebs, J.; Fehr, H.P.: Grundlagen der Schweißtechnik, Gestaltung. 6. Aufl. Berlin: VEB Verlag Technik 1990
21. Neumann, A.: Schweißtechnisches Handbuch für Konstrukteure. Teil 1: Grundlagen, Tragfähigkeit, Gestaltung. Berlin: VEB Verlag Technik 1978
22. Oehler, G.: Was muß der Konstrukteur beim Entwurf zu biegender Blechteile beachten? Konstruktion 20 (1968), S. 90–93
23. Oehler, G.; Weber, A.: Steife Blech- und Kunststoffkonstruktionen. Berlin, Heidelberg, New York: Springer 1972
24. Pahl, G.: Sicherheitstechnik aus konstruktiver Sicht. Konstruktion 23 (1971), S. 201–208
25. Pahl, G.: Intensivere Sicherheitsbetrachtungen durch methodisches Konstruieren. Chemie-Ingenieur-Technik 47 (1975), S. 457–464
26. Pahl, G.; Beitz, W.: Konstruktionslehre. 3. Aufl. Berlin, Heidelberg, New York: Springer 1993
27. Pöschl, Th.: Lehrbuch der Technischen Mechanik; 2. Bd.: Elementare Festigkeitslehre. Berlin, Göttingen, Heidelberg: Springer 1952

28. Rögnitz, H.; Köhler, G.: Fertigungsgerechtes Gestalten im Maschinen- und Gerätebau. 2. Aufl. Stuttgart: Teubner 1959
29. Sahmel, P.; Veit, H.-J.: Grundlagen der Gestaltung geschweißter Stahlkonstruktionen. 8. Aufl. Düsseldorf: Deutscher Verlag für Schweißtechnik 1989
30. Sieker, K.-H.; Rabe, K.: Fertigungs- und stoffgerechtes Gestalten in der Feinwerktechnik. 2. Aufl. Berlin, Heidelberg, New York: Springer 1968
31. Steinhilper, W.: Rohrleitungssysteme in der chemischen, pharmazeutischen und lebensmittelverarbeitenden Industrie. CZ-Chemie-Technik 3 (1974), S. 287–292
32. Stöferle, Th.; Dilling, H.-J.; Rauschenbach, Th.: Rationelle Montage – Herausforderung an den Ingenieur. VDI-Z. 117 (1975), S. 715–719
33. Tempelhof, K.-H.; Lichtenberg, H.; Rugenstein, J.: Fertigungsgerechtes Gestalten von Maschinenbauteilen. Berlin: VEB Verlag Technik 1979
34. Tschochner, H.: Konstruieren und Gestalten. Essen: Girardet 1954
35. Ulrich, E.: Elementare Festigkeitslehre. Essen: Girardet 1967
36. Voigt, C.-D.: Systematik und Einsatz der Wertanalyse. München: Siemens–Verlag 1974
37. Vollmer, J.: Getriebetechnik – Leitfaden. 2. Aufl. Berlin: VEB Verlag Technik 1978
38. Wünsch, H.: Wirtschaftliches Gestalten technischer Systeme und deren Elemente. Leipzig: VEB Fachbuchverlag 1971
39. Zünkler, B.: Gesichtspunkte für das Gestalten von Gesenkschmiedeteilen. Konstruktion 14 (1962), S. 274–280
40. Falzen von Stahlblech. Merkblatt 174 der Beratungsstelle für Stahlverwendung, Düsseldorf 1971
41 .Gestaltungsregeln für Gesenkschmiedestücke. Merkblatt 482 der Beratungsstelle für Stahlverwendung, Düsseldorf 1975
42. Hartlöten von Stahl. Merkblatt 237 der Beratungsstelle für Stahlverwendung, Düsseldorf 1973
43. Kleben von Stahl. Merkblatt 382 der Beratungsstelle für Stahlverwendung, Düsseldorf 1975
44. Konstruieren mit Gußwerkstoffen. Düsseldorf: Gießerei-Verlag 1966. Herausgeber: Verein Deutscher Gießereifachleute und Verein Deutscher Ingenieure
45. Konstruieren und Gießen. Düsseldorf: Gießerei-Verlag 1957. Herausgeber: Verein Deutscher Ingenieure und Verein Deutscher Gießereifachleute
46. Schmiedestücke-Gestaltung, Anwendung, Beispiele. VDI/ADB-Ausschuß Schmieden, Informationsstelle Schmiedestück-Verwendung im Industrieverband Deutscher Schmieden, Hagen 1975
47. Schweißgerechtes Konstruieren im Maschinenbau. Merkblatt 379 der Beratungsstelle für Stahlverwendung, Düsseldorf 1975
48. VDI-Berichte Nr. 258. Praxis des Metallklebens. Düsseldorf: VDI-Verlag 1976
49. VDI: Wertanalyse, Idee – Methode – System. VDI-Taschenbücher T35. Düsseldorf: VDI Verlag 1972
50. VDI-Richtlinie 2225: Konstruktionsmethodik; Technisch-wirtschaftliches Konstruieren. Düsseldorf: VDI-Verlag 1977
51. rororo Technik-Lexikon (Lueger Lexikon der Technik); Nr. 33; Fertigungstechnik und Arbeitsmaschinen. Reinbek/Hamburg: Rowohlt Taschenbuch Verlag 1972
52. DIN 1910, T1, Juli 1983. Schweißen; Begriffe, Einteilung der Schweißverfahren
53. DIN 1910, T2, August 1977. Schweißen; Schweißen von Metallen, Verfahren
54. DIN 1910, T3, September 1977. Schweißen; Schweißen von Kunststoffen, Verfahren
55. DIN 1910, T4, April 1991. Schweißen; Schutzgasschweißen; Verfahren
56. DIN 1910, T5, Dezember 1986. Schweißen: Schweißen von Metallen; Widerstandsschweißen; Verfahren
57. DIN 1910, T10, Juli 1981. Schweißen; Mechanisierte Lichtbogenschmelzschweißverfahren; Benennungen
58. DIN 1910, T11, Februar 1979. Schweißen; Werkstoffbedingte Begriffe für Metallschweißen
59. DIN 1910, T12, August 1989. Schweißen; Fertigungsbedingte Begriffe für Schmelzschweißen von Metallen
60. DIN 2559, T1, Mai 1973. Schweißnahtvorbereitung; Richtlinien für Fugenformen, Schmelzschweißen von Stumpfstößen an Stahlrohren
61. DIN 2559, T2, Februar 1984. Schweißnahtvorbereitung; Anpassen der Innendurchmesser an nahtlosen Rohren
62. DIN 6883, Februar 1956. Spannungsverbindungen mit Anzug; Flachkeile, Abmessungen und Anwendung
63. DIN 6884, Februar 1956. Spannungsverbindungen mit Anzug; Nasenflachkeile, Abmessungen und Anwendung
64. DIN 6885, T1, August 1968. Mitnehmerverbindungen ohne Anzug; Paßfedern, Nuten, hohe Form

65. DIN 6885, T2, Dezember 1967. Mitnehmerverbindungen ohne Anzug; Paßfedern, Nuten, hohe Form für Werkzeugmaschinen, Abmessungen und Anwendung
66. DIN 6885, T3, Februar 1956. Mitnehmerverbindungen ohne Anzug; Paßfedern, niedrige Form, Abmessungen und Anwendung
67. DIN 6886, Dezember 1967. Spannungsverbindungen mit Anzug; Keile, Nuten, Abmessungen und Anwendungen
68. DIN 6887, April 1968. Spannungsverbindungen mit Anzug; Nasenkeile, Nuten, Abmessungen und Anwendungen
69. DIN 6888, August 1956. Mitnehmerverbindungen ohne Anzug; Scheibenfedern, Abmessungen und Anwendungen
70. DIN 7523, T1, Januar 1972. Schmiedestücke aus Stahl; Gestaltung von Gesenkschmiedestücken, Regeln für Schmiedestückzeichnungen
71. DIN 7523, T2, September 1982. Schmiedestücke aus Stahl; Gestaltung von Gesenkschmiedestücken; Bearbeitungszugaben, Seitenschrägen, Kantenrundungen, Hohlkehlen, Bodendicken, Wanddicken, Rippenbreiten und Rippenkopfradien
72. DIN 7526, Januar 1969. Schmiedestücke aus Stahl; Toleranzen und zulässige Abweichungen für Gesenkschmiedestücke
73. DIN 7526, Bbl., Mai 1971. Schmiedestücke aus Stahl; Toleranzen und zulässige Abweichungen für Gesenkschmiedestücke, Beispiele für die Anwendung
74. DIN 8519, Juli 1978. Buckel für Buckelschweißen von Stahlblechen; Rundbuckel, Langbuckel und Ringbuckel
75. DIN 8529, T1, April 1981. Stabelektroden für das Verbindungsschweißen von hochfesten Feinkornbaustählen; Basisch umhüllte Stabelektroden; Einteilung, Bezeichnung, Technische Lieferbedingungen
76. DIN 8551, T1, Juni 1976. Schweißnahtvorbereitung; Fugenformen an Stahl, Gasschweißen, Lichtbogenhandschweißen und Schutzgasschweißen
77. DIN 8551, T4, November 1976. Schweißnahtvorbereitung; Fugenformen an Stahl, Unter-Pulver-Schweißen
78. DIN 8552, T1, Mai 1981. Schweißnahtvorbereitung; Fugenformen an Aluminium und Aluminium-Legierungen; Gasschweißen und Schutzgasschweißen
79. DIN 8552, T3, Juli 1982. Schweißnahtvorbereitung; Fugenformen an Kupfer und Kupferlegierungen; Gasschmelzschweißen und Schutzgasschweißen
80. DIN 8580, Juni 1974. Fertigungsverfahren; Einleitung; Einteilung
81. DIN 9870, T1, Oktober 1974. Begriffe der Stanztechnik; Fertigungsverfahren und Werkzeuge, Allgemeine Begriffe und alphabetische Übersicht
82. DIN 9870, T2, Oktober 1972. Begriffe der Stanztechnik; Fertigungsverfahren und Werkzeuge, zum Zerteilen
83. DIN 9870, T3, Oktober 1972. Begriffe der Stanztechnik; Fertigungsverfahren und Werkzeuge, zum Biegeumformen
84. DIN 31000, März 1979. Allgemeine Leitsätze für das sicherheitsgerechte Gestalten technischer Erzeugnisse (VDE 1000/3.79)
85. DIN 69910, August 1987. Wertanalyse

Sachverzeichnis

Abmaß, Grenzabmaß 64, 66, 67
–, Istabmaß 68
–, oberes 68
–, unteres 68
Abplattung 174, 177
Abstand der örtlichen Profilspitzen 117
Anordnung, redundante 251
Anpassungskonstruktion 7
Arbeit 43, 45
Aufgabenstellung 11
Ausarbeiten 11
Ausführung, beanspruchungsgerechte 245
–, gestaltungsgerechte 245
–, werkstoffgerechte 245
Aushebeschräge 284
Außenfalz 320
Außenfalzverbindung 320
Außenpaßfläche 82, 83
Außenteil 74
Auswahlreihe 60

Baustähle 28
–, Allgemeine 29
Bauteile, gekerbte 228
–, kerbfreie 228
Bauteilgestaltung 226
Bauteilgröße 200
Bauweise, Hohlbauweise 326
–, Lamellenbauweise 326
–, Plattenbauweise 326
–, Zellenbauweise 326
Beanspruchung 127
–, allgemeine dynamische 219
–, Biegebeanspruchung 136, 260
–, Druckbeanspruchung 131
–, Druckkraftbeanspruchung 257
–, Knickbeanspruchung 166
–, Längskraftbeanspruchung 256
–, mehrachsige 214
–, rein schwingende 215
–, Scherbeanspruchung 143
–, Schubbeanspruchung 143, 144, 149, 266
–, Schwellbeanspruchung 190
–, statische 203
–, Torsionsbeanspruchung 140, 141, 149, 268
–, Wechselbeanspruchung 189, 190
–, wechselnde 188
–, Zugbeanspruchung 127–129
–, zügige 184
–, Zugkraftbeanspruchung 257
–, zusammengesetzte 146
beanspruchungsgerecht 13
Bearbeitung, materialabtrennende 107
Bearbeitungszugabe 302
Befehle 4
Belastung, dynamische 188
–, statische 184, 188
Belastungsfall 188, 189
Berechnungsbeispiele 46, 117, 164, 229
Berührung zweier Kugeln 174
– zweier Zylinder 177, 178
Beschichten 272
Bestehen, sicheres 251
Betriebsdauer 202
Betriebsfestigkeit 201
Bewegung, Rotationsbewegung 45
–, Translationsbewegung 45
–, Wirkbewegung 10
Bezugselement 103
Bezugsstrecke 113
Bezugssystem 116
Biegekante 307
Biegeteil 307
Black Box 6
Blechkonstruktion 304
Blechteile, formgestanzte 310
Bohrteile 276
Bördeln 316, 319
Buckelschweißen 323

Computer Aided Design 2

Daten 4
Dauerfestigkeitsarten 190
Dauerfestigkeitsschaubild 193–199
Dauerschwingversuch 218
0,2%-Dehngrenze 159, 186
DIN-Passungen 65
Drehteile 274
Druckgießverfahren 284
Duroplast 41

E-System 112
Einbaulage 267
Eindeutigkeit einer Konstruktion 245
Einfachheit 245
- einer Konstruktion 247
Eingangsgröße 4
Einheitsbohrung 72
Einsatzstahl 29, 30
Einzelrauhtiefe 112
Einzelteilkonstruktion 10
Eisenmetalle 26
Elastizitätsmodul 29
-, resultierender 175
Elastoplast 41
Elektrodengestaltung 322
Elementarstruktur 9
Elemente, Bauelemente 1
-, Konstruktionselemente 1
-, Maschinenelemente 1
-, Strukturelemente 1
Energie 45
-, Input 7
-, Output 7
-, Umsatz 1, 4
Entwerfen 11
Erkenntnis, systemtheoretische 8
Ersatzquerschnitt 265
Euler-Hyperbel 170, 171

Falzen 316
Faser, neutrale 136
Feingießverfahren 282
Fertigungsausrüstung 65
Fertigungsverfahren 103, 271
Festigkeit, Dauerfestigkeit 190, 192, 200
-, Dauerschwingfestigkeit 190
-, Festigkeitshypothesen 146
-, Gestaltfestigkeit 200
-, Kerbzugfestigkeit 217
-, Schwellfestigkeit 191
-, Wechselfestigkeit 191, 220
-, Zeitfestigkeit 190–192
Festigkeitsbedingung 130, 132, 133, 135, 139, 142, 145
Festigkeitsberechnung 127
festigkeitsgerecht 127
Festigkeitskenngrößen 26
Festigkeitslehre 143
Festigkeitsnachweis 228
Festigkeitsrechnung 17
Fläche, projizierte 134
Flächenpressung 131, 133, 134
-, zulässige 135
Flachstab mit Querbohrung 231
Flachstanzen 308
Fließgrenze 19
Formabweichung 110, 116
Formgebung, beanspruchungsgerechte 297
-, fließgerechte 297
-, werkstoffgerechte 297
Formstanzen 309
Formstruktur 3
Formzahl 204, 205, 207–211
Frästeile 274
Freiformschmiedestücke 298
Fügen 271
-, formschlüssiges 313
-, kraftschlüssiges 313, 321
-, stoffschlüssiges 313, 321
Fugenformen 337
Fugenvorbereitung 336
Funktion 14, 54
Funktionalität 245
Funktionsablauf 1
Funktionsglieder 1
Funktionsstruktur 1, 3, 9

Gefügestruktur 217
Gehäusebohrungsdurchmesser 98
Genauwertreihe 58
Gesamtfunktion 1
Geschehen, physikalisches 10
Gesenkschmiedestück 299, 300
Gestaltabweichung 108, 110, 111
Gestalten, fertigungsgerechtes 270
-, festigkeitsgerechtes 312
-, formgerechtes 306
-, fügegerechtes 312
-, gießgerechtes 284, 291, 342
-, qualitätsgerechtes 312
-, schmiedegerechtes 297, 341
-, steifigkeitsgerechtes 312
Gestaltfestigkeitsschaubild 201
Gestaltung, beanspruchungsgerechte 254
- eines Rippenknotens 342
-, Grundprinzipien 245
- von Blechteilen 304
- von Elementen und Systemen 245
- von Klebverbindungen 325
- von Lappverbindungen 315
- von Schweißkonstruktionen 330
- von Schweißteilen 328
Gestaltungsbeispiele 341
gestaltungsgerecht 13
Gestaltungsmerkmal 10
Gestaltungsregel 260, 265, 268, 270, 271
Gleichgewicht 127
Gleitmodul 143
Gleitschichtbreite 222
Grenzschlankheitsgrad 170
Grenzschwingspielzahl 216
Grobgestaltabweichung 110
Grundabmaßsystem 79
Grundbeanspruchungsarten 127, 255
Grundreihe 58
Grundsymbol 106
Grundtoleranzgrad 81, 86, 87, 91
Grundtoleranzsystem 81
Gußeisen mit Kugelgraphit 33
- mit Lamellengraphit 31

–, Sorten 34
Gußkonstruktion 281
Gußwerkstoffe, metallische 24
–, Nichteisenmetall- 25

Handformverfahren 281
Hartlöten 323, 324
Hauptphase 11
Hauptspannungsebene 163
Hauptspannungszustand 146
–, zweiachsiger 158
Hauptträgheitsachse 136
Herstellungskosten 272
Hertzsche Pressung 174–177, 179, 181
Heuverssche Kreismethode 285
Hilfssystem 3
Höchstspiel 70, 89
Hookesches Gesetz 15, 130
Hypothese der größten Dehnung oder Kürzung 155, 161
– der größten Gestaltänderungsenergie 146, 162
– der größten Normalspannung 149, 159
– der größten Schubspannung 151, 159
–, Schubspannungshypothese 154
–, Versagenshypothese 158

Informationsumsatz 1, 4
Innenpaßfläche 84, 85
Innenteil 74
Innovationszeit 8
ISO-Passungen 65
ISO-Passungssystem Einheitsbohrung 92, 93
– Einheitswelle 92, 94
ISO-System 65, 79, 91
Istoberfläche 111

Kaltfließpressen 302
Kegel 100, 101
Kegelmantelfläche 102
Kegeltolerierung 102
Kegelverjüngung 101, 102
Kegelwinkel 102, 103
Kehlnaht 332, 334
Kehlnahtschweißung 340
Kennzeichnung von Oberflächen 106
Kerbempfindlichkeit 218
Kerbempfindlichkeitsziffer 221
Kerbform 203, 223
Kerbgeometrie 218
Kerbgrund 216, 219
Kerbschärfe 205
Kerbspannungsausschlag 216
Kerbwirkung 202, 218
–, gestaltbedingte 333
Kerbwirkungszahl 216–221, 225
Knickfall 169
– nach Euler 169
– nach Tetmajer 170, 171
Knicklänge, freie 169
Knicklast 167
Knickrichtung 260
Knicksicherheit 167, 171, 172
Knicksicherheitsfaktor 167
Knickung 166
–, elastische 170
–, unelastische 170
–, ω-Verfahren 172
Knickzahl 173
Knoten 343
Koaxialität 103
Kokillengießverfahren 283
Kombinationsmöglichkeit 91
Konkretisierungsstufe 10
Konstruieren 1, 3, 7
–, methodisches 2, 8
–, rechnergestütztes 11
Konstruktion, beanspruchungsgerechte 13
–, funktionsgerechte 13
–, gestaltungsgerechte 16
–, Gußkonstruktionen 342
–, Schmiedekonstruktionen 342
–, Schweißkonstruktionen 326, 335
–, spanabhebend bearbeitete 273
–, werkstoffgerechte 22
–, wirtschaftliche 13
Konstruktionsmethodik 2
Konstruktionsphase 11
Konstruktionsprozeß 2, 8
Konstruktionsrichtlinien für Gußteile 287
Konstruktionssystematik 2
Kontaktfläche 175, 179
Konzipieren 11
Kopplungsgleichung 3
Korndurchmesser 222
Korngrenze 217
Kraft 43
Kraftfluß 17
Kraftflußlinien 18, 20
Kaftflußlinienbild 19
Kraftzerlegung 129
Krümmung 176
–, resultierende 175, 177, 182
Kunstlehre 7
Kunststoff 40
–, gefüllter 41

Lagerschalenwerkstoff 40
Lappen 313
Laschung 329
Last, kritische 167
Leichtbau 17
Leichtmetall 39
Leistung 43, 45
Leitz-Rauhtester 112
Lochmittenbezug 78
Lunker 285

M-System 112
Maschinenformverfahren 281
Maschinenfundament 343

Maskenformverfahren 282
Maßangabe 73
Maße, Absatzmaß 76
–, Außenmaß 66, 67
–, Freimaß 68
–, Grenzabmaß 74
–, Grenzmaß 65, 66, 68
–, Grundabmaß 80, 82–85, 91
–, Höchstmaß 65, 68
–, Höchstübermaß 70, 91
–, Innenmaß 66, 68
–, Istmaß 64, 68
–, Längenmaß 65, 79
–, Mindestmaß 65, 68
–, Mindestübermaß 70, 91
–, Mittenmaß 68
–, Nennmaß 64, 66, 68, 74
–, Paßmaß 68
–, Übermaß 69, 91
Maßkette 76
Maßlinie 74
Mehrfachbiegung 307
Mikrostützwirkung 217, 219
Mindestspiel 70, 89
Mischpolymerisat 41
Mittellinie 112, 116
Mittenentfernung 77, 78
Mittenrauhwert 107
–, arithmetischer 103, 104, 108, 111–113
–, quadratischer 113
Mittigkeit 77
Mohrscher Spannungskreis 129, 132, 139, 163, 164
Moment 43, 44
Momente, Biegemoment 136
–, Flächenträgheitsmoment 136–138
–, Torsionsmoment 142
–, Torsionsträgheitsmoment 141, 143
–, Torsionswiderstandsmoment 141
–, Widerstandsmoment 137, 138
Momentenvektor 44

Nahtschweißungen 323
Nahtvorbereitung 337
Nebenbedingung 3
Nebenfunktion 4
Nenndruckstufen 62
Nennmaßbereich 87
Nennspannungsausschlag 216
Nennweite 61
Neukonstruktion 7
Nichteisenmetall 39
Nieten 313
Nietlappen 317
Nietverbindung 316
Normen 54
–, Abmessungsnormen 55
–, deutsche 55
–, DIN-Normen 54
–, Erstellung 56
–, Grundnormen 56
–, Gütenormen 55
–, internationale 55
–, ISO-Normen 54
–, Konstruktionsnormen 55
–, Liefer- und Dienstleistungsnormen 55
–, Planungsnormen 55
–, Prüfnormen 55
–, Sicherheitsnormen 55
–, Stoffnormen 55
–, Typnormen 55
–, Verfahrensnormen 55
–, Verständigungsnormen 54
–, Werksnormen 54
Normzahlen 58
–, Anwendung 61
Nullinie 66

Oberflächen 106
–, geometrisch-ideale 111
–, Kennzeichnung 106
–, Meßlänge 116
–, meßtechnisch erfaßbare 111
–, technische 54, 103, 113
Oberflächenbeschaffenheit 106, 218
Oberflächengüte 200
Oberflächenmeßtechnik 112, 115
Oberflächenprofil 108
–, aperiodisches 110
–, periodisches 110
–, stochastisches 110
Oberflächenrauhigkeitsmaß 107
Oberflächenstruktur 108, 109
Optimierungsprozeß 7

Paßfedertoleranzklassen 100
Paßflächen, Außenpaßfläche 67
–, Innenpaßfläche 67
Paßtoleranz 72
Paßtoleranzfelder 64
Passungen 54, 64, 69, 87, 91, 92, 95
–, DIN- 65
–, ISO- 65
–, Paßfederpassungen 100
–, Spielpassung 71, 89, 90, 121
–, Übergangspassung 71, 72, 90
–, Übermaßpassung 71, 90
–, Wälzlagerpassung 96
Passungssystem 72
– Einheitsbohrung 91
– Einheitswelle 91
Passungssysteme 87
– im ISO-System 92
Perth-O-Meter 112
Phase, abstrahierende 2
–, analytische 2
–, generalisierende 2
–, konstruierende 2
Polygonprofil 280
Prägen 310
Pressen 311, 321

Preßschweißen 328
Preßverbindung 321
Profilabweichung 113, 116
Profilhöhe, maximale 113, 116
Profilkuppe 113
Profilkuppenhöhe 113, 116
Profillänge 113
Profillängenverhältnis 113, 117
Profilspitze, örtliche 113
Profiltaltiefe 113, 116
Profiltraganteil 113
Profilunregelmäßigkeiten, Abstand 117
–, Höhe 113, 116
–, Zehnpunktehöhe 113
Pufferschweißung 331
Punktschweißen 322

Querkraft 144
Querschnittsform, mittenversteifte 266
–, randfaserversteifte 265
Querschnittsübergang 332
Querschnittsunstetigkeit 205
Quetschgrenze 185

Randbedingung 3
Randfaserabstand 141
Rauheit, Hauptkriterium 107
–, Senkrechtgrößen 112
–, Waagrechtkenngrößen 113
Rauheitsangaben 106
Rauheitsklasse 107
Rauheitsmessung 111
Rauheitswert 107
Rauhtiefe, gemittelte 103, 104, 107, 108, 111, 112
–, maximale 112
Räumteile 278
Reihe, arithmetische 56
–, geometrische 57
Restquerschnitt 207, 210, 216
Restriktionen 7
Richtungsstruktur 108
Rillenabstand 113
Rillenrichtung 109
Rippen 288
Rippenanschlüsse 288
Rollen 307
Rundkerbe 203
Rundungshalbmesser 61
Rundwertreihe 61

Schablonenformverfahren 281
Schachteln 316
Schaumkunststoff 41
Schlankheitsgrad 169, 172
Schleifen Flächenschleifen 281
–, spitzenloses 281
– zwischen Spitzen 280
Schleifteile 279
Schleuderformgießverfahren 284
Schleudergießverfahren 284
Schmiedekonstruktionen 293
Schrumpfspannung 331
Schubmodul 143
Schubspannungsverteilung, reale 144
Schweißen 321
Schweißnaht 329
Schweißnahtanhäufung 331, 332
Schweißnahtgütefaktor 332
Schweißnahtwurzel 329, 331
Schweißposition 336
Schweißstöße 327, 336
Schweißverfahren 327, 336
Schwermetall 40
Schwingspielzahl 192
Seigerung 202
Seitenschräge 299
Sicherheit 245
–, Arbeitssicherheit 250
–, Bauteilsicherheit 250
– einer Konstruktion 250
–, Funktionssicherheit 250
–, mittelbare 253
–, Umweltsicherheit 250
–, unmittelbare 251
Sicherheitsbeiwert 226
Sicherheitsfaktor 15, 130, 226
Sicken 316, 319
Sickenverbindung 320
Smith-Diagramm 193
Solloberfläche 111
Spannungen, Ausschlagsspannung 220
–, Biegespannung 136
–, Kerbspannung 202, 204, 206, 215
–, Knickspannung 168, 170, 172
–, Mittelspannung 188, 219, 220
–, Nennspannung 204, 210, 215, 219
–, Normalspannung 127–129, 131
–, Oberspannung 188
–, Randspannung 137
–, Schubspannung 128, 129, 131, 144
–, Tangentialspannung 127
–, Torsionsspannung 140
–, Unterspannung 188
–, Vergleichsspannung 127, 146
–, Zugspannung 185
–, zulässige 226, 227
Spannungsausschlag 188, 216, 219
Spannungsgefälle 218
–, bezogenes 222, 223
–, bezogenes maximales 219
–, maximales 218
Spannungsgradient 218
Spannungsspitzen 20
Spannungszustand allgemeiner 148
–, dreiachsiger 146, 150, 151, 155
–, einachsiger 149, 151, 154, 158
–, mehrachsiger 163
–, zweiachsiger 148, 150, 152, 157
Speicherung 4
Spiel 69, 91

Spitzkerbe 203
Stahlguß 36, 38
–, austenitischer 39
–, ferritischer 39
–, nichtrostender 37
–, Vergütungs- 38
–, warmfester ferritischer 37
Standardisierung 54
0,2%-Stauchgrenze 186
Steifigkeitsbedingung 130
steifigkeitsgerecht 127
Steiner, Satz von 139
Stoffeigenschaftändern 272
Stoffumsatz 1, 4
Stoßarten 327
Stranggießverfahren 284
Streckgrenze 19, 159, 185
Streuband 107
Stribecksche Wälzpressung 174, 181, 183
Struktur, Funktionsstruktur 1
–, Teilstruktur 1
Strukturblock 217
Strukturgleichung 3
Strukturlänge 221
Strukturmatrix 3, 8
Stufenschritt 57, 58
Stufensprung 57
Stumpflötung 324
Stumpfnaht 329
Stumpfstoß 337
–, Stumpfstoß-Nahtformen 338
Stützwirkung, dynamische 224
Stützziffer 222
Subsystem 3
System 1, 3
–, deterministisches 4
–, technisches 1, 4
Systemanalyse 1
Systemgrenze 3
Systemstruktur 4, 7
Systemsynthese 1, 4
Systemtechnik 3, 5, 6, 8
Systemverhalten 7

T-Stoß 337
–, Nahtformen 339
Tangentialschnitt 113
Teilfunktion 1, 9
Teilstruktur 1
Temperguß 33
–, schwarzer 35
–, Sorten 34
–, weißer 35
Tetmajer-Gerade 170, 171
Thermoplast 40
Tiefziehen 309
Toleranzangabe 74
– bei Kegeln 100
Toleranzbegriff 67
Toleranzbereich 68
Toleranzen 54, 64
–, Allgemeintoleranzen 74
–, Formtoleranz 65
–, Grundtoleranz 68, 86, 88
–, Grundtoleranz IT 65, 66
–, Lagetoleranz 65
–, Maßtoleranz 65, 66, 68, 91
Toleranzfaktoren 81, 86
Toleranzfeld 66, 69, 72, 89, 97, 98
Toleranzfelder 64
–, allgemeine 92
Toleranzfeldlage 69, 80
Toleranzgrad 88
Toleranzklassen 64, 69, 74, 89, 92, 95
–, Paßfedertoleranzklassen 100
–, Wälzlagertoleranzklassen 96
Toleranzrahmen 102
Toleranzzone 102
Tolerierung 66
Tragfähigkeit, Formtragfähigkeit 254
–, Stofftragfähigkeit 254
Trägheitsradius 169
Transport 4
Trennen 271

Überlappung 329
Umformen 271
Urformen 271

Variantenkonstruktion 7
Verbindungen, Bolzenverbindung 134, 145
–, Kehlnahtverbindungen 339
Verbundgießverfahren 284
Verbundkonstruktion 10
Verdrehung 142, 143
Verdrillung 142
Vergütungsstahl 31, 32
Versagen, beschränktes 251, 252
Verschrauben 313
Verwerfung 331
Verzweigungen bei Gußstücken 290
Vollformgießverfahren 283

Wälzlager 97
Wälzlagertoleranzklassen 96
Wandlung 4
Warzenschweißen 323
Weichlöten 323
Welle mit Ringnut 206
Wellendurchmesser 98
Wellenlänge, mittlere 113
–, quadratische 113
Wellenverbindung 6
Welligkeit 110, 116
Werksnormen 54
Werkstoffausnutzung 17
Werkstoffe, duktile 217
–, Einteilung 23
–, kerbempfindliche 221
–, kerbunempfindliche 221

–, spröde 187, 217
–, zähelastische 186
werkstoffgerecht 13
Werkstoffkennwerte 130, 184
– bei hoher Temperatur 187
– bei Raumtemperatur 186
Werkstückform, schmiedegerechte 300, 301
Widerstandsschweißung 323
Wirkfläche 10
Wirklinie 10
Wirkort 10
Wirkpunkt 10
Wirkraum 10
Wirkung, technische 2
Wirkungsgrad 46
Wirkzusammenhang 9
–, konstruktiver 8
–, logischer 2, 8, 9
–, physikalischer 8
Wirtschaftlichkeit 14, 54, 245
Wöhler-Diagramm 192
Wöhler-Kurve 217

Ziehgeschwindigkeit 309
Ziehteil 311
Ziehvorgang 309
Ziehwerkzeuge 309
Zugänglichkeit einer Schweißnaht 336
Zugfestigkeit 29
Zustandsänderung 4

ω-Verfahren 172

W. Steinhilper, R. Röper

Maschinen- und Konstruktionselemente 2

Verbindungselemente

3., überarb. Aufl. 1993. XII, 326 S. 190 Abb. (Springer-Lehrbuch)
Brosch. DM 68,–; öS 530,40; sFr 75,– ISBN 3-540-55863-2

Die Grundlagenvorlesungen über Maschinenelemente stellen für Maschinenbaustudenten den ersten und wichtigsten Bezug zur späteren beruflichen Konstruktionspraxis her. Andererseits werden hier die Ansätze für das methodische Konstruieren entwickelt. Die Bände der „Maschinen- und Konstruktionselemente" haben sich als Standard-Lehrbücher an Technischen Hochschulen für diese Vorlesungen durchgesetzt. Dafür gib es Gründe:

- der umfangreiche Prüfungsstoff wird vollständig abgedeckt, verständlich dargestellt und didaktisch gegliedert,
- gemäß dem Grundlagencharakter der Vorlesung wird der Schwerpunkt auf ableitbares, systematisiertes Wissen gelegt,
- das Gelernte wird an zahlreichen Berechnungsbeispielen eingeübt.

Wegen der vollständigen und systematischen Darstellung und den zahlreichen Literaturverweisen werden die Bände von Konstrukteuren als Nachschlagewerk eingesetzt.
Der zweite Band befaßt sich mit den Verbindungselementen. Diese werden unterteilt in

- formschlüssige: Nieten, Stifte, Welle-Nabe-Verbindungen;
- kraftschlüssige: Keile, Kegel, Preß- und Klemmverbindungen;
- stoffschlüssige: Kleben, Löten, Schweißen.

Entsprechend ihrer Wichtigkeit im Maschinenbau wird den Schraubenverbindungen ein umfangreiches Kapitel gewidmet.